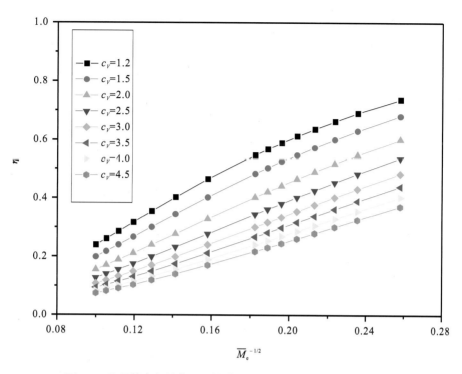

图1-1　能量效率与单位质量推进剂平均气体相对分子质量的关系

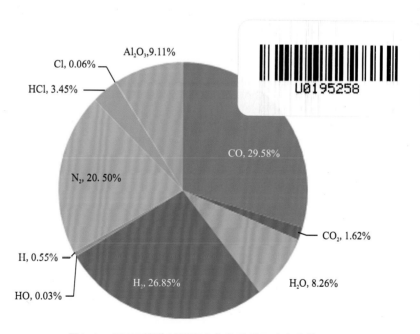

图1-3　NEPE推进剂燃烧产物的种类及摩尔分数

图2-44 cg-N的表面优化结构

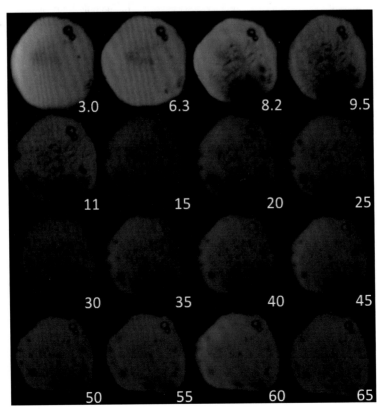

图2-50 CO与N$_2$体积比为1∶1时，不同压力下（单位：MPa）聚合物的显微图像[18]

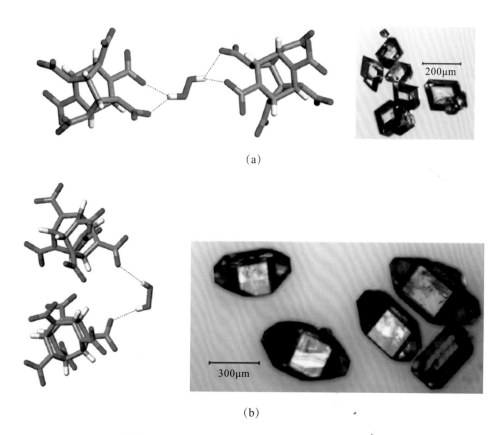

（a）

（b）

图2-52　CL-20/H$_2$O$_2$共晶分子结构图及单晶照片

（a）CL-20/H$_2$O$_2$共晶（1）；（b）CL-20/H$_2$O$_2$共晶（2）

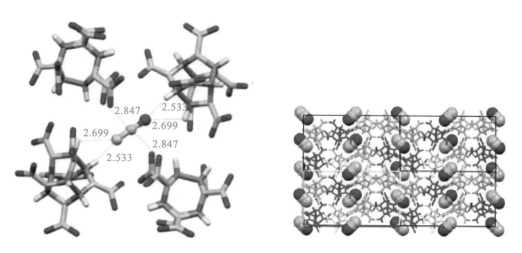

图2-53　CL-20/N$_2$O共晶中CL-20与N$_2$O之间的氢键作用及沿α轴的晶胞堆积图

图2-54　CL-20/N₂O共晶单晶照片

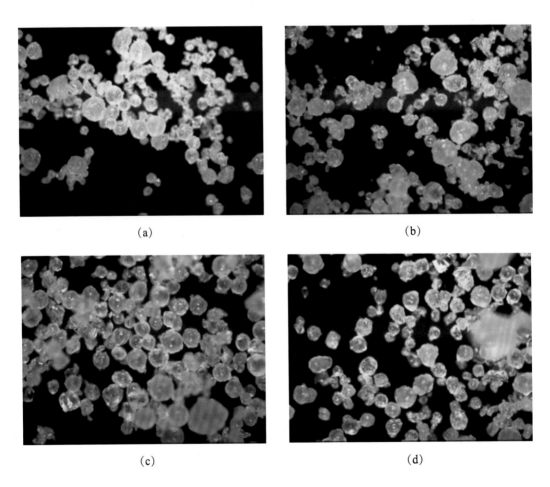

图2-56　不同比例的ADN/FOX-12共晶照片
（a）90%：10%；　（b）80%：20%；　（c）70%：30%；　（d）60%：40%

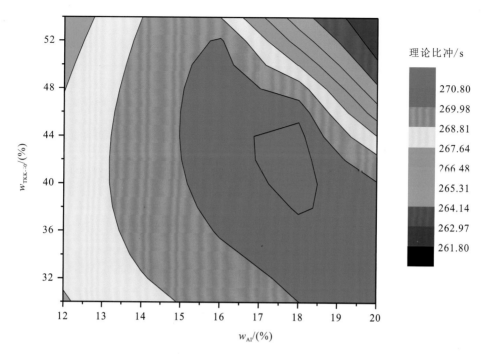

图2-58　TKX-50含量（黏合剂含量不变）对推进剂能量性能的影响

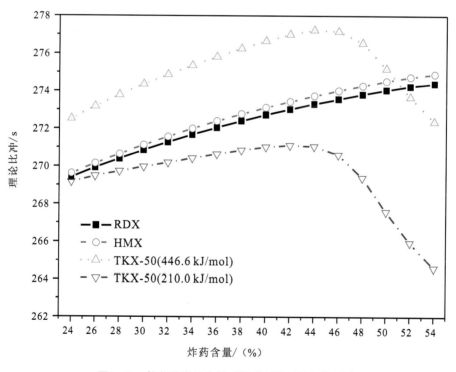

图2-59　炸药种类及含量对推进剂能量性能的影响

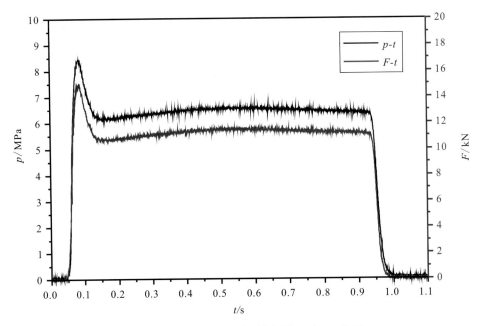

图2-60　BSFφ165mm发动机试车p–t与F–t曲线

图5-48　HTPE推进剂慢速烤燃试验结果

图5-49　HTPE推进剂快速烤燃试验结果

图5-50　HTPE推进剂子弹冲击试验结果

图5-51　HTPE推进剂破片冲击试验结果

图5-52　HTPE推进剂殉爆试验结果

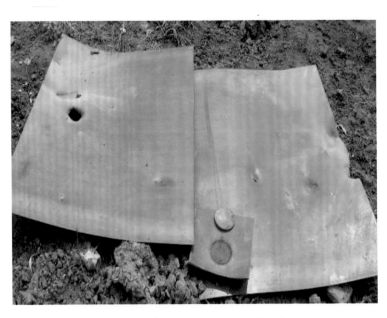

图5-53　HTPE推进剂聚能射流试验结果

国家出版基金项目
NATIONAL PUBLICATION FOUNDATION

"十三五"
国家重点出版物出版规划项目

航天推进技术系列专著

固体推进剂用新型含能物质的制备与应用

庞爱民　李　伟　何金选　编著

西北工业大学出版社

西安

【内容简介】 本书总结了作者对固体推进剂及其含能组分(氧化剂、金属燃料、黏合剂、增塑剂等)研制的经验和成果,从固体推进剂配方设计及应用的角度,系统分析了固体推进剂的特点及提高固体推进剂比冲的技术途径,总结了固体推进剂及其含能组分的研制进展,提出了固体推进剂技术发展对含能组分结构与性能的需求,以及固体推进剂新型含能组分的研究、发展方向及面临的主要挑战。

本书可供从事固体推进剂配方设计人员、含能化合物制备人员等阅读、参考。

图书在版编目(CIP)数据

固体推进剂用新型含能物质的制备与应用/庞爱民,
李伟,何金选编著. —西安:西北工业大学出版社,
2020.12

(航天推进技术系列专著)
ISBN 978 - 7 - 5612 - 7508 - 5

Ⅰ.①固⋯ Ⅱ.①庞⋯ ②李⋯ ③何⋯ Ⅲ.①固体推
进剂-制备-研究 Ⅳ.①V512

中国版本图书馆 CIP 数据核字(2020)第 272759 号

GUTI TUIJINJIYONG XINXING HANNENG WUZHI DE ZHIBEI YU YINGYONG
固 体 推 进 剂 用 新 型 含 能 物 质 的 制 备 与 应 用

责任编辑: 胡莉巾		**策划编辑:** 华一瑾	
责任校对: 王玉玲		**装帧设计:** 李 飞	
出版发行: 西北工业大学出版社			
通信地址: 西安市友谊西路 127 号		邮编:710072	
电 话: (029)88493844 88491757			
网 址: www.nwpup.com			
印 刷 者: 陕西向阳印务有限公司			
开 本: 787 mm×1 092 mm		1/16	
印 张: 17.375		彩插:8	
字 数: 456 千字			
版 次: 2020 年 12 月第 1 版		2020 年 12 月第 1 次印刷	
定 价: 98.00 元			

如有印装问题请与出版社联系调换

前　　言

固体推进剂工作过程是实现化学能转化为热能,热能再转化为动能的有效组织与转化的过程。热能转化效率取决于固体推进剂燃烧反应的熔变,动能转化效率取决于单位质量推进剂燃烧所产生的气体数量。固体推进剂是典型的分子间化学储能材料,提高储能效率的重要手段是选择适当的组分配合和优化配方。高能氧化剂、高能金属燃料、含能黏合剂及高氧含量增塑剂等在固体推进剂中的应用,是突破固体推进剂能量性能瓶颈的关键。

适用于固体推进剂的高能氧化剂的分子结构及性能特征与炸药不完全相同,高能化合物环三亚甲基三硝胺(RDX)、环四亚甲基四硝胺(HMX)、六硝基六氮杂异伍兹烷(CL-20)等主要是作为炸药,而非作为固体推进剂氧化剂被研制的。高能炸药的设计理念与固体推进剂(燃烧热、燃气平均相对分子质量对能量的贡献更大)的需求存在一定的差异。高生成熔(自身含能)、高氧含量(供氧能力强)、高氢含量(能量转换效率高)的高能氧化剂对提高燃烧热和降低燃气产物平均分子量均有较大增益,它们能够大幅度提高固体推进剂的比冲。

金属燃料在固体推进剂中的应用大幅提升了推进剂燃烧反应的放热量,进而通过提高燃气温度提高推进剂比冲。提高金属燃烧效率及降低含金属推进剂燃气平均相对分子质量是增加输出比冲与提高理论比冲的有效技术途径。理论上,金属颗粒经特殊处理(减小尺寸及活化)后能够迅速被点燃,生成更多的气体产物,分散成更小的颗粒,提高燃烧效率。而采用金属氢化物可以通过降低固体推进剂燃气平均分子质量,达到提高固体推进剂比冲的目的。

在含能黏合剂、增塑剂方面,研究重点是将高能基团引入聚合物侧基构成的含能黏合剂和通过大剂量高氧含量增塑剂增塑的高能黏合剂体系。由于黏合剂必须具有可承受固体推进剂机械力学作用的网络结构,即具有柔性和连接强度,因此主要开发的是侧链上含$-N_3$、$-NF_2$、$-ONO_2$、唑等官能团的 C 链和以 C—O—C 醚链为主链的具有良好的高低温特性的含能黏合剂。

在固体推进剂的发展过程中,研究人员通过不断改进并选用生成热高、燃烧产物平均相对分子质量低、放热量大的材料,如含能氧化剂、含能黏合剂、新型燃烧剂、含能增塑剂等,不断提高固体推进剂的能量性能。目前,能量性能最高的固体推进剂是由硝酸酯增塑的聚醚推进剂(NEPE)。为了进一步提高固体推进剂的能量性能,研究人员仍然期望找到比 CL-20 更好的氧化剂、比聚叠氮缩水甘油醚(GAP)更好的黏合剂、比 Al 更好的金属燃烧剂中的一种或数种新型高能量密度材料,从而获得更高能量性能的固体推进剂。近年来出版的关于复合固体推进剂的书籍,主要从复合固体推进剂的组成、性能、制造工艺等方面总结固体推进剂的重要进展;至于含能材料方面的书籍,则主要论述含能材料的制备、性能表征、加工工艺等方面的内容。目前尚未发现关于固体推进剂用含能物质的制备和应用的书籍。为此,笔者结合湖北航天化学技术研究所长期在固体推进剂研制方面开展的大量研究和深刻的工作体会,编写了本书。从固体推进剂配方设计和性能提升的角度,系统分析了固体推进剂的特点及提高固体推进剂能量性能的技术途径,介绍了固体推进剂用氧化剂、金属燃料、黏合剂、增塑剂等新型含能物质的制备、性能与应用,并提出了固体推进剂技术发展趋势对含能物质结构与性能的要求。

本书共分 5 章。第 1 章概述固体推进剂用新型含能物质的基础知识、选择原则和发展历程等内容。第 2 章介绍适用于固体推进剂的新型含能氧化剂,强调其氧含量、氢含量、生成焓、氧平衡、生成物燃气平均分子量等方面与火炸药新型氧化剂的区别。第 3 章介绍叠氮类、硝酸酯类、氟类、唑类等新型含能黏合剂,其中重点介绍叠氮类含能黏合剂的性能和应用。第 4 章主要论述铝粉的活化、纳米化、复合化等改性工艺,以及金属氢化物等新型金属燃料及其发展趋势。第 5 章主要介绍硝酸酯类、叠氮类、硝基类、呋咱类、离子液体类等新型含能增塑剂及其发展趋势。

本书第 1 章由何金选和李伟负责整理,第 2 章由雷晴、潘新洲和王伟负责整理,第 3 章由韦伟和吴芳负责整理,第 4 章由朱朝阳、徐星星和张思负责整理,第 5 章由卢艳华和潘新洲负责整理,李伟和何金选对全书进行了统一修改,最后由庞爱民修改定稿。

虽然笔者一直致力于固体推进剂配方和性能的研究,并长期工作在科研第一线,撰写本书尽了最大的努力,但科学技术的发展日新月异,且受笔者学识所限,书中难免存在不足或疏漏之处,敬请各位读者批评指正。

编著者

2019 年 12 月

常用符号及其名称

符号	中文名称
c_p	比定压热容
c_V	比定容热容
d	温度系数
D	爆轰波沿炸药柱传播的速度
g	重力加速度
I_{sp}	推进剂比冲
n	燃速压强指数
R	通用气体常数
$Q_{气化}$	化合物气化放热量
ρ	密度
E	弹性模量
σ_m	最大抗拉强度
ε_m	最大伸长率
ε_b	断裂伸长率
ΔG	反应自由能
ΔH	某一热力学过程的焓变
ΔH_f	生成焓
K_{sp}	溶度积
$\overline{M}$	平均相对分子质量
OB	氧平衡
p_c	发动机燃烧室的工作压强
p_e	喷管出口压力
p_b	推进剂燃烧时间范围内的压强数值
R_b	发动机工作过程中推进剂动态燃烧速度
S_i	i 组分的溶解度
T	热力学温度
T_g	玻璃化转变温度
T_c	燃烧室燃烧产物的温度
U	内能
η	转化率

目　　录

第1章　绪　　论

1.1　概　　述

近年来,随着火箭、导弹、卫星和飞船技术的迅猛发展,它们的能源——推进剂也因此得到了蓬勃的发展。化学推进剂按其形态可以分为固体、液体、混合、凝胶或膏体推进剂等类型。

固体推进剂在常温常压下呈现的物理状态为固态。与液体推进剂相比,固体推进剂直接与发动机壳体结合或以装填方式预先装填在固体火箭发动机中,地面设备简单,具有发射准备时间短、机动性强等优点,广泛用于战术、战略导弹武器及探空火箭等方面。固体推进剂可分为均质类的双基固体推进剂、异质类的复合固体推进剂和部分改性双基推进剂三种。双基固体推进剂主要由硝化棉、硝化甘油、助溶剂、安定剂和工艺助剂等组成。复合固体推进剂通常由氧化剂、黏合剂、金属燃料、增塑剂、固化剂和工艺助剂等组成。

按黏合剂的发展历史,复合固体推进剂大致经历了沥青推进剂、天然橡胶推进剂、聚硫橡胶(PS)推进剂、聚氯乙烯(PVC)推进剂、聚丁二烯-丙烯酸共聚物(PBAA)推进剂、聚氨酯(PU)推进剂、聚丁二烯-丙烯酸-丙烯腈三聚物(PBAN)推进剂、端羧基聚丁二烯(CTPB)推进剂、端羟基聚丁二烯(HTPB)推进剂等发展阶段。20世纪80年代左右,交联改性双基推进剂和复合固体推进剂的结合产生了高能交联固体推进剂——硝酸酯增塑的 NEPE 推进剂。随后通过不断合成新型高能物质,新型固体推进剂向高能、低易损、低特征信号、低成本、洁净等方向发展。

火箭发动机对推进剂性能水平有许多要求,主要为能量特性、弹道特性、力学性能、贮存性能、安全性能和经济性等。固体推进剂的性能水平与原材料的性能、质量密切相关,固体推进剂性能的提升与能量密度水平升高、综合性能及品质更好的原材料的开发与应用密不可分。固体推进剂的发展要求不断开发新型高性能的原材料。

固体推进剂原材料的研制是一项长期的系统工程,涉及大量繁杂的工作。其合成包括目标化合物设计选择、实验室合成研究、应用研究筛选、中试放大和工业化等阶段;原材料应用研究包括材料物理化学性质、材料相容性、安全性及工艺性能研究等环节。因此,开发并应用一种推进剂用原材料必须进行持续不断的长期研究并有大量的技术积累。

1.2　固体推进剂的主要组成

（1）氧化剂。氧化剂是燃烧时起氧化作用、保证推进剂充分燃烧的物质，是复合固体推进剂的主要组分之一。氧化剂分为无机氧化剂和有机氧化剂，一般要求成本低、有效氧含量高、生成焓高、密度大、分解时气体生成量大、安定性好、与黏合剂等组分相容性好等。

氧化剂的主要作用如下：

1）为燃料燃烧提供所需的氧，以保证能量；

2）作为固体填料，提高固体推进剂的弹性模量和机械强度；

3）使燃烧分解过程中的产物与黏合剂分解产物发生反应，生成气态燃烧产物；

4）可以通过控制其粒度大小和级配调节固体推进剂的燃烧速度。

（2）黏合剂。黏合剂在固体推进剂中的作用是至关重要的，其不仅起到燃料作用，而且是复合固体推进剂容纳无机氧化剂和金属燃料的弹性母体。黏合剂一般为高分子预聚物，要求生成焓高、密度大、气体生成量大、安定性好、工艺性能优良等，在某些战术导弹中还要求推进剂的黏合剂具有较低的玻璃化转变温度。黏合剂的种类和含量将影响推进剂的力学性能、能量性能、弹道性能和工艺性能等。

黏合剂的主要作用如下：

1）为推进剂燃烧提供可燃的碳、氢、氮等元素，以保证能量；

2）使复合固体推进剂保持装药设计所规定的几何形状，并使其具有良好的力学性能，可承受各种载荷作用；

3）是气相产物的主要来源。

（3）金属燃料。金属燃料与氧气的反应活性较高，是复合固体推进剂的主要组分之一，一般具有燃烧热值高、密度大、含氢量高、与黏合剂等组分相容性好等特点。

金属燃料的作用如下：

1）提高固体推进剂的燃烧热值，从而提高比冲；

2）提高推进剂的密度；

3）降低燃速压强指数，抑制不稳定燃烧。

（4）增塑剂。增塑剂是固体推进剂的主要组分之一，一般要求其沸点高、黏度较低、能与黏合剂互溶互混、挥发性弱、不易迁移或渗出、与黏合剂等组分相容性好等。

增塑剂的作用如下：

1）降低推进剂药浆的黏度，改善流变性能；

2）降低推进剂的玻璃化转变温度，改善低温力学性能；

3）含能增塑剂可提高推进剂的能量。

1.3　固体推进剂用新型含能物质的选择原则

1.3.1　含能材料的定义[1]

"含能材料"已经逐步成为"民用和军事领域应用的火药、炸药和固体推进剂"的代名词,反映出在设计固体推进剂并将其应用于火箭发动机,以及将炸药应用于导弹战斗部的过程中,材料起到越来越重要的作用。

含能材料一般是凝聚态的,生成焓应尽可能地高,在无氧条件下能够按要求可控释放储存在分子结构中的能量。

按要求释放储存在含能材料中的能量(即焓的改变)基于以下历程:

(1)快速分解,并伴随着大量气体(如氮气)的产生;

(2)分子内的氧化-还原过程[在硝化纤维素、三硝基甲苯(TNT)中];

(3)相邻分子间的氧化-还原过程(在黑火药或复合固体推进剂中)。

分解产物是简单的、轻质的、非常稳定的分子(N_2、H_2O、CO、CO_2),并且这些分子都有负的生成焓,这样就使储存于含能材料中的能量得到最大限度的释放。不同的能量释放方式采用不同的术语描述:

(1)燃烧(传导传播),是指在辐射和已经反应的材料产生的热传导的双重作用下,含能材料的无孔表面开始发生反应。燃烧发生在平行层,在未分解的材料中的传播速率是几毫米每秒。材料分解副产物的速度方向与燃烧方向相反。

(2)爆燃(对流传播),是指在已经反应的含能材料产生的辐射、传导和对流等热量的影响下,孔状、粉状或已破坏的含能材料开始发生反应。在这种情况下,燃烧便不再平行推进,在未分解的材料中的传播速率为几毫米每秒到上千米每秒。然而,材料分解副产物速率的方向与燃烧方向仍然相反。

(3)爆炸(冲击波传播),当含能材料的分解传播速率为几千米每秒时,便发生爆炸,在含能材料中通过超声冲击波进行传播。当冲击波通过时,初始的固体完全分解为气体。在爆炸过程中,含能材料分解副产物的速度方向是与冲击波传播方向一致的。

含能材料的分解总是伴随着声、光现象的出现,这些壮观的现象证明含能材料确实含有大量的能量。可以通过下面的数字更直观地理解:1 kg 汽油在空气中完全燃烧,与 7.5 kg 硝化甘油分解或 10.75 kg 硝化纤维燃烧释放的能量相当。然而,1 kg 汽油需要 16 kg 空气才能完全燃烧,而含能材料不需要依靠外部的氧气,燃烧需要的全部条件都储存于含能材料自身之中。因此,含能材料只有在从空气中难以获得氧的条件下或当需要产生大量瞬间高能量以造成剧烈机械效果时才具有优势。

1.3.2　固体推进剂能量理论

通常国内外用比冲来衡量推进剂配方的能量水平,即

$$I_{sp} = \sqrt{2 \times (\bar{c}_V + NR) T_c \times \left[1 - \left(\frac{p_e}{p_c}\right)^{\frac{NR}{\bar{c}_V + NR}}\right]}$$

式中，I_{sp} 为单位质量固体推进剂产生的冲量；$\bar{c}_V$ 为体系平均比定容热容；N 为单位质量固体推进剂燃烧生成的气体的物质的量；R 为气体常数；T_c 为燃烧室中推进剂平衡燃烧温度；p_e 为喷管出口压力；p_c 为发动机燃烧室的工作压强。

上式反映了固体推进剂工作过程的能量守恒和能量转化，推进剂能量主要由两方面因素决定[2]：一是推进剂燃烧反应的绝对焓变，即组分生成焓与产物生成焓之差 $\Delta H^{\ominus} = (\bar{c}_V + NR) T_c$，焓变决定化学能的多少，在推进剂中除考虑单位质量的储能外还应考虑单位体积的化学储能，即储能密度问题（密度比冲）；二是燃烧焓变转化为推进剂动能的效率 η，热能转化率是产物热容与单位质量（kg）固体推进剂燃烧生成的气体物质的量 N 的函数，N 决定能量利用效率。

$$\eta = 1 - \left(\frac{p_e}{p_c}\right)^{\frac{NR}{\bar{c}_V + NR}}$$

在推进剂工作温度下，推进剂燃烧产物平均比定容热容 $\bar{c}_V$ 在 $1.2 \sim 4.5$ kJ/kg 之间，对于燃烧室和喷管出口压力分别为 $p_c = 6.86$ MPa 和 $p_e = 0.1$ MPa 的标准火箭发动机，气体平均相对分子质量 $\overline{M}_e = \frac{1\ 000 \times (1 - X)}{N}$（$X$ 为凝聚相质量分数）可以定义为 $\overline{M}_e = \frac{1\ 000}{N}$。计算的能量效率 η 与单位质量推进剂平均气体相对分子质量的关系如图 1-1 所示，计算结果显示，在 $\overline{M}_e = 15 \sim 100$ 范围内，η 与 $\sqrt{\frac{1}{M_e}}$ 成正比。

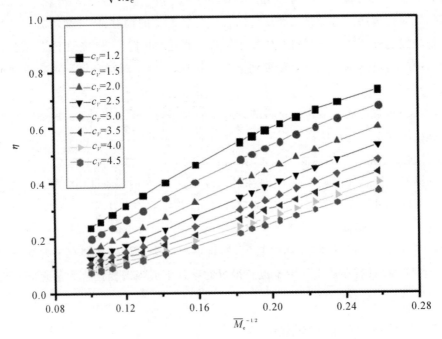

图 1-1 能量效率与单位质量推进剂平均气体相对分子质量的关系

1.3.3 C、H、N、O 类含能物质的能量来源及其在推进剂中燃烧产物的确定

应用于固体推进剂中的含能组分,其能量密度是指单位含能物质通过氧化-还原或分解生成稳定小分子产物所获得的能量,其本质是组成含能物质的元素通过燃烧重新组合成新分子过程中总键能的变化。构建产物键能越强和含能物质化学键能越弱,越有利于含能物质的能量提高。表 1-1 是 C、H、N、O 四种元素的常规化学键键长和键能数据。

表 1-1 C、H、N、O 常规化学键的键长与键能

化学键	键长/10^{-12} m	键能/(kJ·mol^{-1})	化学键	键长/10^{-12} m	键能/(kJ·mol^{-1})
N=N	125	456	N—H	101	389
N≡N	110	946	N—N	145	159
N—O	146	230	N=O	114	607
C—C	134	611	C—C	154	332
C≡C	120	837	C—H	109	414
H—H	75	436	C—N	148	305
C=N	135	615	C≡N	116	891
C=O	120	728	C—O	143	326
C=O(CO$_2$)	116	803	O—H	98	464
O—O	148	146	O=O	120	498

从物质化学键键能分析,C、H、N、O 组成含能物质燃烧生成的小分子气体主要为 N_2、H_2、CO、CO_2 和 H_2O,其键接方式为 N≡N,H—H,C=O,C=O(CO_2)和 O—H,平均单键键能分别为 315.3 kJ/mol,436 kJ/mol,364.0 kJ/mol,401.5 kJ/mol 和 464.0 kJ/mol,均为键能高于 300 kJ/mol 的强键。此外,N_2,H_2,CO,CO_2 和 H_2O 的标准生成焓分别为 0 kJ/mol、0 kJ/mol、−110.5 kJ/mol、−393.5 kJ/mol 和 −241.8 kJ/mol。因此,当分解产物是简单的、非常稳定的分子(N_2、H_2、H_2O、CO、CO_2)时,能使储存于含能物质中的能量得到最大限度的释放。

根据状态函数与途径无关的原理,对复杂的金属化(含 Al 粉时)推进剂燃烧反应设计如下简化过程:①单质化,各组分转变为组成元素的稳定单质;②气化,能生成气体的单质转化为气体;③氧化,气化产物之间或气化产物与金属的氧化-还原反应。单质化表现出各组分生成焓对能量的贡献,气化过程气体生成量和放热量都将增加,而气化后的氧化则是一个放热量增大但产气量减少的过程。表 1-2 列出了推进剂燃烧过程中影响能量的一些主要化学反应及热力学数据[序号 10~12 为含无机氧化剂高氯酸铵(AP)时的化学反应及热力学数据]。

表 1-2　燃烧过程中影响能量的主要化学反应及热力学数据

序号	化学方程式	ΔH_{298} ① 摩尔生成焓 kJ/mol	质量生成焓 kJ/kg	$\Delta H^{\ominus}$② kJ/mol	ΔG_{298}③ kJ/mol	ΔG_{1498}④ kJ/mol	ΔG_{2698}⑤ kJ/mol	产气量 mol/kg	性质说明
1	$2C+O_2 \Longrightarrow 2CO$	-221.0	-3 946.4	-184.0	-274.4	-487.7	-696.6	35.71	碳的氧化 (CO)
2	$2CO+O_2 \Longrightarrow 2CO_2$	-566.0	-6 431.8	171.8	-514.4	-307.2	-103.2	22.7	CO 氧化
3	$2H_2+O_2 \Longrightarrow 2H_2O$	-483.6	-13 433.3	53.16	-457.2	-345.9	-232.9	55.5	H_2 氧化(O_2)
4	$4Al+3O_2 \Longrightarrow 2Al_2O_3$	-3 351.4	-16 428.4 -31 031.5⑥	625.5	-3 164.6	-2 419.1	-1 680.8	0.0	Al 氧化(O_2)
5	$2Al+N_2 \Longrightarrow 2AlN$	-636.0	-7 756.1 -11 777.8⑥	602.7	-574.0	-401.8	-306.41	0.0	Al 氧化(N_2)
6	$2Al+3CO_2 \Longrightarrow Al_2O_3+3CO$	-826.7	-4 444.6 -15 309.3⑥	61.1	-810.7	-746.6	-681.1	16.1	Al 氧化(CO_2)
7	$2Al+3H_2O \Longrightarrow Al_2O_3+3H_2$	-950.3	-8 799.07 -17 598.1⑥	235.9	-896.5	-687.9	-484.8	27.7	Al 氧化(H_2O)
8	$2Al+3CO \Longrightarrow Al_2O_3+3C$	-1 344.2	-11 791.2 -24 892.6⑥	593.4	-1 170.7	-473.8	214.0	0	Al 氧化 (CO)
9	$H_2+Cl_2=2HCl$	-184.6	-2 528.7	-30.07	-190.6	-213.1	-234.4	28.1	H_2 氧化(Cl_2)
10	$2NH_4ClO_4=N_2+4H_2+4O_2+Cl_2$	+590.6	+2 513.1	-1 601.8	+177.6	-1 435.2	-2 749.7	42.5	AP 单质化
11	$2NH_4ClO_4 \Longrightarrow N_2+3H_2+4O_2+2HCl$	+406.0	+1 727.6	-1 675.4	-13.0	-1 640.5	-2 961.1	42.5	AP 气化 (Ⅰ)
12	$2NH_4ClO_4 \Longrightarrow N_2+3H_2O+2.5O_2+2HCl$	-319.4	-1 359.1	-1 168.4	-584.5	-1592.5	-2 292.4	36.1	AP 气化 (Ⅱ)
13	$2Al+3Cl_2 \Longrightarrow 2AlCl_3$	-1 404.4	-5 259.1 -26 007.4⑥	453.6	-1 257.6	-691.7	-186.0	0	Al 氧化 (Cl_2)
14	$2Al+3HCl \Longrightarrow 2AlCl_3+3H_2$	-427.3	-2 566.37 -7 912.96⑥	409.6	-342.9	-59.2	134.7	18.0	Al 氧化 (HCl)

注：①标准生成焓；②标准摩尔反应焓；③标准吉布斯自由能；④高温(1 498 K)吉布斯自由能；⑤高温(2 698 K)吉布斯自由能；⑥引入单位质量 Al 所引起的反应热焓变化。

从表 1-2 的高温自由能变化情况可以看出，金属化推进剂氧化产物的生成次序为 Al_2O_3、CO、HCl(含 AP 时)、H_2O 和 CO_2；表 1-2 的自由能数据显示，Al 在推进剂燃烧温度下对各固体推进剂燃烧产物都能还原，还原的次序为 CO_2，H_2O，N_2，HCl，CO。Al 还原 CO_2，H_2O 的过程，$\eta \times d(\Delta H^{\ominus}) \geqslant \Delta H^{\ominus} \times d\eta$，体系能量增大；当 CO_2 和 H_2O 接近完全还原时，增加的 Al 开始还原 N_2、HCl、CO 气体，还原过程导致产气量大幅度下降，$\eta \times d(\Delta H^{\ominus}) \leqslant \Delta H^{\ominus} \times d\eta$，体系能量降低。因此，金属化固体推进剂随 Al 含量增加，气体产物中 CO_2 和 H_2O 含量减

少,H_2 和 CO 含量增加,CO_2 和 H_2O 接近完全还原时,体系的能量达到最高点。能量达到最高点时发动机喷口主要产物为 N_2,CO,H_2,以及 Al_2O_3 和 HCl(含 AP 时),CO,H_2 气体的物质的量远高于 H_2O 和 CO_2。

1.3.4　适用于固体推进剂的含能物质

固体发动机工作过程是固体推进剂的化学储能通过可控燃烧反应转化为热能和工质,再通过喷管膨胀作用将工质蕴含的热能转化为动能的过程。工质是固体推进剂燃烧反应生成的气体,其在固体发动机能量转化过程中作用特殊,是区别于其他推进方式的关键特征。热能转化效率取决于固体推进剂燃烧反应的焓变,动能转化效率取决于单位质量推进剂燃烧所产生的气体的物质的量。

图 1-2 给出了 HTPB/AP、HTPB/AP/Al、HTPB/AP/Al/HMX 和 NEPE 四种典型固体推进剂配方体系的化学能、做功效率和做功化学能的变化情况。与 HTPB/AP 推进剂相比,HTPB/AP/Al 推进剂化学能增加了 36.4%,而做功效率降低了 18.8%,综合作用结果是做功能量增加 10.4%;与 HTPB/AP/Al 推进剂相比,HTPB/AP/Al/HMX 推进剂化学能稍有降低(0.66%),但做功效率有所增加(3.11%),综合作用结果是做功能量增加了 2.74%;与 HTPB/AP/Al/HMX 推进剂相比,采用硝酸酯增塑聚醚黏合剂的 NEPE 推进剂化学能增加(3.04%),但做功效率稍有降低(1.23%),综合作用结果是做功化学能也有所增加(1.78%)。因此,提高推进剂燃烧反应的焓变及产生的气体数量对提高固体推进剂能量性能同样重要。

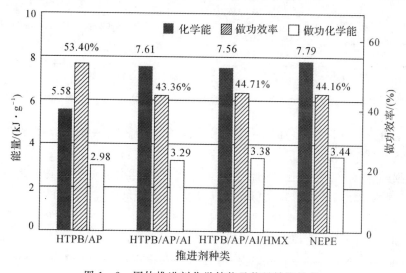

图 1　2　固体推进剂化学储能及能量转换效率

固体推进剂是典型的分子间化学储能材料,选择适当的组分配合和优化配方是提高储能效率的重要方法。典型固体推进剂配方体系的性能见表 1-3。

铝粉的应用、RDX/HMX/HTPB 的应用以及硝酸酯增塑聚醚黏合剂的应用是固体推进剂技术的三次跨越发展,体现了协调化学储能与能量转化效率的匹配关系是推动推进剂比冲不断提升的重要技术途径。

表 1-3 典型固体推进剂配方体系的性能

推进剂品种	化学能 kJ/g	做功化学能 kJ/g	出口平均相对分子质量	喷管出口气相产物质量分数 %	出口气体组成 mol	理论比冲 s
GAP/CL-20	8.06	3.45 (43%)	29.888	69.75 (23 mol/kg)	CO:1.014; H_2:0.519; H_2O:0.361; CO_2:0.112; N_2:0.893; HCl:0.096; Al_2O_3:0.296	272.4
NEPE	7.79	3.44 (44%)	27.361	65.98 (24 mol/kg)	CO:1.081; H_2:0.981; H_2O:0.302; CO_2:0.059; N_2:0.749; HCl:0.126; Al_2O_3:0.333	270.7
HTPB/Al/ AP/ HMX	7.56	3.38 (45%)	25.836	66 (25.5 mol/kg)	CO:1.089; H_2:1.336; H_2O:0.132; CO_2:0.020; N_2:0.588; HCl:0.354; Al_2O_3:0.333	269.5
HTPB/Al/AP	7.61	3.30 (43%)	27.694	62.19 (22.5 mol/kg)	CO:0.803; H_2:1.158; H_2O:0.341; CO_2:0.042; N_2:0.294; HCl:0.570; Al_2O_3:0.370	265.5
HTPB/AP	5.58	2.98 (53%)	26.766	100 (37 mol/kg)	CO:0.235; H_2:0.197; H_2O:1.565; CO_2:0.611; N_2:0.380; HCl:0.749; Al_2O_3:0	253.0

固体发动机工作过程的做功能量代表化学能转化为动能的能力,通常用比冲来表征,其定义为单位质量推进剂产生的冲量。当采用标准试验条件时,比冲可用来表征固体推进剂的能量性能。依据固体推进剂理论比冲的计算公式可知,提高固体推进剂比冲的途径包括两个方面:一是通过提高燃烧反应放热量来提高燃气温度,二是降低燃气平均相对分子质量。由于比冲与燃气平均相对分子质量成反比,降低燃气平均相对分子质量对能量性能的影响更显著,故在固体推进剂配方设计中,会以牺牲部分化学能(即 CO 氧化成 CO_2 及 H_2 氧化成 H_2O 释放的热量)为代价来降低燃气的平均相对分子质量,以获得更高的能量性能。图 1-3 给出了典型的 NEPE 推进剂在发动机喷管出口处的燃烧产物的摩尔分数,主要产物分别为 CO、H_2、N_2、Al_2O_3 和 HCl,未完全氧化的 CO、H_2 含量远高于 H_2O 和 CO_2,因此,有效氧含量(Ω_{CO_2})为负。RDX、HMX、CL-20 等高能炸药在固体推进剂中部分取代 AP 后,可降低较高相对分子质量的 HCl 含量,并增加较低相对分子质量产物的含量,虽然化学能有所降低(Al 粉含量降低),但因燃气平均相对分子质量降低带来的做功效率增加,最终表现为做功能量增加。若以 CO 为目标产物计算有效氧含量,上述高能炸药计算结果为正,表明仍有剩余的氧可用于氧化铝粉及碳氢燃料,故高能炸药在固体推进剂中的作用实际上也是一种氧化剂。

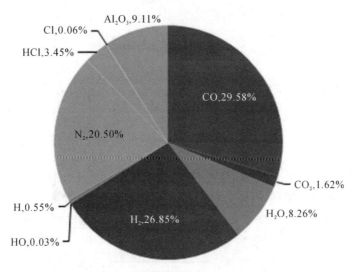

图 1 - 3　NEPE 推进剂燃烧产物的种类及摩尔分数

固体推进剂燃烧过程本质上是一系列的氧化-还原反应。氧化剂以及将氧化剂粉体组合在一起形成黏弹性材料的高分子黏合剂是氧化-还原反应的主体,是固体推进剂的基本组分之一,它既是燃烧放热的主要来源,也是气体工质的来源。AP 是目前固体推进剂最常用的氧化剂,有效氧含量高是其突出优点,能够满足与金属燃料和黏合剂反应对氧的需求,但是其生成焓低,产气量较小,以其为氧化剂的固体推进剂能量性能相对较低[3]。RDX、HMX、CL - 20 等高能炸药在固体推进剂中也可作为氧化剂部分取代 AP,通过降低产物平均相对分子质量使固体推进剂能量性能得到提高。虽然黏合剂的主要功能是通过交联反应形成结构材料,赋予固体推进剂一定的承载能力,但同时其也作为燃料参与氧化-还原反应,生成气体工质,对固体推进剂做功效率产生积极影响,不过其影响程度最终取决于氧化剂和金属燃料等固体组分的最大可加入量。以 HTPB 黏合剂为例,相应推进剂的固体含量可达到 90%,是目前最好的黏合剂之一。金属燃料的氧化反应虽然不能产生气体,但能够大量放热,因而金属燃料被用作固体推进剂燃料,也成为固体推进剂的重要组分。单质金属的标准燃烧热分别为:Be 67.8 MJ/kg,B 58.9 MJ/kg,Li 43.1 MJ/kg,Al 31.03 MJ/kg,Mg 24.8 MJ/kg,等等。由于铝粉的密度、体积氧化焓、当量氧化焓等综合性能相当优异,固体推进剂金属燃料无一例外均使用铝粉。

提高固体推进剂比冲,需要正生成焓或低负生成焓的燃料和氧化剂,氢元素不仅是优异的燃料而且是期望的排气产物。固体推进剂比冲提升对含能组分的需求如图 1 - 4 所示。

1.3.4.1　高能炸药与固体推进剂用氧化剂的差异

适应固体推进剂发展需求的新型氧化剂是突破固体推进剂能量性能瓶颈的关键。提高固体推进剂比冲需要提高燃烧反应放热量及降低燃气平均相对分子质量,因此提高氧化剂参与氧化-还原反应能力及生成低相对分子质量气体能力是固体推进剂对新型氧化剂的重要需求。

1.提高氧化剂参与氧化-还原反应能力

固体推进剂中氧化剂参与氧化-还原反应的能力取决于化合物氧含量、质量生成焓及密度。根据分子结构理论分析,提高化合物生成焓、氧含量和密度的技术必然使其产气能力下降,由于燃气生成量的降低,导致做功效率降低,进而使固体推进剂做功能量降低。笼型结构增加分子环状结构数,必然以牺牲氢含量为代价(CL-20的高能量密度以减少12个H为代价):

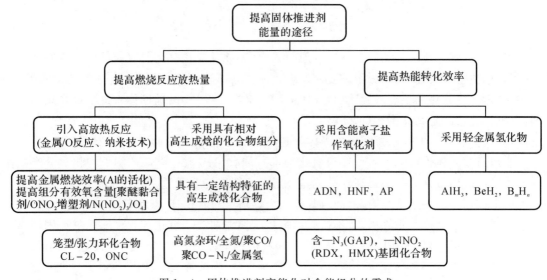

通过提高氧化剂参与氧化-还原能力的途径来提高固体推进剂比冲,必须使推进剂燃烧反应放热量的增加能够抵消因做功效率降低对推进剂比冲的不利影响,而且应避免对推进剂其他性能如敏感性、热稳定性、燃烧性能等的损害。符合这一技术途径的目标化合物是具有高生成焓、良好稳定性的高氮杂环类化合物及笼型化合物类有机高能氧化剂。

```
                    提高固体推进剂
                    能量的途径
         ┌──────────────────┴──────────────────┐
    提高燃烧反应放热量                      提高热能转化效率
   ┌──────┴──────┐                      ┌──────┴──────┐
引入高放热反应    采用具有相对          采用含能离子盐      采用轻金属氢化物
(金属/O反应、    高生成焓的化合物组分    作氧化剂
纳米技术)
提高金属燃烧效率(Al的活化)  具有一定结构特征的    ADN,HNF,AP    AlH₃,BeH₂,BₘHₙ
提高组分有效氧含量[聚醚黏合  高生成焓化合物
剂/ONO₂增塑剂/N(NO₂)₃/O₄]
笼型/张力环化合物    高氮杂环/全氮/聚CO/    含—N₃(GAP),—NNO₂
CL-20,ONC          聚CO-N₂/金属氢       (RDX,HMX)基团化合物
```

图 1-4 固体推进剂高能化对含能组分的需求

高能氧化剂取代AP对推进剂能量的影响是三方面综合的结果:增加推进剂配方组分的总焓、降低燃烧产物生成焓,以及增加燃烧气体物质的量。

推进剂组分中对总焓影响最大的是氧化剂。AP生成焓为 $-2\ 500\ \text{kJ/kg}$,硝胺化合物HMX/RDX作为推进剂组分有效地降低了AP含量,从而提高了推进剂配方组分的总焓。由于硝胺化合物有效氧含量大大低于AP,燃烧产物中的 CO_2 和 H_2O 等低生成焓物质减少,因此产物的生成焓略有增大。CO_2 和 H_2O 转化为 CO 和 H_2 后,单位质量推进剂产气的物质的量增大;在降低Al粉含量的情况下仍应确保燃烧过程的焓变基本相同。CL-20和ONC更是以牺牲燃气为代价的(H含量降低),所以虽然燃烧前、后焓差略有增大,但理论比冲与HMX/RDX基本相同。

笼型结构曾被认为是新型高能物质实现能量突破的重要途径。但是从结构的紧密和规整性、电荷的分布和化学键的对称平衡方面分析,突破CL-20、ONC的能量很困难。高氮结构的优势是:N—N 或 N=N 断裂形成 N_2,释放的能量高;在能量转换过程中,N_2 是随燃气温

度变化影响最小的优质工质。

2. 提高氧化剂生成低相对分子质量气体的能力

固体推进剂中提高氧化剂生成低相对分子质量气体的能力,要求化合物的元素平均相对原子质量低、氢含量高。理论计算表明,在 20%(质量分数)含铝固体推进剂体系中,增加 1%(质量分数)的氢获得的比冲增益为 6.5 s,相当于增加了 2 000 kJ/kg 的生成焓。因此,提高氢含量对提高含金属的固体推进剂体系比冲非常有效。不过,增加氧化剂中的氢含量将导致化合物生成焓降低,同时使推进剂燃烧反应放热量降低,要平衡氧化剂提高放热量与降低燃气平均相对分子质量相当困难。

将金属 Al 粉引入固体推进剂中增加放热量,主要是配合生成焓为负值的氧化剂 AP;推进剂配方中添加 AlH_3,主要是为了消除氧化剂能量性能的差异对比冲的影响。随氧化剂生成焓的增大,引入金属增加放热量的效益渐渐变低。为适应这一变化,应在保证氢含量的基础上提升氧化剂的生成焓。

3. 固体推进剂用高能氧化剂的发展方向

围绕提升含能材料能量的诉求,现有提升含能分子能量水平的设计理念和策略普遍基于增加含能单元的环张力能和氮含量,同时减少氢含量和提高氧平衡的原则。这类以提高炸药爆轰特性为牵引的分子设计和理论计算与固体推进剂结合较少,表现为这些高能化合物对固体推进剂比冲的提升幅度非常有限。以 CL-20(氧平衡-10.95%,生成焓 946 kJ/kg,H 含量 1.37%)和 HMX(氧平衡-21.61%,生成焓 254 kJ/kg,H 含量 2.70%)为例,相对于 HMX,CL-20 的生成热提高了近 4 倍,相应的炸药爆轰性能提高幅度大于 10%,但在推进剂中,其对比冲的贡献不足 1%。这说明这些负氧平衡的高能化合物对于优化推进剂的氧化-还原反应体系并无助益,从而形成了高能量与高安全风险的技术发展瓶颈。

适用于固体推进剂的高能氧化剂的分子结构及性能特征与炸药不同,在固体推进剂配方体系中,高生成焓(提高燃烧反应的焓变)、高氧含量(供氧能力强)、高氢含量(提高热能转化为动能的效率)的高能氧化剂对提高燃烧热和降低燃气产物平均相对分子质量均有较大增益,能够较大幅度地提高推进剂的比冲。对于固体推进剂,由于金属和高能量密度化合物的应用,产气量对比冲和性能的影响将变得突出。

含能化合物的使用目的不同,评价其能量的方法也不同。高能炸药的研究是以爆压、爆速(密度是关键,产气量、爆热次之)等高效毁伤能力为需求牵引的,目前得到重点研究的是 2~3 倍甚至更高 TNT 当量的高能量密度化合物。

表 1-4 是几种应用于固体推进剂的含能氧化剂以炸药标准计算的能量密度(爆热与密度的乘积),以及基于单元推进剂(氧化剂是推进剂配方的唯一组分)的比冲计算值。有效氧含量为正的 AP、ADN 的计算能量密度及单元推进剂比冲远低于 RDX、HMX、CL-20。很显然,以密度、爆热为能量评价技术指标的方法完全不适用于固体推进剂(分子间化学储能材料)氧化剂,而以单元推进剂比冲评估固体推进剂氧化剂的能量水平也是不正确的,因为在没有一定量的聚

合物黏合剂(占固体推进剂体积百分比不小于 18%)的情况下制造固体推进剂是不可能的。

表 1-4 几种用于固体推进剂的含能氧化剂以炸药标准计算的能量密度

氧化剂	密度 g·cm⁻³	爆热 kJ·g⁻¹	能量密度 kJ·cm⁻³	单元推进剂比冲 N·s·kg⁻¹
AP	1.95	1.97	3.85	1 556
RDX	1.81	5.30	9.59	2 617
HMX	1.91	5.25	10.03	2 604
CL-20	2.04	6.08	12.41	2 673
ADN	1.82	2.67	4.86	2 002
固体推进剂	1.8~1.9	7.7~8.1	14~16	—

与单质炸药通过分子内化学键的改变释放潜能不同,固体推进剂将化学能源高效存储在复合材料中,通过组分之间特定的化学反应过程释放出能量,即反应中形成新的化学键所释放的能量与破坏旧的化学键所消耗的能量之差。固体推进剂常用氧化剂 AN(硝酸铵)、AP、ADN 等生成焓为负值,本身能量很低,当固体推进剂引入金属 Al 增加燃烧的放热量($16.4×10^3$ kJ/kg)时,推进剂的能量(比冲)可以达到相当高的水平。

依据固体推进剂理论比冲的计算公式,推进剂能量主要由两方面因素决定:一是推进剂燃烧反应的绝对焓变,二是燃烧焓变转化为推进剂动能的效率,即 $I_{sp} \propto \sqrt{T_c/M_e}$。

固体推进剂氧化剂的作用主要是提供足够的氧维持金属燃料及碳氢燃料的充分燃烧,并且自身分子结构中非氧部分燃烧时能释放出大量的热,产生的燃气平均相对分子质量要低,即适用于固体推进剂的氧化剂应具备燃烧的焓变且产气量高。

因此,固体推进剂氧化剂的研究是基于高氧含量(供氧能力强)、高生成焓(自身含能)、高氢含量(能量转换效率高)的高能氧化剂对提高燃烧热和降低燃气产物平均相对分子质量均有较大增益,能够大幅度提高固体推进剂的比冲的,以燃温、产气量(燃烧热、燃气平均相对分子质量对能量的贡献更大)等热能及动能转化效率为研究重点。氧化剂的焓变 ΔH 与产气量 V 的乘积 $\Delta H \cdot V$ 可以作为初步评估其对固体推进剂的比冲贡献的指标,固体推进剂组分 $\Delta H \cdot V$ 越高,对比冲的贡献越大。而 $\rho\sqrt{\Delta HV}$ 可以作为初步评估氧化剂对固体推进剂密度比冲贡献的指标,密度比冲更适合于评估多级固体火箭发动机的第一级对射程及载荷的贡献。对于固体推进剂氧化剂的燃烧,一般地遵循 Springall Roberts 规则,但对于氧含量过量(满足自身燃烧后仍有剩余的氧)的氧化剂,计算焓变和产气量时,需要考虑固体推进剂体系中必须使用含碳的黏合剂和增塑剂,氧化剂中的过量氧可将推进剂组分中的碳氧化为 CO 和 CO_2。将常见含能化合物作为固体推进剂氧化剂的性能计算结果列于表 1-5 中。

表 1-5 含能化合物作为固体推进剂氧化剂的能量水平判据

氧化剂	密度 ρ g/cm³	生成焓 ΔH_f kJ/kg	焓变 ΔH kJ/kg	产气量 V m³/kg	ΔHV kJ·m³/kg²	$\rho\sqrt{\Delta HV}$ (kJ/cm³)^(1/2)
AP	1.95	−2 536	4 587	0.929	4 261	127
RDX	1.81	278	5 610	0.832	4 668	124

续表

氧化剂	密度 ρ g/cm^3	生成焓 ΔH_f kJ/kg	焓变 ΔH kJ/kg	产气量 V m^3/kg	ΔHV kJ·m^3/kg^2	$\rho\sqrt{\Delta HV}$ (kJ/cm^3)$^{1/2}$
HMX	1.91	253	5 594	0.832	4 654	130
CL-20	2.04	956	5 760	0.805	4 637	139
ADN	1.82	−1 218	5 145	0.992	5 104	130
TTTO①	1.98	3 975	7 050	0.784	5 527	147
DNAFO②	2.00	2 316	6 580	0.778	5 119	143

注:①1,2,3,4-四嗪并[5,6-e]-1,2,3,4-四嗪-1,3,5,7-四氧化物;②3,3′-二硝基-4,4′-偶氮氧化呋咱。

如何采用合理的分子设计理念,降低氧化剂分子结构中还原性元素含量以及氧与还原性元素结合的化学键的键能,同时满足固体推进剂配方对稳定性、安全性、相容性的要求,是新一代高能氧化剂分子设计面临的主要挑战。新型高能量密度物质大多具有刚性的骨架结构,并在分子上集合了众多高能基团,对于合成工艺路线设计和技巧都极具挑战性。应注重引入新思想、新合成策略,实现靶向合成、定向调控含能分子的结构和性能,以加快下一代固体推进剂高能氧化剂的研发效率。

含能物质的使用目的、应用体系不同,评价其能量的方法也不同。氧化剂对提高推进剂能量的贡献需综合考量化合物的氧含量、质量生成焓、燃气生成量及密度;若新型氧化剂实现应用,则其稳定性、感度、相容性等需要满足推进剂配方的要求。

1.3.4.2 增加输出比冲与提高理论比冲的技术途径

复合固体推进剂中使用铝粉可以将比冲提高 15%,这种性能的提高源于燃温增加(燃烧焓变增加)及气体产物的平均相对分子质量降低(推进剂排气产物由 CO_2、H_2O 转变为 CO、H_2)。然而,气体与凝聚相的不平衡导致性能与理论水平相比降低 10%。这主要是因为:一方面表面氧化层降低铝粉点火及燃烧效率;另一方面在铝颗粒点火燃烧前及过程中,铝颗粒融化并团聚,形成了相对大的凝聚物。

提高铝粉燃烧效率及降低含金属推进剂燃气平均相对分子质量是增加输出比冲与提高理论比冲的有效技术途径。理论上,铝颗粒经特殊处理(降低尺寸及活化)后能够迅速在表面点燃,生成更多的气体产物,分散成更小的颗粒,并能够提高燃烧效率。纳米铝粉高的氧化物含量及非常高的表面积导致推进剂加工过程存在问题,限制了其应用。采用专门的纳米粒子注入或原位生成工艺,制备纳米铝粉填充的黏合剂,有望解决纳米铝粉应用的技术难题。铝粉活化方法:①将镍、铁、锌等金属或聚四氟乙烯嵌入铝粉的内部制备铝粉包裹异质材料的复合颗粒;②使用氟化氢气体对铝粉进行氟化改性,在铝粉表面或氧化铝与活性铝界面生成氟化铝层。此外,采用金属氢化物可以通过降低固体推进剂燃气平均相对分子质量,达到提高固体推进剂比冲的目的,用 α-AlH_3 替代固体推进剂配方中 18% 的金属铝粉,其理论比冲增加 100 N·s/kg 以上。

1. 纳米 Al 粉

采用纳米铝粉取代微米铝粉,可以缩短颗粒燃烧时间,降低团聚物的尺寸,降低点火延迟,降低凝聚相尺寸,增加推进剂的反应热。然而,纳米铝粉高的氧化物含量及非常大的表面积导致推进剂加工过程存在问题,限制了其应用,应最大限度地避免纳米铝颗粒活性的损失。

可采用专门的纳米粒子注入或原位生成工艺,制备铝纳米粒子填充的黏合剂,解决纳米铝粉应用的技术难题。

2. 铝粉的活化——金属复合

金属间的反应提供了热脉冲,促进铝粉的点火。在升高温度的过程中,镍等金属的氧化比铝容易,提供了额外的能量加热铝粉颗粒至其熔点以上,而且生成的金属氧化物与铝发生铝热反应,产生更加强烈的热源。

金属(Ni、Zn、Fe)与铝粉的复合物可以降低凝聚物直径的 50%,但凝聚物尺寸仍然约是起始原材料颗粒尺寸(22 μm)的 5 倍(104 μm)。

3. 铝粉的活化——氟碳化合物复合

破坏或削弱氧化铝层,氟碳化合物降低了氧化铝的熔点,在氟化物熔点之上,起到了溶解氧化铝的作用,加速了气相氧化剂通过氧化层与金属反应的传输过程。

Sippel 制备了以聚四氟乙烯包覆铝颗粒的复合颗粒并将其应用于固体推进剂中,结果表明,包覆使燃烧产物的粒径显著降低。Al/PTFE(质量比 9∶1)复合颗粒对燃速与压强指数无影响,理论比冲降低 0.8 %;而 Al/PTFE(质量比 7∶3)增加压强指数(由 0.36 增至 0.58)及 50%燃速(13.8 MPa),理论比冲降低 2.7 %。但是,由于大幅度降低了凝聚相尺寸(降低发动机两相流损失),因此可以弥补理论比冲的损失。

4. 金属氢化物

金属氢化物通过降低固体推进剂燃气平均相对分子质量,达到提高固体推进剂比冲的目的。金属氢化物一般具有负的生成焓,吸热脱氢反应将降低含金属推进剂的燃温,综合性能优于 Al 粉的氢化物品种并不多。

1.3.5 固体推进剂用新型含能物质的选择原则

1.3.5.1 氧化剂的选择原则

C、H、N、O 高能组分在金属化推进剂中影响固体推进剂能量的主要是来自于高能组分的气化放热量 $Q_{气化}$,其次是热能转化效率。

$Q_{气化}$ 包括两部分:一是高能组分单质化放热($-\Delta H_f^{\ominus}$);二是单质化生成 O_2 使体系中 C(来自高能组分或推进剂其他组分的单质化)气化所放出的热量。即 $2C+O_2 \Longrightarrow CO,\Delta H = -221 \text{ kJ/mol}$,因此

$$Q_{气化}=-\Delta H_f^{\ominus}-\frac{1}{2}\times 221.0\times 含氧数$$

由于缺少氧时需通过与 AP(AN、ADN)等负生成焓无机氧化剂组成二元气化体系,因此如以 AP 做基准(见表 1-2)氧的热效应将不小于 1/2×221.0+1/4×406.0×1/2=161.25 kJ/mol。热能转化效率的主要影响因素是产气量,C、H、N、O 高能组分在金属化推进剂中气化的主要产物为 N_2、CO 和 H_2,它们也是金属化推进剂能量最高点的主要产物,N_2 和 CO 相对分子质量相同,因此影响高能组分能量转化效率的主要因素为组分中 H 元素含量,也就有

$$Q'_{气化} = -\Delta H_f^{\ominus} - \frac{1}{2} \times 221.0 \times 含氧数 - 无机氧化剂气化释放氧的吸热量 \quad (kJ/mol)$$

$$= \rho \times \frac{-\Delta H_f^{\ominus} - \frac{1}{2} \times 221.0 \times 含氧数 - 无机氧化剂气化释放氧的吸热量}{M_r} \quad (kJ/dm^3)$$

式中，ρ 为高能组分密度；M_r 为高能组分相对分子质量。

总之高能组分能量水平就是这两方面的综合。在不考虑其他组分的协同效应的情况下，可通过 η 与 $Q_{气化}$（有效氧含量为正）或 η 与 $Q'_{气化}$（有效氧含量为负）的乘积衡量高能组分能量的水平。

新型含能组分在固体推进剂配方中的应用，至少应满足以下两个条件之一：与传统组分相比，新组分必须提供相当或更好的能量性能——更高的储能，更高（更高的正生成焓或更低的负生成焓）的生成焓，更高的密度，更高的氧平衡；如果能量性能上没有优势，那么必然有一些其他原因促使采用这种新材料——更低的感度，更低的成本，更好的加工性，更大的可靠性，更好的热稳定性。

固体推进剂用氧化剂的重要特征参数有两个：生成焓和氧平衡。

表 1-6 是固体推进剂常用氧化剂的生成焓。

表 1-6 固体推进剂常用氧化剂的生成焓

名称	实验式	$\Delta H_f/(kJ \cdot kg^{-1})$	$\Delta H_f/(kJ \cdot mol^{-1})$
RDX	$(CH_2)_3(NNO_2)_3$	$+279$	$+62$
HMX	$(CH_2)_4(NNO_2)_4$	$+253$	$+75$
CL-20	$(CH_2)_6(NNO_2)_6$	$+1\,006$	$+460$
AN[①]	NH_4NO_3	$-4\,428$	-355
AP[②]	NH_4ClO_4	$-2\,412$	-283
ADN[③]	$NH_4N(NO_2)_2$	$-1\,087$	-148
HNF[④]	$N_2H_5C(NO_2)_3$	-393	-72

注：①硝酸铵；②高氯酸铵；③二硝酰胺铵；④硝仿肼。

1. 生成焓的理论推导[3]

静态氧弹量热计是最常用的测量燃烧过程内能变化的技术之一。在燃烧过程中体积 V 保持不变，内能变化值（ΔU）能够通过量热计常数和反应过程中的温度变化计算：

$$\Delta U = C \cdot \Delta T$$

量热计常数通过标准物质如苯甲酸样品测量，因为苯甲酸的内能变化值是已知的，即

$$C = \frac{\Delta U_{苯甲酸}}{\Delta T_{苯甲酸}} \tag{1-1}$$

理想气体的生成焓定义为

$$H = U + PV = U + nRT \tag{1-2}$$

燃烧反应过程的焓变定义为

$$\Delta H = \Delta U + \Delta n_g RT \tag{1-3}$$

式中，Δn_g 为反应过程中气体物质的量的变化。

对于充氧燃烧过程，可以假设反应为完全燃烧过程，Δn_g 计算过程如下：

$$C_aH_bO_cN_d + \left(a+\frac{b}{4}-\frac{c}{2}\right)O_2 \longrightarrow aCO_2 + \frac{b}{2}H_2O + \frac{d}{2}N_2 \quad (1-4)$$

$$\Delta n_g = n(CO_2) + n(N_2) + n(O_2) = \frac{1}{2}\left(d - \frac{b}{2} + c\right) \quad (1-5)$$

燃烧过程的焓变由内能的变化计算：

$$\Delta_c H_{(M)} = \Delta_c U_{(M)} + \Delta n_g RT \quad (1-6)$$

根据燃烧过程的焓变计算化合物的标准生成焓：

$$\Delta_f H_{(M)}^\ominus = \sum_j^{产物} \Delta_f H_{(P_j)}^\ominus - \Delta_c H_{(M)}^\ominus \quad (1-7)$$

2. 生成焓的计算实例

以化合物苯甲酸（$C_7H_6O_2$）为例，燃烧热的实验结果为 6 310.54 kcal/kg[①]（3 224.37 kJ/mol），以下为详细的计算过程：

$$C_7H_6O_2 + 6.5O_2 \longrightarrow 7CO_2 + 3H_2O$$

根据式（1-5）有

$$\Delta n_g = \frac{1}{2}\left(2 - \frac{6}{2} + 0\right) = -\frac{1}{2}$$

根据式（1-6）有

$$\Delta_c H_{(M)} = \left[3\ 224.37 + \left(-\frac{1}{2}\right) \times 8.314 \times 298.13/1\ 000\right] kJ/mol = 3\ 221.89\ kJ/mol$$

根据式（1-7）有

$$\Delta_f H_{(M)}^\ominus = [7 \times (-393.7) + 3 \times (-285.83) - 3\ 224.37]\ kJ/mol = -389.02\ kJ/mol$$

由此可以归纳出化合物（$C_aH_bO_cN_d$）的普适生成焓计算公式为

$$\Delta_f H_{(M)}^\ominus = 0.004\ 184 \times \Delta_c U \times M + \Delta n_g \cdot R \cdot T - 393.71 \times a - 142.915 \times b$$

式中，$\overline{M}$ 为化合物的相对分子质量；$\Delta_c U$ 为实测燃烧热，单位为 kcal/mol。

当 $\Delta_c U$ 单位为 kJ/mol 时，则上式变为

$$\Delta_f H_{(M)}^\ominus = 0.001 \times \Delta_c U \times \overline{M} + \frac{\Delta n_g \cdot R \cdot T}{1\ 000} - 393.71 \times a - 142.915 \times b$$

氧平衡（OB）的定义是：将分子结构中氢、碳元素完全氧化为 H_2O、CO_2 后，剩余或缺少的氧元素量。如果氧化反应后，还剩余氧，则为正氧平衡；反之，如果氧化反应后，氧被全部消耗，还有剩余的可燃物，则为负氧平衡。即氧化剂的 OB 值可为正值，也可为负值。表 1-7 是固体推进剂常用氧化剂的氧平衡值。

对一般的组成为 $C_aH_bN_cO_d$、相对分子质量为 $\overline{M}_w$ 的化合物，OB 值是将 $C \rightarrow CO_2$ 及 $H \rightarrow H_2O$ 后，单位质量化合物中多余的或不足的氧量，可用下式计算（OB 值的单位是%）：

$$OB = \frac{(d - 2a - b/2)}{\overline{M}_w} \times 1\ 600\% \quad (1-8)$$

RDX（$C_3H_6N_6O_6$）氧平衡计算实例如下：

---

① 1 cal = 4.184 J，1 kcal = 4.184 kJ。

$$OB = \frac{(6 - 2 \times 3 - 6/2)}{222} \times 1\,600\% = -21.6\%$$

表 1-7　固体推进剂常用氧化剂的 OB 值

名称	分子式	OB/(%)
HMX	$(CH_2)_4(NNO_2)_4$	-21.68
RDX	$(CH_2)_3(NNO_2)_3$	-21.60
CL-20	$(CH_2)_6(NNO_2)_6$	-10.95
ADN	$NH_4N(NO_2)_2$	$+25.80$
HNF	$N_2H_5C(NO_2)_3$	$+13.00$
AN	NH_4NO_3	$+20.00$
AP	NH_4ClO_4	$+34.04$

1.3.5.2　含能黏合剂的选择原则

黏合剂研究重点是将高能基团引入聚合物侧基构成含能黏合剂。表 1-8 是固体推进剂常用含能黏合剂。由于黏合剂必须具有构建可承受固体推进剂机械力学作用的网络结构的功效,即具有柔性和连接强度,因此开发的主要是侧链上含—N_3、—NF_2、—ONO_2、唑等官能团的 C 链和 C—O—C 醚链为主链的具有良好的高低温特性的含能黏合剂。

表 1-8　固体推进剂常用含能黏合剂

含能黏合剂	结构式	生成焓 kJ/mol	密度 g/cm³	氧平衡 %	玻璃化转变温度 ℃
HTPB	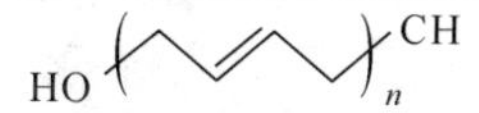	-52	0.92	-324	-65
GAP	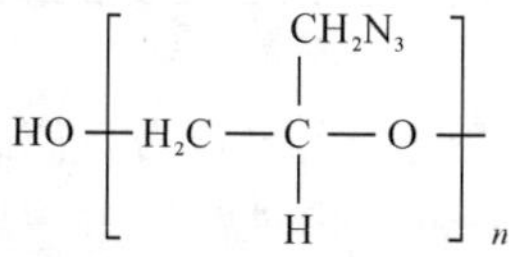	$+117$	1.30	-121	-45
Poly-BAMO	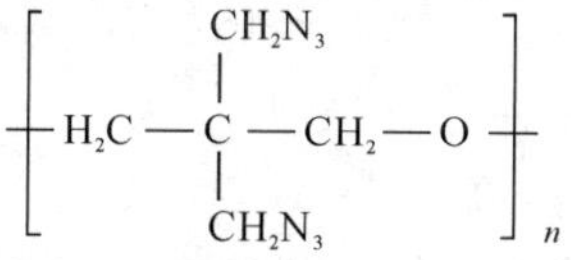	$+413$	1.30	-124	-39
Poly-AMMO	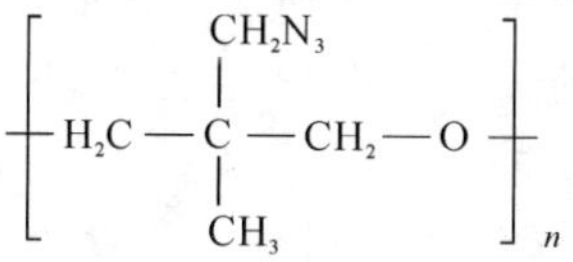	$+179$	1.06	-170	-55
Poly-NIMMO	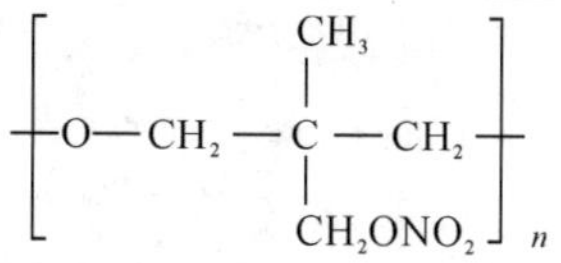	-335	1.26	-114	-25

续表

含能黏合剂	结构式	生成焓 kJ/mol	密度 g/cm³	氧平衡 %	玻璃化转变温度 ℃
PGN	HO—[HC—CH₂—O—]ₙH，侧链CH₂ONO₂	−285	1.39	−61	−35
BAMO - THF 共聚物	H—[O—CH₂—C(CH₂N₃)₂—CH₂—]ₙ[O—(CH₂)₄—]ₙOH	+189	1.18	−125	−56

1.3.5.3 高能金属燃料的选择原则

高能金属燃料组分是相对简单的,许多能量最高的金属燃料单质就是稳定的固体。表1−9是单一金属燃烧剂的燃烧热。金属燃料分子结构简单,品种也较少,一般为单质和氢化物,如 B、Be 和它们的氢化物已在固体推进剂部分进行过深入的研究。B 具有高的体积和质量热值,而成为冲压发动机所追求的燃料,Be 因本身性质问题(密度低、燃烧产物 BeO 毒性高)而被固体推进剂研究学者所放弃。

表 1−9　单一金属燃烧剂的燃烧热

金属燃烧剂	燃烧热/(kJ·g⁻¹)	说明
Mg	−25	燃烧热小于 Al
Al	−31	广泛应用于推进剂中
B	−59	燃烧效率较低
Be	−68	毒性较大
Li	−86	活性太高

金属 Al 粉引入固体推进剂增加放热量主要是配合生成焓为负值的氧化剂 AP;随氧化剂生成焓的增大,引入金属增加放热量的效益渐渐降低。推进剂配方中添加金属氢化物 AlH_3,主要是为了消除氧化剂能量性能的差异对比冲的影响,避免因提升比冲需要增加氧化剂生成焓而可能损害化合物的其他性能,如氧化剂能量性能(生成焓增大)提高,导致敏感性增大,热稳定性、燃烧性能变差,固体推进剂燃烧室温度过高。

在一个含铝固体推进剂体系中,如果用高密度金属燃料等当量取代铝粉,对体系燃烧气体产物数量(物质的量)影响很小,但会改变体系质量、体积、化学潜能和凝聚相产物在燃烧产物中的比率,从而影响固体推进剂的比冲和密度比冲。

低的当量标准焓(见表 1−10)说明产生同样的热量需加入更多的低能量氧化剂 AP。一些金属燃料的氧化物熔点和沸点较低,在约 2 000℃高温甚至可气化,但这对提高推进剂能量并非有利。这是因为,一方面这些氧化物气化热一般很高,远高于凝聚相产物生成焓,将大幅降低推进剂燃烧反应放热量;另一方面,由于这些氧化物的相对分子质量大,将降低燃气产物的平均相对分子质量,从而降低能量转化效率。

表 1-10 高密度金属燃料热化学反应性能参数

金属燃料	克当量①/g	密度/(g·cm⁻³)	当量体积②/cm³	燃烧产物	产物的当量标准焓③/kJ
Al	9	2.7	3.3	Al_2O_3	−279.3
Sc	14.99	3.0	5.0	Sc_2O_3	−318.1
Ti	11.97	4.5	2.6	TiO_2	−236.0
	15.96	4.5	3.5	Ti_2O_3	−253.5
V	16.99	6.0	2.8	V_2O_3	−203.1
	10.19	6.0	1.7	V_2O_5	−155.1
Fe	18.62	7.9	2.4	Fe_2O_3	−137.4
Y	29.64	4.5	6.6	Y_2O_3	−317.6
Zr	22.81	6.5	3.5	ZrO_2	−275.3
Nb	18.58	8.6	2.1	Nb_2O_5	−190.0
Hf	44.62	13.3	3.4	HfO_2	−286.2
Ce	46.71	6.8	6.9	Ce_2O_3	−299.4
Pr	46.97	6.8	6.9	Pr_2O_3	−301.6
Nd	48.08	7.0	6.9	Nd_2O_3	−301.3
Sm	50.12	7.4	6.8	Sm_2O_3	−303.8
Tb	52.98	8.2	6.4	Tb_2O_3	−310.9
Tm	56.31	9.3	6.0	Tm_2O_3	−314.8
Yb	57.68	7.0	8.3	Yb_2O_3	−302.4
Er	55.75	9.1	6.1	Er_2O_3	−316.3
Ho	54.98	8.8	6.3	Ho_2O_3	−313.5
Lu	58.32	9.8	5.9	Lu_2O_3	−313.0

注:①克当量:用克为单位的化学当量称为克当量,表示出该元素对它的 1 价所相当的质量。②当量体积:通过克当量除以密度得到。③产物当量标准焓:金属燃烧热与克当量的乘积。

高密度金属燃料体系的能量密度变化不大,而产物凝聚相分数提高幅度都较大,能量转化效率降低,比冲都低于金属 Al(以 GAP/CL-20/AP/Al 作为参考配方体系)(见表 1-11)。

表 1-11 单位质量固体推进剂体系高密度金属燃料替代 Al 计算结果

金属燃料	推进剂密度 g/cm³	燃料中推进剂的体积分数 %	凝聚相质量分数 %	理论比冲 s	能量密度 J/cm³
Al	1.882	12.5	34.0	271.8	6 466.2
Sc	1.982	17.7	41.1	266.4	6 753.6

续表

金属燃料	推进剂密度 g/cm³	燃料中推进剂的体积分数 %	凝聚相质量分数 %	理论比冲 s	能量密度 J/cm³
Ti	2.047	10.2	37.7	250.4	6 166.3
	2.129	13.1	42.1	247.2	6 248.1
V	2.223	10.9	43.1	228.4	5 567.7
	2.052	6.9	35.5	262.4	6 786.5
Fe	2.329	9.2	44.6	201.8	4 555.6
Y	2.365	22.2	53.3	239.8	6 529.2
Zr	2.386	13.1	48.3	240.0	6 602.7
Nb	2.348	8.5	44.6	260.8	7 666.6
Hf	3.220	12.6	61.5	184.4	5 259.7
Ce	2.911	22.9	62.4	210.8	6 208.7
Pr	2.916	23.0	62.5	211.0	6 234.1
Nd	2.960	22.8	63.0	209.6	6 243.9
Sm	3.037	22.6	63.8	207.8	6 299.5
Tb	3.167	21.7	64.9	206.3	6 472.8
Tm	3.324	20.6	66.1	203.6	6 619.6
Yb	3.133	26.2	66.6	199.4	5 982.0
Er	3.293	20.9	65.9	204.6	6 617.9
Ho	3.254	21.2	65.6	204.7	6 550.5
Lu	3.406	20.3	66.8	201.2	6 619.5

金属氢化物替代金属燃料,推进剂配方的化学潜能变化不大,但化学能转化率会有较大提高。

虽然 AlH_3 可显著提高比冲(理论比冲从 271.8 s 增至 282.1 s),但密度比冲方面没有优势(推进剂密度比冲从 511.5 s·g·cm^{-3} 降至 482.3 s·g·cm^{-3})。高密度金属氢化物,由于氢含量较小,对比冲及密度比冲的贡献也较小(见表 1-12)。

表 1-12 高密度金属氢化物体系能量性能计算结果

燃料	潜能 g/cm³	转化率 %	推进剂密度 g/cm³	理论比冲 s	能量密度 J/cm³	密度比冲 s·g·cm⁻³
AlH_3	8 326.6	45.88	1.68	282.1	6 413.8	482.3
TiH_2	6 977.2	44.73	2.01	254.9	6 282.9	513.2
	6 777.5	43.33	2.08	247.0	6 114.8	514.4
ZrH_2	6 410.0	45.98	2.35	247.7	6 918.2	581.5

1.3.5.4 含能增塑剂的选择原则

表 1-13 所列为固体推进剂常用含能增塑剂的性能。新型的含能增塑剂的研究方向是研究具有低感度、高氧含量、高生成焓的增塑剂,如呋咱类增塑剂、叠氮增塑剂、唑类增塑剂,它们不含有热不稳定硝酸酯功能团和高感度的硝胺功能团。此外,研究人员也在开发与 HTPB 推进剂相容的含能增塑剂,以提升 HTPB 推进剂的比冲。

表 1-13 固体推进剂常用含能增塑剂的性能

名称	结构	熔点 ℃	密度 g/cm³	生成焓 kcal/mol	氧平衡 %
TEGDN	CH_2-O-NO_2 $CH_2-O-CH_2-CH_2$ $O_2NO-H_2O-H_2C-O$	-23	1.3	-149	-67
BTTN	CH_2-ONO_2 $CH-ONO_2$ CH_2 CH_2-ONO_2	-6	1.52	-99	-17
TMETN	CH_2-ONO_2 $CH_2-C-CH_2-ONO_2$ CH_2-ONO_2	15.7	1.49	-99.6	-34.5
DEGBAA	$CH_2CH_2OCOCH_2N_3$ O $CH_2CH_2OCOCH_2N_3$	—	1	-78	-100
TMNTA	$CH_2OCOCH_2N_3$ $O_2N-COCOCH_2N_3$ $CH_2OCOCH_2N_3$		1.4	-55	-72
PETAA	$C-(CH_2OCOCH_2N_3)_4$	—	1.4	-51	-89
DAFP	$FC(NO_2)_2CH_2OCH_2CH(N_3)CH_3$	—	1.4	57	—
AFFO	$FC(NO_2)_2CH_2OCH_2OCH(CH_3)$	—	—	23	—
Me-NENA	NO_2 $CH_3-N-CH_3CH_2-ONO_2$	38	1.53	—	-43.6
Ethyl NENA	NO_2 $CH_3CH_2-N-CH_3CH_2-ONO_2$	5	1.32	-34	-67
Propyl NENA	NO_2 $CH_3CH_2CH_2-N-CH_2CH_2-ONO_2$	-4	1.26	-37	-87

续表

名称	结构	熔点 ℃	密度 g/cm³	生成焓 kcal/mol	氧平衡 %
Bu NENA	NO_2 $\mid$ $CH_3CH_2CH_2CH_2—N—CH_3CH_2—ONO_2$	−27	1.21	−61	−104
BDNPF 和 BDNPA 混合物	$CH_2[OCH_2C(NO_2)_2CH_3]_2$ $CH_3CH[OCH_2C(NO_2)_2CH_3]_2$	−18	1.39	−143	−57
ANMF					
NF1 或 NF2	有机基团	NF1: $\rho=1.467$ g/cm³, $\Delta H_f=58.8$ kcal/mol NF2: $\rho=1.264$ g/cm³, $\Delta H_f=−62$ kcal/mol			
叠氮硝酸酯	PDADN DANG TAMA				

1.4 固体推进剂用含能物质的发展历程

1.4.1 含能材料的发展概述

含能材料是武器装备实现远程投送和高效毁伤的能量源,其性能优劣直接决定了武器装备性能水平的高低。

从近代含能化合物发明到现在的二百多年时间里,在固体推进剂中获得广泛应用的含能化合物非常少,固体推进剂中大量使用的依然是 AP、NG、RDX 和 HMX 等少数含能化合物,使得实际应用的新型高能量密度化合物非常缺乏,严重制约了武器装备远程投送能力的提升。这是由于 C、H、N、O 类含能化合物在分子设计和合成上可调节的空间很小,而需要综合考虑的因素又很多,诸如能量、感度、热稳定性、吸湿性、相容性、成本、环保等,这些因素通常又相互制约,导致可实用的含能分子合成成功的概率非常小。另外,固体推进剂能量、力学、工艺、燃烧、储存等性能的考核验证与评价往往需要相当长的时间,使得最终能够完全满足固体推进剂使用要求的含能组分更少。而且,含能化合物性能的提升也十分缓慢。表 1 - 14 是固体推进剂用含能物质的发展情况。从 TNT(1863 年,密度 $\rho=1.65$ g/cm³,爆速 $D=6\,950$ m/s)到 HMX(1941 年,$\rho=1.91$ g/cm³,$D=9\,100$ m/s),能量提高了约 80%;从 HMX 再到 CL - 20

$(1987 \text{ 年}, \rho = 2.04 \text{ g/cm}^3, D = 9\,400 \text{ m/s})$，能量提高了约 10%。

表 1 - 14　固体推进剂含能组分的发展情况

时间	含能组分	特性
1816 年	$M^+ClO_4^-$	氧化剂
1831 年	AP	氧化剂
1847 年	NG	含能增塑剂
1863 年	TNT	高能炸药
1899 年	RDX	高能炸药
1941 年	HMX	高能炸药
1951 年	HNF	高能氧化剂
1968 年	$\alpha - AlH_3$	高能燃料
1971 年	ADN	高能氧化剂
1981 年	GAP	含能黏合剂
1987 年	CL - 20	高能炸药
1998 年	FOX - 7[①]	钝感炸药
1998 年	DNAFO[②]	高能炸药
1999 年	ONC[③]	高能炸药
2016 年	TTTO	高能炸药

注:①1,1-二氨基-2,2-二硝基乙烯;②3,3′-二硝基-4,4′-偶氮二氧化呋咱;③八硝基立方烷。

1.4.2　初始阶段:早期发展阶段

众所周知,黑火药是中国人在公元前 1 世纪发明的。这种材料由很细小的颗粒(直径小于 1 mm)组成,被用于庆典,特别是用于制造焰火。13 世纪,中国黑火药传入阿拉伯国家,阿拉伯人又把黑火药传入西方,而英国人 Roger Bacon 和圣芳济会修道士 Berthold Schwartz 改进了黑火药,使其能应用于最早的枪支中,这使黑火药实际应用于军事战役。中世纪时期,黑火药使用的是传统的炼金术配方:75% 的硝石,12.5% 的硫黄和 12.5% 的焦炭。

在 15 世纪至 18 世纪期间,含能材料的发展都是紧紧围绕黑火药的加工制造及其在各个领域的应用开展的。

1.4.3　从 19 世纪到 20 世纪中期:重要突破阶段

19 世纪化学的快速发展发现或合成出了许多新物质。1825 年,英国 R. D. 克莱顿从煤焦油中分离出苯、甲苯、萘,奠定了现代化学工业的基础,1834—1842 年形成的硝化反应理论奠定了现代含能材料工业的基础。在含能材料领域,这些新物质常常是基于硝化过程获得的。

值得注意的是,Braconnot(1833 年)和 Schonbein(1864 年)通过纤维素硝化反应发明了硝化纤维素,Paul Vieille 于 1833 年发明了"凝胶化"的硝化纤维,1847 年 Soberot 发明了硝化甘油,1866 年 Alfred Nobel 以硅藻土吸收硝化甘油(大大降低了硝化甘油的机械感度)制得了代那买特(英文名称 dynamite)猛性混合炸药,在胶状硝化纤维素的研究中用硝化甘油作为增塑剂取得成功,为含能材料的发展提供了新的原材料。

这里需要重点指出的是,凝胶化的概念带来的变化使硝化纤维转变成了具有一定密度、无孔、看起来像赛璐珞一样,并且能按需要加工成任何形状的物质。这种特征是控制燃烧所必需的先决条件。

凝胶化通常采用以下两个途径:①使用一种溶剂溶解硝化纤维素,然后使溶剂以气体的形式蒸发。这在工业生产上可通过连续混合操作,去除溶剂的方法完成(这种方法被以无烟火药的发明者的名字命名为"Vieille 法");②在滚动研磨和加热条件下使增塑剂渗透进硝化纤维素中(也称为"Nobel 法"),这种通过挤压成型的方法能形成热固性的材料。

第一次世界大战前期现代炸药诞生。三硝基甲苯(TNT)是通过苯的硝化得到的,德国人在 1891 年开始生产,并且被德国皇家部队于 1902 年用于炮弹。直到现在,TNT 还是普遍使用的炸药。实际上,我们在讨论炸药能量时,不管是核弹还是其他炮弹都使用 TNT 当量来衡量。法国的 Turpin 曾建议使用"熔铸"技术来装填炸弹壳体,因为作为炸药之一的 TNT 在分解(120℃)之前就熔融(80℃)了。

1899 年,硝胺化合物 RDX 被合成出来;1941 年,HMX 也被合成出来,它是通过硝化六亚甲基四胺得到的。

至此,形成了沿用至今的三大系列单质炸药,即硝基化合物(TNT)、硝胺化合物(RDX、HMX)、硝酸酯化合物(NG),固体推进剂中大量使用的依然是 AP、NG、RDX 和 HMX 等少数含能化合物。

1.4.4 从第二次世界大战到 1990 年:大规模发展阶段

第二次世界大战末期,固体火箭发动机(SMR)作为推进动力迅速发展。

第一代固体火箭发动机采用均质无溶剂双基推进剂(如"喀秋莎"火箭炮)。这种推进剂使用挤压成型的推进剂药柱,药柱的直径限制在 20 dm 左右。由于无溶剂推进剂药柱的最大尺寸受到限制,因此需要发明其他推进剂解决这个问题。

美国马里兰普林斯顿爆炸研究实验室的 John Kincaid 和 Henry Shuey 发明了浇注双基推进剂。这种推进剂药柱的制造原理是将推进剂药浆注入所需形状的模具中,这样就没有了药柱的尺寸限制;然后往缝隙中填充增塑剂(常常是加入了 25% 惰性增塑剂的降感硝化甘油);最后将药浆进行固化,制造成推进剂药柱。在法国,这种类型的推进剂通过使用球形催化剂以使燃速和温度系数基本不受压力和温度的影响。

第二次世界大战末期,现在应用最广泛的新一代推进剂出现,这种推进剂被命名为复合推进剂。

复合推进剂的命名由来是其燃料与氧化剂的充分混合。最早的复合固体推进剂以沥青作为黏合剂和燃料,以高氯酸盐作为氧化剂。第一次世界大战与第二次世界大战期间高氯酸盐的生产技术得到迅速发展,在 1942 年 AP 应用于复合固体推进剂配方后,AP 作为固体火箭推进剂的主要氧化剂得到了广泛应用,并且一直沿用至今。

美国加利福尼亚的推进喷射实验室提出引入带醚键的聚氨酯作为黏合剂,用这种黏合剂制造的含能材料具有很好的机械弹性,非常适合"浇注黏合"的制造方法,也能摆脱药柱最大尺寸的限制。

复合推进剂由于其优异的性能(高比冲和高密度)和方便使用的特点快速地为各国所采用。制造过程仅为:将液体和炸药成分混合成药浆,然后在真空下将其浇注到内部表面衬有衬层的发动机壳体中,在药浆固化成型后,推进剂药柱就制造完成了。喷管和点火器必须被一体化装配到固体火箭发动机上。复合推进剂主要作为固体火箭发动机动力源用于战略和战术导弹。

19 世纪五六十年代出现了聚醚/聚氨酯黏合剂,它使美国和法国研制的复合推进剂用于战略导弹。复合推进剂技术可延长储存期并且可以即时点火,而这些是液体火箭发动机所不具备的。

在此阶段,复合固体推进剂一直在配方方面不断发展提高:从聚氨酯(PU)推进剂到端羧基聚丁二烯(CTPB)推进剂,再到端羟基聚丁二烯(HTPB)推进剂,再到硝酸酯增塑聚醚(NEPE)推进剂,再到聚叠氮缩水甘油醚(GAP)推进剂。

1.4.5　后冷战时期:创新发展阶段

此时期始于 19 世纪 80 年代末,经历的主要变化是新的国际形势对武器系统的新要求。

为了提高主装炸药的性能,需要在有限的装填空间里装入尽可能多的能量。由有机化学知识可知,高密度可以通过分子结构中含有稠环体系的化合物来获得。能量可以储存于张力环结构中,而硝基、硝胺基团可以带来适当的氧平衡。因此,寻求密度大于 $2 \ g/cm^3$ 的有机化合物应重点关注那些具有尽可能多的含能基团,并且分子中包含强张力环结构的物质。在过去一些年里,与传统高能炸药 RDX、HMX 相比,CL - 20 因其优异的性能而成为各国研究的热点。通过计算机辅助设计,更高能量的物质如八氮杂立方烷也被预示出来。

导弹的性能当然是重要的,但是防止发射平台上(无论是飞机、坦克还是军舰)的人不因装载的军用物资意外触发而送命也同样重要。这就涉及低易损性弹药(LOVA)或不敏感弹药(IM)的概念。

"不可预见性反应"的风险通过以下几种方法可以显著降低,这些方法包括合成低感度化合物,如三氨基三硝基苯(TATB)或 3 -硝基- 1,2,4 -三唑- 5 -酮(NTO),以及使用具有优良机械性能的能抵抗外部破坏的炸药如塑胶炸药(PBX)。

不敏感弹药的设计目的是降低在坠落、火焰烧烤、壳体遭受撞击和药柱整形过程中发生爆炸的风险。在法国,基于一系列测试结果,弹药被给出了一星到三星的 MURAT(LOVA)标准。然而,当军事需求发展变化时,传统的研究活动以及新配方、新工艺的安全测试方法也将随之发生改变。

1.5　固体推进剂含能组分的发展趋势

目前,新的含能分子逐步开发出来,如二硝酰胺铵(ADN)或 CL - 20;新的含能黏合剂也逐渐开发出来,如 GAP 等;新型高能金属燃料添加剂 $\alpha - AlH_3$ 也研制成功。开发低易损性化合物,也依赖于比硝化甘油更为钝感的增塑剂,这些增塑剂是硝酸酯类化合物(当然硝化甘油也属于这一类),如1,2,4-丁三醇三硝酸酯(BTTN)、三羟甲基乙烷三硝酸酯(TMETN)、二缩三乙二醇二硝酸酯(TEGDN)。此外,我们已经看到了新分子,如N-丁基-2-硝氧乙基硝胺(Bu NENA)被开发出来,它既含有硝胺基又含有硝酸酯基。这些都为武器系统向高能、低易损性发展奠定了原材料基础。

人们在关注含能材料时首先注意到的是,储存在含能材料分子中的巨大能量常常给生产和使用的人造成潜在的危险。因此安全涉及与含能材料相关的各个领域,目前国际上通过使用标准化的安全测试方法,获得含能材料的危险等级常识,各国共同分享这些数据,并通过计算机数字仿真技术不断补充完善;人们在认识到含能材料的危险性的同时,尽量避免因人为操作和材料环境变化造成意外事故的发生。

化学炸药和推进剂在密度、能量和稳定性方面将不断发展、提高,而未来的含能材料应该是更安全的、性能更高的。

高能化合物研究未来不可避免将面临5个挑战:①开发出真正意义上的钝感高能氧化剂;②开发出密度大于2 g/cm³的钝感高能炸药;③开发出高能燃料技术;④开发出具有良好的高低温特性的含能黏合剂;⑤开发出具有低感度、高氧含量、高生成焓的增塑剂。这些已成为世界范围内含能材料研究的方向。

参 考 文 献

[1] BODDU V, REDNER P. Energetic materials: thermophysical properties, predictions, and experimental measurements[M]. Boca Raton: CRC press, 2011.

[2] LEMPERT D, NECHIPORENKO G, MANELIS G. Energetic performances of solid composite propellants[J]. Central European Journal of Energetic Materials, 2011, 8 (1):25-38.

[3] AXTHAMMER Q J, EVANGELIST C, KLAPÖKE T M. Characterization, bomb calorimetric measurements and quantum chemical calculations of high energetic dense oxidizers (hedo)[C]// The 44th International Annual Conference of ICT. Karlsruhe, Germany:ICT, 2013:1-6.

第 2 章　新型含能氧化剂

2.1　概　　述

复合固体推进剂中广泛采用 AP 为氧化剂,AP 具有有效氧含量高、氢含量较高的优点。然而,AP 同时也存在一系列的缺陷:①高负生成焓,对能量性能提升不利;②燃烧过程中,产生氯化氢气体,增加了工质的平均相对分子质量,从而降低了推进剂化学能转化为动能的效率;③燃烧产物含氯化氢,导致白色的羽烟信号产生;④生成的大量氯化氢导致酸雨和臭氧层破坏,危害环境。随着固体导弹能量和作战性能要求的不断提升,对替代 AP 的固体推进剂用新型氧化剂的开发迫在眉睫。理想的新型氧化剂应具有正的氧平衡、高于 AP 的生成焓、高密度,并且不含卤元素,不吸湿,对热、摩擦、撞击、静电具有可接受的不敏感性,与推进剂其他组分相容,储存过程耐老化性能好等。很明显,合成一个化合物满足上面提到的所有条件是非常困难的。

高氯酸根离子是一个高密度含氧(原子)源,4 个氧原子围绕中心氯原子的排列方式是高效和稳定的。表 2-1 列举了具有类似结构的氧原子围绕某一中心原子排列而能够取代高氯酸根离子的原子团。

表 2-1　可能用于设计新型氧化剂的含氧(原子)源

结构	优点	缺陷
CO_3^{2-}	易得/安全	不含能
NO_3^-	有效氧含量高	稳定性差/吸湿性强
ClO_4^-	有效氧含量高	毒性大/能量低
O_2^{2-}	有效氧含量高	稳定性差/易爆
$C(NO_2)_3$	有效氧含量高	硝仿盐的安全性差/需要以 C 为骨架稳定化
$C—NO_2$	稳定性好	生成焓贡献为负,$-81\ kJ \cdot mol^{-1}$
$—NNO_2$	$162\ kJ \cdot mol^{-1}$ 的生成焓贡献	往往需要以 C 为骨架,有效氧含量降低
$—N(NO_2)_2$	$185\ kJ \cdot mol^{-1}$ 的生成焓贡献	稳定性差/成本高
$—ONO_2$	有效氧含量高	稳定性差/生成焓贡献为负,$-66\ kJ \cdot mol^{-1}$

因此,人们研究了各种高氯酸盐氧化剂,包括高氯酸肼、二高氯酸肼、高氯酸羟铵和高氯酸硝酰等,它们的性能见表 2-2。但是,这些在有效氧含量、生成焓、氢含量等方面综合能量性

能优于 AP 的氧化剂,在吸湿性、安全性和相容性方面均不能满足固体推进剂加工和储存条件要求,且不满足环境友好的要求。

表 2-2 典型无机氧化剂的性能

化学名称	分子式	熔点/分解温度 K	密度 g·cm⁻³	标准生成焓 kJ·g⁻¹	氧平衡 %
高氯酸铵	NH_4ClO_4	403	1.95	−2.513	34.0
二高氯酸肼	$N_2H_6Cl_2O_8$	443	2.20	−1.29	41.0
高氯酸肼	$N_2H_5ClO_4$	443	1.94	−1.34	24.0
高氯酸羟胺	NH_3OHClO_4	—	2.12	−2.08	41.9
高氯酸硝酰	NO_2ClO_4	393	2.22	0.255	66.0
硝仿肼	$N_2H_5C(NO_2)_3$	395	1.87	−0.39	13.1
二硝酰胺铵	$NH_4N(NO_2)_2$	363	1.81	−1.01	25.8
二硝酰羟胺	$NH_3OHN(NO_2)_2$	18~21	1.87		34.3

ADN(二硝酰胺铵)的研发成功,使人们发现氧原子以氮原子为骨架结合而成的氮氧阴离子($N_3O_4^-$)具有很好的稳定性,同时它也是一个高密度含氧(原子)源。ADN 取代固体推进剂中的 AP,能大幅提高推进剂的能量,降低特征信号和减少环境污染。然而,ADN 也存在一系列的缺点:生成焓低,吸湿性强,与推进剂某些组分发生化学反应。此外,另一个高密度无卤元素含氧源是硝仿基团[—C(NO₂)₃],其典型代表是硝仿肼(HNF),然而将其应用需要解决 HNF 感度高以及与推进剂黏合剂体系的相容性问题。

近几十年来,研究人员开发了大量的 C、H、N、O 类高生成焓共价键型有机化合物部分取代 AP,它们增加了单位质量的热释放量,降低了燃烧产物的气体平均相对分子质量,增加了推进剂的能量。在新型含能化合物的设计领域,高氮富氧分子扮演了重要的角色,然而绝大多数这类共价键型有机化合物氧含量都不足以将分子内的可燃骨架完全氧化成 CO_2、H_2O、N_2。需要在提升质量生产的基础上,进一步提高有效氧含量或氢含量。

此外,氧化剂晶体是其使用的最终结构形式,在氧化剂晶体堆积过程(结晶)中,分子间的相互作用与结晶条件决定了晶型与晶体品质(纯度、形貌、缺陷、颗粒度与分布等),也决定了其作为产品应用的适宜性。表面无缺陷、长径比小的球形或类球形晶体以及可进行粒度级配的不同粒度规格的晶体可以显著提高固体推进剂中的固体含量,同时改善推进剂药浆的工艺性能。基于理论计算和试验经验,上述晶体能够提供粗(200~400 μm)、中(70~150 μm)、细(0~50 μm)三种粒度规格的球形氧化剂,有利于制备高装填含量的固体推进剂,获得最高的能量性能。

开发高性能、环境友好的 AP 替代物是国内外固体推进剂用氧化剂的重要研究领域。依据氧化剂的特点及固体推进剂体系的需求,适用于固体推进剂的氧化剂按元素组成、结构及性能特征可以划分为 5 类:①高有效氧含量、高氢含量或正生成焓氧化剂;②高生成焓、高氢含量的离子盐氧化剂;③高生成焓、正(零)氧平衡氧化剂;④超高生成焓、低燃气平均相对分子质量化合物;⑤含能氧化剂共晶。

2.2　高有效氧含量、高氢含量或正生成焓氧化剂

此类氧化剂以高密度含氧源无机小分子［如 ADN、HNF、三硝酰胺（TNA）、$FN(NO_2)_2$］与固体单质氧化剂为代表。

2.2.1　高有效氧含量、高氢含量氧化剂

2.2.1.1　二硝酰胺铵

二硝酰胺铵（ADN）有效氧含量为 $16.13\ mol\cdot kg^{-1}$，是目前有效氧含量最接近 AP（有效氧含量 $17.02\ mol\cdot kg^{-1}$）的绿色高能氧化剂，由苏联泽林斯基有机化学所于 1971 年首次制备。其分子式为 $NH_4N(NO_2)_2$，氧平衡为 $+25.8\%$，生成焓为 $-149.8\ kJ\cdot mol^{-1}$，晶体密度为 $1.812\ g\cdot cm^{-3}$。ADN 具有高能、高燃速、不含卤素等特点，其燃烧产物为氮气和水，羽烟信号非常低，能够满足高能低特征信号和洁净燃烧的需要。美国斯坦福研究所在 1996 年报道了 ADN 的合成方法，并取得专利。在此之后，瑞典、德国、法国和日本等国家对 ADN 也非常重视，相继开展了研究工作。

ADN 取代固体推进剂中 AP，能大幅提高推进剂的能量，降低特征信号和减少环境污染。然而，ADN 的质量生成焓（$-1\ 130\ kJ\cdot kg^{-1}$）虽优于 AP，但依然较低。

1. 二硝酰胺铵的合成

ADN 的合成[1]主要包括有机二硝酰胺法、无机氨法、尿素或氨基甲酸铵/酯法、异氰酸酯法、原氨基磺酸盐法、新合成方法共 6 种方法。

（1）有机二硝酰胺法。首先制备 N,N-二硝基衍生物 $RN(NO_2)_2$，随后断裂 R—N 键从而生成二硝酰胺阴离子（见图 2-1），NH_3 中和后得到 ADN。

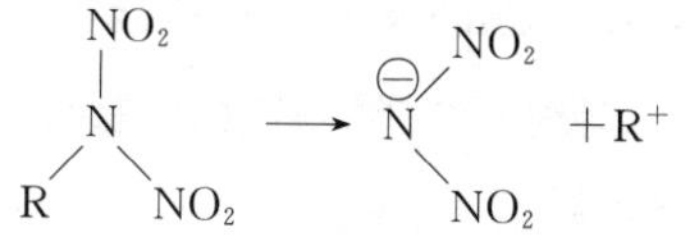

图 2-1　N,N-二硝基衍生物合成 ADN

（2）无机氨法。对 NH_3 或 $NH_2—NO_2$ 进行直接硝化，硝化剂为 NO_2BF_4 或 N_2O_5，然后用 NH_3 中和生成 ADN（见图 2-2）。

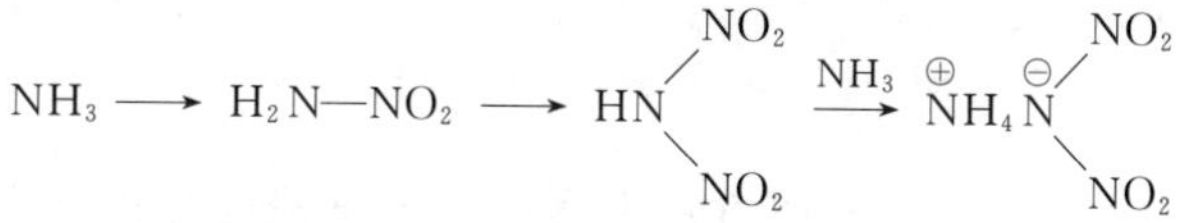

图 2-2　$NH_2—NO_2$ 法合成 ADN

（3）尿素或氨基甲酸铵/酯法[3]。对 NH_2CONH_2、$NH_2—COONH_4$ 或氨基甲酸酯用 NO_2BF_4 或 N_2O_5 进行硝化，然后用 NH_3 中和生成 ADN（见图 2-3）。

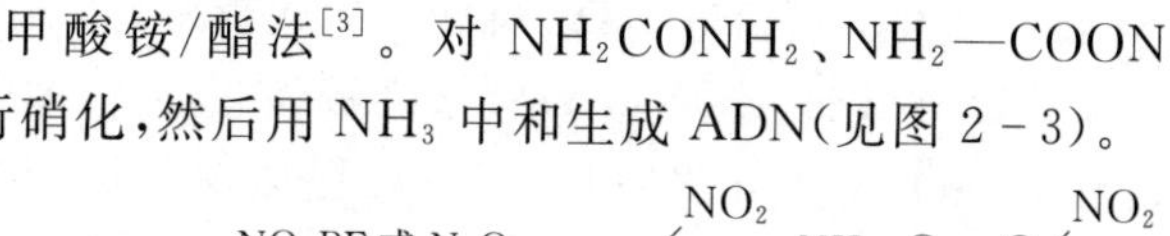

R:$CONH_2$,$COONH_3$

图 2-3　NH_2CONH_2 或 $NH_2—COONH_4$ 法合成 ADN

(4)异氰酸酯法:异氰酸酯经过酯化反应、硝化反应、水解反应等多步反应生成 ADN(见图 2-4)。

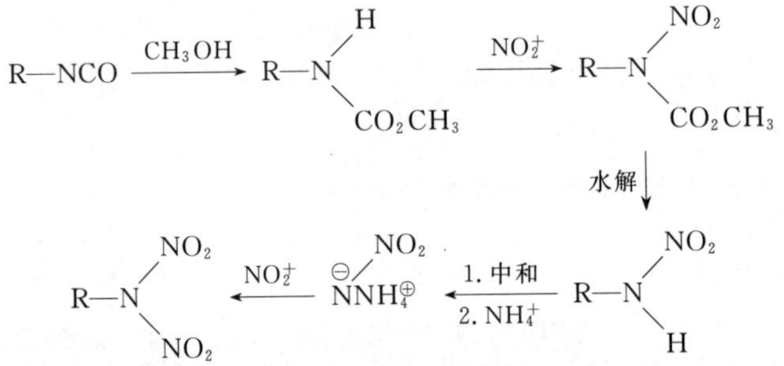

图 2-4 异氰酸酯法合成 ADN

随后对这个方法进行了改进,用一锅法合成了 ADN 有机胺前体(见图 2-5):一锅法产率为 10%～35%。

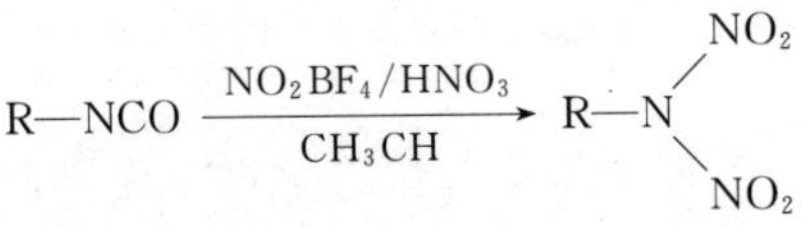

图 2-5 一锅法合成 ADN 有机胺前体

(5)原氨基磺酸盐法。瑞典报道了一种简单的合成 ADN 的方法,以氨基磺酸铵为原料,经过硝硫混酸硝化制备中间体二硝酰胺酸 $HN(NO_2)_2$(HDN),HDN 与 NH_3 中和得到 ADN(见图 2-6),或者以氨基磺酸钾为原料经过硝硫混酸硝化制备 HDN,HDN 与 KOH 中和得到二硝酰胺钾(KDN),KDN 与硫酸铵反应转化为 ADN。后者方法分离提纯时,无论用 NH_3 还是 KOH 中和,中和反应后的混合物(用 NH_3 中和包括 ADN、硝酸铵 AN、硫酸铵,用 KOH 中和包括 KDN、硝酸钾、硫酸氢钾、硫酸钾)都溶解在水中而成为溶液,无论采用活性炭吸附-解吸方法还是浓缩-萃取方法分离提纯 ADN 或 KDN,工艺都很烦琐,反应周期也长。

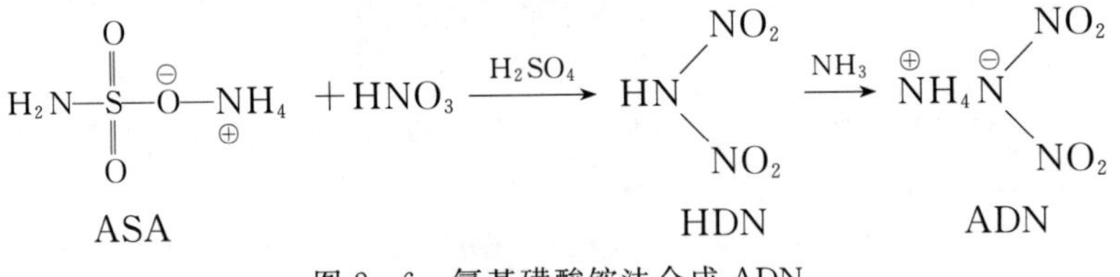

图 2-6 氨基磺酸铵法合成 ADN

(6)新合成方法[2-3]。2005 年,Carin 在原混酸硝化氨基磺酸盐法制备 ADN 的基础上,报道了操作工艺更简单的 ADN 合成方法:氨基磺酸盐经硝化反应合成二硝酰胺酸 HDN,HDN 与脒基脲反应,以 N-脒基脲二硝酰胺盐(GUDN)沉淀的形式析出;然后 GUDN 与 KOH 进行一次离子交换反应转换为二硝酰胺钾 KDN,KDN 与硫酸铵进行两次离子交换反应转化为 ADN(见图 2-7)。该方法克服了以往方法原料贵、分离提纯操作烦琐而且反应周期长等缺陷,在瑞典实现了 60 kg/批的放大。

2015 年,Stefan E. 等人[3]改进了该方法,由 GUDN 同铵盐在异丙醇中发生离子交换反应,用一步法得到 ADN,如图 2-8 所示。该工艺简单,降低了 ADN 的副产物,提高了纯度,避免了产物中钾离子的存在,降低了生产成本。而且中和过程中加入的水量较少,硝硫混酸可以处理后实现循环使用,极大地降低了废酸废水的排放,减轻了环保的压力。

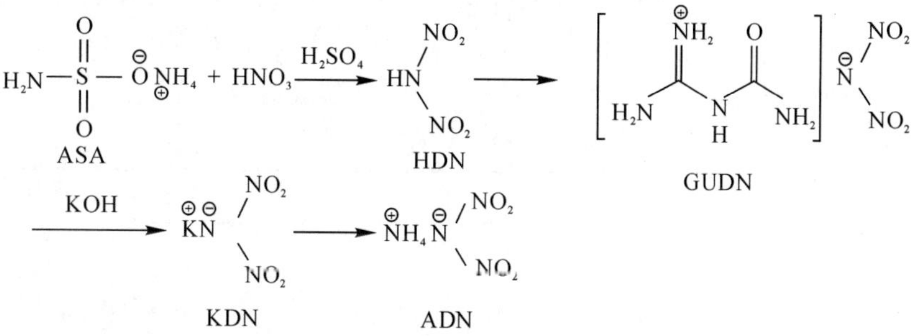

图 2-7　氨基磺酸铵法合成 ADN

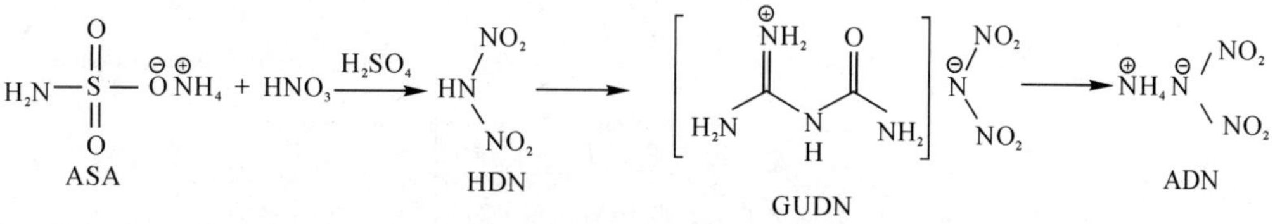

图 2-8　氨基磺酸铵新法合成 ADN

雷晴、卢艳华等人通过两种路径(见图 2-7 和图 2-8)制备 ADN,解决了 ADN 中间体与副产物性能相似而难以分离的技术难题,实现了 ADN 的高品质合成。

以 GUDN 或 KDN 作为 ADN 的上游产品,不仅操作工艺简单,合成的安全性和可操作性高,易于控制,而且 GUDN 本身具有燃烧产物环境友好、感度低、化学稳定性好、产气量大等诸多优点,已在国外应用于燃气发生剂和低特征信号推进剂。对中间体 GUDN 进行了 75℃热稳定性、撞击感度、摩擦感度、点火开放燃烧试验、雷管试验、卡片试验等 6 项试验(见表 2-3),均通过了安全性检测,评定危险等级为 1.3 级。

表 2-3　中间体 GUDN 的危险等级评价试验结果

编号	试验项目	试验结果	评定结果
1	75℃热稳定性	试样发生爆炸、燃烧或明显变色	否
		试样中心的自加热温度≥3℃且持续时间≥10 s	否
2	撞击试验感度	试样爆发百分数大于50%	否
3	摩擦试验感度	试样爆发百分数大于48%	否
4	点火开放燃烧试验	试样在前两次试验中发生爆轰	否
		试样在第三次试验中发生爆轰	否
5	雷管试验	铅柱的压缩量≥3.2 mm	否
6	卡片试验	试样在卡片厚度为17.5 mm时发生爆轰	否

注:危险等级1.3级是从上述6个实验,且根据固体推进剂危险等级分类得出的结论。

ADN 的红外特征吸收峰位于 3 128 cm^{-1}(NH$_4^+$)、1 539 cm^{-1}、1 433 cm^{-1}(—NO$_2$)、1 344 cm^{-1}、1 208 cm^{-1}、1 177 cm^{-1}(—NO$_2$)、1 033 cm^{-1}、953 cm^{-1}、827 cm^{-1}、762 cm^{-1}、732 cm^{-1} 处,含有铵根离子、二硝酰胺根离子的特征峰。将 ADN 的部分实测性能列于表 2 - 4 中。ADN 在溶剂中的溶解度见表 2 - 5,ADN 的溶解度随溶剂极性变强而增大。

表 2 - 4　ADN 的性能列表

序号	项目		结果
1	摩尔质量/(g · mol^{-1})		124
2	密度/(g · cm^{-3})		1.81
3	熔点/℃		92
4	氧平衡(以 CO$_2$ 计)Ω/(%)		25.79
5	生成焓/(kJ · mol^{-1})		−148
6	吸湿点/(%)		55.2
7	感度	撞击感度/J	13.2
		摩擦感度(90°,4.0 MPa)/(%)	76
		静电感度/mJ	126.4

表 2 - 5　ADN 溶解度(20℃,100 g 溶剂溶解 ADN 的质量)

溶 剂	ADN 溶解度/g	溶 剂	ADN 溶解度/g
二氯甲烷	0.003	乙 醇	28.55
醋酸乙酯	0.12	丙 酮	84.97
乙 腈	17.3	甲 醇	86.9
异丙醇	21.24	水	357

雷晴、卢艳华等人采用错层布局(见图 2 - 9)实现了安全、稳定化的 ADN 连续生产,离子转化效率稳定在 70% 以上,ADN 产品纯度高于 99%。

2. 二硝酰胺铵的改性

(1)ADN 球形化技术。俄国、美国、德国、瑞典、日本等国在合成出 ADN 后,为了使 ADN 更好地应用于配方,已在 ADN 球形化方面取得了不少成绩。俄罗斯的 ADN 生产工厂已达工业化并有相应的 ADN 改性工厂。美国 Thiokol 公司最先开发出 ADN 造粒工艺,并且实现了工艺条件和助剂选择的最优化。

目前,已报道的球形化方法主要有:冷却介质分散成球法、真空分散成球法、沉降塔法和微反应器成球法等。使用这些成球方法,可制备粒径在 5～500 μm 的 ADN 球形颗粒。其中,冷却介质分散成球法是最简单的方法,熔融液滴分散成球法和真空分散成球法是在其基础上的发展;沉降塔法是最完善的成球造粒方法,在成球时利用沉降塔加入稳定剂和防湿剂,可制备出粒径分布均一,热稳定性、吸湿性和感度均有很大提高的 ADN 球形颗粒,颗粒尺寸为 100～200 μm。近年来,德国 ICT 研究所基于微反应器开发了 ADN 球形化造粒工艺并实现连续化生产。采用小型流化床技术,由 GAP 包覆 ADN 的造粒工艺。GAP/交联剂在流化床内喷淋在 ADN 上,在高温(60℃)下固化。包覆前、后的 ADN 如图 2-10 所示。

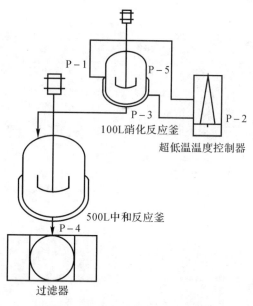

图 2-9　ADN 放大试验线简图

(a)　　　　　　　　　　　(b)

图 2-10　球形化 ADN

(a)包覆前;　(b)包覆后

为了获得更小粒径的 ADN 颗粒,Roxel 公司开发了一种可将粒径控制在 $5\sim50~\mu m$ 范围内的膜乳化结晶技术,用以制备球形 ADN 颗粒。该技术更节能,并可以制备具有严格尺寸和质量规格的粒状材料,图 2-11 是 Roxel 公司采用膜乳化结晶技术得到的球形化 ADN 显微镜图。随后对该工艺进行了改进,目前已实现千克级生产规模。

(2)ADN 的自然结晶控制技术。球形化法的缺陷是需要加热至 ADN 熔点以上使 ADN 熔融,易造成 ADN 分解,并生成少量硝酸铵,导致吸湿性增强,且局部高温可能导致事故。因此,自然结晶控制技术再次引起研究者的关注。为了克服上述缺点并提高最终 ADN 晶体的性能,一些研究人员最近完成另外两种结晶(见图 2-12)并获得相关专利。第一种是采用通过添加晶形控制剂重的结晶方法(专利 US 7789980B2),第二种是采用在高黏度溶剂中通过控制晶体成核和晶体生长过程进行结晶的方法(专利 US 2011/0171104A1)。结果表明,基于改性结晶的第一种方法操作简单、安全性高、成本低。通过第二种方法获得的晶体具有1~1.5的低形状系数,并且完全适合用于高能材料配方,有效降低了推进剂药浆的黏度。这表明结晶比造粒过程更有价值。

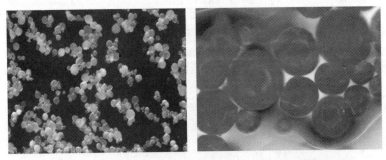

图2-11 膜乳化结晶技术制备的球形化ADN的显微镜照片

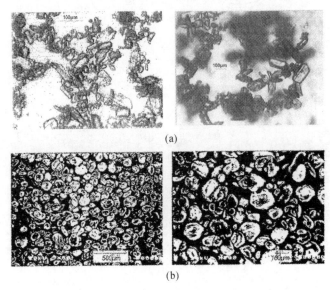

图2-12 自然结晶控制技术制备ADN
(a)添加晶形控制剂重结晶; (b)高黏度溶剂结晶

任晓婷等人采用自然结晶控制技术实现了高品质ADN的制备(见图2-13),采用降温析晶法制备了大颗粒块状ADN晶体,采用溶剂/非溶剂重结晶结合超声波辅助沉积法制备了短棒状ADN晶体。与原料相比,晶形控制后ADN的长径比明显减小,吸湿性也得到明显改善。

(3)防吸湿性研究。在ADN吸湿性问题上,俄罗斯和美国公开报道的文献资料不多,只报道了ADN吸湿性比AN强,推荐处理条件为相对湿度不超过50%,至于ADN吸湿机理、吸湿过程与温湿度的关系、如何防止吸湿等则没有论述。

俄专家称,他们在使用ADN制造推进剂时,需严格控制环境温度在20℃以下,环境湿度在40%相对湿度以下,所制成的产品也需在此条件下保存。

美国报道采用硝酸铵造粒技术在ADN成球过程中加入防吸湿剂,可以使包覆后的球形ADN在20℃相对湿度70%条件下放置两周仍保持原有晶形。

图 2-13　晶形控制 ADN

(a)块状；　(b)短棒状

2.2.1.2　硝仿肼

硝仿肼（HNF）是另一种高能绿色氧化剂，于 1951 年首次被成功制备。HNF 中较强的氢键使得晶体结构更加紧密，密度达到 $1.86\sim1.89\ \mathrm{g\cdot cm^{-3}}$，其生成焓高于 ADN（$-72\ \mathrm{kJ\cdot mol^{-1}}$），热分解温度较高且吸湿性弱（见表 2-6），这些特性都优于 ADN。

表 2-6　HNF 的物理、化学性能

序号	性能	数值
1	氧平衡/(%)	+13.1
2	密度/$(\mathrm{g\cdot cm^{-3}})$	1.86~1.89
2	熔点/℃	124
3	生成焓/$(\mathrm{kJ\cdot mol^{-1}})$	-72
4	真空安定性(60℃,48 h)/$(\mathrm{cm^3\cdot g^{-1}})$	0.1~0.5
5	吸湿性(25℃)	吸湿点:94%

1. 硝仿肼的合成

硝仿肼（HNF）的合成较为简单（由硝仿与肼之间酸碱反应生成）（见图 2-14）。但是 HNF 的机械感度较高，其合成过程的安全性和高感度限制了 HNF 的大规模使用。硝仿（NF）是合成硝仿肼的至关重要的中间产物，制备 NF 的工艺危险性是限制 HNF 广泛应用的最大障碍。硝仿的合成方法很多（见图 2-15），主要有乙炔硝化法、醋酸酐硝化法、丙酮硝化法、异丙醇硝化法、偕二硝基化合物硝化法和嘧啶-4,6-二酮硝化法等。其中异丙醇硝化法具有原料廉价易得、工艺简单、安全经济等优点，成为制备硝仿的首选方法。近年来，Ding P. 等人[4]对该法的反应条件进行了优化，获得了 53.6% 的收率。Yan C. 等人以乙酰丙酮为底物，乙酸/发烟硝酸为硝化体系，合成了 NF（见图 2-16）。该方法成本低、反应条件温和、收率高，有望替代制备 HNF 第一步反应的工业化生产方法。

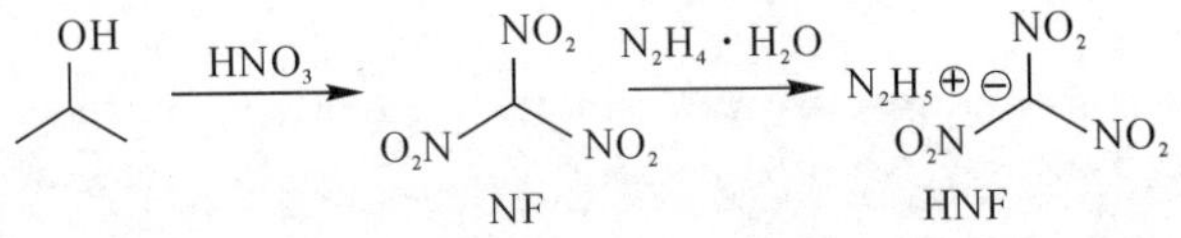

图 2-14　HNF 的制备工艺

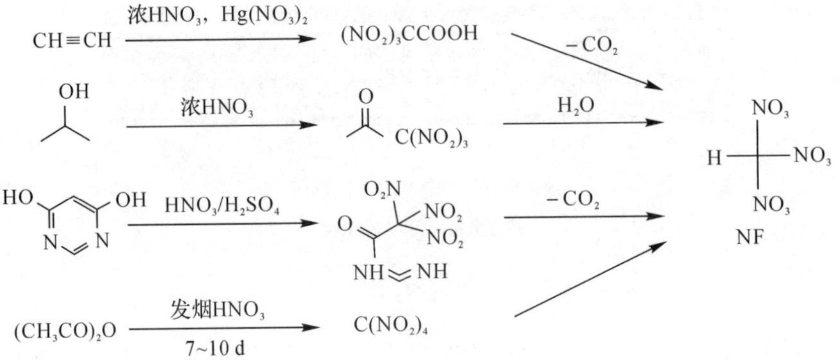

图 2-15　NF 的制备工艺

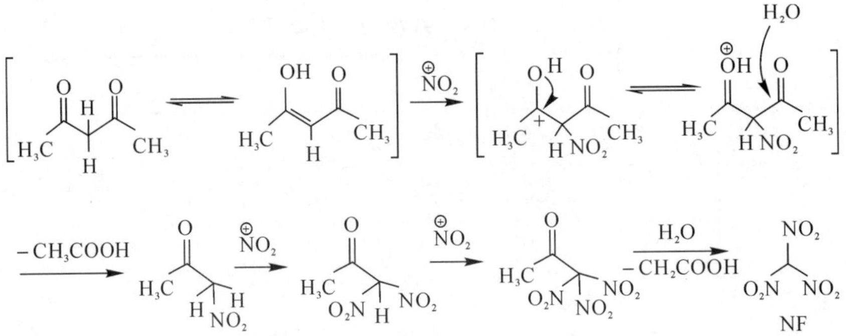

图 2-16　乙酰丙酮法合成 NF 的反应机理

2. 硝仿肼的改性

随着硝仿肼的合成、提纯及应用研究等关键工艺技术的突破,国内外将硝仿肼的研究列为重点。HNF 的纯度及杂质种类、晶体形貌及尺寸对其感度具有显著影响,因此近年来国内外学者一直致力于硝仿肼的降感改性研究。

近几年,研究人员利用先进的结晶或包覆方法开发了 HNF 晶体的工业生产工艺。例如,J. Athar 等人[5]通过改变其晶体尺寸、形状,并用纳米复合材料对其进行包覆,成功地降感了 HNF,他们采用机械搅拌、超声波和使用晶体形貌改性剂多种方法,将长径比较大、具有较高机械感度的长针状 HNF 晶体转化为具有较低形状系数和感度显著降低的近立方形晶体(见图 2-17),并提出最好的包覆剂是端羟基聚丁二烯基黏土纳米复合材料。2014 年,Ding P. 等人[4]采用以异丙醇硝化法制备的 NF 为原料合成了 HNF,采用不同方法对 HNF 进行晶习改性,以降低 HNF 的机械感度。图 2-18 为采用不同方法获得的 HNF 晶体的形貌。结果显示,采用溶剂/反溶剂法(乙腈/二氯甲烷)制备的 HNF 晶体棱角圆润化,但是长径比没有改善;超声波法结晶可明显减小长径比,但仍然存在尖锐的边角;然而,通过连续冷却结晶法可获得棱角圆润、颗粒大小均匀、长径比显著降低的 HNF 晶体,并可显著降低 HNF 的机械感度。2015 年,Thomas M. Deppert 等人提出在制备 HNF 基推进剂过程中,先采用含硼的路易斯酸键合剂进行包覆降感,再将包覆的 HNF 与黏合剂混合。含硼的路易斯酸键合剂结构式如图 2-19 所示。

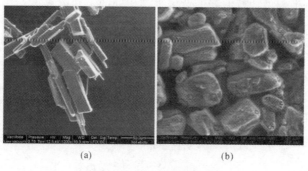

(a)　　　　　　　　　　(b)

图 2-17　HNF 的 SEM 图

(a)改性前;　(b)改性后

(a)　　　　　　　　　　(b)

(c)

图 2-18　晶形控制 HNF

(a)溶剂/反溶剂法;　(b)超声波法;　(c)连续冷却结晶法

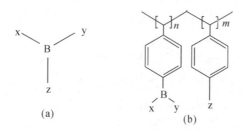

(a)　　　　　　　　　　(b)

图 2-19　含硼的路易斯酸键合剂结构式

(a)含硼单体结构式;　(b)含硼共聚物结构式

2.2.2 高有效氧含量、正生成焓氧化剂

固体推进剂氧化剂参与氧化-还原反应的能力取决于化合物氧含量、质量生成焓及密度。根据分子结构理论,提高化合物生成焓、氧含量和密度的技术必然使其燃气生成量下降。若提高氧化剂参与氧化-还原反应的能力(即提高氧化剂燃烧反应的焓变),必须使推进剂燃烧反应放热量的增加能够抵消因做功效率降低对推进剂比冲的不利影响。

2.2.2.1 三硝酰胺

三硝酰胺[TNA,$N(NO_2)_3$],分子中只含有氮和氧两种元素,燃烧后只形成氮气和氮氧化物,密度为 $2.0 \text{ g} \cdot \text{cm}^{-3}$,预估生成焓为 $156 \sim 292 \text{ kJ} \cdot \text{mol}^{-1}$。2011 年,Martin R. 等人以 ADN 或 KDN 为原料通过电化学法[见图 2-20 中式(1)]和直接硝化法[见图 2-20 中式(2)]两种方式合成了 TNA,但 TNA 在 -10 ℃ 以上即发生分解。

$$\overset{\ominus}{N}(NO_2)_2 \xrightarrow{OX} NH(NO_2)_2^{\cdot} + e^- \xrightarrow{NO_2^{\cdot}} N(NO_2)_3 \tag{1}$$

$$\overset{\ominus}{N}(NO_2)_2 \xrightarrow[CH_3CN]{NO_2BF_4} N(NO_2)_3 \tag{2}$$

图 2-20 TNA 的合成

2.2.2.2 带有—$N(NO_2)_2$ 基团的化合物

2015 年,Christe K O 等人通过 KDN 和 NF_4SbF_6 在 -30 ℃ 的乙腈溶液或 -64 ℃ 的液体二氧化硫中反应制备了含氟的化合物 $FN(NO_2)_2$(见图 2-21),^{19}F NMR 谱图结果表明产品在高于 -20 ℃ 时就不能稳定存在。

$$NF_4SbF_6 + KN(NO_2)_2 \longrightarrow FN(NO_2)_2 + NF_3 + KSbF_6$$

图 2-21 $FN(NO_2)_2$ 的合成

Christe K O 等人还报道了以氨硼烷和二硝酰胺酸为原料在乙二醇二甲醚或乙腈中反应,脱氢制备两种二硝酰胺的硼氨化合物 $NH_3 \cdot BH_3DN$ 和 $NH_3 \cdot BH_3(DN)_2$(见图 2-22 所示),并通过单晶和 NMR 表征了结构。其中 $NH_3 \cdot BH_3DN$ 是一种正氧平衡的高能量化合物,含有还原性的硼氢键和强氧化性的二硝酰胺根,但该化合物依然存在热稳定性差的缺陷。

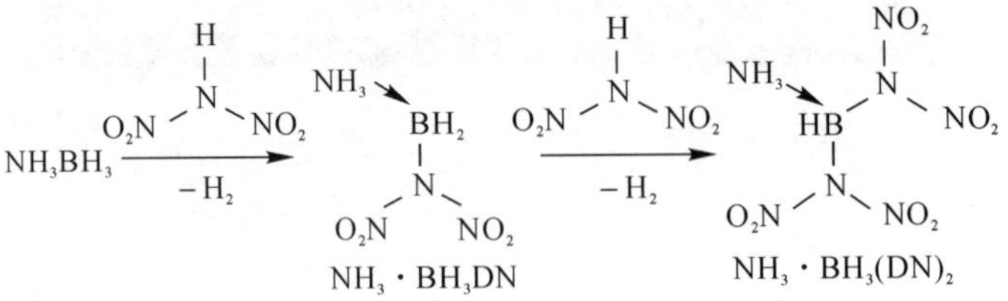

图 2-22 二硝酰胺的硼氨化合物的合成

2.2.2.3 $[NF_2O]^+$ 和 $[N_3NFO]^+$ 基含能离子盐

2017 年,庞思平课题组利用密度泛函理论(DFT)设计了一系列新型 $[NF_2O]^+$ 和 $[N_3NFO]^+$ 基含能离子盐高能氧化剂,并对它们的结构、热稳定性进行了研究。计算的该系列化合物的键离解能在 $93.4 \sim 120.8 \text{ kcal} \cdot \text{mol}^{-1}$ 之间,具有比 $[NF_2O]^+ SbF_6^-$($89.8 \text{ kcal} \cdot \text{mol}^{-1}$)更好的热稳定性。其中 $[N_3NFO]^+ ClO_4^-$、$[N_3NFO]^+ NO_3^-$、$[N_3N\dot{F}O]^+$

$N(NO_2)_2^-$(见图 2-23)具有高的正氧平衡值、较高的密度和正生成焓(见表 2-7),但没有对其进行实际的实验合成。

表 2-7　$[N_3NFO]^+$ 基含能离子盐的计算性能

序号	分子式	氧平衡/(%)	生成焓/(kJ·kg^{-1})	密度/(g·cm^{-3})	比冲/s
1	$[N_3NFO]^+ ClO_4^-$	50	389	1.97	236
2	$[N_3NFO]^+ NO_3^-$	47	413	1.80	264
3	$[N_3NFO]^+ N(NO_2)_2^-$	45	637	1.85	260

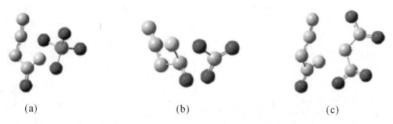

(a)　　　　　　　　(b)　　　　　　　　(c)

图 2-23　$[N_3NFO]^+$ 基含能离子盐的分子结构
(a)$[N_3NFO]^+ ClO_4^-$；　(b)$[N_3NFO]^+ NO_3^-$；　(c)$[N_3NFO]^+ N(NO_2)_2^-$

2.2.2.4　1,3-双(三硝基甲基)-1,2,4-三唑

2018 年,Gang Zhao 等人采用两步硝化反应制备了含 6 个硝基的化合物——1,3-双(三硝基甲基)-1,2,4-三唑(BTNMTZ)(见图 2-24)。由 3-氰基-1,2,4-三唑与氢氧化钠、氯丙酮反应得到 1-丙酮基-3-氰基-1,2,4-三唑(ACTZ),ACTZ 与羟胺反应生成相应的酰胺肟衍生物。酰胺肟衍生物与亚硝酸钠在 0~5℃的盐酸中反应得到氯代肟化合物。用 TFAA/HNO_3 进行第一步硝化形成氯二硝基甲基氯二硝基甲基中间体,随后将其溶解于甲醇中,用 KI 处理得到相应的钾盐。在 0℃下用浓硫酸处理钾盐得到中性化合物,然后在 0℃下用 H_2SO_4/HNO_3 进行第二步硝化,引入两个三硝基甲基,得到 1,3-双(三硝基甲基)-1,2,4-三唑(BTNMTZ)。该研究发现,氰基可以通过连续硝化转化为三硝基基团。当一个分子同时含有乙酰基和氯肟基时,可以通过两步硝化反应合成一种多硝基化合物,即首先用 TFAA/HNO_3 硝化,然后用 H_2SO_4/HNO_3 硝化。

BTNMTZ 的晶体密度为 1.90 g/cm^3,氧平衡+15.3%,生成焓+60 kJ·kg^{-1},氮氧含量 87%[明显优于 AP(65%)],热稳定性适中(热分解温度 157℃),理论比冲 238 s[高于 ADN(202 s)],撞击感度(4 J)与 ADN(3~5 J)相当,摩擦感度(120 N)低于 ADN(62~74 N),是一种有应用前景的 AP 及 ADN 替代物。

2.2.2.5　O_4

固体单质氧化剂 O_4 是比传统臭氧更强的氧化剂,对其已在 20 GPa 的高压下成功制备(红色固体)。这种氧化剂能够稳定存在,但对其具体结构还需进一步研究。O_4 分子内集中了更多的氧原子,液化后的能量密度高于普通液态氧,用作火箭推进氧化剂能够大幅度提高比冲,可能达到 500~700 s。

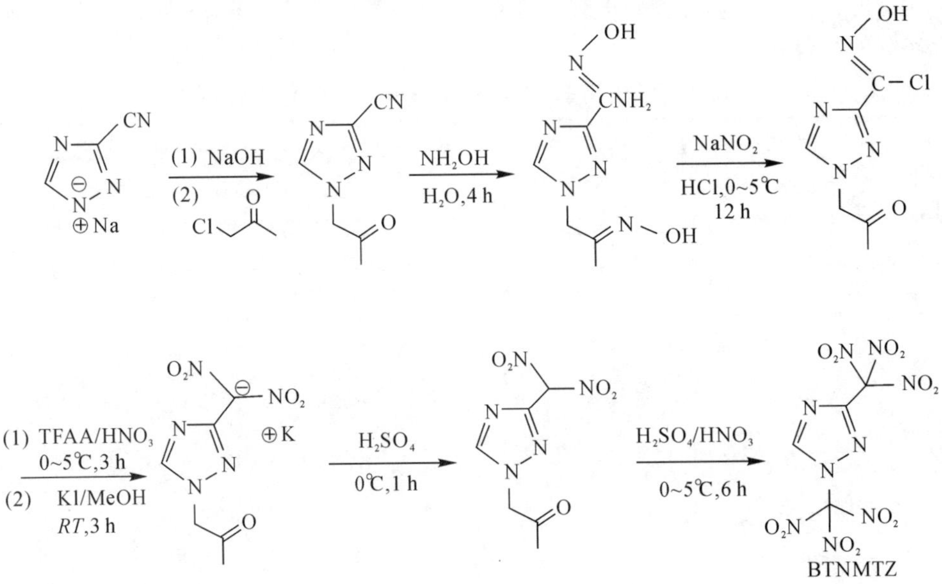

图 2 - 24　BTNMTZ 的合成

2.3　高生成焓、高氢含量的离子盐氧化剂

理论计算表明,在 20% 含铝固体推进剂体系中,增加 1% 的氢获得的比冲增益为 6.5 s,相当于增加了 2 000 kJ·kg^{-1} 的生成焓。因此,提高氢含量对提高含金属的固体推进剂体系的比冲非常有效。增加氧化剂中的氢含量将导致化合物生成焓降低,同时使推进剂燃烧反应放热量降低。平衡氧化剂提高放热量与降低燃气平均相对分子质量的技术途径是选择高生成焓、高氧含量含能阴离子的羟胺盐、铵盐或肼盐。

2.3.1　硝胺类含能离子盐

呋咱环(1,2,5 -噁二唑)作为氮杂环含能基团,是设计高能量密度材料的一个有效的结构单元,能够显著提高化合物的密度、生成焓等性能。

Tang Y. 等人合成了高度敏感的 3,4 -二硝胺基呋咱(DNAF)。为了改善其安全性能,制备了一系列富氮盐。在这些离子盐中,3,4 -二硝胺基呋咱的肼盐(Hy$_2$DNAF)的氢含量达 3.97%,密度为 1.873 g·cm^{-3},计算生成焓为 1 360 kJ·kg^{-1}。为安全、高效地制备该化合物,美国学者避开了从敏感度高的 DNAF 制备 Hy$_2$DNAF 的方法,开发了通过 N -乙氧羰基保护 3,4 -二硝胺基呋咱的安全合成路线(见图 2 - 25)。Suponitsky K. Yu 等人还报道了4,4'-(二硝胺基)偶氮呋咱及其铵盐的合成,并详细分析了晶体结构。

在两个硝胺基呋咱环之间引入 1,2,4,5 -二氧二嗪环连接,能够赋予其更高的密度和更好的爆轰性能。杨军等人以 3,6 -双(4 -硝胺基 - 1,2,5 -噁二唑 - 3 -基) - 1,2,4,5 -噁二嗪(HBNOD)为原料,合成了多种基于 HBNOD 阴离子的富氮含能盐。其中 HBNOD 的羟胺盐(HABNOD)合成如图 2 - 26 所示,其密度为 1.91 g·cm^{-3},计算生成焓为 1 147 kJ·kg^{-1}。

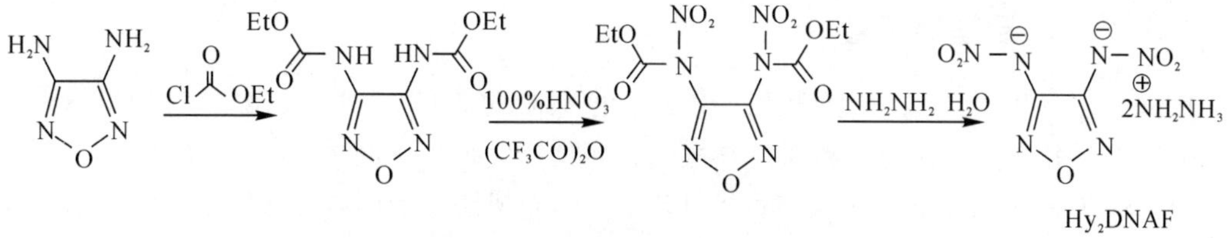

图 2-25　Hy₂DNAAF 的合成路线

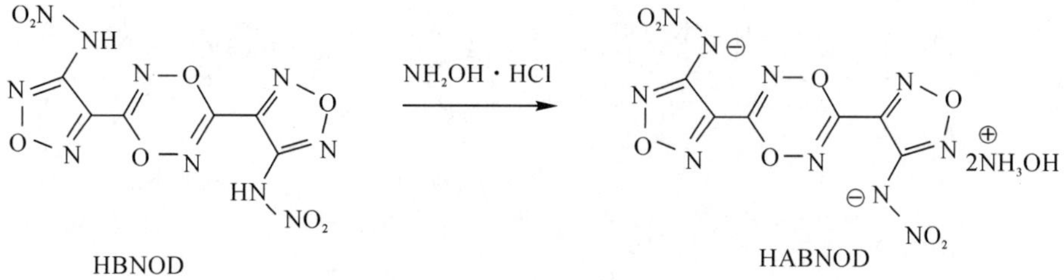

图 2-26　HABNOD 的合成

2.3.2　偕二硝基含能离子盐

偕二硝甲基中两个强吸电子基团—NO₂ 的存在使其结构中的氢具有较强的活泼性,因而容易失去质子氢,形成偕二硝甲基阴离子,可与多种碱性化合物反应合成含能离子盐。因此,偕二硝甲基唑类化合物的合成及性能研究引起了含能材料领域学者的广泛关注。

Semenov V. V.等人首次以 2-丙酮基-5-硝基四唑为原料,经过硝化、水解制备了 2-偕二硝甲基-5-硝基四唑(HDNMNT),并利用 HDNMNT 的强酸性分别与醋酸钾、水合肼及醋酸铵进行中和反应,制备出相应的钾盐、肼盐、铵盐。其中 2-偕二硝甲基-5-硝基四唑肼盐(HyDNMNT)[见图 2-27 式(1)]的实测密度为 1.81 g·cm⁻³,计算生成焓为 1 553 kJ·kg⁻¹。张敏等人用 HDNMNT 与羟胺的甲醇溶液反应得到 2-偕二硝甲基-5-硝基四唑羟胺盐(HADNMNT),如图 2-27 中式(2)所示。计算其密度为 1.87 g·cm⁻³,生成焓为 1 186 kJ·kg⁻¹。

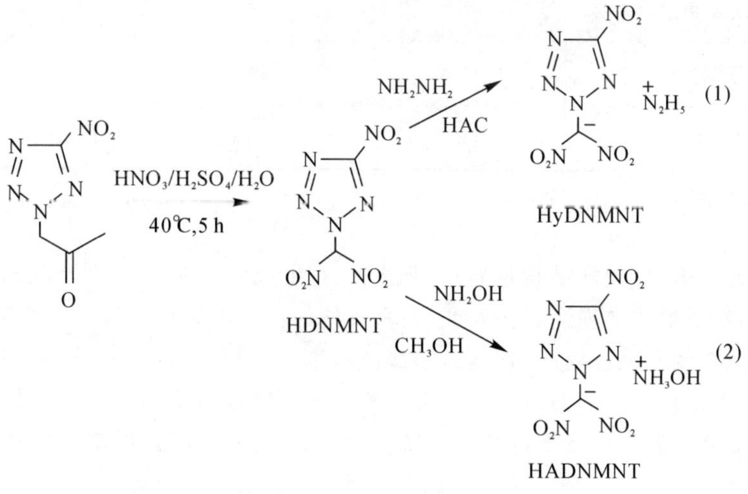

图 2-27　HyDNMNT 和 HADNMNT 的合成

2.3.3　N-羟基离子盐

Klapötke 等人[6-7]发明了氢含量达 3.41% 的 5,5'-联四唑-1,1'-二氧二羟胺(TKX-50)。以二氯乙二肟和叠氮化钠为原料通过叠氮化和环化反应得到中间体 1,1'-二羟基-5,5'-联四唑(1,1'-BTO),再与盐酸羟胺反应得到 TKX-50,合成路线如图 2-28 所示。叶丹阳等人也跟踪合成、表征了 TKX-50。

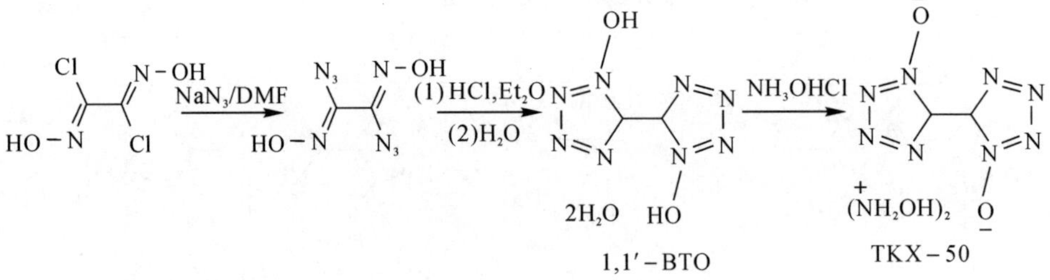

图 2-28　TKX-50 的合成路线

该物质曾被认为是能量性能超过 HMX,接近 CL-20 能量水平的。然而,Steve Nicolich 等人[8]、Sinditskiia V. P. 等人[9]对此提出了质疑,认为忽视了羟胺(-114 kJ·mol^{-1})与双氧化四唑成盐反应(-67 kJ·mol^{-1})热效应对生成焓等能量性能的巨大影响,TKX-50 的能量是低于 HMX 的(见表 2-8)。此外,胺的生成焓为 -133 kJ·mol^{-1};肼的生成焓为 50.6 kJ·mol^{-1}(往往存在安全性问题)。因此氢含量高的氧化剂实现高生成焓很困难。

表 2-8　TKX-50 生成焓的预估及测试

单位	实测燃烧热 kJ/kg	由燃烧热计算生成焓 kJ/mol	理论计算生成焓 kJ/mol
德国慕尼黑大学	—	439	446
俄罗斯门捷列夫化工大学	8 704±53	111±16	105~130
美国陆军军备研发和工程中心	—	—	193
南京理工大学测试中心*	9 091	204	—
北京理工大学测试中心*	9 152	218	—

注:* 为湖北航天化学技术研究所自制样品。

在氧化剂元素组成、化学结构确定的情况下,对生成焓的精确预测及测试就显得尤为重要,文献报道的生成焓的准确性需要验证,与真实值的偏差将导致大量工作的浪费。缺乏数据库及高通量的高能物质筛选程序,含能离子盐的密度、生成焓预测难度大,准确度不高。高生成焓、高氢含量离子盐氧化剂的研究需要重点解决生成焓预测及测试的精确度问题,避免最终艰难合成出产品并开展了大量推进剂配方试验后,才发现并未得到预期的结果。

2.4　高生成焓、正(零)氧平衡氧化剂

这类氧化剂应是具有高生成焓(最好达到 2 000 kJ·kg^{-1},然而在无须外界供氧的固体推进剂中,氧元素对能量的贡献相当大,因此高有效氧含量的化合物对生成焓的要求可适当降低)、良好稳定性的高氮杂环与笼型化合物类共价键型有机高能氧化剂。RDX、HMX 是通过分子内氧化基团和可燃骨架的氧化-还原反应来获取能量的;在此基础上利用环状或笼型分子骨架的张力能进一步提升分子的能量,如 CL-20、ONC。从结构的紧密和规整性、电荷的分布和化学键的对称平衡方面分析,突破 CL-20、ONC 的能量密度很困难。高氮结构的优势在于 N—N 或 N=N 断裂形成 N$_2$,释放的能量高,而且在能量转换过程中,N$_2$ 是受燃气温度变化影响最小的优质工质。

2.4.1　笼型含能化合物

张力环和笼形结构的含能材料构成了一类有希望的含能材料。笼形结构和并杂环化合物可能给出稳定性、氧平衡和生成热的最佳组合。与非环形的同系物相比,所预测的高性能笼形多环碳氢化合物(刚性致密结构)密度大大增加,而这种结构的内应力会导致相当大的正生成热。在这方面最有代表的是立方烷,晶体密度达 1.29 g/cm^3。劳伦斯·利弗莫尔国家实验室(LLNL)首次运用分子模型和爆轰性能预测的方法设计并合成了立方烷。

八硝基立方烷(ONC)是研发人员追求的目标化合物,其分子式 C$_8$(NO$_2$)$_8$,是完全的零氧平衡,其预估密度为 1.9~2.2 g·cm^{-3},生成热可达 333~593 kJ·mol^{-1}。分子的高能量来源于每个碳原子中的硝基及其高度拉伸的笼型结构。立方体式的分子使得相邻的三个碳原子形成 90°的结合角,与一般的碳氢化合物中的 sp^3 杂化碳即四价碳的标准夹角 109.5°相差较远,必然蕴含较大能量。正是这种高对称性的碳骨架结构使得 ONC 的能量大大增加。

ONC 微溶于己烷,易溶于极性有机溶剂,从溶剂中结晶常含有一分子结晶水。目前只得到一种无水的晶型,其属单斜晶系,单晶 X 衍射分析密度为 1.979 g/cm^3,处于预估密度的下限。X 射线晶体结构预测最稳定的 ONC 同质异象体的密度在 2.19 g/cm^3 以上。这一相当大的理论密度和爆压表明它的性能比 HMX 高 20% 以上。ONC 是对冲击钝感的,已证实 ONC 是目前威力最大的常规炸药。

ONC 的合成工艺复杂,条件也较为苛刻。美国芝加哥大学与海军研究实验室合作成功制备了 ONC。八硝基立方烷的合成以七硝基立方烷(HpNC)为原料,在 LiN(Si(CH$_3$)$_3$)$_2$ 存在下于-78℃与 NOCl、O$_3$ 反应得到,产率为 45%~55%,如图 2-29 所示。

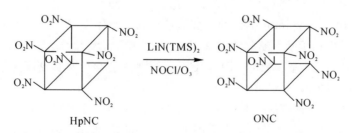

图 2-29　ONC 的合成路线

2.4.2 桥联共价化合物

硝基官能团可以有效地改善含能化合物的氧平衡,因此硝基、高氮含量化合物一般具有高密度、高生成焓和良好的氧平衡等特点。

俄罗斯科学研究院的学者在多硝基含能材料上做了大量工作。A. B. Sheremetev 等人发明了一种含有 10 个硝基的联吡唑结构的新型含能材料——4,4′,5,5′-四硝基-2,2′-双(三硝基甲基-联吡唑)(TNTMBP)。由 4,4′,5,5′-四硝基-2H,2′H-3,3′-联吡唑(TNBP)与市售的溴丙酮进行 N-烷基化反应,再与 100% 的 HNO_3/H_2SO_4 完成硝化反应得到该化合物(见图 2-30),并通过 X 射线单晶衍射证实了其结构。该化合物室温下显示出 2.02 g·cm^{-3} 的高结晶密度,具有正的氧平衡(10.5%),和 CL-20 相似的质量生成焓(850 kJ·kg^{-1}),感度介于 AP 与 ADN 之间,有望成为绿色氧化剂的替代物。

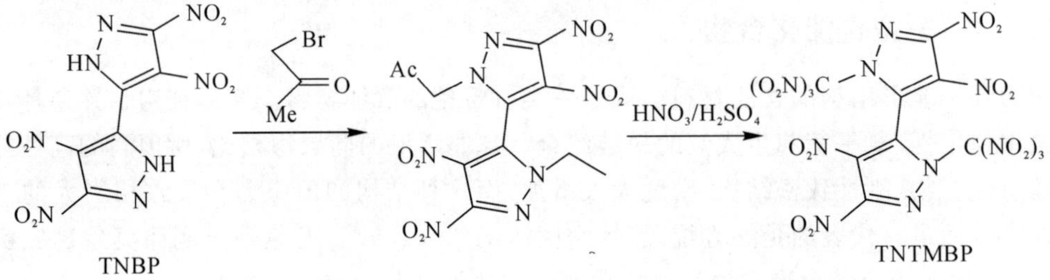

图 2-30　TNTMBP 的合成

此外,Semenov V. V. 还制备了结构式如图 2-31 所示的含 8 个硝基的含能材料 5,5′-二硝基-2,2′-双(三硝基甲基)-2H,2′H-4,4′-双(1,2,3-三唑)(DNBT),其氧平衡为 12.2%,密度为 1.92 g·cm^{-3},生成焓为 900 kJ·kg^{-1}。

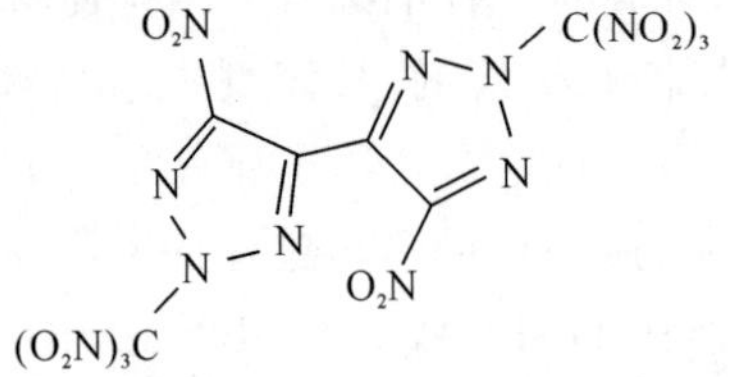

图 2-31　DNBT 的结构式

唑环、嗪环或呋咱环中引入偶氮基,不仅可以明显提高高氮杂环化合物的含氮量以及生成焓、密度,而且偶氮基的共轭结构能增加整个分子的稳定性。2018 年,Yanan Li 等人通过 3,5-二硝基-1,2,4-三唑(DNT)与氢氧化钾的乙醇溶液反应,再与 MSH 试剂[O-(mesitylsulfonyl)hydroxylamine]发生胺化反应,得到中间体 1-氨基-3,5-二硝基-1,2,4-三唑(ADNT)。采用叔丁基次氯酸钠将 ADNT 偶氮化后即可得到零氧平衡化合物 1,1-偶氮(3,5-二硝基-1,2,4-三唑)(ABDNT),如图 2-32 所示。该化合物密度为 1.93 g·cm^{-3},计算生成焓达 2 831 kJ·kg^{-1}。

表 2-9[10-11] 中的几种零氧平衡或正氧平衡的硝基四唑衍生物,均具有较高的计算生成焓和密度,但与同样条件下的 HMX(撞击感度为 7.5 J)相比,预测的撞击感度均较高。

第 2 章　新型含能氧化剂

表 2-9　多种四唑衍生物的计算性能

序号	结构式	氧平衡/%	生成焓/kJ·kg⁻¹	密度/g·cm⁻³	撞击感度/J
1	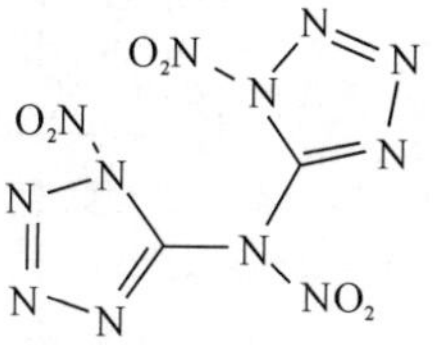	11.11	2 724	1.95	2.02
2	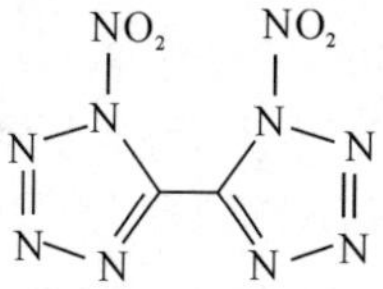	0	3 140	1.88	2.58
3	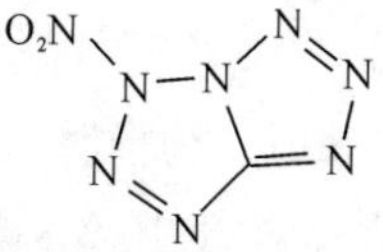	0	4 339	1.96	1.61
4	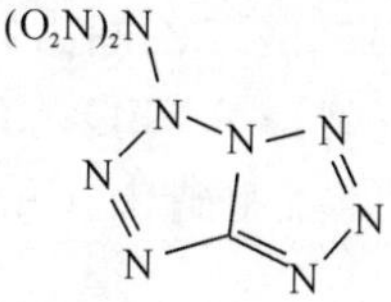	14.81	2 819	1.88	2.12
5	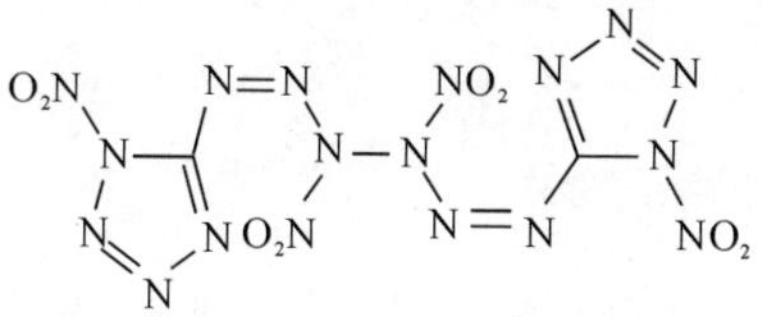	15.84	2 995	1.95	1.83
6	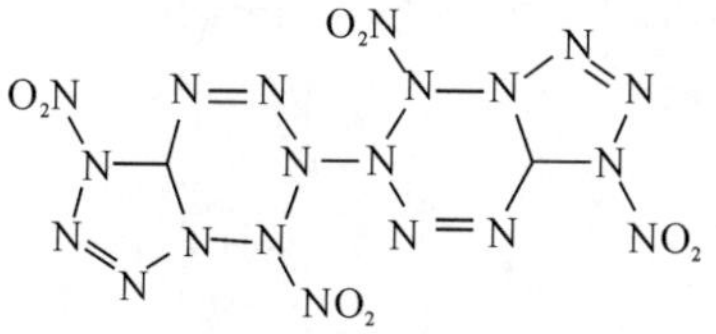	11.06	2 935	1.92	2.95

　　硝胺基团能够显著增加化合物的生成焓，进而提升分子的能量水平。德国 Thomas M. Klapötke 课题组报道的 1,5-二硝胺基四唑（DNATZ）是一种新型的正氧平衡的含能材料，以碳酸二甲酯和水合肼为起始原料，通过环化和硝化反应得到，其合成路线如图 2-33 所示。DNATZ 密度为 $1.93\ \mathrm{g\cdot cm^{-3}}$，生成焓为 $2\ 559\ \mathrm{kJ\cdot kg^{-1}}$，然而 DNATZ 相当敏感，文献报道的实测撞击感度仅为 1 J。

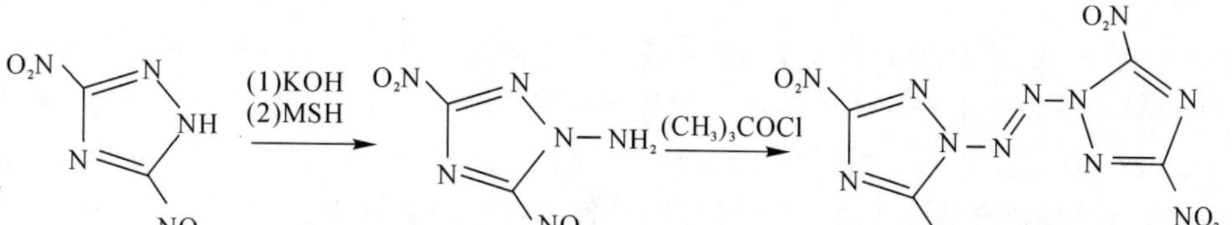

图 2-32　ABDNT 的合成

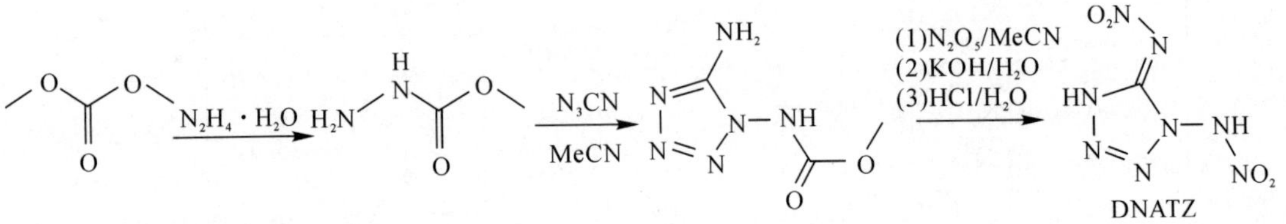

图 2-33　DNATZ 的合成

在含能氧化剂中引入配位氧基团即 N—O 键,既可以进一步提高其密度、氧平衡,又能加强分子的稳定性。3,3′-二硝基-4,4′-偶氮二氧化呋咱(DNAFO)是一种零氧平衡化合物,同时也是目前已知的爆速最高的高能化合物之一,其密度达 2.002 g·cm^{-3},生成焓为 2 316 kJ·kg^{-1},实测爆速为 10 km·s^{-1}。

DNAFO 的合成:以 4-氨基-3-叠氮羰基氧化呋咱(ANFO)为前体,经过偶氮化、重排和氧化等反应制备得到 DNAFO。其合成路线如图 2-34 所示。其中 ANFO 被喻为氧化呋咱类衍生物的万能"合成子",可以通过两种路线制备:①以丙二酸二乙酯为原料,经"一次性"转换制得丙二酸单肼单钾盐,再经亚硝化、Curtius 重排反应制得 ANFO;②从乙酰乙酸乙酯出发,经过成环生成氧化呋咱 3,4-二羧酸二乙酯,再发生肼解、亚硝化、Curtius 重排反应得到 ANFO。

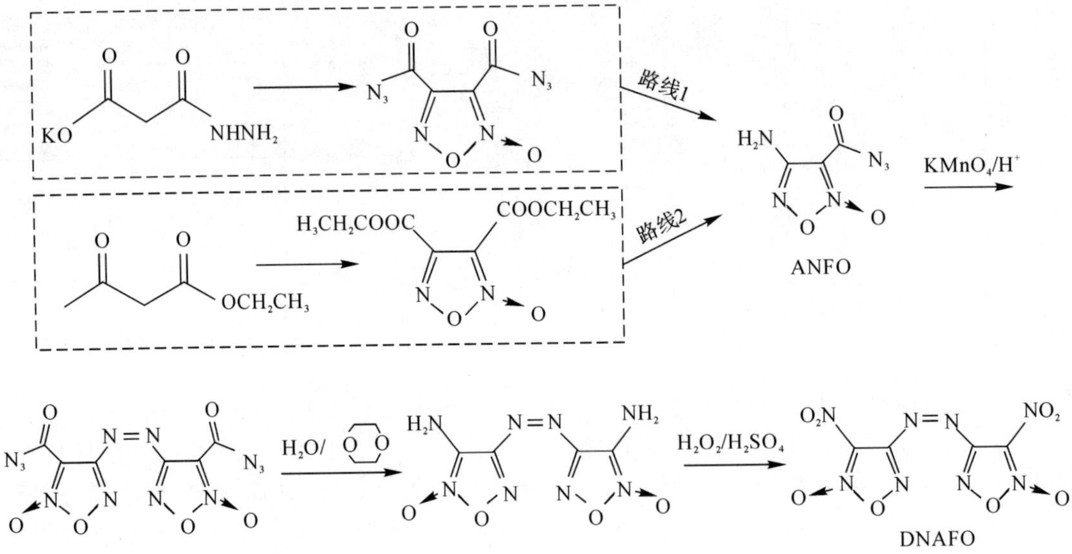

图 2-34　DNAFO 的合成

何金选等人成功实现了以上两种路线制备"合成子"ANFO,并完成了目标化合物 DNAFO 的制备及表征工作。DNAFO 的红外特征峰位于 1 623 cm^{-1}、1 575 cm^{-1}(氧化呋咱环)、1 385 cm^{-1}(—NO$_2$)处,如图 2-35(a)所示。TG-DSC 曲线如图 2-35(b)所示,起始分解温度为 119℃,分解峰温为 149℃,并且分解过程为一个爆燃过程。

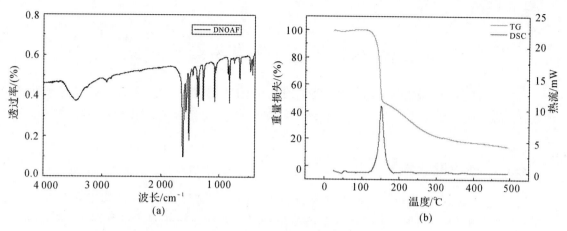

图 2-35　湖北航天化学技术研究所制备的 DNOAF 表征

(a)FTIR 谱图；　(b)TG-DSC 曲线

DNAFO 的感度测试结果见表 2-10,其感度远高于 RDX,已达到测试极限。氧化呋咱环的引入增加了体系的能量,但也使得化合物的感度增加。

表 2-10　DNAFO 与 RDX 的感度测试对比

样品	摩擦感度/(%)（测试条件:角度 66°,压强 2.5 MPa）	撞击感度 I_{50}/J（测试条件:锤重 10 kg）
RDX	20	12.3
DNAFO	100	<1.38

2.4.3　稠环类含能化合物

零氧平衡化合物 1,2,3,4-四嗪并[5.6-e]-1,2,3,4-四嗪-1,3,5,7-四氧化物(TTTO)的理论计算密度为 1.98 g·cm^{-3},生成焓为 4 305 kJ·kg^{-1},表明其能量水平有望达到传统 C,H,O,N 含能材料的能量极限。Michael S. K. 等人以 2,2-二(叔丁基-NNO-氧化偶氮基)乙腈为原料,经过多步反应得到中间体 TDO,再在 HNO$_3$/H$_2$SO$_4$/Ac$_2$O 体系中硝化得到 TTTO,合成路线如图 2-36 所示。

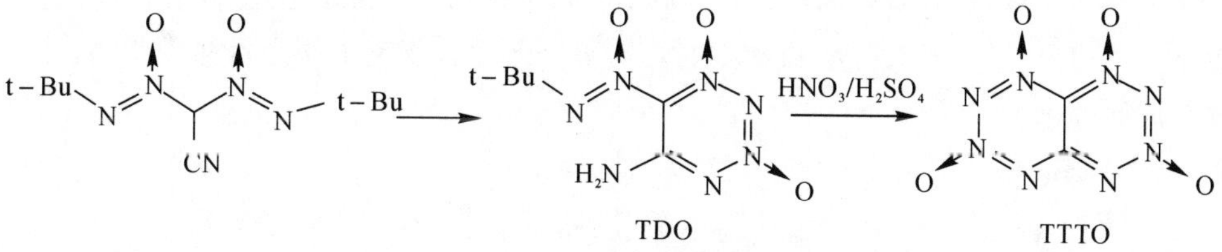

图 2-36　TTTO 的合成

缺乏高通量的高能物质筛选程序,没有普适的准确预估感度的公式及感度测试方法,缺乏系统的含能分子合成反应机理研究,这些使得定向调控含能分子的结构和性能以及构建大量弱键连接的稳定、安全的含能分子极具挑战性。高生成焓、正(零)氧平衡氧化剂需要重点解决高生成焓与感度的矛盾问题。

2.5　超高生成焓、低燃气平均相对分子质量化合物

对于超高生成焓、低燃气平均相对分子质量物质,如全氮、聚 CO、聚 CO-N$_2$ 等无须外界供氧、依靠热分解释放能量,分解产物为双原子小分子的优质工质,在固体推进剂中将其作为氧化剂组分研究。

2.5.1　全氮化合物

近年来全氮化合物受到了国内外含能材料领域的密切关注,由于其结构中含有大量的 N—N 、N=N 键,分解时会释放出大量的能量,而且其储能、释能方式也有别于传统的 C、H、O、N 含能材料,因此全氮化合物又被誉为第四代含能材料。

全氮化合物燃烧不需要氧,反应焓变大,缺点是不能提供金属燃料燃烧所需要的氧,但如果其反应焓变巨大,则可弥补降低金属燃料含量的放热量损失,将对提高固体推进剂比冲有较大的贡献。全氮化合物从结构上分为三类:离子型全氮化合物、氮原子簇化合物和聚合氮。

全氮化合物具有超高生成焓(可达 $8\times10^3\sim2\times10^4$ kJ·kg^{-1}),分解为 N$_2$ 时伴随着较大的能量释放,能量可达 $3\sim8$ 倍的 TNT 当量,其自身较高的密度可以提供更高的密度比冲。而且燃烧分解产物为 N$_2$,具有低特征信号和环境友好的特征。全氮化合物理论计算结果显示:理论比冲可达 $350\sim500$ s,与液氢/液氧推进剂相当;用作高威力炸药,爆炸威力约为 $3\sim10$ 倍 TNT 当量,高于 CL-20,同等毁伤效果时炸药量可比 CL-20 减少 $60\%\sim90\%$;用作固体推进剂,理论比冲为 $600\sim900$ s,远高于现有最高能量固体推进剂比冲 280 s,一旦用于武器装备中,将使"全球即时打击"和"一击即毁"成为可能。

氮气分子是人类发现的首个全氮化合物分子,其他全氮化合物 N_n($n>20$)尚未在自然界中发现,且人工合成的全氮化合物极不稳定,易分解为氮气,这导致在氮气被发现后的 200 多年里,几乎未有过关于人工合成全氮化合物的报道。Curtius 等人首次发现了一种能稳定存在的全氮离子 N_3^-。之后随着计算化学的发展,理论化学家对多种结构的全氮化合物 N_n($2<n\leqslant60$)的结构和稳定性进行了理论预测,而实验室合成方面进展则较为缓慢。

K. O. Christe 等人根据分子构象与性能的关系对全氮化合物进行了分析,发现链式和支链型全氮化合物能量均低于它们的环状或多环异构体。他们的理论计算指出,弯曲的链状 N_5^+ 结构(见图 2-37)具有较好的稳定性,链状多氮化合物可能相对比较容易合成;他们还确定了以 N_5^+、$[N(N_3)_2]^-$、$N(N_3)_3$ 和 $[N(N_3)_4]^+$ 等全氮化合物离子作为目标化合物,并开展了实验室合成研究。

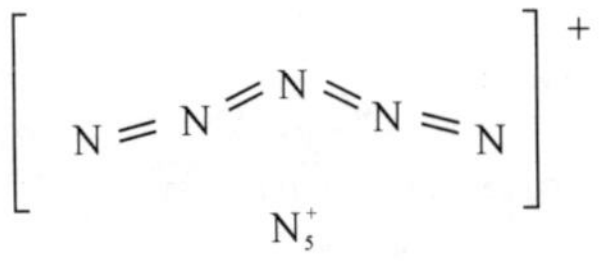

$$\left[N=N=N=N=N \right]^+$$
$$N_5^+$$

图 2-37　N_5^+ 折线型结构

随后,该研究团队首次合成出了具有折线结构的 N_5^+ 化合物,这是第一次真正意义上在实

验室中合成和表征了含 N_5^+ 阳离子的盐 $N_5^+ AsF_6^-$。$N_5^+ AsF_6^-$ 的合成方法为：NaN_3 与硬脂酸反应生成 HN_3，经过分离提纯得到高纯无水的 HN_3，HN_3 与 $N_2F^+ AsF_6^-$ 反应消除 1 分子的 HF 生成 $N_5^+ AsF_6^-$。它是一种白色的、如盐粒状、有着巨大爆炸力的物质，在无水无氧和超低温下能储存数周而没有明显的分解。它的成功合成对于高能量密度含能材料而言是一个突破性的进展。

Ashwani Vij 等人通过多步反应合成了更为稳定的 N_5^+ 盐——$N_5^+ SbF_6^-$。$N_5^+ SbF_6^-$ 合成已达到 5 g/批的规模。它是一种无色吸湿性固体，稳定性远高于 $N_5^+ AsF_6^-$，在 70℃才开始分解，其撞击感度低，具有较强的氧化性。

此外，$N_5^+ SbF_6^-$ 在 HF 溶液中经过复分解反应可以转化为 $(N_5)_2 SbF_6$ 盐，$(N_5)_2 SbF_6$ 中一个阴离子可以与两个 N_5^+ 离子相连接。其他 N_5^+ 盐也相继合成出来，如 $(N_5)_2 SnF_6$、$N_5 B(CF_3)_4$、$N_5 HF_2$、$N_5 PF_6$、$N_5 BF_4$、$N_5 SO_3 F$、$N_5 P(N_3)_6$、$N_5 B(N_3)_4$、$N_5 B(CF_3)_4$ 等，但它们的稳定性都未超过 $N_5^+ SbF_6^-$，并且 $N_5^+ P(N_3)_6^-$、$N_5^+ B(N_3)_4^-$ 等化合物的感度也很高，在室温下立即发生爆炸。这说明链状多氮化合物虽然较易合成，但由于分子结构不稳定，难以与其他含能离子构成稳定的化合物。

五唑是另一种具有 N_5 结构的分子，是全部由氮原子组成的五元环，Hantzsch 等人探索合成苯基五唑，用苯基叠氮化合物作原料，遗憾的是该项试验未获得成功，在此之后的很长一段时间内都未成功合成出稳定的五唑化合物。此后，Huisgen 和 Ugi 等人以含取代基的芳胺为原料，在低温下（0℃）将盐酸加入到亚硝酸钠水溶液中，恒温反应一定时间后，依次加入甲醇和正己烷，当温度降温至 −40℃ 时，向反应体系中缓慢滴加冷的 NaN_3 溶液，进行 3+2 环加成反应后，得到了芳基五唑化合物。该法首次合成出能够稳定存在的芳基五唑化合物（Ar—N_5），合成方法如图 2-38 所示。

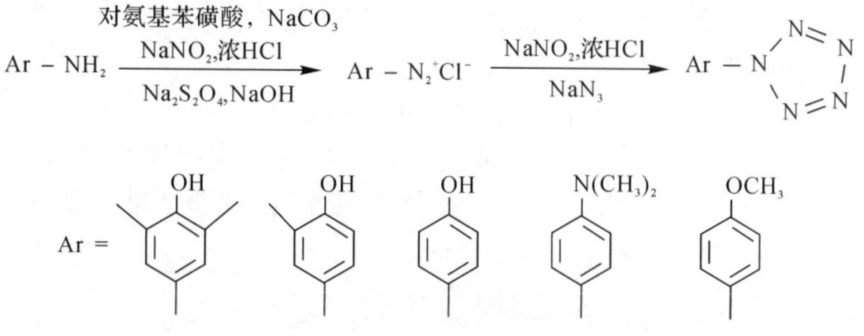

图 2-38　芳基五唑化合物合成路径

芳基五唑化合物稳定性差，在 0℃ 以上时分解成苯基叠氮和 N_2，作为制备 N_5^- 的中间体，其稳定性严重影响后续制备的其他 N_5^- 化合物的性能。Ugi 等人以取代基和溶剂作为稳定性影响因素，摸索了制备具有良好稳定性的芳基五唑化合物的工艺条件，分别在 0℃ 甲醇和 0℃ 其他溶剂中测试了不同取代基的芳基五唑分解速率。研究发现：相同取代基在不同取代位置，如对位和间位（如 p-Cl 和 m-Cl），化合物的分解速率显著不同。供电子基团在对位的芳基五唑更加稳定，同时随着基团供电子能力的提高，芳基五唑化合物分解速率降低，化合物更稳定。因此，在芳基五唑中对位取代基的供电子能力越强，化合物就越稳定，反之则易分解。芳基五唑在溶剂中的稳定性受溶剂介电常数的影响。芳基唑的稳定性随着介电常数的增加而增加，在极性大的溶剂中更加稳定，因此根据物质介电常数的大小可判别其稳定性。南京理工大学的胡炳成教授等人通过电喷雾质谱法研究了苯环上取代基的位置、数量与芳基五唑稳定性间的关系,发现苯环上的邻位取代基具有明显的空间位阻效应,使得苯环和五唑环不能在同一平面共存,因而化合物稳定性较差。

合成出芳基五唑后,为了得到全氮物质 N_5^-,研究人员采用多种化合物制备手段,开展了试验研制,如 Ashwani Vij 等人采用电离法,以对羟基苯基五唑为研究对象(利用电喷雾电力源结合阴离子扫描模式),采用 -10 V、-50 V、-75 V 碰撞能量的粒子轰击该化合物,质谱检测到了五唑环。实验发现使用低电压(-10 eV)时,五唑环中的 N=N 键断裂发生开环反应,而当电压达到 -75 eV 时,芳基和五唑环之间的 C—N 键被切断,得到了完整的五唑环,如图 2 - 39 所示。

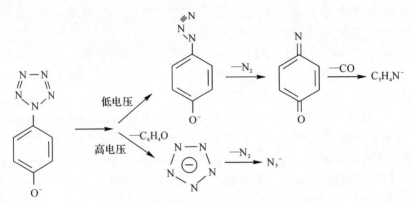

图 2 - 39　粒子轰击羟基苯基五唑时的分解路径

Burke 等人采用脱酰反应合成方法,在 -40℃时使芳基五唑化合物在过量的硝酸锌和硝酸铈铵的条件下反应,核磁谱上出现一处新的信号峰,该信号与 cyclo - N_5^- 的理论值相近,以此推断生成了 N_5^- 化合物。

Y. Hass 等人首次通过碱金属络合的方法,将苯基五唑溶于 -40℃的 THF 中,待恒温后再加入碱金属(Na 或 K),搅拌数天,在碱金属表面出现一层凝胶状物质(制备路线见图 2 - 40),运用高效液相色谱和质谱可检测到 N_5^- 的质谱信号,实验结果表明,使用碱金属还原切割芳基五唑中 C—N 键可实现选择性还原断裂。

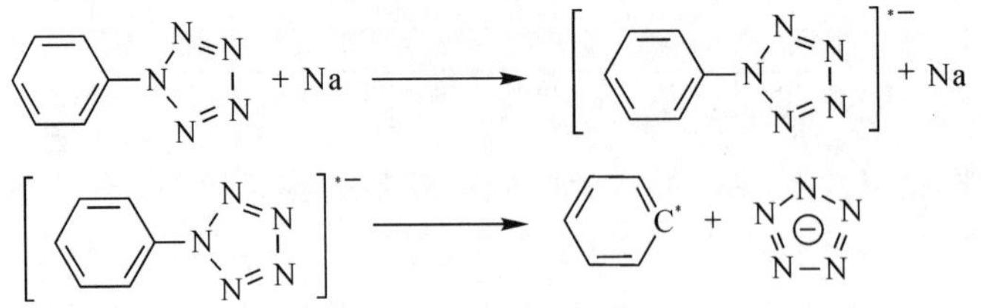

图 2 - 40　碱金属还原法制备 N_5^-

陆明教授课题组公开报道了人类第一个全氮五唑阴离子——N_5^- 的稳定盐类化合物,分子式为 $(N_5)_6(H_3O)_3(NH_4)_4Cl$,密度为 1.34 g·$cm^{-3}$,分解温度高达 117℃。该化合物是由间氯过苯甲酸(m - CPBA)和二甘氨酸亚铁在多取代芳基五唑中直接切断 C—N 键而产生的(见图 2 - 41),过滤得到的产物经减压真空干燥得到深棕色固体,采用硅胶柱色谱法提纯后,得到室温下稳定的全氮阴离子盐$(N_5)_6(H_3O)_3(NH_4)_4Cl$,最后一步产率为 19%。

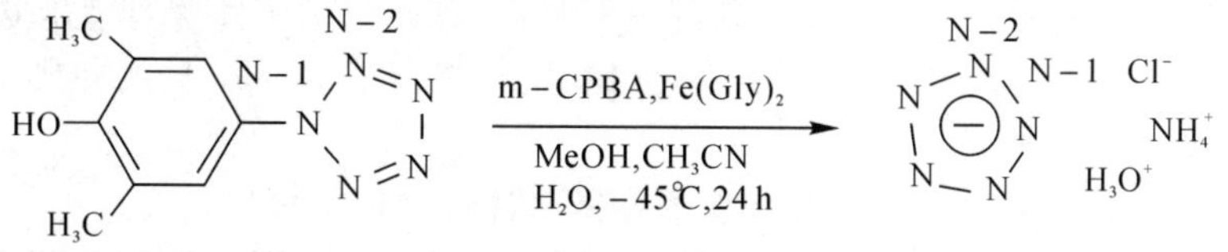

图 2-41　$(N_5)_6(H_3O)_3(NH_4)_4Cl$ 合成工艺

在该合成反应中二甘氨酸亚铁起到了双重作用,既是 $cyclo-N_5^-$ 稳定剂又是 $m-CPBA$ 的介导物。在 -45℃,将 2.5 当量的二甘氨酸亚铁水溶液加入到含 1 当量的 3,5-二甲基-4-羟基苯基戊唑(HPP)的丙酮/甲醇(体积比为 1:1)溶液中时,没有发生化学反应,表明亚铁化合物对 HPP 不敏感,不可能破坏 HPP 分子中的五元氮环。但添加 4 当量冷却的 $m-CPBA$ 甲醇溶液后,ESI 检测出 $cyclo-N_5^-$。

$(N_5)_6(H_3O)_3(NH_4)_4Cl$ 分子相当于 3 个 $N_5^- N^+ H_4$、3 个 $N_5^- H_3^+ O$ 和 1 个 $N^+ H_4 Cl^-$ 的离子混合结晶,N_5^- 质量比为 71.86%,N_5^- 阴离子水合酸和铵盐质量比大于 91%。这是目前全氮结构最有可能进入实用的物质。计算得出该 N_5^- 盐类化合物的生成焓为 $+785.2\ kJ \cdot kg^{-1}$,氧平衡系数为 -26%,低于 HMX 和 CL-20。其作为单质推进剂,理论比冲不到 200 s,在 HTPB 中能量效益逊于 HMX 等硝胺炸药。之后,研究人员又合成出一系列戊唑含能金属盐,如 Na^+、Fe^{2+}、Co^{2+}、Mg^{2+} 等,五唑含能金属盐的合成表明五唑阴离子 N_5^- 适合作为单体与离子、协同以及氢键相互作用。由于 $cyclo-N_5^-$ 环上有 5 个相同的配位点,导致其与金属结合时有多种配位方式,进而形成多维度金属五唑骨架结构(MPFs),所以选用不同的工艺条件制备的晶体结构也不同。Xu 等人利用 N_5^- 的强配位作用,成功制出三维结构稳定的 $[Na(N_5)_8(H_2O)_3]_n$ 化合物,此分子进一步提高了五唑阴离子化合物的热稳定性(分解温度达到 147.5℃)。

陆明等人对含能阳离子五唑化合物的非金属盐进行了理论计算,结果表明五唑非金属盐具有较高的氮含量,但是由于阳离子中含有较多的 C 原子和较多的 H 原子,导致其氧平衡较差。有研究人员选用阳离子 $DABTT^{2+}$、GU^+ 和 $Oxahy^+$ 与五唑钠盐 $[Na(H_2O)(N_5)] \cdot 2H_2O$ 进行阳离子交换反应,得到了三种无水非金属五唑盐,如图 2-42 所示。它们的分解温度范围为 95~110℃,密度介于 1.596~1.681 $g \cdot cm^{-3}$ 之间。

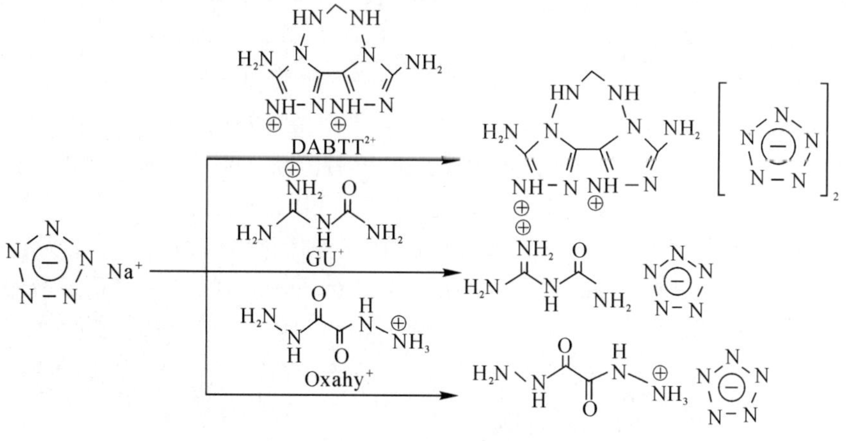

图 2-42　三种非金属五唑盐[12]

氮原子簇化合物为亚稳态物质,即使在低温下也能迅速分解。理论研究显示氮原子簇化合物沉积在碳纳米管(CNTs)内部,在常温常压下是稳定的,目前关于氮原子簇的理论研究较多,预测出了多种具有稳定结构的氮原子簇化合物的性能。表 2-11 是几种典型氮原子簇性能预测结果。

表 2-11　几种典型氮原子簇性能预测结果

氮簇	电子能 10^{-17} J	生成焓 kJ·mol^{-1}	密度 g·cm^{-3}	爆速 km·s^{-1}	爆压 GPa	极化率 %
N_4	−2.427 5	1 125	1.752	13.24	77.02	23.464
N_6	−3.625 5	1 446	1.974	14.04	93.32	36.426
N_8	−4.844 8	1 702	2.151	14.86	108.39	45.987
N_{10}	−6.043 0	1 981	2.211	12.08	58.05	59.450
N_{12}	−7.250 7	2 426	2.283	12.53	64.07	76.891

由于碳纳米管提供了一个使氮原子簇稳定存在的势阱,因此可以制备内部沉积氮原子簇的碳纳米管(N_x/CNTs)。N_x/CNTs 的制备方法主要有物理化学沉积法和电化学沉积法两种。

在全氮化合物中,叁键在超高温高压下会发生解离,转变为共价的氮双键或氮单键连接的网状结构,从而分子(态的)氮转变为一种晶态的聚合氮,也就是说高温时对固态 N_2 分子施加足够的压力,能够破坏 N_2 中的叁键,氮原子发生从双原子分子结构到共价聚合物的相变。之所以能够发生这种相态转变,是因为氮原子最外层有 5 个价电子,具有相对复杂的电子结构,原子间可有多种成键方式,从而形成不同的聚合体系。Eremets M. I. 等人采用激光加热金刚石压砧(LHDAC)技术,制备出首个聚合氮。随后,科学家们经过大量的实验研究,采用对高压氮直接进行激光加热的方法,相继在 120~150 GPa、2 000 K 的条件下成功合成出了透明的 cg-N。另外在 150 GPa、3 000 K 下还得到了另外一种聚合氮 LP-N。

晶体结构的聚合氮因其独特的立体结构而含有超高能量密度。含能最高的稳定聚合氮是空间群为 I2$_1$3 的独特立方体偏转结构,人们将此结构命名为 Cubic Gauche Nitrogen,简称"cg-N"。cg-N 密度达 3.9 g·cm^{-3},生成焓为 20 794 kJ·mol^{-1}。由于 cg-N 的结构与金刚石(晶胞中有四个碳原子)的结构相似,因此 cg-N 坚硬,可称作氮金刚石。

每个立方体聚合氮的对称晶胞中含有 8 个原子,所有的原子都是通过共价单键紧密地相互连接形成三链立体结构(见图 2-43),因此,cg-N 的密度显著高于那些普通分子化合物。根据 Tsiolkovsky 平衡,单级火箭的加速取决于排气速度以及初始质量与最终质量的比值,对于混合火箭来说,高密度燃料有助于提高质量比。因此,cg-N 是一种理想的火箭燃料。

Yu T. 等人[13]采用第一性原理系统地研究了 cg-N 作为火箭燃料比冲的重要性能参数,研究了键、角和扭转对生成焓的协同作用。cg-N 的表面优化结构如图 2-44 所示。

cg-N 作为燃料候选物应具有足够的动力稳定性,同时不能发生异构或分解反应。图 2-45[13]为具有 E 线性结构的 cg-N 的分解过程,其主要缺点是两个碎片间的单键连接距离为 1.483 Å(1 Å =10^{-10} m),远长于 cg-N 的内部键长,cg-N 表面分解能为 16.8 kJ·mol^{-1},因而其在室温下不能稳定存在。

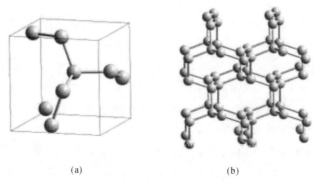

(a)　　　　　　　　　　(b)

图 2 - 43　聚合物 cg - N 结构

(a)cg - N 单体；　(b)cg - N 晶体压缩结构

图 2 - 44　cg - N 的表面优化结构

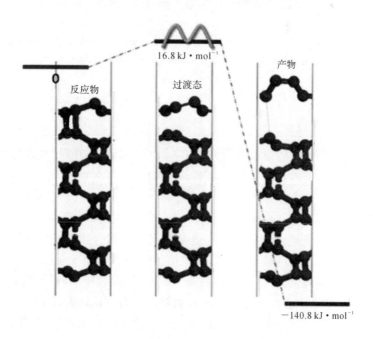

图 2 - 45　E 线性结构的聚合氮分解过程

cg - N 的热动力学稳定性研究表明,40 ～50 GPa 是其稳定性的临界范围,这个范围是 cg - N 合成中的关键点,所以以超高压储存会导致 cg - N 能量异常,因此其很难被实际应用。采取表面修饰和包覆的方法是实现 cg - N 稳定化的可能技术途径。

Yu T. 等人在先前研究结果的基础上,系统地预测了火箭性能,包括稳定性、密度、比冲和燃温;计算了 cg - N 的固态生成焓和晶体密度,将其用于火箭后,其性能如表 2 - 12 所示。cg - N 的 I_{sp} 至少高于 Al/AP 的比冲 100 s,当进行有效评估考虑密度时,cg - N 的 I_{sp} 显著高于液体 H_2/O_2 各阶段的有效比冲;基于 cg - N 的有效比冲 I_{ef},可以采用向 cg - N 中添加不含能组分的方法来提高室温条件下的稳定性。这与 Lempert 等人的研究结果相吻合,即聚合氮的超高燃温是其致命缺点。实际上 cg - N 的 T_c 均高于 7 000 K,但目前的发动机结构材料不能承受这么高的温度,因此 cg - N 是对火箭发动机结构材料的一个巨大挑战。

表 2 - 12　cg - N 火箭与液体 H_2/O_2、Al/AP[①] 性能对比

性能	cg - N	液体 H_2/O_2[②]	Al/AP
$\Delta H_f/(kJ \cdot g^{-1})$	11.47	−1.23	−1.99
$\rho/(g \cdot cm^{-3})$	3.401	0.284	2.071
I_{sp}/s	384.8	390.0	268.2
I_{ef1}[③]$/s$	534.9	228.4	285.3
I_{ef2}[④]$/s$	464.85	314.2	281.8
I_{ef3}[⑤]$/s$	427.325	354.6	277.5
T_c/K	7 153	2 947	4 184

注:① AP 是高氯酸铵,最大比冲时,Al/AP 的组成:Al 的质量分数为 21%,AP 的质量分数为 79%。Al 的生成焓为 0,AP 的生成焓为 −295.8 kJ · mol⁻¹,Al 的密度是 2.700 g · cm⁻³,AP 的密度是 1.950 g · cm⁻³。

② 最大比冲时液体推进剂的组成:H_2 质量分数为 20%,O_2 的质量分数为 80%。H_2 的生成焓为 −9.0 kJ · mol⁻¹,O_2 的生成焓为 −13.0 kJ · mol⁻¹,H_2 的密度是 0.070 9 g · cm⁻³,O_2 的密度是 1.149 g · cm⁻³。

③ I_{ef1} 是第一阶段有效比冲,$I_{ef1} = I_{sp} + 100 \times (\rho - 1.9)$。

④ I_{ef2} 是第二阶段有效比冲,$I_{ef2} = I_{sp} + 50 \times (\rho - 1.8)$。

⑤ I_{ef3} 是第三阶段有效比冲,$I_{ef3} = I_{sp} + 25 \times (\rho - 1.7)$。

雷力等人基于自行搭建的极端条件光谱平台,以普通氮气为原材料,通过超高压 LHDAC 技术在 134 GPa、2 000 K 的高温高压条件下,成功合成了国内首个 cg - N 样品。

2.5.2　固态聚合物

另一种具有超高生成焓、低燃气相对分子质量的固态聚合物是 Poly - CO,实验上证实,一氧化碳分子中的 C≡O 是很强的共价键,在一定的压力和温度下会发生聚合,生成固态聚合物 Poly - CO,它是由碳氧六元环(四个碳和两个氧原子)通过碳碳双键连接成的链状结构,如图 2 - 46 所示。这种非晶聚合物泄压到常压时能够恢复为一氧化碳分子。

Poly - CO 时傅里叶变换红外光谱图像显示聚合物为一氧化碳分子,开始分解时逐渐释放出强光,随着时间的推移,光线的强度逐渐变弱,最终固态聚合物分解成 CO_2 和黑色的玻璃碳,释放出 CO_2 气体以及大量的能量,单位质量物质能释放出高于等量 HMX 炸药的能量。

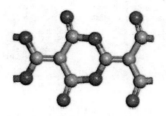

图 2 - 46 碳氧六元环组成的链状结构

运用第一性原理的 AIRSS 法预测 Poly - CO 晶体结构，发现其具有六元环链状的 CO 聚合结构［空间群为 Pna2$_1$，如图 2 - 47(b)所示］，在常压下可稳定存在，1 kg 的 Pna2$_1$ - CO 分解完全能够释放出约 1.9 MJ 的热量，与氧气反应时则会释放出 5.5 MJ 的热量，相当于 1.3 倍的 TNT 当量。

这种潜在的高能量密度 CO 材料的性质取决于其特殊的晶体结构。由六元环单元通过 C=C 连接而成的 Pna2$_1$ - CO 链状结构，每个六元环包含了四个碳原子和两个氧原子，另外两个氧原子通过 C=O 双键悬挂在六元环羰基位置上［见图 2 - 47(b)］。利用 PBE - D3(BJ) 方法结构优化后得到的 C—C/C—O 单键键长在 1.309 ~ 1.455 Å 之间，C=C 和 C=O 双键键长分别约为 1.413 Å 和 1.200 Å。另外两种由类似的六元环结构组成的晶体，对称性为 P2$_1$2$_1$2 和 Cc，分别如图 2 - 47(a)和(c)所示。高压稳定的 Cmca 结构是由 C—C/C—O 单键构成的，类似于 I2$_1$2$_1$2$_1$ 相，如图 2 - 47(d)所示。其他搜索到的 CO 分子晶体的稳定结构如图 2 - 48 所示。

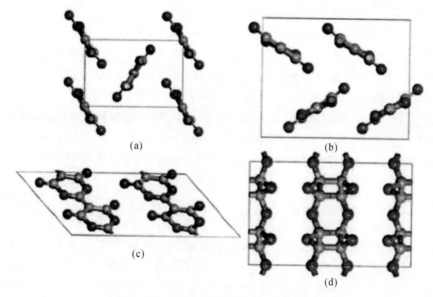

图 2 - 47 Poly - CO 低压下聚合结构[14]

(a)［001］方向的 P2$_1$2$_1$2 结构； (b)［001］方向的 Pna2$_1$ 结构； (c)［010］方向的 Cc 结构； (d)Cmca

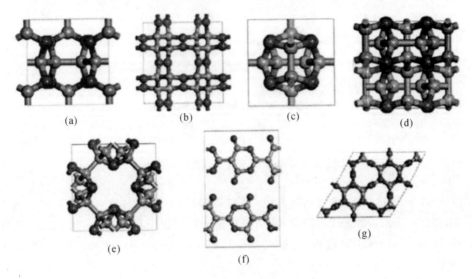

图 2-48 其他 Poly-CO 结构图[14]

(a)Cmmm；(b)I4₁/amd；(c)P4₂mc；(d)Imma；(e)P4₂/ncm；(f)Pbcm；(g)R3m

科研人员采用金刚石压砧技术(DAC)首次合成出 Poly-CO，并实现了数克级放大合成。Magnus J. Lipp 等人利用激光加热方法在常温、5 GPa 下得到了聚合成固态 Poly-CO。M. Ceppatelli 等人研究发现 Poly-CO 链在温度低于 300 K 时会断开，形成非晶物质，温度高于室温时分解成 CO_2 和环氧碳。Rademacher N. 等人以 $V(CO):V(He)=25:75$ 混合气体为原料，采用金刚石对顶砧技术在 5.2 GPa 下制备出 Poly-CO 并进行性能表征，发现在 6～7 GPa 下可使 Poly-CO 转变为白色固体。

2.5.3 聚合 CO-N₂

Teipal U. 等人开发出一氧化碳-氮气固态聚合物(Poly CO-N₂)新型炸药，该聚合物的密度高达 $3.98\ g\cdot cm^{-3}$，是在温度和压力分别高于 1 700 K 和 40 GPa 的条件下，采用激光加热 CO 和 N₂ 而得到的聚合物晶体，能量是常规炸药 HMX 的 3 倍。

当压力在 4～5 GPa 时，CO 和 N₂ 具有相似的熔点、相转变和晶体结构的等电子双原子系统，然而高压下它们的化学行为则相反。例如压力高于 5 GPa 时，立方体 δ-CO(Fm3m)化学转变成颜色鲜艳的聚合物(Poly-CO)[15]，而 δ-N₂(Fm3m，与 δ-CO 同构)经历一系列结构扭曲后则转变成 ε-N₂、ζ-N₂ 和 η-N₂[16]，当温度、压力分别达到 2 000 K 和 110 GPa 时，聚合形成具有单键结构的 cg-N 或者 LP-N[17]。因此认为 CO 和 N₂ 间的多种化学行为源于 CO 分子中的小偶极，但在高压下致密的 Poly-CO 中整体上存在很大的偶极。

CO 与 N₂ 聚合时的温度压力条件显著低于合成 cg-N 和 LP-N 的条件(高于 110～150 GPa 和 2 000 K)，这说明 CO 与 N₂ 聚合时，CO 能够促进 N₂ 的聚合。事实上，它们之间存在非常小的共位依赖性。Poly CO-N₂ 中的 P4₃ 空间群网格结构(见图 2-49)，是由氮桥和八元 C—N 环组成的。事实上，CO 和 N₂ 在室温、压力>20 GPa 时就可以发生聚合反应，形成不定形态的固体。

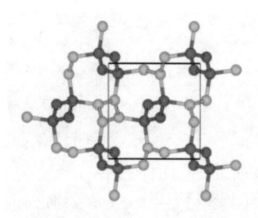

图 2-49　Poly CO-N_2 的 P4$_3$ 结构[18]

CO-N_2 聚合物中的 CO 可以促使 N_2 分子分解,压力低于 18 GPa 时得到 1D 共聚物,18 GPa 时聚合物的结构呈 Pbam 和 Fdd2 的 3D 网络结构状,压力继续升高到 52 GPa 时,Pbam 结构的聚合物最稳定[18]。然而,近期的理论预测发现,Poly CO-N_2 还有另一种结构 P4$_3$,在大于 35.6 GPa 压力下,此结构非常稳定。这些材料理论上具有高能量,能量范围介于 2.2 kJ/g(Pbam-CO 结构)和 4.622 kJ/g(P4$_3$ 结构)之间。

Choon-Shil Yoo 等人指出聚合反应时 CO 与 N_2 的体积比不同,Poly CO-N_2 的结构也不同。当 CO 与 N_2 体积比是 1∶1 时,Poly CO-N_2 的 P4$_3$ 结构的热力学稳定性高于 Pbam 及 Fdd2 结构;而 CO 与 N_2 的体积比为 2∶1 时,Poly CO-N_2 的 Fdd2 结构稳定性高于 P4$_3$ 和 Pbam 结构。Poly CO-N_2 这几种结构的差别并不大,它们的相对稳定性也仅是一个临界值,通过调控合成温度和合成动力学可进行结构间的转变。

在 CO 和 N_2 聚合过程中,随着反应压力的升高,聚合物的结构发生变化,进而导致聚合物颜色的改变。如当 CO 与 N_2 体积比为 1∶1 时,采用显微照相技术捕捉到不同压力下聚合物的微观图像(见图 2-50),在小于 4 GPa 压力下的聚合反应是一种典型的压力诱导型,形成一种红棕色无定形固体,这种固体是由 CO 和 N_2 结晶成的等构 δ(或 Fm3m)相。δ(Fm3m)相具有很强的光反应活性,在激光的照射下聚合形成深色聚合物,在 6.3 GPa 时的聚合物显微图像中可以看到一个小黑点。在 8~15 GPa 之间反应时,聚合物变成深棕色,聚合反应中,随着压力的继续升高,CO-N_2 聚合物变得更加均匀半透明,尤其是达到 40~45 GPa 以上的高压时更是如此。

虽然以全氮化合物、Poly CO、Poly CO-N_2 为代表的化合物具有超高生成焓和较低的燃气相对分子质量,可作为新型高能量密度材料,但是这类化合物面临的实际问题是,制备热稳定性适合使用的凝聚态化合物是非常困难的。然而,这些新概念高能量密度材料具有推动武器装备动力系统性能跃迁、武器装备形态变革的巨大潜能,因此世界各国正积极开展此种材料制备技术的研究。

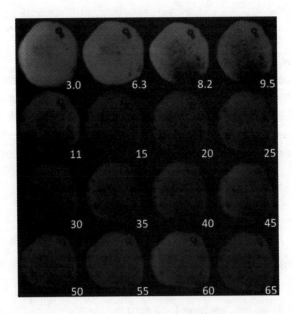

图 2-50　CO 与 N_2 体积比为 1∶1 时,不同压力下(单位:MPa)聚合物的显微图像[18]

2.6　含能氧化剂的共晶

2.6.1　共晶的制备方法

含能材料的共晶技术涉及溶解性、晶型转化和控制、组分用量分配等问题,同时还要考虑感度、能量特性、力学性能等方面的问题,因此其设计、制备过程更加复杂。

共晶的制备方法主要分为溶液结晶法和固态结晶法两种,溶液结晶法包括缓慢蒸发溶剂法、冷却结晶法、溶剂/反溶剂法、悬浮液法、超声辅助共结晶法、喷雾干燥法、超临界流体法、超声喷雾静电吸附法、冷冻干燥法等,固态结晶法包括机械研磨法、熔融法、声共振混合法等。表 2-13 对各种共晶制备方法进行了详细介绍。

表 2-13　共晶的制备方法

方法名称		方法概要	优点	缺点
溶液结晶法	缓慢蒸发溶剂法	将共晶各组分按照化学计量比溶解于溶剂中,随着溶剂的缓慢挥发得到共晶。该方法主要针对溶解度随温度变化不大的物质	可有效控制结晶的形貌和尺寸大小,是获得单晶的主要手段	需考虑各共晶组分在溶剂中的溶解度,产量低,容易生成溶剂化物,制备周期长,成功制备率低,不适宜放大

续表

方法名称		方法概要	优点	缺点
溶液结晶法	冷却结晶法	将共晶各组分溶解于一种溶剂中,然后利用降温冷却的方法使溶液达到过饱和状态,从而使共晶结晶析出并长大	可有效控制结晶的形貌和尺寸大小	需要经过大量试验确定溶剂的种类和用量,以获得合适的过饱和度,耗时较长,成功制备率低
	溶剂/反溶剂法	将共晶各组分溶解于某一溶剂,对溶液进行搅拌等一系列必要的操作,然后加入反溶剂使共晶析出。在共晶炸药的制备中,对于所选溶剂不易挥发,且溶解度随温度变化不大的情况,一般常用溶剂/反溶剂法使晶体析出	与蒸发溶剂结晶和冷却结晶相比能耗降低,制备周期较短;操作简便	需优化溶剂与反溶剂的比例,在没有溶剂化物生成的前提下保证收率;成功制备率低
	悬浮液法	将共晶组分与共晶加入溶液中等温搅拌。若在该温度条件下共晶为稳定的平衡固相,则在搅拌过程中共晶组分不断溶解,使溶液过饱和度增加,析出共晶	操作简单;制备产品纯度较高、粒度分布均匀;可有效避免共晶单组分的析出	容易获得溶剂化物,制备周期长
	超声辅助共结晶法	将共晶各组分溶解于某一溶剂,然后引入超声波制备共晶;超声波产生的空穴效应在晶体生成和成长过程中可以起到晶核的作用,在较高的强度下,超声波可在较低的过饱和度下代替晶种引发成核过程	有助共晶的形成,提高纯度和产率	适用于各组分浓度很低或者很少的样品,动力系统特殊难以实现规模化
	喷雾干燥法	将含药溶液由喷嘴快速喷出,形成的雾滴经过高温干燥气流被快速蒸干,得到固体粉末	与超临界流体技术相比,喷雾干燥成本低,在实验室规模至生产规模均可应用	不适用于热敏性物系
	超临界流体法	在超临界状态下,降低压力产生过饱和度,使固体从超临界溶液中结晶,包括超临界快速膨胀(RESS)与反溶剂结晶(SAS)两种方法	可以作为一种新的媒介诱导共晶的形成,反应结束后有机溶剂处理方便,安全环保;对不稳定的结构或者对热敏感的物质都适用	两溶液在极短的时间内很难达到均匀混合,溶液中局部过饱和度不一致使产品粒度不均一,并且容易造成团聚

续表

方法名称		方法概要	优点	缺点
溶液结晶法	超声喷雾静电吸附法	将共晶组分按照特定比例溶解于良性溶剂中,通过超声喷雾,含能材料被惰性气体传载至温度梯度加热炉中,然后经过高压静电场,收集纳米级共晶含能材料晶体并冷却回收良性溶剂和惰性气体	该方法流程简单,减少干燥等后处理时间;可有效减轻纳米共晶颗粒的团聚趋势;能够实现连续作业	只适用于纳米共晶颗粒的制备
	冷冻干燥法	将一定浓度的含药溶液快速冷冻后减压,溶剂升华,析出共晶	工艺稳定性好,易于放大,收率高	制备周期长,往往获得无定形共晶,不适用于溶解性较差的物系
固态结晶法	机械研磨(干法)	将一定比例的两种或两种以上共晶组分混合均匀后,利用研钵或球磨机将混合体系经过一段时间的处理制备共晶	避免溶剂的使用,很少有副产物生成,体系组成简单,原子利用率高,制备周期短	不能有效控制结晶形貌;处理含能材料时,安全风险较大
	机械研磨(湿法)	将少量的溶剂添加到共晶组分的混合体系中,在含有少量溶剂的情况下研磨混合体系制备共晶	与干法研磨相比,能够促使形成共晶的动力学优势;避免溶剂的过量使用;很少有副产物生成且不需考虑各组分的溶解度问题;体系组成简单,原子利用率高;制备周期短	不能有效控制结晶形貌;处理含能材料时,安全风险较大
	熔融法	分为差示扫描量热仪法和Kofler法。此处仅介绍前者。差示扫描量热仪法制备共晶是将预先按照设计比例混合好的两种或两种以上的共晶组分混合均匀后放置在坩埚内,利用DSC仪器按照设定好的温度程序升温,使混合成分经过相变,由固体形态达到熔融状态再到固体形态,从而获得共晶	有效地避开了溶剂选择;可有效降低共晶筛选消耗的人力和物力	只能用于很少量含能共晶的制备;不适合热力学不稳定和本质上不稳定的物质,不适合具有较高熔点低分解温度的物质
	声共振混合法	本法是一种利用振动和声流耦合作用的新型工艺,将两种或两种以上的共晶组分按照设计比例加入反应容器中,通过对混合物料施加一定频率振动从而产生声波压力场,使混合物料内部产生多重微混合区域,进而使物料快速高效发生共晶相变	没有机械传动部件与物料接触,可大大提高生产过程的本质安全性;避免溶剂的过量使用;反应时间短;制备产品纯度高、产率高;适于工业化放大	不能有效控制结晶形貌

除上述共晶制备方法外,还有将小分子气体与炸药在溶液中共结晶的气-液共结晶法及将共晶组分溶液以压缩气体作用,经喷嘴高速喷出雾化后喷射在反溶剂相中,结晶析出共晶的气动雾化-反溶剂结晶法,与缓慢蒸发溶剂法相比,声共振混合法、喷雾干燥法、气-液共结晶法、超声喷雾静电吸附法和气动雾化-反溶剂结晶法为共晶炸药的制备提供了新思路。

2.6.2　共晶的表征方法

常用以下几种分析手段对共晶的形成进行判定:

(1)单晶 X 射线衍射。在能够"完美"地培养出共晶的晶体的条件下,单晶 X 射线衍射是表征共晶最有效的手段。

(2)粉末 X 射线衍射。X 射线在晶体中的衍射现象实质上是大量的原子散射波互相干涉的结果。每种晶体结构都有独特的粉末衍射峰,形成共晶后单组分的衍射峰消失,同时产生新的衍射峰。因此可以根据粉末 X 射线衍射峰的变化来判断是否有新晶体生成。对比产品和原料的粉末 X 射线衍射图谱,根据特征峰的位置和强度便可判定是否有新的物相和晶体结构生成。

(3)红外吸收光谱。利用傅里叶变换红外光谱,通过检测并比照共晶和单组分分子中特征吸收峰峰位和峰宽等特性的变化,可有效探测晶格内部分子的振动。由于新的氢键在共晶中形成,C=O,N=O,C—H,O—H,N—H 等含氧/氢共价键吸收峰的位置会发生相应的偏移,对比产品与原料的红外谱图基本可以判断是否有共晶生成。

(4)差示扫描量热分析(DSC)。由于共晶的热性能随着分子间氢键的形成而发生相应的变化,当分子间形成氢键时,分子间的结合力增强,从而影响物质的熔点和分解。DSC 测试能快速、准确地测定物质的熔融、晶型转变、升华、脱水、吸附、分解等变化。因此,DSC 可以用来判定是否形成共晶。

(5)拉曼光谱。拉曼光谱是根据拉曼散射效应,对入射光频率不同的散射光谱进行分析,从而得到分子振动、转动方面的信息,并应用于分子结构研究等方面的一种分析方法。通过检测并比照共晶和单组分分子中特征吸收峰峰位、峰宽等特性的变化,可有效探测晶格内部分子的振动,判定是否产生新的物相和晶体结构。

2.6.3　共晶的形成机理

共晶本质上是一种超分子自组装系统,是热力学、动力学、分子识别的平衡结果。在分子自组装过程中,分子间相互作用以及空间效应影响着超分子网络的形成,而超分子网络又直接影响了晶体的构成。在共晶体系中,不同分子间的相互作用主要有氢键、π堆积作用、范德华力和卤键。其中,氢键的键能在 $25\sim40$ kJ·mol^{-1},远大于其他几种分子间作用力,同时氢键具有方向性和饱和性,成键模式丰富,是形成共晶最重要的一种超分子作用力。

含能共晶是以分子间非共价键作用力连接成超分子合成子,超分子合成子再进一步通过π-π堆积作用等连接成为一维链状、二维层状或三维立体结构。表 2-14 为几种典型含能共晶的分子间相互作用形式。

表 2 - 14　几种典型含能共晶的分子间相互作用形式

共晶名称	相互作用图示	共晶体系相互作用
CL - 20/TNT （三硝基甲苯）	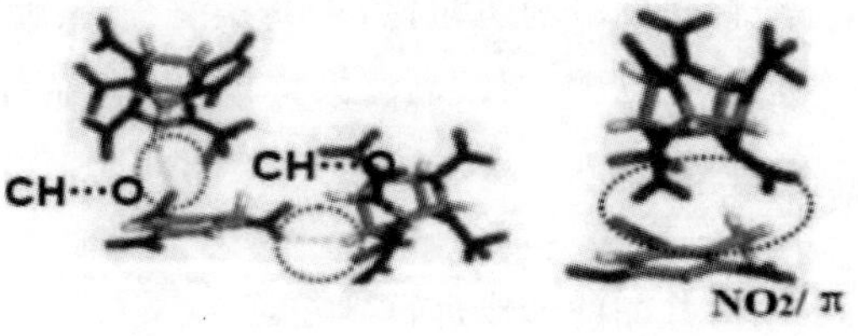	C—H···O NO₂ - π
CL - 20/DNB （1,3 -二硝基苯）	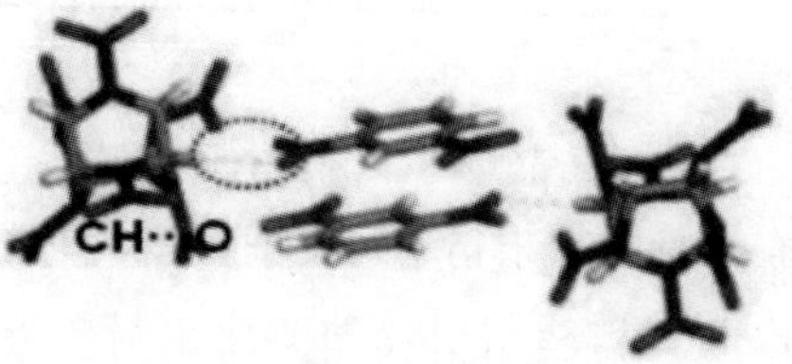	C—H···O NO₂ - π
CL - 20/BTF （芳香类苯并三氧化呋咱）	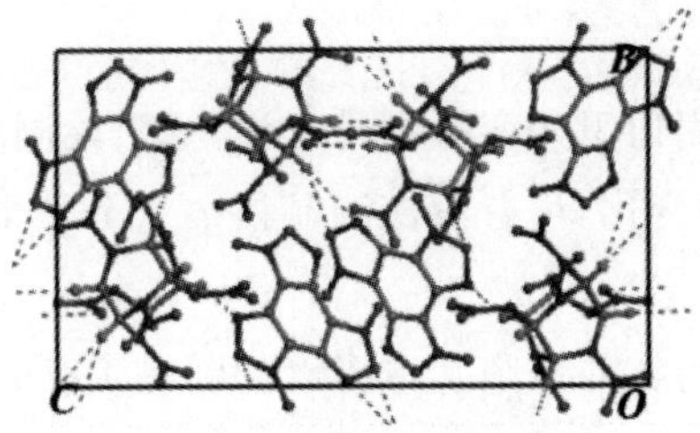	C—H···N NO₂ - π
CL - 20/HMX	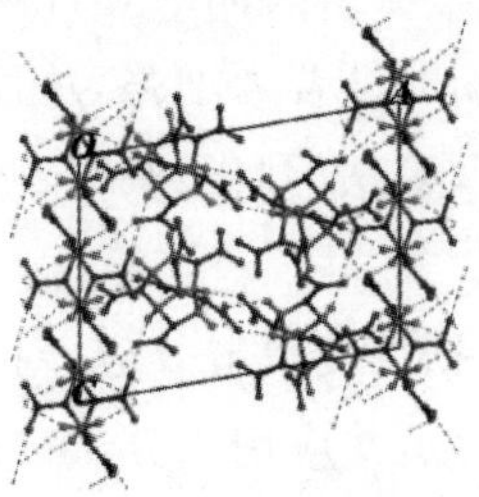	C—H···O
CL - 20/MDNT （1 -甲基- 3,5 -二硝基- 1,2 -4 -三唑）	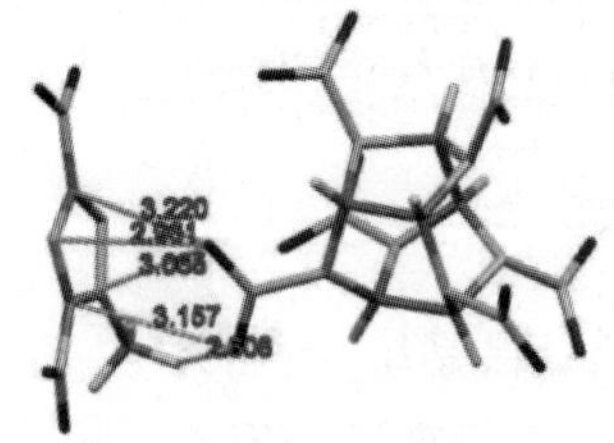	C—H···O、 NO₂ - π
BTF/DNAN （2,4 -二硝基苯甲醚）	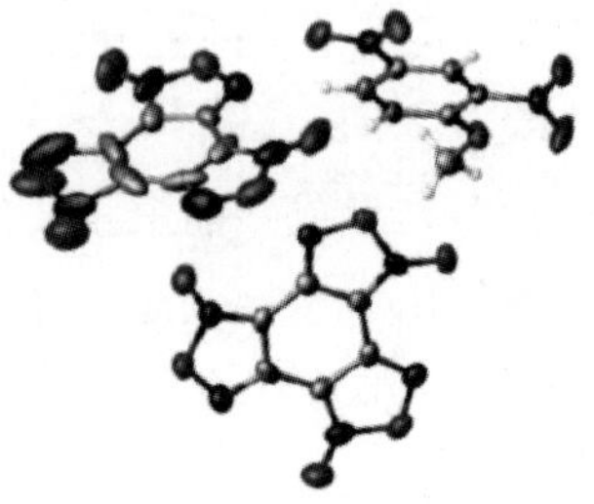	C—H···N、 NO₂ - π

续表

共晶名称	相互作用图示	共晶体系相互作用
ADN/18C6(18 - 冠醚 - 6)		N—H⋯O C—H⋯O
CL - 20/H₂O₂		H⋯O
CL - 20/N₂O		H⋯O N⋯H

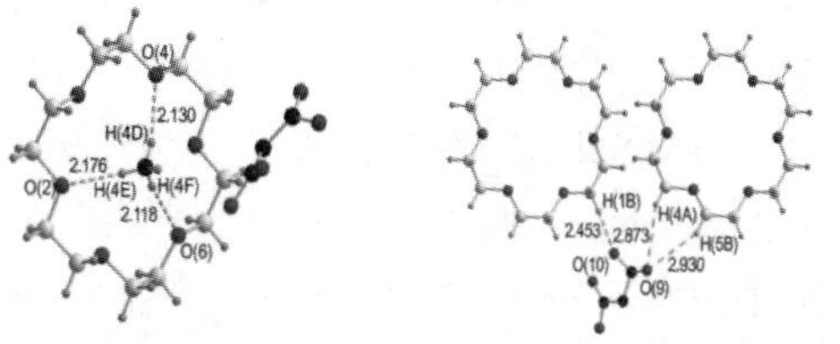

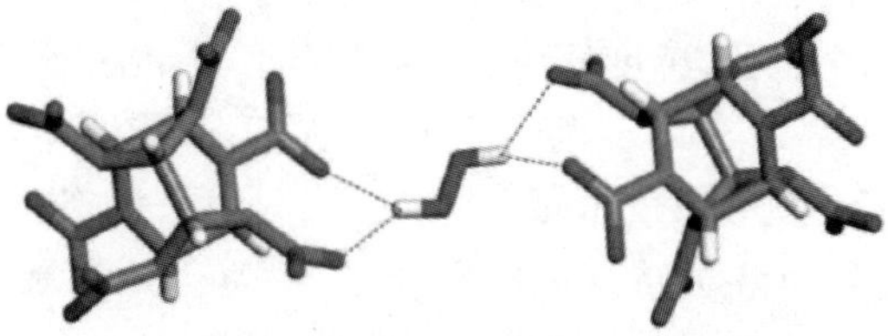

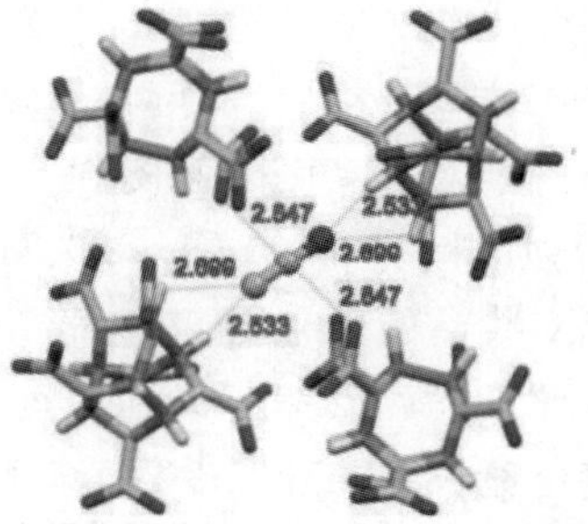

　　形成含能共晶的主要驱动力为 N—H⋯O/C—H⋯O 氢键、$NO_2 - \pi(p - \pi)$ 堆积作用、$\pi -$$\pi$ 堆积作用以及静电力,这些作用力往往不单独存在,而是在多种驱动力协同作用下使共晶处于一个稳定的状态。

　　此外,热力学有利也是能够形成共晶的另一大重要因素。张朝阳等人通过对含能共晶形成过程中的晶格能、焓、吉布斯自由能、分子间作用力及相关含能分子的相容性变化的 DFT 计算,发现大部分含能共晶形成受熵控制,共晶的形成过程是熵减的,其能量变化可用反应自由能(ΔG_0)表示:

$$\Delta G_0 = -RT \ln \frac{S_A S_B}{K_{sp}}$$

式中,T 为反应温度;S_A、S_B 为形成共晶的 A、B 组分的溶解度;K_{sp} 为溶度积。当 $\Delta G_0 > 0$ 时,不同组分的晶体最稳定,体系利于单组分晶体的析出;当 $\Delta G_0 < 0$ 时,共晶是稳定形态,其中的平衡向能析出共晶的方向移动。

2.6.4　适用于固体推进剂含能氧化剂共晶体

2.6.4.1　CL - 20 基共晶体

1. CL - 20/HMX 共晶体

摩尔比为 2 ∶ 1 的六硝基六氮杂异伍兹烷(CL - 20)与环四亚甲基四硝胺(HMX)的共晶

于 2012 年由 Onas Bolton 等人采用缓慢蒸发溶剂法首次制备出。其在 95 K 下的密度为 2.00 g·cm^{-3},常温下的密度为 1.945 g·cm^{-3},氧平衡比为 -13.65%,比 β-HMX 高 7.97%,理论爆速比 β-HMX 高 100 m·s^{-1},撞击感度与 β-HMX 相当,其有希望替代 CL-20 成为高能低特征信号固体推进剂填料。2014 年,Anderson 等人采用声共振混合技术制备了摩尔比为 2:1 的 CL-20/HMX 共晶,有效提高了共晶炸药的产量和合成效率。经 DSC 分析发现 CL-20/HMX 共晶的分解放热量(4 526 J/g)显著高于相同摩尔比的物理混合物 (3 415 J/g),证实了共晶结构中 CL-20 与 HMX 之间强的非键作用(氢键和强的范德华力)的存在。材料在纳米和亚微米尺度下表现出与微米级不同的物理化学性质,含能材料经超细化后具有能量释放更完全、机械感度低等优点,基于此,国内外研究者开展了一系列细粒度化 CL-20/HMX 共晶的制备。Spitzer 等人利用喷雾闪蒸技术制备了纳米和亚微米 CL-20/HMX 共晶,实现了实验室规模 8 g/h 的连续生产。高兵、邱宏伟、安崇伟等人分别采用超声喷雾辅助电子吸附法、悬浮液法结合机械研磨法、喷雾干燥法制备了纳米 CL-20/HMX 共晶,纳米 CL-20/HMX 共晶的感度得到进一步降低(低于 HMX)。

任晓婷等人采用超高效混合技术制备了超细 CL-20/HMX 共晶,并实现了千克级规模制备。制备的超细 CL-20/HMX 共晶样品产品形状呈规则块状,表面光滑无毛刺,粒径小于 1 μm,粒度分布均匀[见图 2-51(a)],其衍射图在 11.558°、13.264°、18.601°、24.474°、33.785°、36.269°处出现新的较强的衍射峰,与 CL-20/HMX 共晶的标准图谱吻合[见图 2-51(b)]。超细 2CL-20/1HMX 共晶的放热分解过程中只有一个放热分解峰,放热峰温为 248.3℃[见图 2-51(d)]。按照 GJB 772A—1997《炸药试验方法》测得的摩擦感度比原料 CL-20 降低了 16%,撞击感度比原料 CL-20 高了 6.7 J,比原料 HMX 提高了 3.35 J(见表 2-15)。超细 CL-20/HMX(摩尔比为 2:1)共晶的红外谱图如图 2-51(c)所示,相对于原料 CL-20、原料 HMX,CL-20/HMX 共晶炸药的红外吸收光谱相似,但大部分红外吸收峰位置都发生了偏移。如:原料 β-HMX 的 C—H 伸缩振动在 3 036.2 cm^{-1},在 CL-20/HMX 共晶的谱图中,该峰位置偏移至 3 032.6 cm^{-1};原料 ε-CL-20 的—NO$_2$ 非对称伸缩振动在 1 632.3 cm^{-1}、1 607.6 cm^{-1}、1 589.4 cm^{-1}、1 567.8 cm^{-1}处,在 2CL-20/1HMX 共晶的谱图中 1 632.3 cm^{-1}处的吸收峰消失,其余分别偏移至 1 602.3 cm^{-1}、1 577.8 cm^{-1}、1 525.5 cm^{-1}处;原料 ε-CL-20 的—NO$_2$ 对称伸缩振动在 1 384.1 cm^{-1}、1 329.5 cm^{-1}、1 285.6 cm^{-1}处,在 2CL-20/1HMX 共晶的谱图中,这些峰分别偏移至 1 394.9 cm^{-1}、1 333.9 cm^{-1}、1 296.5 cm^{-1}。CL-20/HMX 共晶元素分析:各元素质量分数理论值 C 16.38%,H 1.71%,N 38.23%;实测值 C 16.98%,H 1.90%,N 38.26%。

表 2-15　炸药样品的实测机械感度对比

样品	摩擦感度/(%)	撞击感度 I_{50}/J
CL-20	100	3.78
HMX	28	7.13
2CL-20/1HMX 共晶	84	10.48

注:测试条件为压强 2.5 MPa,测试角度 66°,落锤质量 10 kg,药量 30 mg。

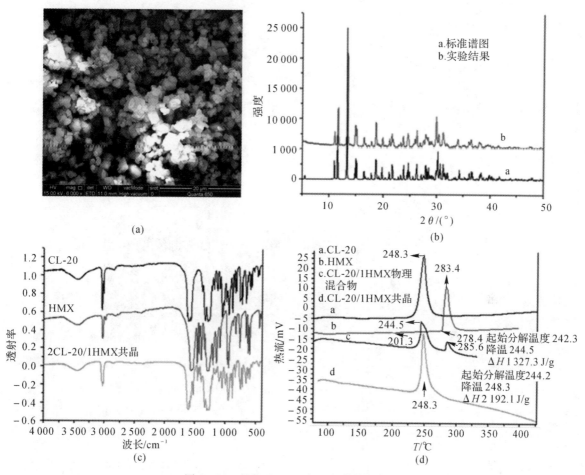

图 2-51　超细 CL-20/HMX 共晶的表征

(a)SEM(×6000)；　(b) XRD 谱图；　(c)红外谱图；　(d) DSC 曲线

2. CL-20/H₂O₂ 共晶体

2016 年，Jonathan C. Bennion 等人[19]分析了含结晶水的 α-CL-20 的晶格空腔，α-CL-20 在一个单位细胞中有 8 个 CL-20 分子，可以提供足够的空隙来容纳 4 个水分子。基于此，以含结晶水的 α-CL-20 为指导，将 CL-20 溶于 1∶1 乙腈/H₂O₂(H₂O₂ 浓度大于 90%)溶液中，缓慢蒸发溶剂获得了两种多晶型 CL-20/H₂O₂ 共晶(摩尔比 2∶1)，并采用单晶 X 射线衍射表征了其晶体结构(见图 2-52)。两种多晶型 CL-20/H₂O₂ 共晶[(Ⅰ)正交晶系和(Ⅱ)单斜晶系]都具有较高的晶体密度(分别为 2.03 g·cm⁻³ 和 1.96 g·cm⁻³)，氧平衡(-8.79%)高于 α-CL-20(-10.84%)及 ε-CL-20(-10.95%)，而感度与 ε-CL-20 相近。两种多晶型 CL-20/H₂O₂ 共晶都具有较好的热稳定性，相转变温度分别为 165℃ 和 190℃，热分解温度都在 250℃ 左右。

以现有的含能材料水合物为指导，可以实现额外的等结构 H₂O₂ 溶剂化物的形成，有希望获得性能优于纯的多晶型化合物的新型含能化合物。这对于开发其他含过氧化氢的高能材料具有重要意义。

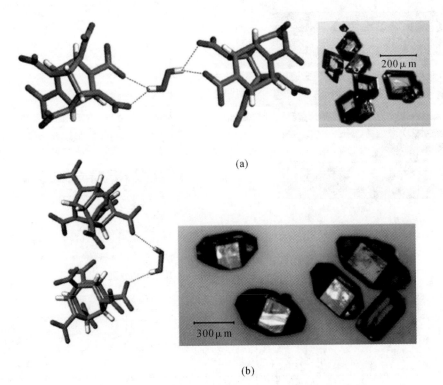

(a)

(b)

图 2-52 CL-20/H₂O₂ 共晶分子结构图及单晶照片

(a)CL-20/H₂O₂ 共晶（Ⅰ）； (b)CL-20/H₂O₂ 共晶（Ⅱ）

3.CL-20/N₂O 共晶

2019 年,徐京江等人[20]进一步分析了 α-CL-20 的晶格空腔,发现在不被水占据的情况下,α-CL-20 中客体可进入的空隙为胶囊状,并发现只有具有适当体积的分子才能进入 α-CL-20 的空穴。N₂O 是一种线性分子,可被容纳在 α-CL-20 晶格空隙中。他们将 CL-20 溶于丙酮溶液中,通过持续通入 N₂O 气体使溶液中的 N₂O 气体饱和,使在晶体生长过程中提供足够的气体分子嵌入 α-CL-20 的晶格空穴中,再加入反溶剂四氯化碳(CCl₄),获得了 CL-20/N₂O共晶(摩尔比 2∶1),并采用单晶 X 射线衍射表征了其晶体结构(见图 2-53)。CL-20/N₂O 共晶的相转变温度比 ε-CL-20 高 19℃(184.8℃与 165℃),N₂O 气体在相转变温度前都可稳定地嵌入 α-CL-20 的晶格空穴中。CL-20/N₂O 共晶(其单晶照片见图 2-54)的晶体密度为 2.038 g·cm⁻³,与 ε-CL-20 相近,氧平衡为-8.69%,撞击感度和静电感度显著低于 ε-CL-20,摩擦感度与 ε-CL-20 相当。

通过将氧化气体分子加入有机晶格腔,为设计新型高能低感含能材料提供了一个有希望的崭新策略。

4.其他 CL-20 基共晶体

2017 年,Han Gao 等人采用缓慢蒸发溶剂法制备了 CL-20/AP 共晶(摩尔比 1∶1)[21],与 AP 相比,该共晶的吸湿性得到明显改善(见图 2-55)。但是,他们没有得到 CL-20/AP 共晶的单晶数据。

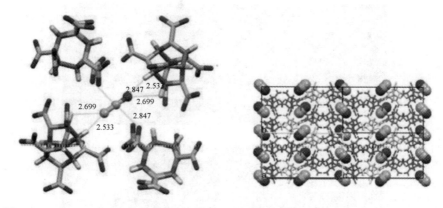

图 2-53　CL-20/N₂O 共晶中 CL-20 与 N₂O 之间的氢键作用及沿 α 轴的晶胞堆积图

图 2-54　CL-20/N₂O 共晶单晶照片

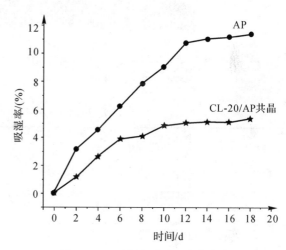

图 2-55　吸湿率随时间变化曲线

Han Gao 等人采用缓慢挥发溶剂法制备了摩尔比为 1:1 的 CL-20/RDX 共晶[21],其撞击感度显著低于 ε-CL-20,摩擦感度与 RDX 相当,但没有相关单晶数据的报道。

2.6.4.2　ADN 基共晶体

Mattias Liljedahl 等人[22]采用喷雾造粒技术,即将 N-脒基脲二硝酰胺盐(FOX-12)溶于熔融的 ADN 中,然后喷入不良溶剂正庚烷中,制备了不同比例的 ADN/FOX-12 共晶(90% ADN/10%FOX-12、80% ADN/20%FOX-12、70% ADN/30%FOX-12、60% ADN/40% FOX-12,共晶照片如图 2-56 所示)。与喷雾造粒制备的 ADN 相比,ADN/FOX-12 共晶的撞击感度(见表 2-16)和摩擦感度都得到明显改善,但他们没有提到该技术是否对吸湿性有所改善。

此外,王灏静等人采用溶剂挥发法制备得到 ADN/18C6(18-冠醚-6)共晶,大幅降低了 ADN 的吸湿性(ADN 的吸湿率为 18%,ADN/18C6 共晶的吸湿率为 1.2%)。但是,氧平衡值由 ADN 的+25.8%降低至 ADN/18C6 的-115.46%。ADN 与 18C6 形成共晶后虽然能量大幅度降低,但有助于理解 ADN 共晶的形成机理,可为 ADN 的吸湿性改性提供新思路。

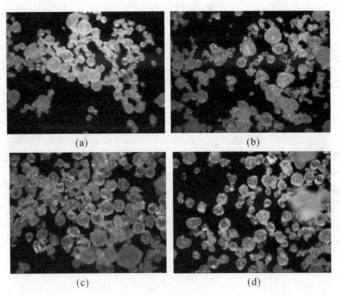

图 2-56　不同比例的 ADN/FOX-12 共晶照片

(a)90%∶10%；　(b)80%∶20%；　(c)70%∶30%；　(d)60%∶40%

表 2-16　感度数据对比

样品	ADN 质量分数/(%)	FOX-12 质量分数/(%)	撞击感度/J
ADN	100	0	3.3
共晶体 Ⅰ	90	10	6.1
共晶体 Ⅱ	80	20	4.5
共晶体 Ⅲ	70	30	7.7
共晶体 Ⅳ	60	40	5.3
FOX-12	0	100	＞49

2.6.4.3　其他含能氧化剂共晶体

1978 年,美国 Levinthal 等人首次报道了关于 HMX 与 AP 形成共晶的专利,该共晶在水中的溶解度极低,可有效改善 AP 的吸湿性,同时可保持 HMX 的能量特征。将其应用于固体火箭推进剂中还可提高其机械性能和贮存寿命。1994 年,美国 Thomas K. Higsmith 等人制备了二硝酰胺钾(KDN)与硝酸铵(AN)的共晶物,在不降低能量的同时解决了 AN 的相稳定性问题,并可提高推进剂的燃烧速度和铝粉的燃烧速率。

2016 年,Anderson 等人制备了摩尔比为 1∶1 的 CL-20/MDNT(1-甲基-3,5-二硝基-1,2,4-三唑)共晶,CL-20/MDNT 共晶的撞击感度与 CL-20 相当,摩擦感度(大于 120 N)显著低于 CL-20(72 N),CL-20/MDNT 共晶的生成焓明显优于相同摩尔比的物理混合物

（见表 2 - 17）。

表 2 - 17　生成焓数据对比

化合物	摩尔生成焓（氧弹量热测定）kJ·mol⁻¹	质量生成焓（氧弹量热测定）kJ·kg⁻¹
CL - 20	377	860
MDNT	122.8	772
1CL 20/1MDNT 物理混合物	499.8	837
1CL - 20/1MDNT 共晶	1 025.19±147.23	1 470～1 963

表 2 - 17 数据表明,含能共晶化合物在推进剂中的能量贡献大于相同摩尔比的共晶组分的物理混合物的能量贡献(生成焓每提高 100 kJ/kg,比冲可增加 1.2 s)。但是,生成焓的精确测试非常重要,文献报道的生成焓的准确性需要进一步验证。

2019 年,Qing Ma 等人采用缓慢蒸发溶剂法制备了 5,5′-双(三硝基甲基)-3,3′-基-1H -1,2,4 -三唑(BTNMBT)与 2H -1,2,3 -三唑的共晶(TZ)(摩尔比 2∶1)及 BTNMBT 与 1H -5 -氨基四唑(ATZ)共晶(摩尔比 1∶1),如图 2 -57 所示。其中,BTNMBT/TZ 共晶的密度为 1.64 g·cm⁻³,计算生成焓为 1 053 kJ·kg⁻¹,BTNMBT/ATZ 共晶的密度为 1.74 g·cm⁻³,计算生成焓为 845.9 kJ·kg⁻¹。

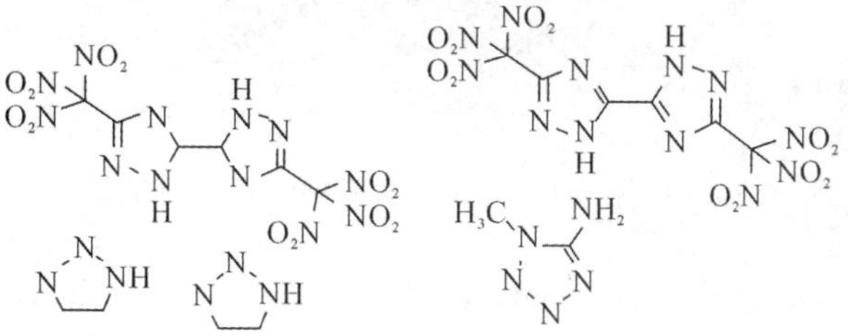

图 2 -57　BTNMBT 共晶
(a)BTNMBT/TZ 共晶；　(b)BTNMBT/ATZ 共晶

共晶改性在分子层面上根本改变了含能材料的内部组成和结晶结构,比其他改性方法更有效、更方便。共晶技术是除合成新含能化合物外获得综合性能优良的新型含能化合物的新途径和新方法,通过共晶技术可以实现改善含能化合物的氧平衡、密度、感度、吸湿性、熔点、能量等性质。含能共晶的研究仍处于探索阶段,目前含能共晶的制备主要是凭借合成专家的经验选择一些客体分子并多次试验不同的计量比合成共晶,存在制备周期长、重复性差、成功制备率低、合成效率低的问题,目前共晶客体分子的设计与选择缺乏有效的理论指导,含能共晶的有效形成规律和形成机理尚不明晰,极大地阻碍了含能共晶的可控构筑和研发周期。但是,共晶技术在含能材料领域的研究和应用前景十分广阔,利用共晶技术对现有的高能氧化剂加以改性,制备出综合性能优良的新型高能氧化剂,对推进研制新一代固体推进剂有极为重要的意义。

2.7 含能氧化剂在固体推进剂中的应用

2.7.1 TKX-50在GAP推进剂中的应用研究

2.7.1.1 TKX-50含量(76%固含量不变)的理论比冲规律

采用能量程序计算 TKX-50 在 GAP 推进剂配方体系中的能量性能。其中 TKX-50 分子式为 $C_2H_8O_4N_{10}$,密度为 1.89 g/cm³,按标准生成焓 210 kJ/mol、黏合剂为 GAP/NG/BTTN(增塑比 2.3)进行热力学计算。在固含量 76%不变的情况下,不同金属燃料含量条件下,一定范围内用 TKX-50 取代 AP,随着 TKX-50 含量增加,推进剂理论比冲表现出先增加后降低的趋势(见图 2-58)。

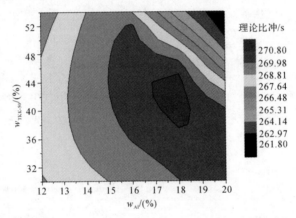

图 2-58 TKX-50含量(黏合剂含量不变)对推进剂能量性能的影响

在 Al 含量为18%,固含量为76%条件下,含 TKX-50 推进剂配方与 HMX、RDX 配方的理论比冲对比如图 2-59 所示。其相同取代量条件下理论比冲均小于 HMX、RDX 配方,与依据早期文献的报道值 TKX-50 标准生成焓 446.6 kJ/mol 计算的理论比冲优于 HMX、RDX 配方的结果相矛盾,但其理论比冲表现出先增加后降低的趋势均比 HMX、RDX 配方显著。

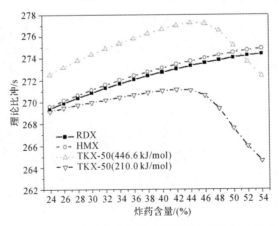

图 2-59 炸药种类及含量对推进剂能量性能的影响

以 TKX-50 理论比冲相对较高状态,含量为 42%、44%、46% 的配方为例,具体理论计算参数及结果见表 2-18。TKX-50 氧平衡氧含量较低,氮含量高,其氧化能力低于 HMX 和 RDX,相同添加量条件下,氧系数更低。TKX-50 配方理论燃烧室温度低于 HMX、RDX 配方约 300 K,这是其能量比冲较低的重要原因。TKX-50 配方燃烧产物相对分子质量低于 HMX、RDX 配方,证明高氮含量的 TKX-50 燃烧产生更多的小分子气体产物,该特质对推进剂配方理论比冲增加有利。

表 2-18　在 Al 含量(18%),固含量(76%)不变条件下,炸药含量(固含量不变)对推进剂理论计算结果的影响

质量分数/(%)			氧系数	密度 g/cm³	燃温 K	相对分子质量	特征速度 m/s	理论比冲 s
炸药种类	炸药	AP						
TKX-50	42	16	1.05	1.86	3 594.5	27.46	1 635.5	271.1
TKX-50	44	14	1.02	1.86	3 557.4	27.17	1 634.9	271.1
TKX-50	46	12	0.99	1.86	3 513.4	26.89	1 632.5	270.6
HMX	42	16	1.15	1.86	3 819.6	29.05	1 643.8	273.0
HMX	44	14	1.12	1.86	3 807.8	28.84	1 646.8	273.3
HMX	46	12	1.10	1.86	3 794.5	28.63	1 649.5	273.6
RDX	42	16	1.15	1.83	3 825.9	29.02	1 645.9	273.4
RDX	44	14	1.12	1.83	3 814.5	28.81	1 648.9	273.7
RDX	46	12	1.10	1.83	3 801.5	28.61	1 652.0	274.0

2.7.1.2　含 TKX-50 推进剂的性能

表 2-19 为含 TKX-50 推进剂的静态燃烧性能。随着 TKX-50 含量增加,体系在低压段和高压段的燃速压强指数均呈现上升趋势,7 MPa 下静态燃速为 14~18 mm/s,低压下燃速压强指数为 0.7~0.8,高压下燃速压强指数相对较高。

表 2-19　含 TKX-50 推进剂静态燃烧性能

配方	低压强段燃速/(mm·s⁻¹)					高压强段燃速/(mm·s⁻¹)					
	3	5	7	9	n	12	15	18	22	25	n
高 TKX-50 含量/(%)	9.24	13.4	17.2	20.9	0.81	26.6	32.1	39.7	47.6	54.0	0.98
低 TKX-50 含量/(%)	10.2	13.7	18.0	21.7	0.70	27.1	31.7	37.8	44.4	50.3	0.85

在 6.86 MPa 下,含 TKX-50 推进剂不同配方的动态燃速见表 2-20。

BSFϕ165mm 发动机试车曲线如图 2-60 所示,p-t、F-t 曲线平滑,未出现不稳定燃烧,其实测比冲及比冲效率见表 2-20。TKX-50/GAP 配方残渣量低,残渣活性铝含量约为 1.5%,表明 BSFϕ165mm 发动机燃烧较为充分。BSFϕ165mm 发动机实测比冲最高达到 256.7 s,实测密度比冲为 477.5 s·g·cm⁻³。

表 2 − 20　含 TKX − 50 推进剂不同配方 BSFϕ75mm 发动机动态燃速

编号	P_b平均值/MPa	R_b平均值/(mm·s^{-1})	R_{b0}平均值/(mm·s^{-1})
1	9.42	22.12	18.23
2	6.28	15.80	17.24
3	11.07	28.79	20.50
4	8.38	23.23	20.48

注:P_b为推进剂燃烧时间范围内的压强数值;R_b为发动机工作过程中推进剂动态燃烧速度;R_{b0}为指定压强下(6.86 MPa)推进剂动态燃烧速度。

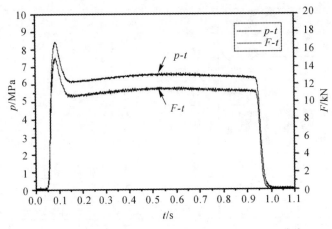

图 2 − 60　BSFϕ165mm 发动机试车 p − t 与 F − t 曲线

2.7.2　DAP − 4 在 NEPE 推进剂中的应用研究

2.7.2.1　DAP − 4 在 NEPE 推进剂中的理论比冲规律

采用 RAMJ 能量程序计算了分子钙钛矿型高能物质$(H_2dabco)^{2+}[NH_4^+(ClO_4^-)_3]$(简写为"DAP − 4")在 NEPE 推进剂配方体系中的能量性能。其中 DAP − 4 分子式为 $C_6H_{18}Cl_3N_3O_{12}$,密度为 1.87 g/cm^3,按标准生成焓 142 kJ/mol 进行热力学计算,结果见表 2 − 21。

表 2 − 21　DAP − 4 在 NEPE 推进剂配方中能量性能计算结果

序号	配方组成/(%)						$\rho_{理论}$/g/cm^3	氧系数	$I_{sp理论}$/s
	S	NEPE 胶	HMX	DAP − 4	AP	Al			
1	73	27	40	0	15	18	1.844	1.164	271.1
2	73	27	20	20	15	18	1.838	1.167	273.8
3	73	27	0	40	15	18	1.832	1.170	276.3
4	75	25	0	45	12	18	1.841	1.144	277.7

在 NEPE 推进剂中 DAP－4 取代一半的 HMX,配方理论比冲提高 2.7 s,理论密度降低 0.006 g/cm³;如果 DAP－4 全部取代 HMX,理论比冲提高 5.2 s,理论密度降低 0.012 g/cm³。

2.7.2.2　DAP－4 对 NEPE 推进剂性能的影响

1. 安全性能

采用 DAP－4/HMX(质量比 1∶1)替代全 HMX 的 NEPE 推进剂配方,推进剂安全性能和工艺性能测试结果见表 2－22 和表 2－23,推进剂安全性能和工艺性能良好,满足扩大装药要求。

表 2－22　推进剂药块的安全性能

配方	撞击感度/J	摩擦感度/(%)
DAP－4	54	60
DAP－4/HMX＝1/1 推进剂配方	13.7	80
全 HMX 推进剂配方	17.6	84

注:摩擦感度测试条件为 2.5 MPa,66°。

表 2－23　推进剂工艺性能

配方编号	出料时间/h	工艺性能		备注
		黏度 η_a/(Pa·s)	屈服值 τ_y/Pa	
DAP－4/HMX＝1/1 推进剂配方	1	301.1	110.9	50℃
	3	282.0	108.2	
	5	308.5	96.5	

2. 推进剂力学性能

研究了 DAP－4 对推进剂力学性能的影响,结果见表 2－24。测试结果表明,含有 DAP－4 的推进剂其常温抗拉强度和常温伸长率均明显降低,常温模量增加。

表 2－24　推进剂常温力学性能

配方组分	试验条件:20℃,100 mm/min			
	σ_m[①]/MPa	ε_m[②]/(%)	ε_b[③]/(%)	E[④]/MPa
全 HMX 推进剂配方	0.97	141.8	153.4	1.24
DAP－4/HMX＝1/1 推进剂配方	0.86	84.45	97.85	1.65

注:①最大抗拉强度;②最大伸长率;③断裂伸长率;④弹性模量。

3. 推进剂燃烧性能

采用 BSFφ75mm 发动机测试了 DAP－4 装药推进剂动态燃速,试验结果见表 2－25。

表 2 - 25　推进剂燃速

配方组分	药条		BSFϕ75		
	$\dfrac{r_{6.86MPa}}{mm/s}$	$n(3\sim9MPa)$	$\dfrac{P_b}{MPa}$	$\dfrac{R_b}{mm/s}$	$\dfrac{r_{6.86MPa}}{mm/s}$
全 HMX 推进剂配方	8.24	0.65	—	—	10.36
DAP - 4/HMX=1/1 推进剂配方	15.17	0.85	5.682	16.92	20.09
			3.899	12.74	—
			4.389	14.15	—
			5.181	16.52	21.33

结果表明,DAP - 4 取代 20% 的 HMX 时,BSFϕ75mm 发动机燃速较全 HMX 推进剂配方提高约 9 mm/s。

4.能量性能

采用 BSFϕ165mm 发动机测试了 DAP - 4 对推进剂能量性能的影响。测试结果见表 2 - 26,20% 的 DAP - 4 推进剂实测比冲为 248 s,低于全 HMX 推进剂配方。此外,20%DAP - 4 推进剂的 BSFϕ75mm 发动机试车工作压强高于 6 MPa 时是难以测试的(试车即解体),这可能与 DAP - 4 原材料燃烧特性有关,其燃烧响应较剧烈。

表 2 - 26　推进剂能量性能(BSFϕ165mm 发动机)

配方组分	$\dfrac{P_b}{MPa}$	$\dfrac{I_{sp}}{N\cdot s/kg}$	$\dfrac{R_b}{mm/s}$	$\dfrac{I_{spd15}}{s}$	$\dfrac{R_{b6.86}}{mm/s}$
全 HMX 推进剂配方	3.820	2 335.3	8.31	251.5	11.53
DAP - 4/HMX=1:1 推进剂配方	3.581	2 284.7	12.1	248.0	21.93

2.8　氧化剂的发展趋势

火箭动力系统的关键是能源材料,复合固体推进剂是第二次世界大战期间研发出的先进火箭能源材料。经过近半个多世纪的努力,现代固体推进剂工艺技术和性能调节技术趋于完善,现代高能物质(组分)在固体推进剂中的应用潜力趋于完全开发,复合固体推进剂的能量已达到相当高的水平,HTPB 四组元和 NEPE 推进剂标志着这一时期固体推进剂的最高成果。继续提高推进剂性能只能寄希望于设计和合成一些新型高能物质。因此从现在起,新的可进一步提高复合固体推进剂能量性能的含能物质(组分)的研发将成为固体推进剂领域的焦点和决定未来固体推进剂研发进展的关键。

固体推进剂含能物质(组分)的工作原理决定了其对物质性能的要求,而物质的结构和组成决定了物质的性能。固体推进剂是通过燃烧末态气体喷射产生的反作用力对火箭做功提供能量的,其作用原理不同于以供热能的煤炭和产生强大冲击波的炸药。固体推进剂依靠燃气喷射做功的原理决定了新型含能物质结构组成和配方特点,即在能量上综合考虑单位质量物质燃烧能量释放和燃气体积的能量管理原则,放热量巨大的轻金属燃料的使用量受到限制;在物质分子结构上考虑,就是要将能产生大量气体的Ⅰ、Ⅱ主族元素以相对较弱的化学键构建最紧密分子;在低易损和钝感上考虑利用分子结构上有利于分散外界作用能量的氢键、大 π 共轭键,以及结构和键能均衡设计来降低物质对外界作用的敏感性;在环保和低特征信号方面则是尽量使用 C、H、O、N 作为含能物质(组分)的基本元素,避免使用能产生对环境破坏大、有毒和可跟踪信号气体的 Cl、F 等元素。

物质的结构决定其性能,研究结构-性能关系是当代自然科学的基本课题,也是构成分子设计和材料设计的基础。在研究含能物质"结构-性能"关系的工作中,不论是量子化学计算还是数据库外推法,国内外都总结出了许多有价值的规律性联系,突破了单纯实验研究的局限性,以"分子设计"指导高能量密度化合物的合成已成大势所趋。事实上,在 CL - 20 以后,为了得到性能更好的高能量密度化合物,各国的研究人员都在尽可能地运用不断发展的理论和计算化学方法,计算或模拟高能化合物的(晶体、分子和电子)结构与(物理、化学和爆炸)性能以及其间的规律性联系,这也促使高能物质的设计和计算工作近年来飞速发展。

基于"第一原理"的"从头算法"和基于"密度函数理论"以及不断发展的半经验算法都是高能物质分子设计极有力的工具,可以使研究人员方便地解算分子的波函数方程,求出目标分子的结构、电子性质、振动频率和强度,确定该分子最稳定的结构、生成和分解势垒、生成热和反应热、核磁共振化学屏蔽、自旋、自旋耦合常数等。实践证明,这些由量子力学方法算出的结构参数和后来的实验值通常十分吻合,因此这些信息对于预示新材料和新分子的存在、帮助研究人员预测合成前景、确定是否进行合成实验十分重要。它们还可以帮助研究人员建立合理的合成途径,提出新材料甄别和表征方法。对于未来的超低温、超高压贮存的高能组分,运用量子力学方法也可以确定它们重组、反应、离解的势垒。这些成就已用于高能物质的分子设计中,成为当代合成化学研究工作的一个例行阶段。

从技术层面上,应用计算机技术解决新型高能物质(组分)设计和进行性能评估已成为趋势。在硝化技术方面,生物硝化技术、电化学硝化技术、机械化学硝化技术等清洁硝化技术实现成功应用,可使未来含能化合物的合成研究更加安全和环保,硝化更加高效。

参 考 文 献

[1] VENKATACHALAM S, SANTHOSH G, NINANNINAN K. An overview on the synthetic routes and properties of ammonium dinitramide (ADN) and other dinitramide salts[J]. Propellants, Explosives, Pyrotechnics, 2004, 29(3): 178 - 187.

[2] CARIN V, HENRIK S. Method of producing dinitramidic acid: WO 2005/070823[P]. 2005 - 04 - 08.

[3] STEFAN E, MARTIN S, NIKOLAJ L, et al. Synthesis of amonniumdintramide: WO 2015/115962[P]. 2015 - 06 - 08.

[4] DING P, WANG H, WEN L, et al. Studies on synthetic technology and reduced sensitivity technology of hydrazinium nitroformate [J]. Industrial & Engineering Chemistry Research, 2014, 53(36): 13851 - 13855.

[5] ATHAR J, GHOSH M, DENDAGE P S, et al. Nanocomposites: an ideal coating

material to reduce the sensitivity of hydrazinium nitroformate (HNF)[J]. Propellants, Explosives, Pyrotechnics, 2010, 35(2): 153 – 158.

[6] KLAPÖKE T M, MAYR N, STIERSTORFE J, et al. Maximum compaction of ionic organic explosives: Bis(hydroxylammonium) 5,5′– dinitromethyl – 3,3′– bis(1,2,4 – oxadiazolate) and its derivatives[J]. Chem. Eur. J. , 2014, 20(5): 1410 – 1417.

[7] TOBIAS S H, KONSTANTIN K, KLAPÖKE T M. Synthesis and characterization of 2,2'– dinitramino – 5,5'– bi(1 – oxa – 3,4 – diazole) and derivatives as economic and highly dense energetic materials[J]. Chem. Eur. J. , 2017, 23(50): 12087 – 12091.

[8] NICOLICH S, SAMUELS P, DAMAVARAPU R, et al. 5,5′– bis – tetrazole – 1,1′– diolate(TKX – 50)synthesis and lab scale characterization[R]. New Jersey: US Army Arments Research , 2015.

[9] SINDITSKIIA V P, FILATOV S A, KOLESOV V I, et al. Combustion behavior and physico – chemical properties of dihydroxylammonium 5,5′– bistetrazole – 1,1′– diolate (TKX – 50)[J]. Thermochimica Acta, 2015, 614(1): 85 – 92.

[10] MOHAMMAD H K, YASIN H A, KARIM E, et al. Introducing novel tetrazole derivatives as high performance energetic compounds for confined explosion and as oxidizer in solid propellants[J]. Propellants, Explosives, Pyrotechnics, 2017, 42 (5): 492 – 498.

[11] MOHAMMAD H K, YASIN H A, KARIM E, et al. A novel class of nitrogen – rich explosives containing high oxygen balance to use as high performance oxidizers in solid propellants [J]. Propellants, Explosives, Pyrotechnics, 2017, 42 (10): 1155 –1160.

[12] XU Y, LIN Q, WANG P, et al. Stabilization of the pentazolate anion in three anhydrous and metal – free energetic salts(N5 –)2DABTT2＋, N5 – GU＋, and N5 – Oxahy[J]. Chemistry An Asian Journal,2018, 13(8): 924 – 928.

[13] YU T, LAI W P, LIU Y Z, et al. The outlook for platonic and cubic gauche nitrogens[J]. Computational Materials Science, 2016, 123(10): 31 – 39.

[14] 夏康. 超硬和高能量密度等功能材料的高压结构设计[D]. 南京:南京大学,2018.

[15] RYU Y J, KIM M, LIM J, et al. Dense carbon monoxide to 160 GPa: stepwise polymerization to two – dimensional layered solid [J]. J. Phys. Chem. C, 2016, 120 (48):27548 – 27554.

[16] GREGORYANZ E, GONCHAROV A F, HEMLEY R J, et al. Raman, infrared, and X – ray evidence for new phases of nitrogen at high pressures and temperatures [J]. Physical Review B, 2002, 66(22):1 – 5.

[17] TOMASINO D, KIM M, SMITH J, et al. Pressure – induced symmetry – lowering transition in dense nitrogen to layered polymeric nitrogen (LP – N) with colossal Raman intensity[J]. Physical review letters, 2014, 113(20):1 – 4.

[18] ZHU C, LI Q, ZHOU Y, et al. Exploring high – pressure structures of N_2 – CO[J]. The Journal of Physical Chemistry C, 2014, 118(47): 27252 – 27257.

[19]　JONATHAN C B, NILANJANA C, JEFF W K, et al. Hydrogen peroxide solvates of 2,4,6,8,10,12 - hexanitro - 2,4,6,8,10,12 - hexaazaisowurtzitane[J]. Angew. Chem. ,2016, 128(42): 13312 - 13315.

[20]　XU J J, ZHENG S, HUANG S, et al. Host - guest energetic materials constructed by incorporating oxidizing gas molecules into an organic lattice cavity toward achieving highly - energetic and low - sensitivity performance [J]. Chemical Communications, 2019, 55(7): 909 - 912.

[21]　GAO H, JIANG W, LIU J, et al. Study of an energetic - oxidant co - crystal: preparation, characterisation, and crystallisation mechanism[J]. Defence Science Journal, 2017, 67(5): 510 - 517.

[22]　LILJEDAHL M, LINDBORG A, OSCARSON C. Co - crystallized ADN/GUDN - prills[C]//The 45th International Annual Conference of ICT. Karlsruhe, Germany: ICT, 2014:1 - 16.

第3章 新型含能黏合剂

3.1 概　述

在复合固体推进剂中,高分子黏合剂的主要作用是作为连续相基体,将推进剂中的其他成分黏结在一起,形成具有一定形状和力学性能的复合含能材料。推进剂黏合剂一般为有机大分子物质,其所含的 C、H 等可燃元素使黏合剂的同时也发挥燃料的作用。

作为复合固体推进剂中的重要成分之一,黏合剂技术的进步是复合固体推进剂不断发展和创新的主线之一。每一种新型黏合剂的应用都带来一代固体推进剂的性能提升,这也是推进剂更新换代的重要标志。从沥青推进剂到聚丁二烯推进剂,再到叠氮推进剂,固体推进剂技术有了长足的进步,黏合剂在其中发挥了重要作用[1-4](见表 3-1)。

表 3-1　复合固体推进剂的发展历程[4]

类型	研制时间(年份)	黏合剂	氧化剂	金属	理论比冲/s
沥青推进剂	1942—1950	沥青	AP,硝酸铵	—	约 185
聚酯推进剂	1947—1954	聚酯	AP	—	190~200
聚硫推进剂	1947—1958	聚硫橡胶	AP	—	230~240
聚氯乙烯推进剂	1950—现在	聚氯乙烯	AP	无 Al	230~340 260~265
聚氨酯推进剂	1954—现在	聚酯或聚醚	AP	Al/Mg Be	260~265 275~280
复合改性双基推进剂	1957—现在	NC+NG	AP	Al Be	260~265 275~280
聚丁二烯推进剂	1957—现在	PBAA,PBAN, CTPB,HTPB	AP	Al Mg	260~265 275~280
硝酸酯增塑聚醚推进剂	1980—现在	PEG,PET	AP	Al	250~280
叠氮推进剂	1990—现在	GAP	AP/ADN/CL-20	Al/AlH$_3$	250~280

在早期的固体推进剂发展历程中,黏合剂的技术进步主要体现在对推进剂工艺性能、力学性能和老化性能等方面的改善和提高上。端羟基聚丁二烯(HTPB)黏合剂之所以长盛不衰,主要是由于其具有黏度低、固化后力学性能较好、抗老化性能强等优点。随着导弹武器和航天

技术发展需求的不断提升,进一步提高推进剂的综合性能,尤其是能量水平,成为推进剂发展的主要目标,因此各种含能黏合剂也应运而生。

不同于惰性黏合剂,含能黏合剂在其分子中引入了含能结构或含能基团,使黏合剂不仅发挥黏结各组分的作用,同时还携带额外的能量,从而赋予了复合固体推进剂更高的能量水平,使导弹、火箭等飞行器具有更远的射程和更大的载荷。与对推进剂其他组分的能量要求类似,理想的复合固体推进剂用黏合剂也应具有较高的生成焓(ΔH_f)、较大的密度,并由相对原子质量较低的元素组成,以提高推进剂的比冲(I_{sp})和密度。

从 20 世纪 50 年代开始,国内外研究人员就已经开始了含能聚合物的合成研究,他们试图在聚合物结构中(主链或侧链)引入各种含能基团,如硝基(—NO_2)、硝酸酯基(—ONO_2)、二氟氨基(—NF_2)和叠氮基(—N_3)等,还包括金属元素等[5-7]。但由于安定性、相容性、合成及成本等问题,许多含能聚合物无法作为推进剂黏合剂使用,含能黏合剂的研究与应用一度陷入停滞。由此可见,能量之外的一些其他因素(如安定性和相容性等)反而成为决定含能聚合物能否作为含能黏合剂使用的关键。这些因素主要包括:

(1)化学安定性和热稳定性;

(2)与推进剂其他组分的相容性;

(3)是否具有一定范围大小的相对分子质量,较窄的相对分子质量分布和官能度分布;

(4)黏度和玻璃化转变温度(T_g);

(5)毒性,使用安全性。

直到 1972 年,Vandenburg 等人成功合成出低敏感性的聚叠氮缩水甘油醚(GAP),并将其成功应用于推进剂配方中,复合固体推进剂中才有了第一个真正意义上的含能黏合剂品种。此后,以叠氮黏合剂为代表的含能黏合剂发展迅速,其他多种含能黏合剂品种也被陆续研发出来,为新型推进剂配方的研制提供了更多的黏合剂候选品种。

含能黏合剂一般按含能基团的种类来进行划分,如分为叠氮黏合剂、硝酸酯黏合剂、硝基黏合剂、氟黏合剂、唑类黏合剂等。也根据应用方式的不同,将含能黏合剂分为含能预聚物和含能热塑性弹性体两类。

3.2　叠氮黏合剂

叠氮黏合剂的分子中含有大量的叠氮基团,每摩尔叠氮基团可提供 357 kJ 的正生成热,因此使得叠氮黏合剂具有较高的正生成热,对比冲和燃速均具有正效应。同时它还具有密度大(约 1.3 g/cm³)、成气性好、燃烧产物(N_2、CO_2 和 H_2O)与大气相似、气体相对分子质量小、燃气干净、无烟、燃温低等优点。硝胺(如 HMX、CL - 20)及硝酸酯类增塑剂(如 BTTN、TMETN)可以为推进剂提供能量,但这些添加剂在提高配方能量的同时也增大了感度,而叠氮黏合剂具有低摩擦感度、低静电放电感度、低冲击感度和良好的热稳定性,且与上述增塑剂的相容性良好,配合使用可大大降低推进剂配方感度。正是由于叠氮黏合剂具有多种优点,因此在低特征信号推进剂、混合推进剂、钝感高比冲推进剂、NEPE 推进剂、烟火推进剂和高性能燃气发生器等诸多方面具有广阔的应用前景,近年来其合成与相关研究一直备受关注。20 世纪 70 年代以来,叠氮黏合剂一直是国内外含能材料的研究热点。叠氮黏合剂主要包括 GAP、BAMO、AMMO 及其共聚物等叠氮预聚物及弹性体。主要叠氮黏合剂的品种及性能见表 3 - 2。

表 3-2 主要 GAP 黏合剂品种及性能

项目	GAP	PBAMO	PAMMO	支化 B-GAP
数均分子量	2 000~5 000	1 500~6 000	8 000~10 000	1 900~36 000
官能度	≤2	2	2	3~7
玻璃化转变温度 T_g/℃	-45	-39	-55	-60~-45
密度/(g·cm^{-3})	1.3	1.3	1.06	1.3
氮含量/(%)	41	48	33	41
生成焓/(kJ·kg^{-1})	154.6	406.8	43	
氧平衡/(%)	-121.1	-123.7	-169.9	
特点	能量适中,相对分子质量较低,主链承载原子分数低,力学性能较差	能量高,常温下为固体,通常与其他柔性单体共聚使用	能量水平低,低温力学性能较好	多官能度、相对分子质量高、T_g 低、力学性能好、相对分子质量分布较宽、黏度较大

3.2.1 均聚叠氮黏合剂

3.2.1.1 聚叠氮缩水甘油醚(GAP)

聚叠氮缩水甘油醚(Glycidyl Azide Polymer,GAP)黏合剂,是指由叠氮缩水甘油(Glycidyl Azide,GA)为单体结构的聚合物。GAP 黏合剂的结构通式如图 3-1 所示。

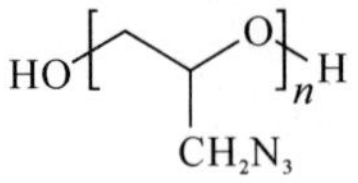

图 3-1 GAP 黏合剂的结构通式

早期的 GAP 黏合剂就是由 GA 聚合得到的,但由于 GA 作为单体聚合活性太低,只能得到低相对分子质量(约 500)的齐聚物,而且 GA 的安全性较差,在制备过程中存在较大的危险。经过多年改进与优化,目前较为普遍的 GAP 制备方法是大分子基团转化法。该方法首先通过聚合反应得到端羟基聚环氧氯丙烷(PECH),再用 PECH 与叠氮化钠进行叠氮化反应来制备 GAP 黏合剂。具体合成方法如图 3-2 所示。

在环氧氯丙烷(ECH)的阳离子开环聚合反应中,引发剂采用二醇(如 1,4-丁二醇)或三醇(如丙三醇),可分别得到二官能度或三官能度的 GAP;催化剂主要是路易斯酸(Lewis Acid)催化剂,如三氟化硼乙醚络合物(BF$_3$·Et$_2$O)或四氯化锡(SnCl$_4$)等,溶剂可采用二氯甲烷或二氯乙烷等;反应结束后用水终止反应。此方法可得到相对分子质量在 3 000 左右的 PECH,得到的 PECH 的端羟基为仲羟基。

美国的 Frankel 等人率先采用大分子基团转化法,即将相对分子质量为 2 000~3 000 的

PECH 放在 N,N -二甲基甲酰胺(DMF)中,与过量两倍的叠氮化钠(NaN₃)在 100℃反应 72 h 制备 GAP。由于 DMF 长时间在高温反应会发生降解,生成二甲胺和甲酸,促使 GAP 产生降解,相对分子质量降低,产品纯度低。多次改进后,以二甲基亚砜(DMSO)为介质的均相反应体系,PECH 与 NaN₃ 在催化剂的作用下,100℃左右反应 8～10 h 即可制备出性能满足要求的 GAP 产品,叠氮化反应效率较高,综合成本较低,适合于工业化生产。

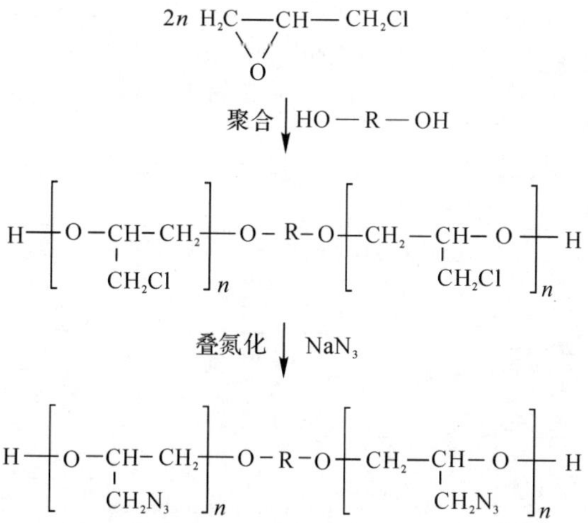

图 3-2　大分子基团转化法合成 GAP 黏合剂

美国洛克威尔(Rockwell)公司和法国火炸药公司(SNPE)等均采用 Frankel 的方法生产 GAP,早在 1990 年就已实现工业化生产,国内在 2005 年前后也实现了放大生产。GAP 二醇和 GAP 三醇的性能见表 3-3。

表 3-3　GAP 二醇和 GAP 三醇的性能

性能指标	GAP 二醇	GAP 三醇
外观	淡黄色/琥珀色液体	淡黄色/琥珀色液体
生成焓 $\Delta H_f/(kJ \cdot mol^{-1})$	280	
密度 $\rho/(g \cdot cm^{-3})$	1.29	1.29
数均分子量	1 400～2 000	900～1 200
官能度	2.0	2.5～3.0
玻璃化转变温度 $T_g/℃$	-45	-35
热失重(100℃,200 h)/$(mg \cdot L^{-1})$	≤3	≤3

3M 公司生产的商品化的 GAP 多元醇,产品牌号为 GAP-5527,说明书见表 3-4。

表 3 - 4   3M 公司 GAP - 5527 产品说明书

基本描述 Description：3M™ Glycidyl Azide Polymer GAP - 5527 Polyol is an energetic, hydroxyl - functional liquid polymer which can be cured into an elastomeric polyurethane with conventional polyisocyanates.

应用 Applications：This material, because of its higher molecular weight and functionality, can provide the capability for better mechanical properties than lower molecular weight GAP diol. GAP materials exhibit a much higher burning rate than conventional binders. Potential applications are binders for solid rocket propellants, explosives and pyrotechnics. GAP may be particularly useful in formulating high energy propellants that are safer to store and handle, and in the formulation of low signature propellants.

基本性能 Typical Properties

外观 Appearance	Amber liquid
黏度 Viscosity (at 25℃)	12 000 cPs(1 cPs＝1 mPa·s)
密度 Density	1.3 g/mL
羟基当量 Hydroxyl equivalent weight	2 000
水分 Water content	0.02%
生成焓 Heat of formation	＋33 kcal/100 g mole (estimated)
元素组成 Elemental composition	Nitrogen ....42.0% Carbon...................................36.5% Oxygen ....16.5% Hydrogen 5.0%
热重分析 Thermogra vimetric analysis	No weight loss to over 200° C. (10mg, 10° C/min), Onset of decomposition at 235～240℃. Complete by about 260℃.
折光率 Refractive index	1.52
溶解性 Solubility	Most organic solvents, but not water, lower alcohols or aliphatic hydrocarbons.
玻璃化转变温度 Glass transition temperature	Unplasticized polyurethane gumstocks made to date exhibit glass transition near －35℃. Plasticizer can be used to lower the glass transition temperature.
官能度 Functionality	Between 2.5 to 3 hydroxyl groups per molecule
反应性 Reactivity	Gumstocks with 1∶1 NCO－OH typically require added catalyst to allow curing at 135°F in a reasonable time.

危险性 Hazardous Properties：3M™ GAP - 5527 Polyol is classified by the Department of Transportation as "Propellant, Liquid, UN 0495", and by the Department of Defense as a Class 1.3 Explosive, Storage Group C, on the basis of the following test results：

冲击感度 Impact test (Bureau of Explosives)	0/10 at 80 inch - pound neat

续 表

摩擦感度 Friction test（Bureau of Explosives）	0/10 at 100 pounds
自由燃烧 Unconfined burn	Smooth, rapid burn（under 1 second for 185grams）♯8 blasting cap. Neat material did not react. Cotton soaked with GAP‑5527 ignited and burned.
热稳定性 Thermal stability	Pass, no reaction at 75℃ for 48 hrs.
	Mixtures of GAP‑5527 with other materials may have a much higher sensitivity than the pure material and it is critical that any such mixture be characterized for hazardous properties before any significant quantities are mixed.
船舶运输 Shipping	Ship in accordance with DOT Regulations.
产品安全及操作 Product Safety and Handling	3M™ GAP‑5527 polyol must be handled and stored in accordance with the regulations prescribed by the Bureau of Alcohol, Tobacco and Firearms and/or the Department of Defense as applicable to the user's facility. 3M recommends storage at room temperature, and indications that shelf life of GAP‑5527 in the original unopened containers is at least two years. GAP should not be exposed to sunlight or other strong UV sources as it will slowly evolve nitrogen gas. However, opaque containers may be exposed to sunlight. GAP has been found to pick up moisture from the atmosphere, and this moisture may interfere from the NCO‑OH curing reaction. If the container has been left open for a time, it may be necessary, before use, to dry the 3M GAP by agitated vacuum drying or by sparging with dry nitrogen at slightly elevated temperatures（60～70℃）. For additional health and safety information, please refer to the product Material Safety Data Sheet.
处置 Disposal	Testing of a solution of 40％ GAP in ethyl acetate indicates that such solutions may be classified as a "flammable liquid." It should be possible to destroy such solutions in an approved incinerator.

　　线性均聚 GAP 的数均分子量一般为 3 000 左右,由于其主链承载原子质量分数（46％）低于侧链,而且端基为仲羟基,且玻璃化转变温度（－45℃）较 HTPB 高（－65℃）,因而 GAP 推进剂的力学性能较差,所以研究人员一直尝试研制具有高相对分子质量、端伯羟基官能团、低玻璃化转变温度的高力学性能 GAP 黏合剂品种。

3.2.1.2　支化 B‑GAP

　　支化 GAP 黏合剂（Branched GAP,B‑GAP）以工业品高相对分子质量氯醇橡胶为原料,通过"一锅法"的降解、叠氮化、支化反应得到。B‑GAP 相对分子质量高、官能度多,且玻璃化转变温度较低,具有良好的力学性能和价格优势。B-GAP 具有多个伯羟基官能团,对相对分子质量可在数千和数万之间进行调控,同等相对分子质量下的黏度低于线性 GAP,有可能使推进剂获得较好的力学性能。B-GAP 合成方法如图 3-3 所示。

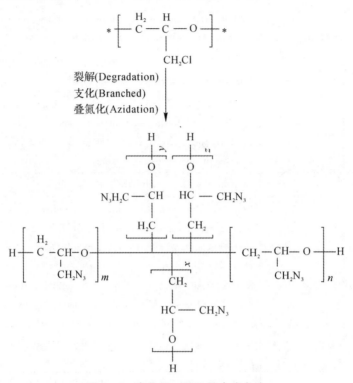

图 3-3 支化 B-GAP 的合成方法

B-GAP 反应体系较为复杂,合成过程中同时存在以下三个竞争反应:

(1)裂解反应:醚键断裂,将高相对分子质量(重均分子量约为 $3 \times 10^5 \sim 7 \times 10^5$)的氯醇橡胶裂解为相对分子质量较低的聚醚。反应过程如下:

(2)氯代烃水解支化:侧链上的氯与醚键相连支化,转化为具有羟基的支链。反应过程如下:

(3)叠氮化:氯甲基经双分子亲核取代变为叠氮甲基。反应过程如下:

$$*\left[\begin{array}{c} H_2 \ H \\ C—C—O \\ | \\ CH_2Cl \end{array}\right]_n* + NaN_3 \longrightarrow *\left[\begin{array}{c} H_2 \ H \\ C—C—O \\ | \\ CH_2N_3 \end{array}\right]_n* + NaCl$$

因此,B-GAP 的反应体系非常复杂。B-GAP 的相对分子质量、羟基官能度等指标,与裂解程度和支化程度有关;裂解程度与裂解催化剂用量、浓度以及反应温度、时间直接相关;支化程度不仅与裂解催化剂用量有关,还与预叠氮化程度直接相关。裂解催化剂为 CH_3OLi 和 NaOH 等碱性催化剂,溶剂仍采用非质子性溶剂 DMF 或 DMSO,反应温度为 100℃左右。目前 B-GAP 已经合成出数均分子量在 4 000~12 000 内可调、官能度在 3~6 内可控、氮的质量分数在 41% 以上的产品。Ahad 将高相对分子质量 PECH、单体 ECH 和 NaN_3 加入溶剂中,在不加催化剂的条件下进行降解、叠氮化,制得 B-GAP。该方法通过调节反应原料的配比,可以控制产品数均分子量在 500~50 000 内变化,所制 B-GAP 的官能度为 7~11。曹一林等人制备的 B-GAP 数均分子量为 1 500~20 000,官能度为 3~6,相对分子质量分散度约为 2。B-GAP 的主要缺点是黏度极大、难流动、工艺性能较差。B-GAP 的相对分子质量与黏度等性能的关系见表 3-5。

表 3-5　B-GAP 黏合剂的性能

数均分子量	重均分子量	相对分子质量分散度	官能度	T_g/℃	黏度(25℃)/(Pa·s)
36 000	90 000	2.5	9.5	−45	500
10 000	22 000	2.5	3.7	−50	70
2 800	5 600	2.0	2.4	−50	28
1 900	3 200	1.7	2.2	−55	16

3.2.1.3　聚叠氮氧杂环丁烷

以四元环的氧杂丁烷类单体 3-叠氮甲基-3-甲基氧杂丁烷(AMMO)和 3,3-叠氮甲基氧杂丁烷(BAMO)等为聚合单体,可得到相对分子质量较高、端基为伯羟基、主链承载分子分数较高的叠氮聚合物 PAMMO 和 PBAMO 等。PAMMO 为液体形态,玻璃化转变温度为 −45℃。PBAMO 玻璃化转变温度为 −39℃,为结晶态固体,熔点为 75~85℃,可溶于一般有机溶剂。聚 3-叠氮甲基-3-乙基氧杂丁烷(PAMEO)的熔点为 61℃。

PAMMO 和 PBAMO 的合成方法与 GAP 类似,也可采用先叠氮化再聚合的直接法,或用先聚合后叠氮化的间接法制得。用这两种方法均可得到叠氮聚合物,其中间接法较为安全。合成方法如图 3-4 和图 3-5 所示。

由于二卤代聚醚 PBCMO 的熔点高(约 220℃),而且在 DMF 和 DMSO 中的溶解度很小,难以进行叠氮化反应,转化率较低,所以较早 PBAMO 的合成大多采用先合成叠氮单体再聚合的直接法。叠氮单体的机械敏感性较强,在合成中存在一定的危险性。

国内外研究人员也进行了一些 PBCMO 叠氮化方法的研究工作。Guo Kai 报道了以四丁基溴化铵为相转移催化剂、环己酮为质子惰性极性溶剂时,叠氮化反应具有较高的效率,在 115℃下,6 h 就可以完成反应。罗运军研究发现利用微波辅助技术可明显提高叠氮化效率,100℃下反应 1 h,叠氮率可达到 95.3%。

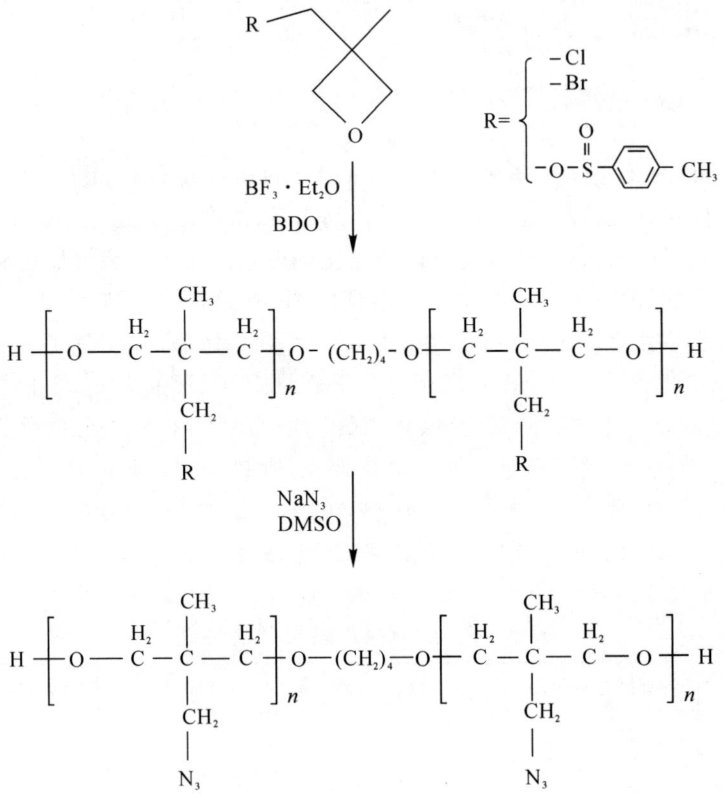

图 3-4　直接法合成 PAMMO

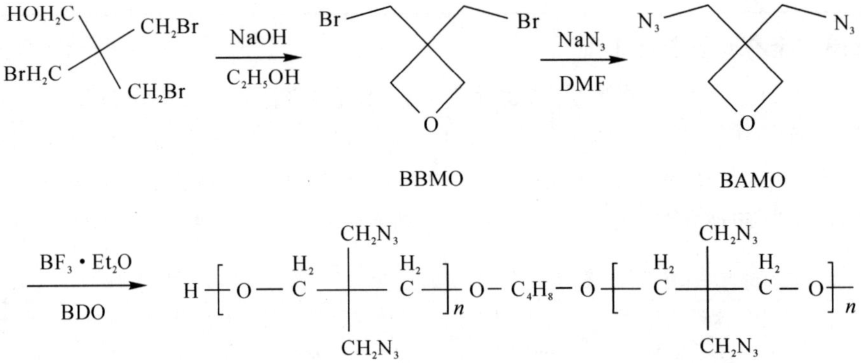

图 3-5　间接法合成 PBAMO

3.2.1.4　其他叠氮黏合剂

1.聚叠氮烯

聚叠氮丙烯(Poly Allyl Azide,PAA)是以氯丙烯为单体,将路易斯酸 TiCl₄、FeCl₃、AlCl₃ 和 Al 粉等聚合后,再经叠氮化反应制得的。其为棕色树脂状材料,合成路线如图 3-6 所示。其相对分子质量为 856～3 834,热分解温度为 231℃,热稳定性较好,氮含量为 35％～40％。在 60℃条件下,PAA 与二甲基丙烯酸二甘醇酯(ethylene glycol dimethacrylate)经过一周时间可以完成固化。该固化反应为放热反应,而且固化后的聚合物中通常含有水分,所以其固化工艺还有待改进。

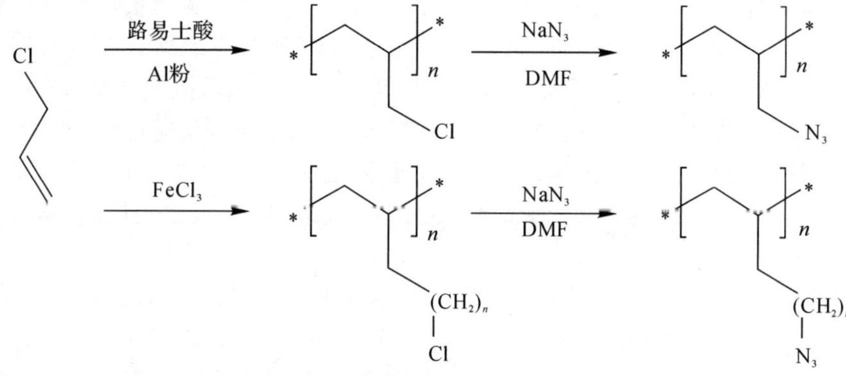

图 3 - 6　聚叠氮丙烯的合成方法

2. 聚叠氮内酯

聚 α-二叠氮甲基-α-甲基-β-丙内酯(PDAMPL)为非晶蜡状固体。其合成方法:将卤代丙内酯用正丁基锂或三乙基铝开环聚合得到卤代聚丙内酯,氯代或溴代聚丙内酯经叠氮化反应合成产物,如图 3 - 7 所示。产物熔点分别为 80℃和 85℃,只能作为弹性体使用。而且由于其在有机溶剂中溶解度较差,相对分子质量难以测定[6]。

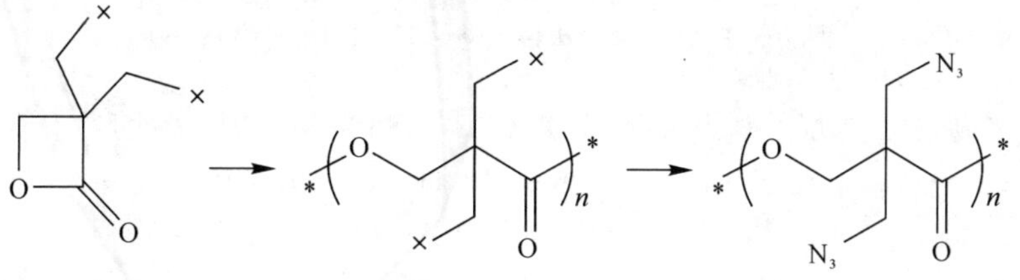

图 3 - 7　聚叠氮化丙内酯的合成方法

3.2.2　共聚叠氮黏合剂

均聚型叠氮黏合剂由于单体结构单一,其缺点与性能优势同样明显,难以同时满足黏合剂的多项性能指标要求。例如 GAP 的氮含量和密度较高,且容易工业化,但相对分子质量较低,工艺及力学性能较差;PAMMO 可获得高相对分子质量产品,玻璃化转变温度也较低,热稳定性和力学性能均优于 GAP 黏合剂,但能量水平较低;PBAMO 叠氮含量高,能量水平高,但均聚物具有强规整性,熔点约为 75℃,无法直接作为黏合剂使用;B-GAP 的不足是黏度较大,工艺性能较差,反应复杂、不易控制。因此,在实际应用中,多采用共混或共聚的形式来进行改性,以弥补均聚物性能的不足,平衡黏合剂的各项性能。

共混固化具有操作简单、易实施等特点。目前与叠氮黏合剂共混,多采用聚乙二醇(PEG)、聚己内酯(PCL)、端羟基聚丁二烯(HTPB)、聚甲基丙烯酸甲酯(PMMA)、环氧乙烷/四氢呋喃共聚醚(PET)等已在推进剂中广泛使用的黏合剂。研究表明,共混黏合剂体系固化后可形成互穿网络结构,推进剂的力学性能可得到较大改善。但受所选预聚物密度、极性、端羟基活性等差异的影响,此方法可能存在物理和化学相容性方面的问题,具有一定局限性,而且共混黏合剂大多为惰性黏合剂,所以能量水平必然有所降低。

共聚改性是在聚合物结构中引入其他结构单元,从本质上改变含能聚合物的结构及性质,以改善推进剂的工艺和力学性能等。目前已被报道的叠氮类共聚黏合剂主要有 BAMO - THF、BAMO - GAP、BAMO - AMMO、GAP - THF 等无规及嵌段共聚物黏合剂。合成方法主要分为聚合法和官能团预聚体法:聚合法是指多种单体通过聚合反应得到共聚物,又可分为活性顺序聚合法和大分子引发剂法;官能团预聚体法是以多种带有官能团(如—OH、—COOH、—NH$_2$、—NCO 等)的预聚物为原料,在不同预聚物之间通过官能团反应连接形成嵌段共聚物。

环醚类单体之间的共聚,均可采取阳离子开环顺序聚合法,如三元环醚的 GAP 和环氧丙烷(EO)、四元环醚的 BAMO、AMMO,以及五元环醚的四氢呋喃(THF)等。以 BAMO - THF 共聚物的合成为例,其合成方法与 PBAMO 的制备方法基本相同,所不同的仅是前者采用了第二单体 THF。其合成路线如图 3-8 所示。

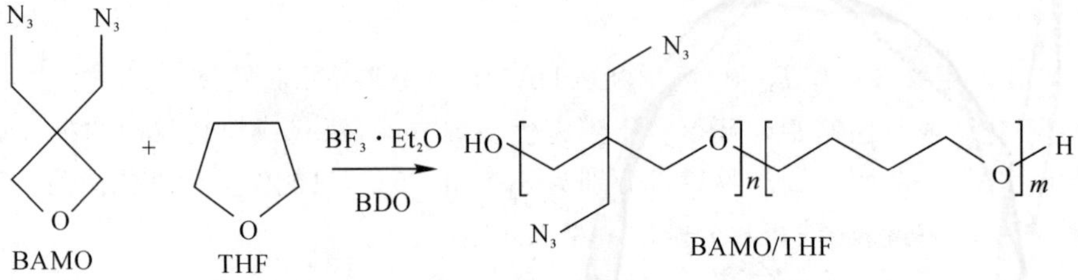

图 3-8 活性聚合法合成 BAMO/THF 共聚醚

Sreekumar 以三氟化硼乙醚为催化剂、1,4-丁二醇为起始剂,依次利用 ECH 和 BCMO 的阳离子开环聚合反应,制备了 PBCMO - b - PECH - b - PBCMO 三嵌段共聚物,之后进行叠氮化反应,最终得到 PBAMO - b - GAP - b - PBAMO 三嵌段共聚物黏合剂。其他顺序聚合法的共聚大多与此方法类似。

若直接采用 PECH 二醇为引发剂对 BCMO 进行开环聚合,也可得到 A - B - A 结构的嵌段共聚物,该方法即为"大分子引发法",这方面的例子如图 3-9 所示。GAP - PB - GAP、GAP - PEG - GAP 等共聚物均可采用此法合成。

GAP 黏合剂含能高,但力学性能较差,若将 THF、PEG 等结构中的柔性醚键引入链段之中来增加共聚物的柔顺性,可改善其力学性能(见表 3-6)。曹一林等人以四氢呋喃和环氧氯丙烷为原料,通过阳离子开环聚合生成 GAP - THF 共聚型黏合剂,共聚物的力学性能和感度均达到了黏合剂的要求,优于均聚 GAP 黏合剂,但是其与硝酸酯增塑剂的相容性变差,影响了推进剂系统的总能量。

表 3-6 GAP - PEG 嵌段 ETPE 的性质

GAP	PEG	T_g/℃	软化温度/℃	模量/Pa
$\overline{M}_w=130\ 000, 85\%$	$\overline{M}_w=600, 15\%$	-54	65~80	2 700
$\overline{M}_w=130\ 000, 85\%$	$\overline{M}_w=3\ 400, 15\%$	-48	75~90	26 000
$\overline{M}_w=130\ 000, 90\%$	$\overline{M}_w=1\ 500, 10\%$	-58	65~75	7 400

BAMO‐THF 共聚物相比 GAP‐THF 共聚物,能量水平得到进一步提升,而且具有良好的低温力学性能和燃烧性能。Manser 等人采用阳离子开环聚合法合成出了 THF 与 BAMO 共聚物。研究发现,引入 THF 与 BAMO 共聚,会破坏 PBAMO 的立构规整性,减少或消除其结晶度。当投料比 $n(\text{THF}):n(\text{BAMO})=50:50$ 时,得到的共聚物在室温下为可流动的液态聚合物,可用作固体推进剂的黏合剂。典型 BAMO‐THF 共聚物的性能见表3‐7。

表 3‐7　典型 BAMO‐THF(摩尔比为 50∶50)共聚物的性能

性能	数值
数均分子量	2 240
密度/(g・cm^{-3})	1.27
熔点/℃	−27
生成热/(kJ・kg^{-1})	1 185
绝热火焰温度/℃	851
玻璃化转变温度/℃	−61

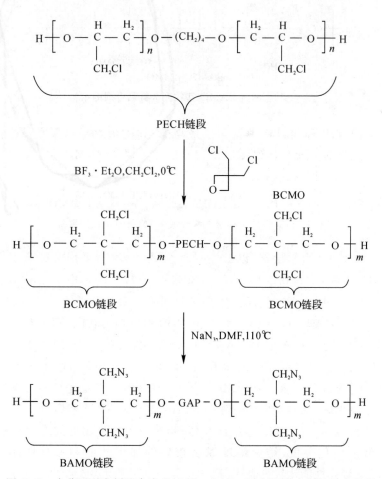

图 3‐9　大分子引发剂法合成 BAMO‐GAP‐BAMO 黏合剂的反应过程

BAMO - THF 共聚物具有良好的低温力学性能,但是由于其含有惰性组分——THF,不利于实现高能化,因此研究人员又把目光聚焦到可以与 BAMO 共聚的含能单体上,如叠氮缩水甘油醚(GA)、3 -叠氮甲基- 3 -甲基氧杂丁环(AMMO)和 3 -硝氧甲基- 3 -甲基氧杂丁环(NIMMO)等(结构式如图 3 - 10 所示)。这些共聚物通常都作为含能热塑性弹性体(Energetic Thermoplastic Elastomers ,ETPE)使用。

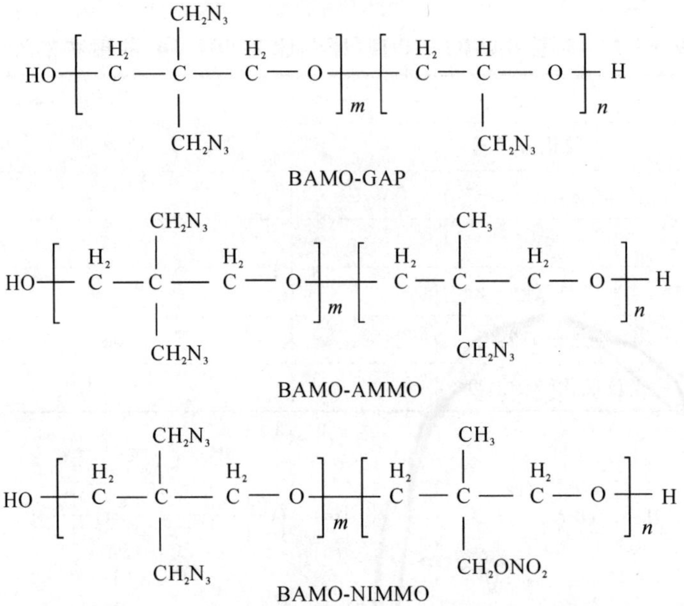

图 3-10 三种 BAMO 基共聚叠氮黏合剂的结构

BAMO - GAP 是几种共聚物中氮含量最高的,其能量水平也最高。据称,美国 ATK Thiokol 公司采用官能团预聚体法(见图 3 - 11),已经实现了 BAMO - GAP 热塑性弹性体的中试,批产量为 25 kg,年产量或超 2.5 t。

$$\text{HO—PBAMO—OH} + \text{HO—GAP—OH} \xrightarrow{\text{TDI,DBTDL,BDO}} \text{PBAMO—GAP (ETPE)}$$

图 3-11 官能团预聚体法合成 BAMO - GAP 共聚醚

赵一搏等人以 GAP 为起始剂,以 $BF_3 \cdot Et_2O$ 为引发剂,采用大分子引发剂法合成出 ABA 型 PBAMO - GAP 共聚物。其 T_g 为 $-32.96℃$,有较好的热稳定性,分解温度随硬段含量的增加而升高。卢先明等人以单官能度 PBAMO[平均数均分子量 $\overline{M}_n = 5\ 100$,聚合物分散性指数(PDI)= 1.77]为硬段,GAP($\overline{M}_n = 3\ 300$,PDI = 1.51)为软段、TDI 为扩链剂,通过官能团预聚体偶联法制备出的 ABA 型 PBAMO - GAP 共聚物($\overline{M}_n = 21\ 500$,PDI = 3.54),其熔点 T_m 为 $81.5℃$,T_g 为 $-21.4℃$,σ_m 为 3.2 MPa,ε_m 为 62.4%(20℃),熔体黏度为 11.48 Pa · s(100℃)。张志刚等人以单官能度 PBAMO 5 100 为硬段,三官能度 GAP 2 850 为软段,TDI 为连接剂,采用端基偶联法制备出 A_nB 型星形 PBAMO - GAP 共聚物($\overline{M}_n = 20\ 300$),其 $T_g = -16.9℃$,热分解温度为 257.7℃。与组成相似、相对分子质量相近的线形共聚物相比,星形共聚物具有较低的熔化温度、熔融黏度以及较好的加工性能和力学性能。线形和星形 PBAMO - GAP 共聚物性能比较见表 3-8。

表 3 - 8　线形和星形 PBAMO - GAP 共聚物性能比较

	$\overline{M}_n$	$T_m/℃$	熔融黏度(100℃)/(Pa·s)	σ_m/MPa	$\varepsilon_m/(\%)$
线形 PBAMO - GAP 共聚物	20 200	96.2	75.6	3.92	42.4
星形 PBAMO - GAP 共聚物	20 300	84.5	41.6	5.28	44.5

与 GAP 相比,由于单叠氮基团取代的 AMMO 均聚物的热稳定性、机械性能和低温力学性能更好,因此用 AMMO 与 BAMO 共聚得到的 BAMO - AMMO 共聚物的综合性能也更为优异。BAMO - AMMO 共聚物作为热塑性弹性体,被认为是最具有应用前景的新一代火炸药的首选黏合剂。国外已对 BAMO - AMMO 共聚物在发射药和推进剂中的应用进行了大量研究。

罗运军等人以顺序聚合法制备的 P(BAMO - AMMO)三嵌段共聚物,相对分子质量为 7 000～14 000,PDI 为 1.21～1.47,官能度为 2 左右。DSC 测试 T_g 为 -38.93℃,软段与硬段之间产生了较好的相分离,热分解动力学研究确定了叠氮基团的分解活化能约为 150 kJ/mol。

在黏合剂中引入含有硝酸酯基团的链段,一方面能够增加黏合剂与硝酸酯的溶混能力;另一方面能减少火炸药中硝酸酯的量,从而提高火炸药的加工、使用和储存的安全性。因此,国内外都有研发人员选用 3 -硝酸甲酯基- 3 -甲基环氧丁烷(NMMO)作为与 BAMO 共聚的单体,合成了 BAMO - NMMO 共聚物。

Xu 等人以端羟基 PNMMO 为软段,以 PBAMO 为硬段,以 TDI 为连接剂,采用端基偶联法制备了(AB)$_n$ 型 P(BAMO - NMMO)多嵌段共聚物($\overline{M}_n$ = 13 000,PDI = 1.8,分解温度 221℃)以及 ABA 型 P(BAMO - NMMO)三嵌段共聚物($\overline{M}_n$ = 12 000,PDI = 1.7,T_g = -3.4℃,T_m = 82.2℃,分解温度 224℃)。Talukder 等人选择双(二甲基氯甲基)苯/六氟锑酸银为引发剂,以 PNMMO 为软段,以 PBAMO 为硬段,通过活性顺序聚合法制备了 ABA 型 P(BAMO - NMMO)三嵌段共聚物($\overline{M}_n$ = 22 000,PDI = 1.2,T_g = -27℃,T_m = 56℃)。莫洪昌等人以 PNMMO 为软段,以 TDI 和 BDO 为硬段,采用溶液聚合两步法制备了(AB)$_n$ 型 ETPE,发现当 R = 1.02,硬段含量为 40%～45% 时,制备的 ETPE 具有较好的力学性能($\overline{M}_n$ = 54 900,PDI = 2.78,T_g = -11.71℃,σ_m > 5 MPa,ε_m > 500%)。

3.3　硝酸酯黏合剂

硝酸酯黏合剂由于分子侧链上含有硝酸酯基,具有高能量、高氧含量、低特征信号等优点,可以改善燃烧过程中的氧平衡。其用于固体推进剂时,可少用或不用硝酸酯增塑剂,因而有可能降低推进剂的感度。

3.3.1　聚缩水甘油醚硝酸酯(PGN)

聚缩水甘油醚硝酸酯[poly(glycidyl nitrate),简称"PGN"或"polyGLYN"],以其高氧平衡和高能量密度被认为是最适于新型武器应用的硝酸酯类黏合剂。PGN 是由缩水甘油醚硝酸酯(GN)经阳离子开环聚合而得到的均聚醚。PGN 的主要能量来源于侧链上的—ONO$_2$ 基团,该基团在燃烧期间可以提供氧,改善燃烧过程中的氧平衡,且—ONO$_2$ 基团与增塑剂相容性良好。PGN 具有高密度(1.737 g/cm³)和高密度比冲(5 001 N·s/cm³),摩擦感度、撞击感度和静电感度均略高于聚叠氮缩水甘油醚(GAP)黏合剂,因此 PGN 也是一种综合性能良好的低感度含能黏合剂,用于大型火箭、推进剂、气体发生剂、炸药等领域,有助于提高药柱的密度和比冲。

由缩水甘油醚硝酸酯(GN)聚合制备 PGN 的反应是典型的阳离子开环聚合反应,使用的引发剂有质子酸、Lewis 酸和复合引发体系(如 Lewis 质子供体:BF₃·Et₂O、PF₅·H₂O、[(C₂H₅)₃O]⁺(BF₄)⁻/醇等),其中 Lewis 酸(BF₃·Et₂O 和 SnCl₄)是制备 PGN 聚合反应中最常用的引发剂。为了获得不同相对分子质量和不同官能度的 PGN,可采用调控原料配比的技术手段。

Willer R. L. 等人通过工艺改进,以 BF₃·Et₂O 为催化剂、1,4-丁二醇(BDO)为引发剂,引发聚合消旋的缩水甘油醚硝酸酯,得到了官能度与羟基引发剂几乎完全相同的 PGN 聚合物,相对分子质量可达 2 400~3 200,该法制备的 PGN 可用于洁净的空间火箭或气体发生器固体推进剂的含能黏合剂。其具体合成方法为:在干燥的四口瓶中加入计量好的 BDO 和 BF₃·Et₂O,搅拌反应一段时间后降温,滴加单体(GN/GN-THF)的 CH₂Cl₂ 溶液,单体加料结束后,继续搅拌反应一定时间后,用碱液中和,有机相经水洗呈中性;有机相经萃取剂萃取后,真空脱溶剂及水分,得淡黄色黏稠液体产物。其合成工艺如图 3-12 所示。

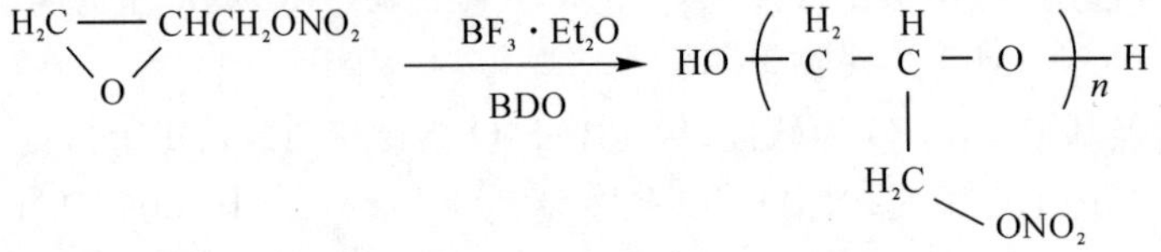

图 3-12 Willer 改进的 PGN 合成工艺

同样以 GN 为原料、BF₃·THF 为聚合催化剂、BDO 为起始剂,控制合成过程中的工艺条件,制备出均聚和共聚两种相对分子质量较高(可达 3 000)的 PGN(见图 3-13),通过严格控制 GN 单体溶液的加料速度和反应体系冷浴温度(<25℃)来实现 PGN 聚合物相对分子质量的变化。

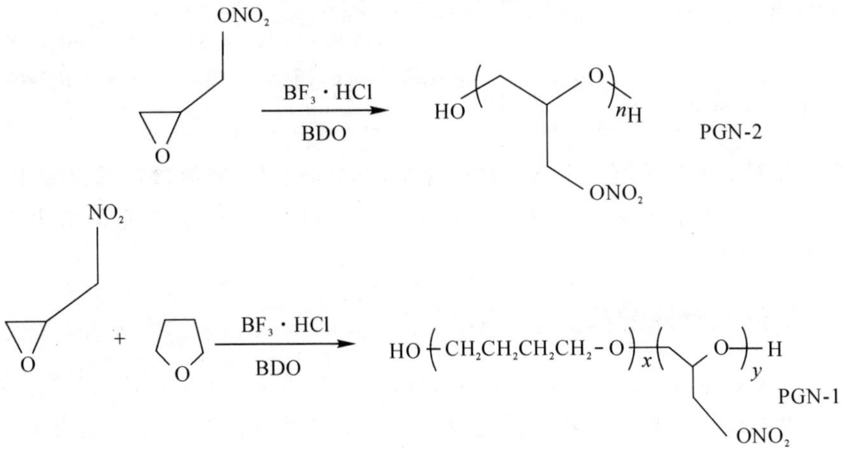

图 3-13 两种 PGN 的合成工艺

两种 PGN 的性能对比见表 3-9。PGN-1 是共聚物,而 PGN-2 是均聚物,PGN-2 的密度、黏度和玻璃化转变温度均高于 PGN-1。这是由于均聚物的分子结构规整以及侧链是强极性的硝酸酯基团,分子间作用力增强,限制了分子链的旋转,且随着相对分子质量的增加,分子链的缠结作用也增强,进而使得 PGN-2 的玻璃化转变温度和黏度显著增加。PGN-1 中含有柔性的四氢呋喃链,破坏了聚合物分子结构的规整性,性能上表现为玻璃化转变温度和黏度明显降低。

表 3-9　两种 PGN 的性能

样品	$\overline{M}_n$	$[OH]/(mmol \cdot g^{-1})$	$\rho/(g \cdot cm^{-3})$	$\eta/(Pa \cdot s)$	$T_g/℃$	热稳定性
PGN-1	3 538	0.636	1.316	7.5	−56.2	72℃,>30 min
PGN-2	2 901	0.743	1.459	42	−30.2	72℃,>30min

PGN 的热分解过程是一个连续的过程,如图 3-14 所示。温度低于 150℃时,两种 PGN 聚合物分解缓慢,随着温度的继续升高,PGN 的分解速度加快。215.5℃ 和 217.2℃ 是 PGN-1 及 PGN-2 的最大放热峰温,它们的热失重分别为 32.7% 和 47.7%,分别接近 PGN 中硝酸酯基团的理论质量分数(31.7%、50.4%)。可见 PGN 的热稳定性与分子侧链上硝酸酯基团的热稳定性密切相关。

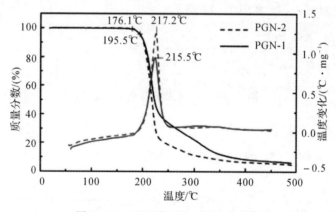

图 3-14　PGN 的 TG-DTA 曲线图

PGN 的合成取决于聚合单体 GN,人们对 GN 的合成方法开展了大量的研究,目的是探索操作简便、成本低、性能稳定的 GN 合成工艺,最终合成出性能优良、可用于推进剂和炸药中的 PGN 含能黏合剂。其中,第一种合成方法是通过硝酸硝化甘油得到 1,2-二硝基甘油酯,然后由 1,2-二硝基甘油酯与强碱发生闭环反应得到 GN;第二种合成方法是采用硝化剂对缩水甘油进行选择性硝化,用硝化剂有 HNO_3/AcO_2、$NaNO_3$、N_2O_5 等;第三种合成方法是以环氧氯丙烷为原料,两步反应合成 GN,硝化剂先打开环氧氯丙烷中的环,然后在强碱性条件下进行闭环反应。

GN 的低成本合成方法是以硝酸硝化后的甘油为原料,在碱性条件下闭环反应得到 GN 和硝化甘油的混合物。试验证实混合物中的硝化甘油不影响 GN 的聚合反应,对未经纯化的 GN 直接进行开环聚合反应,可合成出性能良好的 PGN。由于在该合成工艺中所用的试剂价格低且易得,因此大大降低了 PGN 的成本,提高了其用于推进剂和炸药中的可行性。其合成方法如图 3-15 所示。

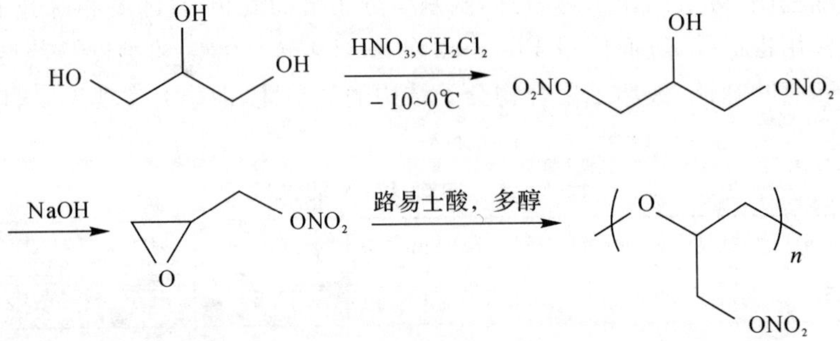

图 3-15 甘油合成 PGN 工艺

在不使用混酸的情况下,以缩水甘油为原料,以 N_2O_5 为硝化剂,可成功合成 GN,产物收率大于 95%,纯度不小于 99%。由该法合成的 GN 无须纯化即可直接进行聚合反应合成 PGN。PGN 的合成工艺条件为:以 CH_2Cl_2 为溶剂,以四氟硼酸乙醚($HBF_4 \cdot Et_2O$)为聚合催化剂,以 BDO 为引发剂,在 0℃下进行。可通过对 GN 单体进样速度的控制,来实现对反应溶液中单体浓度的控制,最后制备出具有多分散性的 α,ω-羟基遥爪型 PGN 聚合物,其合成工艺和聚合机理分别如图 3-16 和图 3-17 所示。

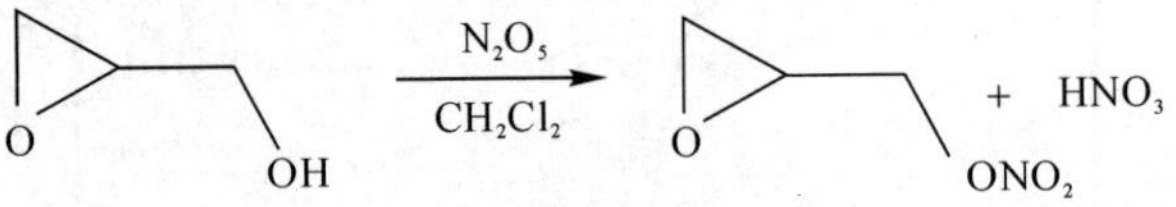

图 3-16 N_2O_5 硝化制备 GN 工艺

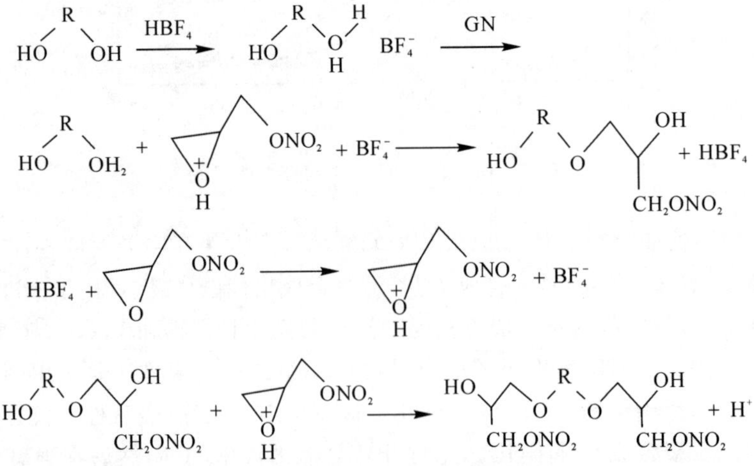

图 3-17 活性单体 GN 的聚合机理

使用环氧氯丙烷与硝酸反应合成 GN,该反应的缺点是产物产率低。为了提高 GN 产率,可向反应中添加催化剂以促进 GN 的生成。当加入 5-氨基四唑硝酸盐时,GN 产率可由 60% 提高到 81%。这是因为 5-氨基四唑硝酸盐在反应中起到双重作用,它既是催化剂又是联合硝酸试剂。加入少量的 5-氨基四唑硝酸盐就能促进 GN 的合成,极大地提高产率。一锅法合成 GN 的工艺为:室温下先将 5-氨基四唑硝酸盐加到反应器中,再加入硝酸搅拌均匀,当温度为(20±2)℃时滴加环氧氯丙烷,滴加完毕后室温反应 2.5 h,然后降温至 0℃,滴加氢氧化钠水溶液,滴加过程中确保温度低于 15℃,滴加完毕反应一定时间(1 h)后,经萃取、浓缩得到 GN,产物纯度大于 96%。

　　添加 5-氨基四唑硝酸盐制备 GN 的反应机理(见图 3-18)包含两部分:首先打开环氧化物的环以实现环氧氯丙烷的硝化,然后闭环形成环状单体。正是由于 5-氨基四唑硝酸盐的加入增加了 NO_3^- 的浓度,所以硝化反应产率提高。

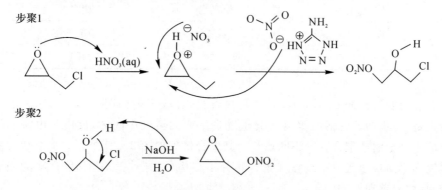

图 3-18　5-氨基四唑硝酸盐合成 GN 的机理

3.3.2　聚(3-硝酸酯甲基-3-甲基氧丁环)(PNIMMO)

　　聚(3-硝酸酯甲基-3-甲基氧丁环)[poly(3-nitratomethyl-3-methyl-oxetane),简称 polyNIMMO 或 PNIMMO]作为含能黏合剂与推进剂其他组分的相容性较好,且其合成技术比较成熟、成本相对低廉,用异氰酸酯固化后力学性能较好,因此具有较好的应用前景。

　　PNIMMO 实际上是一种成分复杂的低聚物混合物,主要由含能单体 NIMMO 均聚得到。聚合物呈线形或环状结构(见图 3-19),加热条件下易与异氰酸酯发生交联固化反应。

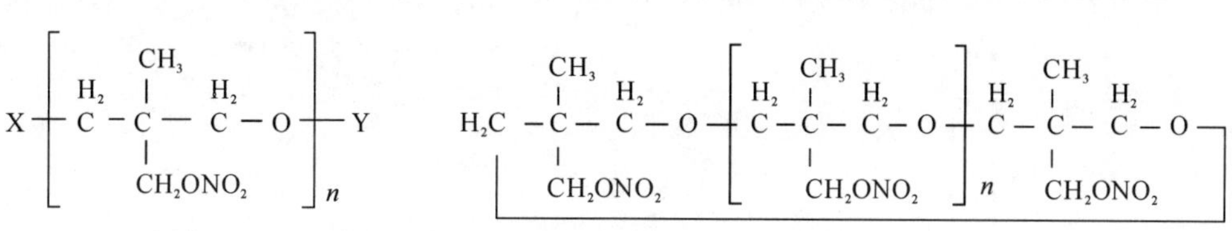

图 3-19　线形和环状 PNIMMO 结构

　　常用的聚合方法为活性链端聚合法:在低温下以 Lewis 酸作催化剂;NIMMO 单体通过阳离子开环聚合反应形成 PNIMMO 聚合物,使用不同引发剂可得到二官能度或三官能度的 PNIMMO 预聚物。聚合物常温下为淡黄色黏稠液体,热稳定性较差。二官能度和三官能度的 PNIMMO 均具有较好的真空稳定性及较低的撞击感度。不同官能度 PNIMMO 的基本性能见表 3-10[8]。

表 3－10　二官能度和三官能度 PNIMMO 的基本性能

参数	二官能度（PNIMMO）	三官能度（PNIMMO）
重均分子量	17 000	6 500
数均分子量	12 500	4 200
官能度	$\leqslant 2$	$\leqslant 3$
分解峰温 $T_p/℃$	187	184
$T_g/℃$	-30	-35
真空稳定性	稳定	稳定
撞击感度	不敏感	不敏感
推荐固化剂	N－100	MDI

由丁二醇引发得到的 PNIMMO 是线型聚合物,合成工艺如图 3－20 所示。活性链端聚合法的特点是:逐步增长的活性聚合物分子链是反应的活性中间体,反应时由该中间体进攻 NIMMO 单体分子而使聚合物链不断增长。其聚合机理如图 3－21 所示。此合成方法存在的问题是引发剂不易快速且完全地接入聚合物分子结构中,导致 PNIMMO 产物的相对分子质量难以控制,性能重现性差。

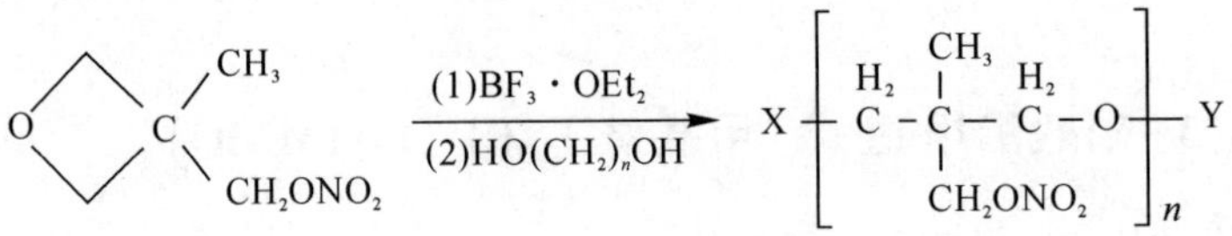

图 3－20　二官能度 PINNMO 的合成工艺

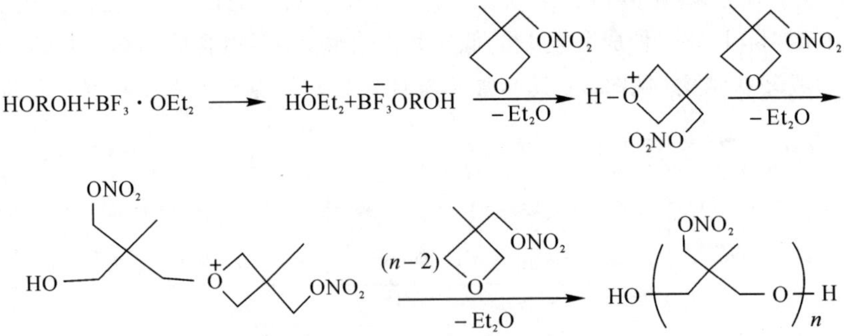

图 3－21　NIMMO 与二元醇的聚合机理

另一种 PNIMMO 合成方法是活性单体聚合法如图 3－22 所示。合成中使用活性单体聚合催化剂,在聚合过程中活性中间体是 NIMMO 单体分子。其基本原理是:聚合中间体上的伯羟基可持续进攻活性环氧丁环单体来实现链的增长。该法的优点是反应中引发剂能够迅速、完全地接入聚合物链中,使产物的相对分子质量可控,因此能够得到较高质量的 PNIMMO 聚合物。

将硝化合成的 PNIMMO 用作黏合剂,会出现热稳定性差的问题。当温度超过 90℃时会发生分解,PNIMMO 颜色变暗,聚合物逐渐变得黏稠,这是由于热分解时发生了链断裂和交联反应。在 PINMMO 的热解过程中,烷基和烷氧基结合形成了甲酸酯,该物质的形成与主要链上亚甲基氧化生成仲烷氧自由基的反应有关,同时 C—C 键断裂形成仲位烷氧键,而其中的叔醇是由叔基自由基氧化而来的。甲酸酯形成机理如图 3-23 所示。氧化形成甲酸酯的机理与其他聚醚类(如聚环氧乙烷和环氧丙烷等)的氧化机理类似。

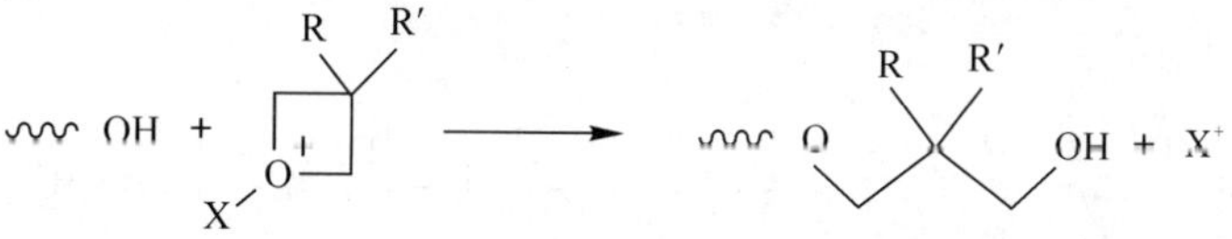

图 3-22　PNIMMO 活性单体聚合原理

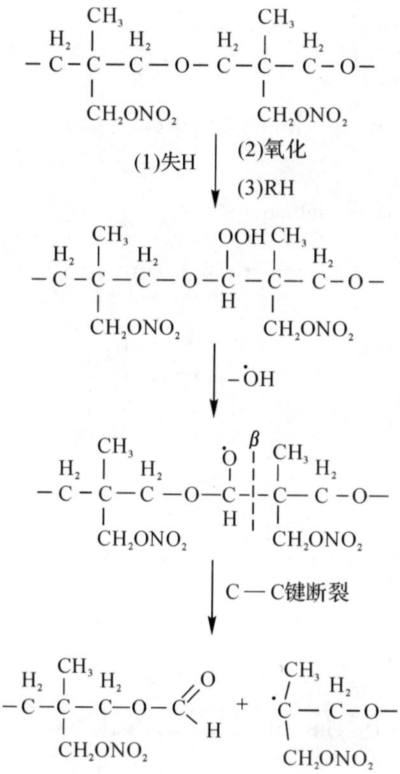

图 3-23　PNIMMO 热解时的甲酸酯形成机理

在 PINMMO 热分解过程中,随着分子中的 NO_2 的重整以及侧链中 CH_2O 的消除,碳自由基生成。其形成机埋如图 3-24 所示。

PNIMMO 的 T_g(−30℃)较高,而 HTPB 与 PNIMMO 嵌段共聚形成的共聚含能黏合剂 T_g 较低,所以共聚物更适合用于推进剂。共聚是以 HTPB 为引发剂、NIMMO 为单体,以 $BF_3 \cdot Et_2O$ 为催化剂,通过阳离子开环聚合合成 PINMMO - HTPB - PNIMMO 三嵌段共聚物。具体合成方法为:在反应器中安装 $CaCl_2$ 保护管,通入氮气,然后向反应器中依次加入 CH_2Cl_2 溶剂、无水 HTPB 和 $BF_3 \cdot Et_2O$,搅拌 30 min 后缓慢滴加溶解 NIMMO 的 CH_2Cl_2 溶液,滴完后,25℃下反应 48 h,真空蒸馏除去溶剂和未反应单体,得到 PINMMO - HTPB -

PNIMMO 三嵌段共聚物[9]。由于该聚合反应对水敏感，因此所用试剂材料要求完全干燥。聚合机理如图 3-25 所示。

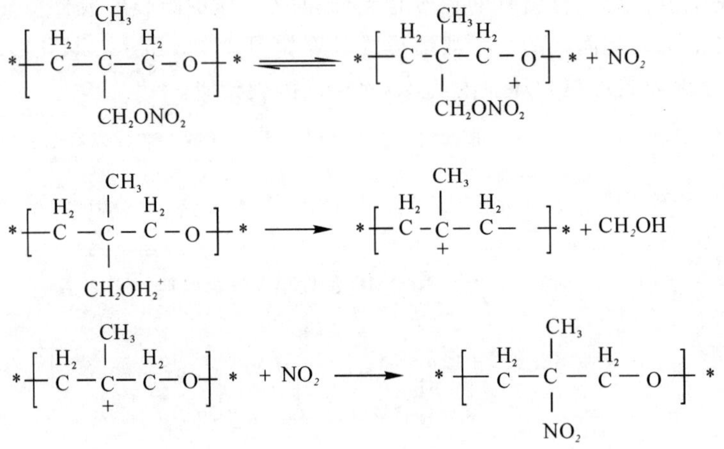

图 3-24 PINMMO 热解中硝基化合物形成机理

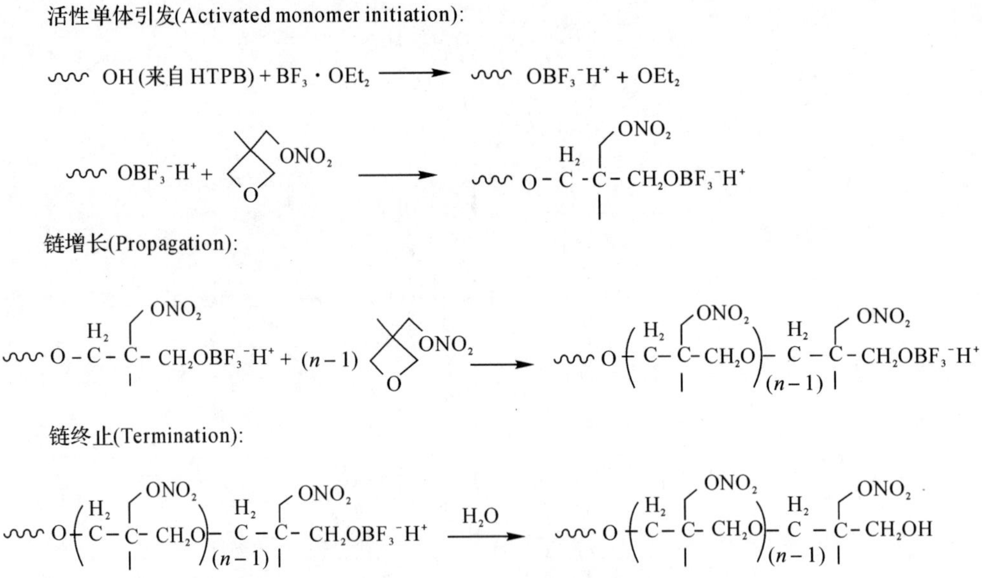
活性单体引发(Activated monomer initiation):
OH (来自 HTPB) + BF3 · OEt2
OBF3⁻H⁺ + OEt2
链增长(Propagation):
链终止(Termination):
H2O

图 3-25 PNIMMO-HTPB-PNIMMO 聚合机理

PNIMMO-HTPB-PNIMMO 三嵌段共聚物的热分析结果(见图 3-26)显示其玻璃化转变温度为−76℃，远低于 PNIMMO 自身的玻璃化转变温度(−30℃)。柔性 HTPB 链段的引入，使三嵌段共聚物的玻璃化转变温度降低。同时，共聚物中只显示出了一个玻璃化转变温度，这说明三嵌段共聚物中的 HTPB 和 PNIMMO 相容性良好。

PNIMMO-HTPB-PNIMMO 共聚物的热分解过程与 PNIMMO 相似[10]，分解均起始于硝酸酯基团的断裂。共聚物的放热分解峰温为 215℃，与 PNIMMO 热分解峰温相近。单一的 HTPB 的热稳定性优于 PNIMMO 和共聚物，但是 HTPB 和 PNIMMO 制成的共聚物，热稳定性低于 HTPB。三种聚合物的热分解曲线如图 3-27 所示。

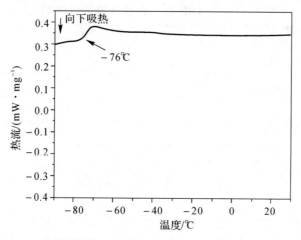

图 3-26　三嵌段共聚物 PNIMMO-HTPB-PNIMMO 的 DSC 曲线

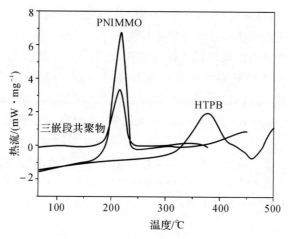

图 3-27　三种聚合物的 DSC 曲线

PNIMMO-HTPB-PNIMMO 与 N100 固化后的产物的力学性能高于 PNIMMO，是一种有潜力的推进剂含能黏合剂。将 PINMMO 加到高能 LOVA 发射药配方中，通过了 120 mm 线膛炮射击试验。尽管该 LOVA 配方发射药在密闭爆发器试验中的压强指数较高（1.23~1.27），但在实际火炮射击时的表观压强指数略小于 1，显著低于密闭爆发器实验结果，而射击压力范围却没有发生变化，PINMMO 的添加使该发射药火药力大幅提高。另外，PINMMO 还可用于塑性炸药（PBX）中，使后者获得良好的性能。

3.3.3　聚双(1,3-氧杂丙基)-双(2,2-二硝酸酯基甲基)-1,3-丙二酸酯(PBBP)

聚双(1,3-氧杂丙基)-双(2,2-二硝酸酯基甲基)-1,3-丙二酸酯[poly bis(1,3-oxopropyl)-bis(2,2-bisnitratomethyl)-1,3-propanedioate,简称"PBBP"]具有较高的氧含量(62%)。PBBP 的基础配方比冲计算值为 2 518.6 N·s/kg，较 GAP 类推进剂高出约 98.07 N·s/kg。其与 HTPB、PEG、GAP 等黏合剂的性能对比见表 3-11[11]。

表 3-11 PBBP 与几种黏合剂的性能对比

黏合剂	氧含量/(%)	比冲/(N·s·kg^{-1})
HTPB	0	2 107
PEG	36	2 205
GAP	16	2 421
PBBP	62	2 519

3.4 氟黏合剂

氟聚合物含有强电负性的 F 原子,所以具有强氧化性,可提高黏合剂的氧平衡,提高燃烧或爆炸效率,而且与金属(如硼、铍等)一起可释放出比氧气反应更多的热。例如,包含金属粉和氟聚合物的双组分炸药可以释放出高于 HMX 放热 2 倍的热量。氟化合物燃烧产生的 HF 在推进剂或炸药爆温下不易解离,有利于组分燃烧热的充分利用。另外,氟聚合物通常表现出高密度、良好的化学稳定性和热稳定性等优异特性。

在氟聚合物中,最常见的是聚四氟乙烯(PTFE)。杜邦公司产品名为 Teflon,被用作反应型纳米材料中的黏合剂。PTFE 存在熔融温度和黏度高、在有机溶剂中溶解性较差等不足。共聚可显著改善其物理性能,例如在钝感烈性炸药中广泛应用 Viton[n(四氟乙烯):n(六氟乙烯)=7:2]和 3M 公司的 Kel-F800[n(四氟乙烯):n(氯代三氟乙烯)=1:3]等牌号的产品。

在含氟聚合物中,由于二氟氨基(—NF$_2$)类聚合物由于具有高的生成焓、低的燃气平均相对分子质量等优点,在推进剂和火炸药中得到的研究与应用较多。20 世纪 50—60 年代,二氟氨基化合物被美国军方作为超级氧化剂纳入研究计划。同期国内西安近代化学研究所、黎明化工研究院及湖北航天化学技术研究所等单位也曾进行了相关的研究。此间二氟氨基的引入主要是通过 N$_2$F$_4$ 对不饱和键进行加成,或直接利用氟气氟化伯胺实现的。所以当时几乎所有二氟氨基化合物都无法实现低感度并做到结构稳定,因而稳定性较差、感度较高,且由于合成过程中存在收率低和产物纯化困难等问题,最终相关研究停滞。

二氟氨基化合物安全性差的主要原因是二氟氨基化合物具有强吸电子作用,形成的—NF$_2$结构很不稳定,易失去 HF 而生成腈。20 世纪 90 年代,Manser 等人发现当二氟氨基连接在新戊基碳,即—CH$_2$C(CH$_3$)$_3$ 上时,由于空间位阻的存在,HF 难以消去且化合物变得稳定。与早期用易分解、易爆的二氟化氨(HNF$_2$)和四氟化肼(N$_2$F$_4$)氟化相比,直接氟化带保护基团的新戊基胺不仅很容易实现,而且合成过程的安全性得到极大增强。

Manser 等人合成了两种结构稳定的二氟氨基单体,即 3,3-偕二氟氨甲基氧杂环丁烷(BDFAO)和 3-二氟氨甲基-3-甲基氧杂环丁烷(DFAMO)。DFAMO 的合成路线如图 3-28 所示。

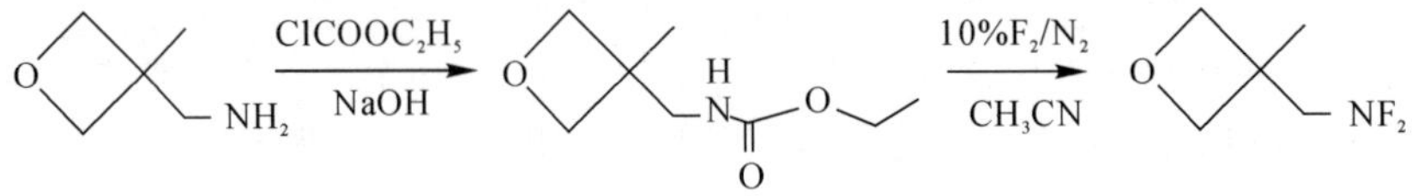

图 3-28 DFAMO 的合成路线

BDFAO 和 DFAMO 结构稳定、机械感度低,以这两种二氟氨基化合物为单体,通过阳离子开环均聚或共聚,可得到多种端羟基的二氟氨基聚醚黏合剂。它们的均聚物及共聚物性能对比见表 3 - 12。

表 3 - 12 二氟氨基聚合物的性能

	polyDFAMO	polyBDFAO	DFAMO - BDFAO 共聚物
外观	无定形液体	固体(熔点 158℃)	无定形液体
重均分子量(GPC)	18 300	4 125	21 000
相对分子质量分散度	1.48	1.32	1.76
T_g(DSC)/℃	−21	130	
DSC 初始分解峰/℃	191.3	210	191.7
DSC 最大分解峰/℃	230.7	222.3	219.8

二氟氨基单体还可与硝酸酯基等单体共聚,以改善聚合物的物理和化学性能、提高能量密度。BDFAO 与 NMMO 的共聚反应如图 3 - 29 所示。

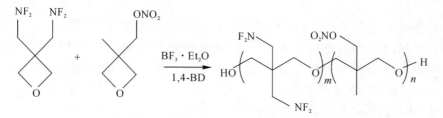

图 3 - 29 BDFAO - NMMO 共聚醚的合成

3.5 改性 HTPB 含能黏合剂

3.5.1 叠氮化聚丁二烯

在聚丁二烯中引入叠氮基团,主要针对的是聚丁二烯中的双键。对于主链和侧链上不同位置的双键,叠氮基团的引入方式也不同。

叠氮化 HTPB(Azido - HTPB,AHTPB)是在冰醋酸中加入三乙酸锰和叠氮化钠,在 110℃下对主链上的双键进行叠氮化反应制得的,反应方程式如图 3 - 30 所示[22]。AHTPB 的相对分子质量、黏度和玻璃化转变温度均随着叠氮转化率的增加而增加。当叠氮转化率为 10% 时,AHTPB 具有与 HTPB(11 Pa·s)相似的低黏度(0.5 Pa·s);当相对分子质量由 2 550 增长到 3 050 时,氮含量约为 14%。当叠氮转化率为 20% 时,AHTPB 已变成凝胶状。

Yoon S. W.[13] 等人用先溴化再叠氮化的方法,对聚丁二烯侧链上的双键进行叠氮化反应,制得了 Azidated Polybutadiene (Az - PBD),反应方程式如图 3 - 31 所示。他们还研究了其与聚醋酸乙烯酯(EVA)的共聚物性能。当 EVA 与 Az - PBD 的共聚比为 9∶1、8∶2 和 7∶3 时,共聚物显示出了较好的力学性能和燃烧特性。

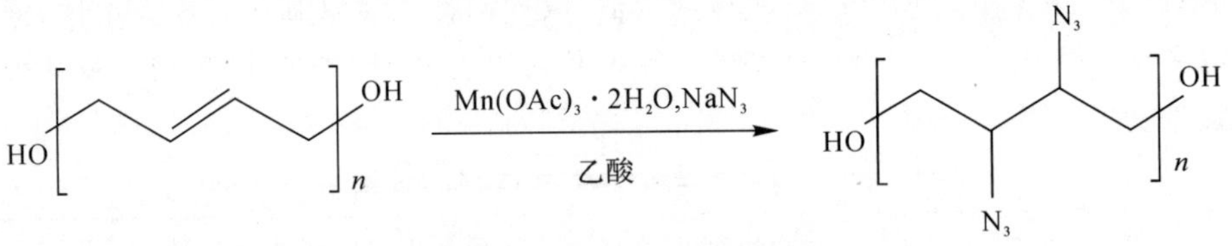

图 3-30　HTPB 主链上的双键叠氮化制备 AHTPB

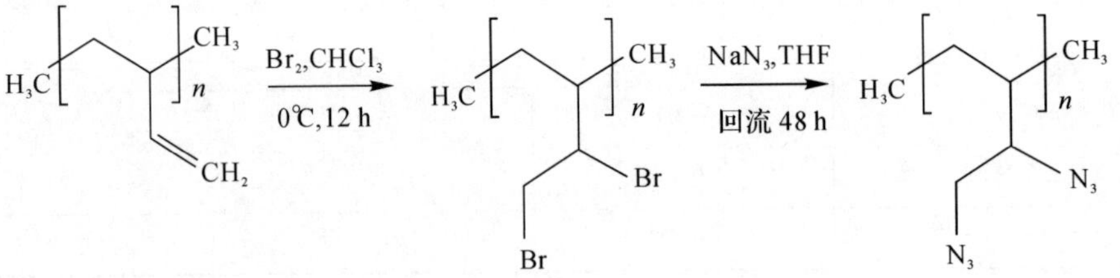

图 3-31　HTPB 侧链上的双键叠氮化合成 Az-PBD

3.5.2　硝基聚丁二烯

对于硝基聚丁二烯(Nitro-HTPB 或 N-HTPB)的制备,以前大多采用 N_2O_5 在惰性溶剂中硝化 HTPB 的方法,该方法具有一定的危险性。近期报道了用一锅法安全合成 N-HTPB 新方法(见图 3-32):首先将 HTPB 的乙酸乙酯溶液和亚硝酸钠的乙二醇溶液,在 0℃下混合,再加入碘,在室温下反应 4 天。最终得到的 N-HTPB 聚合物主链上的双键中,大约有 15% 引入了硝基,相对分子质量为 2 500～3 100[14]。

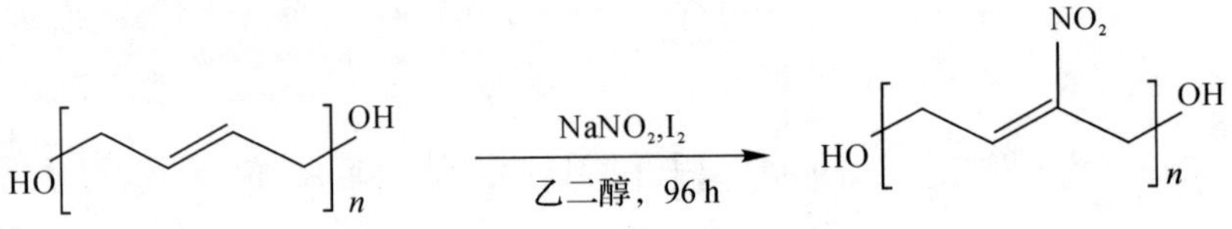

图 3-32　Nitro-HTPB 的安全合成方法

N-HTPB 的热稳定性高于 170℃。由于引入了硝基,N-HTPB 较 HTPB 更容易与含能增塑剂混合,从而获得更高的氧平衡和燃速,并赋予了推进剂更高的密度和燃速。polyGLYN 和 PNIMMO 合成成本通常较高,与之相比,该一锅法合成 N-HTPB(其性能见表 3-13)的方法更容易放大生产,具有良好的应用前景。

表 3-13　单步法合成 N-HTPB 的基本性能

性能	N-HTPB
数均分子量（GPC）	3 100
密度/(g·cm^{-3})	1.12
T_g/℃	-61
黏度 30℃/(Pa·s)	27
官能度	1.82

3.5.3　硝酸酯基聚丁二烯

硝酸酯基聚丁二烯(Nitrated HTPB,NHTPB)采用两步法合成,即先对 HTPB 进行环氧化,再通过硝化反应得到最终产物[6-8]。具体合成方法如图 3-33 所示。

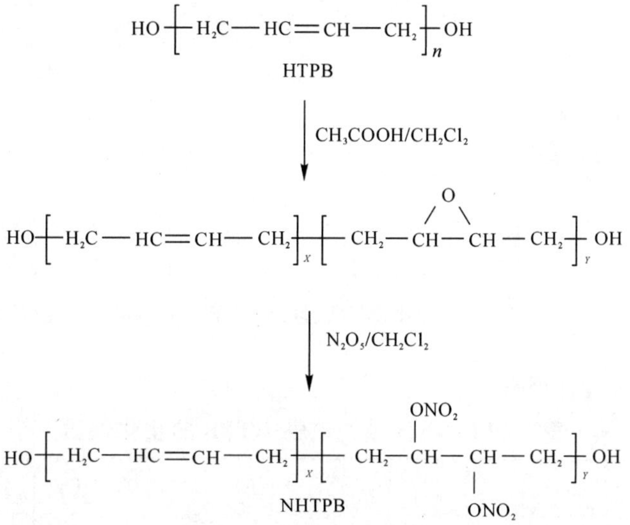

图 3-33　NHTPB 的合成方法

NHTPB 的性能差异,如热稳定性和机械感度等,主要取决于有多少双键转化为硝酸酯基。当硝酸酯基转化率为 10%～15% 时,各项性能之间可获得较好的平衡。NHTPB 为低黏度液体,容易与硝基含能增塑剂混合,可提高 PBX 炸药和推进剂的能量水平。

3.5.4　端基改性的 HTPB

利用 HTPB 主链末端的碳原子参与功能化反应,可将三氮唑、三嗪或叠氮等基团以共价键的方式连接到聚合物末端的碳原子上。具体合成方法如图 3-34 所示。

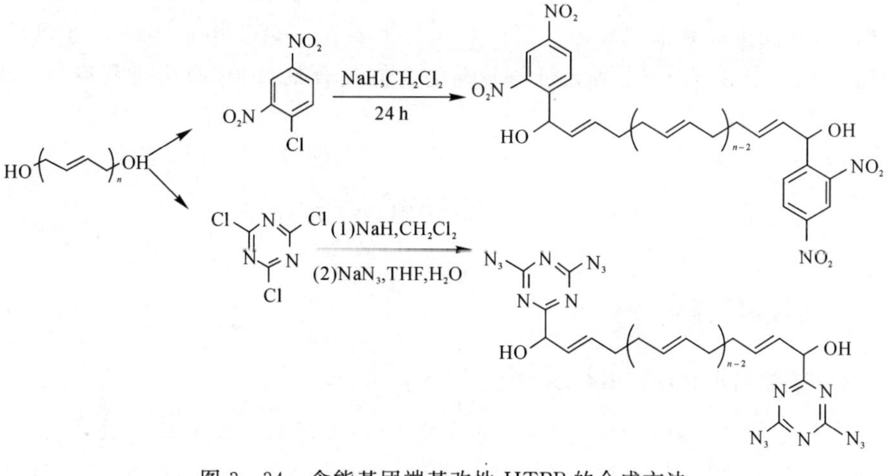

图 3-34　含能基团端基改性 HTPB 的合成方法

采用苯硝基 HTPB 类似的合成方法,多种 HTPB 改性聚合物被合成出来,如 HTPB-CYC、HTPB-DT 和 HTPB-CBDT 等,它们的分子结构如图 3-35 所示。

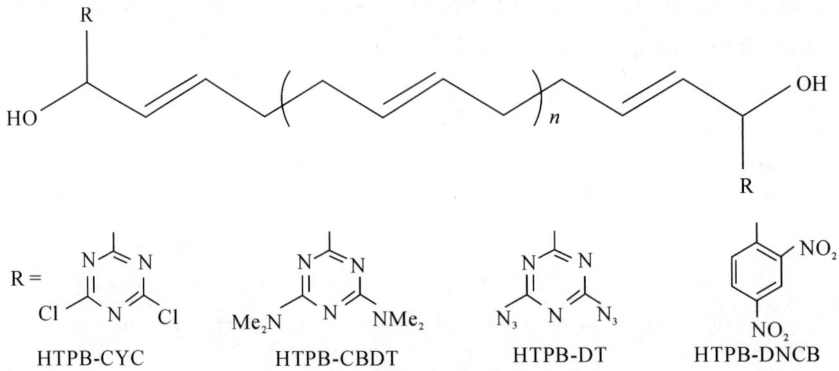

图 3-35　不同端基改性的 HTPB 分子结构

几种 HTPB 端基改性聚合物的基本性质见表 3-14。

表 3-14　不同结构改性 HTPB 的物化性质

黏合剂	数均分子量	相对分子质量分散度	黏度 30℃/cP[①]	羟值/(mgKOH/g)
HTPB	6 845	1.82	5 450	42.27
HTPB-CYC	7 253	1.84	7 449	40.80
HTPB-CBDT	7 953	2.38	8 366	40.45
HTPB-DT	8 406	2.18	8 280	40.20
HTPB-DNCB[15]	5 600	2.53	2 170	39

注:①$1cP = 10^{-3} Pa \cdot s$。

由于端基官能团在聚合物中所占比例极小,所以通过端基改性获得的硝基或氮杂环改性 HTPB 黏合剂,其能量提升幅度极为有限。其优势主要在于聚合物主链结构与 HTPB 相近,物理性能与 HTPB 相差不大,是研究价值较高的含能黏合剂品种,应用研究将是该类黏合剂未来的研究重点。

3.6　其他含能聚合物

3.6.1　硝胺聚合物

3.6.1.1　硝胺缩水甘油聚醚(GNAP)

硝胺缩水甘油聚醚(Glycidyl Nitramine Polymer, GNAP)通过四步反应合成[16],如图 3-36 所示。以 GAP 为原料,先通过施陶丁格反应(Staudinger reaction)将叠氮基转化为氨基盐,再用氯甲酸乙酯保护氨基,接着用硝酸硝化,最后用氨水脱保护,得到黏性黄色粉末

GNAP。

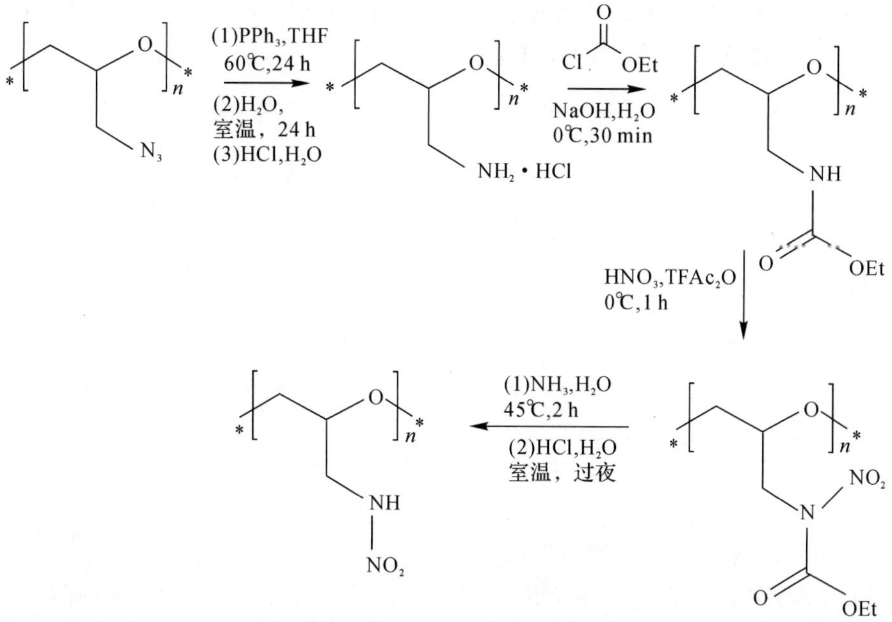

图 3-36　GNAP 的合成方法

　　GNAP 热分解峰温为 170℃，与 polyGLYN(170℃)相同，低于 GAP(216℃)。于 170℃开始热失重，此时应为硝胺基的分解，220℃ 为聚合物主链分解。与 GAP 和 polyGLYN 相比，GNAP 摩擦感度较高，撞击感度较低。GNAP 与 GAP、polyGLYN 性能对比见表 3-15。

表 3-15　GNAP 与 GAP、polyGLYN 性能对比

	GNAP	GAP	polyGLYN
聚合物单元	$C_3H_5N_2O_3$	$C_3H_5N_3O$	$C_3H_5NO_4$
聚合物单元相对分子质量	118.09	99.09	119.08
冲击感度/J	40	8	10
摩擦感度/N	＞360	＞360	112
氧平衡/(%)	−81	−121	−60
热分解温度 T_{DSC}/℃	170	216	170
密度 ρ/(g·cm^{-3})	1.5	1.3	1.4
燃烧内能 −ΔU_{comb}/(cal·g^{-1})	3 831		
燃烧焓 −ΔH_{comb}/(kJ·mol^{-1})	1 896		
标准生成焓 $\Delta_f H_m^{\ominus}$/(kJ·mol^{-1})	−146	142	−323
标准内能 $\Delta_f U^{\ominus}$/(kJ·kg^{--1})	−1 260	1 545	−2 609

3.6.1.2 硝基氮杂烷酸酯

端羟基聚乙二醇二硝基氮杂烷酸酯聚合物（ORP）的分子主链含氮原子，侧链含有硝基，因而与硝酸酯类含能增塑剂相容性好，制成的推进剂老化性能及力学性能较好。另外，其氧含量高，能量较高且钝感，制备成本较低，是很有前途的新型含能黏合剂[17]。合成方法如图 3 - 37 所示。

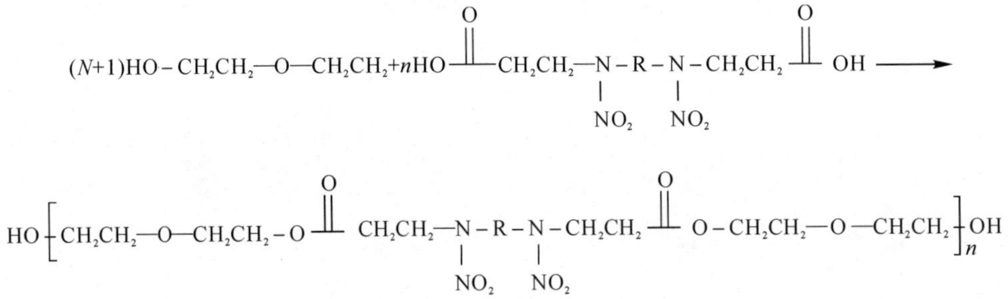

图 3 - 37　ORP 含能黏合剂的合成方法

ORP 含能黏合剂的合成分为以下两步：

第一步通过麦克尔加成反应合成出二硝基氮杂癸二酸；第二步以对甲苯磺酸为催化剂，在 95～105℃温度下，由二硝基氮杂癸二酸或二硝基氮杂十一酸与二乙二醇通过酯化反应制备 ORP。反应结束后冷却至室温，加入一定量二氯甲烷溶解，再倒入甲醇溶液中沉淀，最后在 60℃下真空干燥即得纯品 ORP。

第二步酯化反应需要注意两方面：①酯化反应需在无溶剂条件下进行，有溶剂存在下只能得到小分子环状物，而不能得到聚合物；②二乙二醇要过量于二硝基氮杂癸二酸或二硝基氮杂十一酸，以保证得到的聚合物端基是羟基。1990 年，Roger W. Day 等人合成的 ORP 黏合剂官能度接近 2，相对分子质量为 2 000～5 000，黏度为 10～50 Pa·s，玻璃化转变温度为 0～21℃。

ORP 热稳定性好，可在能量与感度之间取得较好的平衡，主要用于钝感及低易损性推进剂（如英国 1.3 级 ORP - 2/混合硝酸酯/AN 推进剂）中。国外近年对 ORP 合成及应用的研究非常活跃，尤其在战术导弹配方及低特征推进剂配方方面进行了大量应用研究。ORP 推进剂的主要不足是玻璃化转变温度较高、力学性能水平较低。

3.6.2 唑类聚合物

四唑类含能材料凭借四唑环本身拥有的高能、低感等特性，成了近年来新型含能材料的研究热点。四唑环具有芳香性、氮含量高及环张力大等特点，这些特点使其衍生物一般具有较大密度，而且在高温分解或爆炸时其分子间键的断裂会导致释放出大量能量和气体。同时四唑衍生物一般具备良好的物理化学安定性，因此四唑衍生物有作为不敏感特种含能材料的潜力。此外，四唑类化合物含能高、感度低，且本身不含卤元素，燃烧时对环境不会产生污染。将唑类结构引入高聚物的主链或侧链，得到的唑类聚合物可用作推进剂的绿色含能黏合剂。

3.6.2.1 唑类聚合物的制备

1. 聚乙烯四唑（PVT）

聚乙烯四唑（Polyvinyl Tetrazole，PVT）既是一种含氮量高、生成焓高、钝感、热稳定性好的含能材料,又是一种聚电解质和聚合物酸,其酸性与聚丙烯酸相近。

PVT 类聚合物包括聚(5-乙烯四唑),聚(1-乙烯四唑)及其甲基、苯基、氨基和硝基等衍生物。聚(5-乙烯四唑)是其中最典型的一种,其制备方法主要有以下三种:①传统自由基聚合法;②"点击化学"原子转移自由基聚合(ATRP)法;③聚丙烯腈的化学改性法。

自由基聚合法是聚合物制备的传统方法,产物是 5-乙烯四唑的均聚物,利用该法可合成出一系列相对分子质量不同的 PVT。然而,5-乙烯四唑单体的合成方法复杂、合成产率低,且由于 C=C 双键易聚合,实验结果不稳定。在乙烯基的自由基聚合中,温度过高时自由基还可能引发四唑的分解。

原子转移自由基聚合法是聚合 5-乙烯四唑的一种新途径,聚合温度较低,可防止聚合过程中四唑的分解,但目前尚未找到适合的铜类催化剂,也未见详尽报道。

聚丙烯腈的化学改性法是一种富有成效的合成聚(5-乙烯四唑)的方法,通常产生的是 5-乙烯四唑与丙烯腈的共聚物,而不是纯的聚(5-乙烯四唑)。起始反应的聚丙烯腈重均分子量越高,聚乙烯四唑的相对分子质量就越高,唑化的最高产率和四唑成分的最高纯度可分别达 98.0% 和 97.5%。

聚丙烯腈与叠氮化钠(NaN_3)和氯化铵(NH_4Cl)在非离子极性溶剂 DMF 中 120~125℃ 反应 24 h,将最终的反应混合物在蒸馏水中完全溶解后,用稀 HCl 溶液处理,可制得聚(5-乙烯四唑),反应式如图 3-38 所示。

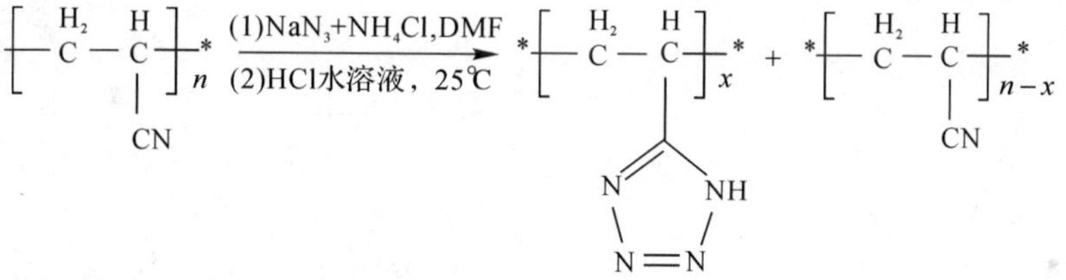

图 3-38　聚丙烯腈合成 PVT

聚丙烯腈侧链的腈基(—CN)与叠氮化物、氯化物反应遵循 1,3-偶极化成环反应机理,反应式如图 3-39 所示。

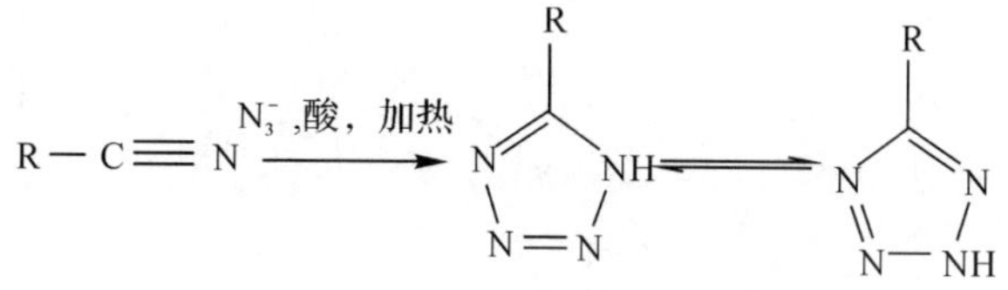

图 3-39　腈基转化为叠氮基的机理

目前研究人员普遍采用高分子侧链上的腈基团化学改性法制备侧链含唑类的聚合物,例如采用聚(5-乙烯四唑)(PVT)通过甲基化反应制得聚(N-甲基-5-乙烯四唑)(PMVT)。PVT 的甲基化反应如图 3-40 所示。

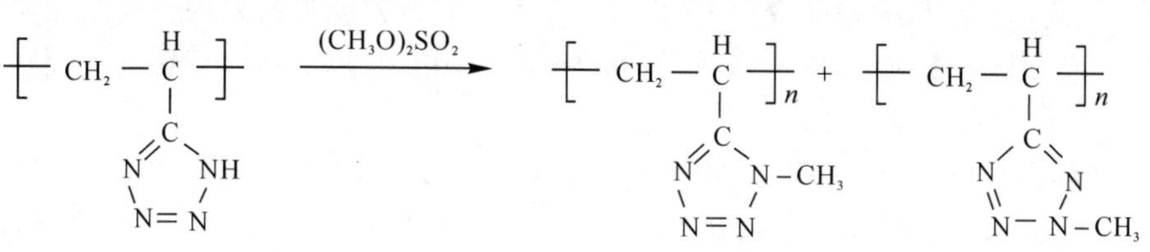

图 3-40　PVT 的甲基化反应

由于四唑既可通过孤对电子形成稳定的共轭结构,也可通过环上的氢离子化形成稳定的共轭负离子,因此四唑环上的 N—H 可能成为结构中的薄弱环节。如果用结合更为牢固的 N—C 键取代 N—H 键,可使分子结构的稳定性提高,而用烷基取代四唑环上的氢原子,可提高四唑聚合物的分解温度。

2. 聚四唑基缩水甘油醚(GTP)

Aronson 采用两步法合成聚四唑基缩水甘油醚(GTP),合成方法如图 3 - 41 所示。用乙基或苯基氰基甲酸酯与 GAP 中的叠氮基在 50℃反应 3 d,再用氢氧化锂去羰基化,合成了聚四唑基缩水甘油醚(Glycidyl Tetrazole Polymer,GTP)。研究表明,当四唑转化率为 1/4 时,GTP 可在贮存性能和其他性能之间取得较好的平衡。GTP 的分解也不像 GAP 的分解那样放出热量,贮存稳定性好。但由于用此法所得到的 GTP 聚合物为固体,而且单位质量的能量水平也低于 GAP,所以应用前景不被看好。

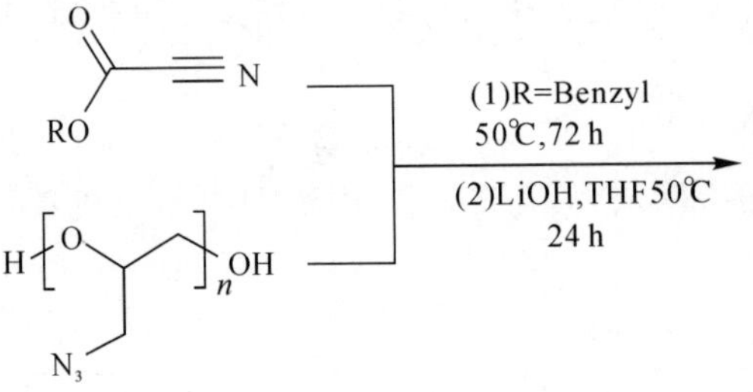

图 3 - 41　GTP 的合成方法

3. 聚硝胺基四唑(PANT)

Betzler 等人合成了一种不敏感的含能聚合物聚硝胺基四唑(Polynitrimidotetrazole,PANT),合成方法如图 3 - 42 所示。PANT 具有较高的氧平衡和密度,但为固体形态,所以应用具有一定的局限性。

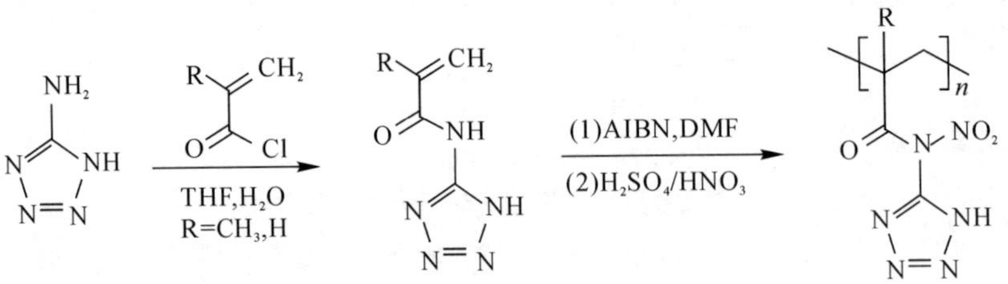

图 3 - 42　PANT 的合成方法

4. 主链含唑基的聚合物

之前所研究的含能聚合物,其含能基团大都在聚合物侧链或支链上,这样会使聚合物分子间二级交联程度下降,低温性能变差,固化后力学性能降低。新近研发的一种四唑聚合物的含能基团位于聚合物的主链上,这样降低了支链原子的数量,有可能使产品在具有较好能量特性的同时也获得较好的力学性能。

Betzler 等人合成了一种唑基在主链上的唑类聚合物,即聚(3 -重氮氨基- 1,2,4 -三唑)[Poly(3 - diazoamino - 1,2,4 - triazole),polyDAT]。其具有高达近 80% 的氮含量,能量水平高,且热稳定性比预计的要好,分解温度为 170℃。其合成方法如图 3-43 所示。

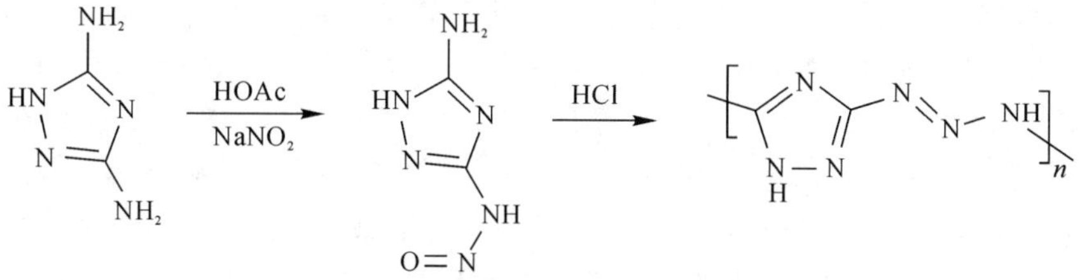

图 3-43　polyDAT 的合成方法

polyDAT 的不足主要有:①聚合物分离、提纯困难;②重氮氨基易与多种化学试剂反应,且容易分解。虽然 polyDAT 性能存在一定缺陷,但为高氮高能聚合物的设计与制备开辟出了一个全新方向。

3.6.2.2　含四唑类聚合物的性能

1. 基本性能

四唑类聚合物大多为固体,PVT 不溶于二氧杂环己烷和冰醋酸,而溶于二甲基甲酰胺的水溶液、NMP、DMSO、HNO$_3$ 等非离子极性溶剂。

用氧弹式热量计测得 PVT 的充氧定容爆热(H_u)为 18 347.7 kJ/kg,PMVT 的 H_u 为 10 390.9 kJ/kg。根据动力学方程及测得的比热容方程及相应数据,可以直接计算出 PVT 的绝热致爆时间为 251.4 s,这说明其具有较好的热稳定性。

PVT 的撞击感度 H_{50} 大于 50 cm,I_{50} 大于 49 J(在 97.99 N 落锤,50 cm 落高条件下,爆发百分数为 24%,参照标准 QJ 3039—1998);摩擦感度为 0(测试角度 90°,测试压强 4.0 MPa,参照标准 QJ 2913—1997);静电火花感度 V_{50} 为 5 900 V,E_{50} 为 203.6 mJ(电容 3 900×3PF,针距 0.5 mm,参照标准 QJ 1469—1988)。PVT 的各项感度数值与 GAP 相当,在固体燃料、炸药和气体发生剂等领域具有一定应用潜力。

PMVT 的撞击感度 H_{50} 大于 50 cm,I_{50} 大于 49 J(在 98.00 N 落锤,50 cm 落高条件下,爆发百分数为 28%,参照标准 QJ 3039—1998《复合固体推进剂落锤击感度测试方法》);摩擦感度为 0(测试角度 90°,测试压强 4.0 MPa 参照标准 QJ 2913—1997《复合固体推进剂摩擦感度测定方法》);静电火花感度 V_{50} 为 5 318.2 V,E_{50} 为165.6 mJ,σ 为 330 V(电容 3 900×3PF,针距 0.5 mm ,参照标准 QJ 1469—1988《复合固体推进剂及其他火炸药静电火花感度测试方法》)。感度测试结果表明,PMVT 的感度与 PVT 相当,是一种高能钝感物质。

PVT 与黑索金(RDX)、HMX、AP、1,2,4-三己基铅(NTO-Pb)、Al 和 Mg 粉的相容性良好,与亚铬酸铜(CC)、炭黑(CB)、己二酸铜(AD-Cu)和邻苯二甲酸铅(Φ-Pb)也相容,但与 ADN 混合时有中等反应现象,在使用中应采取相应防范措施[18]。

2. 热性能

从结构上分析,PVT 中的四唑环热分解温度远低于聚合物主链的断裂温度,因此 PVT 在中温下(约低于 200℃)就能够产生大量的气体,并生成稳定的固体残渣。国外研究报道显示,用烷基取代四唑环上的氢原子,其分解放气温度可有一定程度的升高。

PVT 的 TG-DSC 分析结果(样品量 2~3 mg,升温速率 10℃·min^{-1},常压,载气为氮气气氛,流速 100 mL/min)表明,在202℃以后 PVT 有显著的质量损失。PVT 的热分解有两个显著的过程,即四唑环的热分解和残余高分子的热分解($T_d=369.9$℃)。其中四唑环的热分解又伴随着两个显著的放热峰:第一个放热峰在239℃,第二个放热峰在274℃。

从 PMVT 的 TG-DSC 分析结果(样品量2~3 mg,升温速率10℃·min^{-1},常压,载气为氮气气氛,流速 100 mL·min^{-1})可知,PMVT 的第一个放热分解峰温为291.75℃,且 PMVT 在第一个放热峰温下失重为23.45%,然后出现第二个和第三个缓慢的失重过程,失重率分别为24.54%和17.3%。但是直到800℃仍有37.87%的残留物,表明侧基作用仍未完全消失,主链仍未断裂。

PMVT 的热性质表明四唑类聚合物在惰性气体环境中受热分解机理可能为:先失去部分四唑环上的原子(两个 N 原子,质量占总质量的25%),放出 N_2 气体,然后慢慢形成一系列耐高温的聚合物,主链直到800℃都不会发生断裂反应。这一性质也表明聚合物 PMVT 虽然能量高、氮含量高、热稳定性好,但并不适合作为氧含量低、燃温低、残渣少的推进剂配方。

3.6.3 聚磷腈

聚磷腈(Polyphosphazene,PPZ)是一类以磷氮单双键交替排列为主链结构,以连接于磷原子上的两个有机官能团为侧基的有机-无机杂化高分子。聚磷腈的结构通式为$(N=PR_2)$。其中 R 可以为卤素或有机金属等基团,用硝酸酯或叠氮等含能基团取代后,可作为潜在的含能黏合剂使用。聚磷腈之所以在含能黏合剂领域广受关注,是因为这类化合物具有高密度、低玻璃化转变温度、高弹性、良好的化学和热稳定性等性能。先聚合后取代是制备聚膦腈高分子的常规途径,目前已合成出侧链含有硝酸酯基、氟碳基或叠氮基团的聚合物。

2004年,英国的 Anthony 等人用聚二氯化磷腈与三氟乙醇钠作用生成三氟乙基醚取代的聚磷腈,再用缩醛醇进行取代反应转化为缩醛基取代的聚磷腈,然后硝解,最终得到硝酸酯基取代的聚磷腈。其合成方法如图3-44所示。

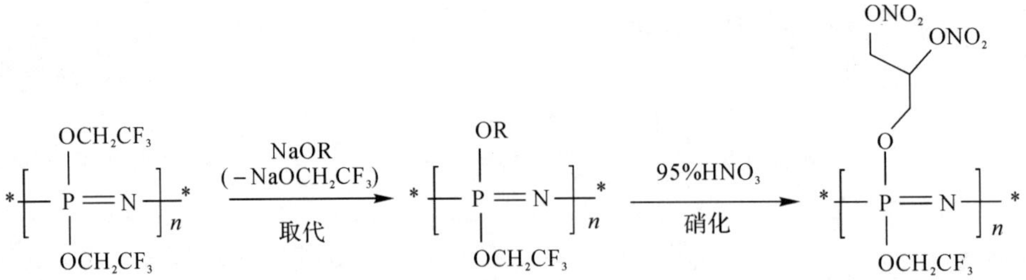

图3-44 硝酸酯基聚磷腈的合成方法

为了进一步提高聚磷腈硝酸酯黏合剂的能量水平,2006年 Peter 等人在已有研究基础上,用改进的方法(见图3-45)合成了三种不同结构的双取代聚磷腈硝酸酯黏合剂——PPZ-E1、PPZ-E2 和 PPZ-E3。它们性能及与其他黏合剂的对比见表3-16。

表3-16 硝酸酯基聚磷腈的基本性能及对比

聚合物	密度/(g·cm^{-3})	T_g/℃	能量密度/(J·cm^{-3})	分解能/(J·g^{-1})
PPZ-E1	1.69	-32.5	4 550	2 690

续表

聚合物	密度/(g·cm⁻³)	T_g/℃	能量密度/(J·cm⁻³)	分解能/(J·g⁻¹)
PPZ - E2	1.65	−23.8	4 750	2 880
PPZ - E3	1.45	−35.2	4 002	2 760
PGN	1.45	−30	2 900	2 000
PNIMMO	1.26	−33	1 638	1 300

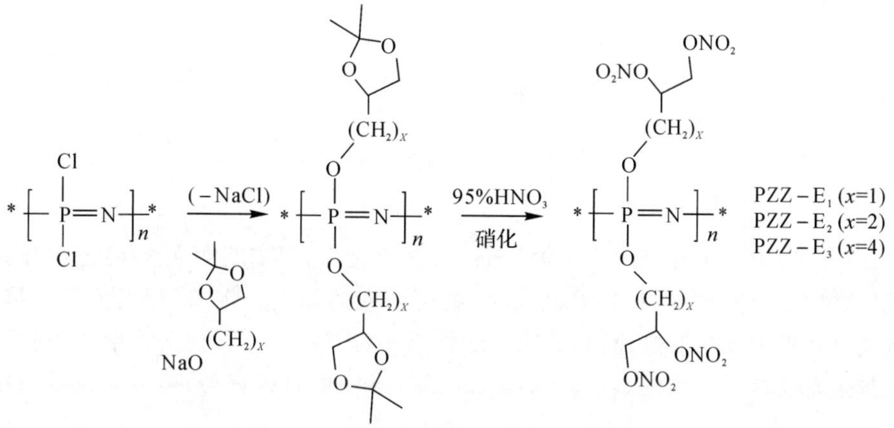

图 3-45　双取代硝酸酯基聚磷腈的合成

聚二氯磷腈[poly(dichlorophosphazene)]与叠氮基醇钠在 THF 中，在氩气保护下回流反应 18 h，可得到具有长侧链的叠氮聚磷腈，产率约为 80%。其合成过程如图 3-46 所示。

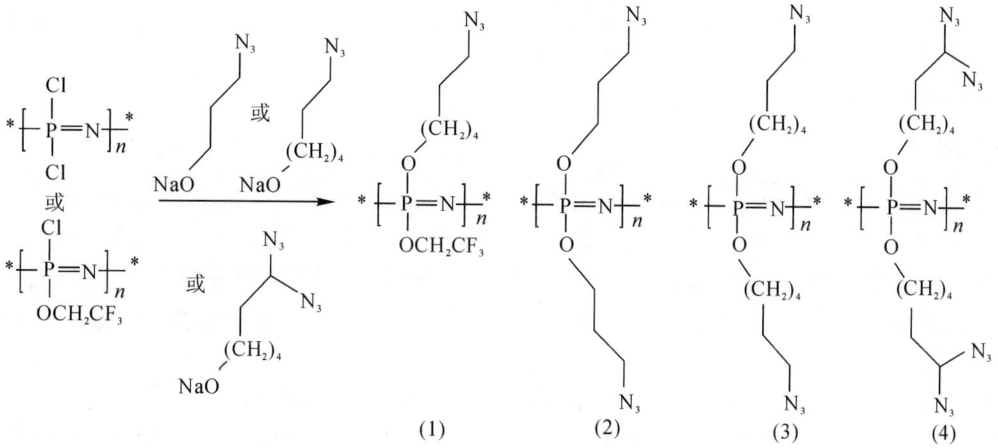

图 3-46　叠氮基聚磷腈的合成

叠氮聚磷腈具有较高的能量，化合物(2)的 N 含量与 GAP 相当，能量密度比 GAP 高 20%以上，玻璃化转变温度为−73℃。黄色黏稠的化合物(3)的玻璃化转变温度更是低至 −100℃。几种叠氮聚磷腈的性能见表 3-17。

表 3 - 17 叠氮含能聚磷腈的基本性能

编号	密度/(g·cm^{-3})	T_g/℃	能量密度/(J·cm^{-3})	分解能/(J·g^{-1})
(1)	1.12	−92.5	1 872	1 425
(2)	1.35	−73.4	2 465	1 825
(3)	1.16	−99.5	1 930	1 665
(4)	1.29	−64	2 360	1 830

3.7 含能黏合剂在固体推进剂中的应用

3.7.1 GAP 推进剂

GAP 易合成、能量高、密度大、氮含量高、机械感度低,具有良好的热稳定性和化学稳定性、与推进剂常用组分相容性良好等,已成为各国研究的热点。将 GAP 引入复合推进剂后,能显著提高推进剂的比冲和燃速,与其他含能材料相容并可降低其撞击感度,特别是 GAP 可减少复合推进剂燃烧时产生的烟焰,从而降低火箭、导弹的特征信号,减弱对制导系统的干扰并减少被敌方探测的概率。GAP 符合未来武器系统提高炸药和推进剂配方的性能、降低存储和运输过程中的易损性等要求,是研发高能、钝感、低特征信号固体推进剂过程中必不可少的关键原材料。因此,GAP 推进剂被认为是最具潜力和前途的推进剂品种之一。

GAP 黏合剂作为叠氮黏合剂中氮含量较高的品种,使用范围广,可用于如下用途:

(1)先进战略导弹使用的高比冲推进剂。

(2)先进战术导弹使用的低特征信号推进剂。

(3)先进战术导弹使用的低易损推进剂。

(4)高性能燃气发生器推进剂。

(5)高性能低火焰温度枪炮发射药。

3.7.1.1 能量性能

选择一个典型的 HTPB 三组元配方[19]作为配方一,其中含 HTPB 8.0%、AP 69.5%、Al 18.5%、DOS(癸二酸二异辛酯) 4.0%。以 GAP 等量替代 HTPB 形成配方二,其中含 GAP 8.0%、AP 69.5%、Al 18.5%、DOS 4.0%。采用 RAMJ 程序进行配方的能量性能计算,结果见表 3 - 18。

表 3 - 18 HTPB/GAP 配方能量性能计算结果

配方一	配方二
氧燃比=2.278 688,氧系数=1.295 密度=1.797 g/cm³ 推进剂初温=293.15 K,环境压强=1.000 0 atm① 平衡流理论火箭性能(燃烧室压强=6.860 MPa)	氧燃比=2.278 688,氧系数=1.641 密度=1.886 g/cm³ 推进剂初温=293.15 K,环境压强=1.000 0 atm 平衡流理论火箭性能(燃烧室压强=6.860 MPa)

续表

配方一				配方二		
性能指标	燃烧室	喉部	出口	性能指标	燃烧室	喉部	出口
压强/atm	67.702 9	39.080 8	1.000 0	压强/atm	67.702 9	39.287 0	1.000 0
温度/K	3 577.24	3 380.64	2 315.00	温度/K	3 804.63	3 627.22	2 597.30
平均相对分子质量	29.143 3	29.404 6	30.342 2	平均相对分子质量	32.353 7	32.724 6	34.838 5
等熵指数	1.134 7	1.135 8	0.997 8	等熵指数	1.122 7	1.121 3	1.126 9
马赫数	0.000	1.000	3.259	马赫数	0.000	1.000	3.080
膨胀比		1.000	10.423	膨胀比		1.000	10.436
特征速度/(m·s⁻¹)		1 589.196	1 589.196	特征速度/(m·s⁻¹)		1 562.374	1 562.374
推力系数		0.655 7	1.631 5	推力系数		0.650 7	1.647 5
比冲/(N·s·kg⁻¹)		2 020.628	2 592.806	比冲/(N·s·kg⁻¹)		1 993.607	2 573.918

注：①标准大气压(atm)＝101.325 kPa。

用 GAP 等量替代典型 HTPB 三组元配方中的惰性黏合剂 HTPB,氧系数从 1.295 提高到 1.641,密度提高了 0.089 g·cm⁻³,发动机燃烧室燃温提高 227 K,出口燃温提高 282 K。但产物平均相对分子质量增大,特征速度降低,比冲降低 18.9 N·s/kg。所以 GAP 不适宜用于常规 HTPB 三组元推进剂。

选择一个典型 NEPE 推进剂配方——配方三作为对比,其中含 PEG 7.0%、AP 15.0%、Al 18.0%、HMX 42.0%、NG/BTTN 18.0%。以 GAP 等量替代 PEG,形成配方四,其中含 GAP 7.0%、AP 15.0%、Al 18.0%、HMX 42.0%、NG/BTTN 18.0%。

采用 RAMJ 程序进行配方的能量性能计算,结果见表 3-19。

表 3-19　PEG/GAP 配方能量性能计算结果

配方三				配方四		
氧燃比＝1.941 176,氧系数＝1.157 密度＝1.852 g/cm³ 推进剂初温＝293.15 K,环境压强＝1.000 0 atm 平衡流理论火箭性能(燃烧室压强＝6.860 MPa)				氧燃比＝1.941 176,氧系数＝1.176 密度＝1.871 g/cm³ 推进剂初温＝293.15 K,环境压强＝1.000 0 atm 平衡流理论火箭性能(燃烧室压强＝6.860 MPa)			
性能指标	燃烧室	喉部	出口	性能指标	燃烧室	喉部	出口
压强/atm	67.702 9	38.988 9	1.000 0	压强/atm	67.702 9	39.078 5	1.000 0
温度/K	3 730.76	3 518.93	2 315.00	温度/K	3 866.56	3 661.97	2 398.74
平均相对分子质量	28.547 3	28.827 2	29.824 1	平均相对分子质量	29.415 6	29.743 5	31.171 2
等熵指数	1.139 8	1.142 3	0.998 4	等熵指数	1.134 5	1.136 0	1.164 7
马赫数	0.000	1.000	3.313	马赫数	0.000	1.000	3.106
膨胀比		1.000	10.038	膨胀比		1.000	9.823

续表

	配方三		配方四		
特征速度/(m·s⁻¹)	1 636.744	1 636.744	特征速度/(m·s⁻¹)	1 644.668	1 644.668
推力系数	0.657 8	1.624 8	推力系数	0.655 7	1.630 4
$\dfrac{比冲}{N·s·kg^{-1}}$	2 079.816	2 659.471	比冲/(N·s·kg⁻¹)	2 089.721	2 681.331

用 GAP 等量替代典型 NEPE 推进剂配方中的惰性黏合剂 PEG,氧系数从 1.157 提高到 1.176,密度提高了 0.019 g/cm³,发动机燃烧室燃温提高 136 K,出口燃温提高 83 K,产物平均相对分子质量变化不大,特征速度小幅提高,比冲提高 22 N·s/kg。所以,GAP 用在硝酸酯增塑推进剂配方体系中,具有提高密度、提高能量性能的作用。

美国海军武器中心研制了代号为 BLX 的一组推进剂配方,对 GAP/BTTN(或 TMETN)推进剂与 HTPB、丙烯酸推进剂及 BAMO/THF 推进剂的比冲、力学性能、冲击感度和点火时间进行比较,部分结果见表 3 – 20。硝酸酯增塑的 GAP 推进剂的比冲明显高于 HTPB 推进剂,而且玻璃化转变温度较低,属于不敏感体系。

表 3 – 20　GAP 推进剂与其他推进剂性能比较

配方代号	配方组成(质量比)							$\dfrac{比冲}{N·s·kg^{-1}}$	撞击感度(50%落高)/cm
	GAP	HTPB	多异氰酸酯	IPDI	TMETN	BTTN	NC		
B – 1	—	23.20	—	1.74	—	—	—	2 097.2	46
B – 2	—	18.55	—	1.39	—	—	—	2 146.0	37
B – 4	4.95	—	1.30	—	18.70	—	—	2 528.0	24
B – 8	26.72	—	4.68	—	—	—	—	2 528.0	37
B – 9	9.81	—	2.09	—	—	22.63	0.2	2 509.0	25

德国 ICT(费劳恩霍费尔化学工艺研究所)研制了一种新型高燃速、低特征信号 GAP 推进剂配方,通过对比试验发现,这种配方具有与常规的高性能 HTPB 推进剂相同或更好的比冲、燃速和力学性能。这种新型 GAP 推进剂配方组成见表 3 – 21。

表 3 – 21　新型 GAP 推进剂配方

组分	质量分数/(%)
AP(2 μm)	20.00
HMX(11 μm)	45.50
GAP/N100	12.00
TMETN(三羟甲基丙烷三硝酸酯)	18.00
燃速催化剂	4.50

美国专利报道了用 NASA –路易斯热力学法则计算的含 59% ADN 和各种含能黏合剂的

配方性能,见表 3 - 22。

表 3 - 22 含不同黏合剂的 ADN 推进剂性能

黏合剂/增塑剂	NMMO	NMMO/ Bu NENA	BAMO - AMMO/ GAP - P	GAP/ GAP - P	9DT - NIDA	PGN
增塑比	—	1.0	2.0	2.0	—	—
密度/(g·cm⁻³)	1.663	1.665	1.659	1.667	1.698	1.737
比冲/(N·s·kg⁻¹)	2.898	2.895	2.900	2.893	2.804	2.876
火焰温度/℃	3 034	3 084	3 062	3 086	3 026	3 262

注:表中含能增塑剂 Bu NENA 是丁基硝氧乙基硝胺,GAP - P 是 GAP 增塑剂,GAP 增塑剂是与 GAP 一样具有相同的聚合物结构,但端基用无取代羟基基团。

表 3 - 22 中叠氮推进剂的比冲均高于典型的 1.3 级复合推进剂,且火焰温度适中。对这几种推进剂配方所进行的安全实验表明,其危险性属 1.3 级推进剂(只燃烧不发生爆轰),摩擦感度略高于 1.3 级推进剂。

表 3 - 23 列出了已发展成熟的战术导弹用 GAP 钝感高能微烟推进剂配方。推进剂密度大于 1.60 g/cm³,实测比冲为 235~240 s,基本不使用 Al 粉就能实现微烟,适用于宽压强范围(2~25 MPa),比普通的挤注双基和复合改性双基推进剂在能量上具有显著优势。

表 3 - 23 国外发展的战术用 GAP 钝感高能微烟推进剂配方

组分(质量比)	ASNR 15	ASNR 19	ASNR 39	ASNR 28	ASNR 27	ASNR 46	ASNR 29	ASNR 79
AN 160μm/55μm/20μm	50	53	53	40	30	30	45	45
HMX 5 μm	14	16		16	16		16	
CL - 20 8 μm			16			16		16
TAGN 24 μm				10	20	20		
GZT 25 μm							5	5
GAP	5.18	3.67	3.67	4.29	4.29	4.29	4.29	
PGN	5.95	3.89	3.89	4.56	4.56	4.56	4.56	11.35
N100	2.67	1.84	1.84	2.15	2.15	2.15	2.15	1.85
TMETN	20.7	12	12	13.2	13.2	13.2	13.2	12
BTTN		8	8	8.8	8.8	8.8	8.8	8
DPA(MNA/2 - NDPA)	0.8	0.6	0.6	0.6	0.6	0.6	0.6	0.6
MOVO 6 μm		2.4	2.4					
炭黑	0.7	0.6	0.6	0.4	0.4	0.4	0.4	0.2
比冲/s	234.5	236.8	239.8	238.9	237.2	240.9	235.9	240.7
密度/(g·cm⁻³)	1.60	1.65	1.66	1.61	1.59	1.60	1.61	1.63
燃速(7 MPa)/(mm·s⁻¹)	4.9	7.0	8.2	6.8	8.6	10.9	6.1	7.3
压强指数(2~25 MPa)	0.78	0.67	0.67	0.71	0.65	0.57	0.79	0.63

3.7.1.2 燃烧性能

1. GAP 单元推进剂的燃烧特性

Frankel 研究了 GAP 单元推进剂的燃烧特性,发现在 3 个大气压以上可以自持燃烧,常压下自动熄火,典型的燃速为 1.95 mm/s(6.89 MPa),这与 Yuan 测得的 2.1 mm/s(7 MPa)结果基本符合。

Kubota 研究认为,GAP 推进剂的燃速、压强指数和燃速温度敏感系数及火焰结构在很大程度上取决于添加的高能晶体物质的浓度。不含高能晶体的 GAP 推进剂的燃速在 10 mm/s以上,压强指数为 0.35～0.44,燃速温度敏感系数为 0.010 K^{-1},绝热火焰温度为 1 365 K。

Yuan 等人发现 GAP 燃烧产生稀薄的黄烟,燃烧残余物是被一种油状物粘在一起而相互缠结的棒状物,长度达 1.4 mm。加入卡托辛后,残余物含量增加,这被认为是含铁化合物引发的高温下的交联反应。对纯 GAP 熄火表面进行研究发现,燃面有许多放出氮气的气孔,熔融层较厚,含卡托辛的燃面由于有较多的残余物,表面凹凸不平。加少量卡托辛和正丁基二茂铁明显降低了推进剂的燃速,例如加 0.5% 的卡托辛可使 7 MPa 下的 GAP 燃速下降 50%,而压强指数从 0.63 提高至 1.2 以上,但卡托辛加入量从 1% 变化到 5% 时,推进剂燃速却无明显变化。

Nikashita 研究了含 GAP 双基推进剂的燃烧行为。用 GAP 等量代替含量为 12.5% 的DEP(邻苯二甲酸二丁酯),绝热燃温从 2 515 K 变为 2 581 K,5 MPa 下燃速提高了 100%,压强指数为 0.64,温度敏感系数略有上升。燃烧火焰温度分布表明,GAP 双基推进剂火焰结构和双基推进剂一样,由泡沫区、嘶嘶区、暗区和发光火焰区构成;含 GAP 双基推进剂的暗区较厚,但由于 GAP 的放热量大,气相反应速率比含 DEP 双基推进剂的大。反应机理是:在次表面和燃面 N—NO_2 键断裂产生 NO_2,且分解出醛等燃料成分;在嘶嘶区 NO_2 与燃料快速反应,温度陡升,生成的 NO 在暗区缓慢反应,最后与剩余燃料迅速反应形成发光火焰区,产物为N_2、CO_2、H_2O 等。

有人研究了在 NEPE 推进剂配方其他组成相同的条件下,GAP、PEG 和 PET 三种黏合剂对推进剂宽压范围燃烧性能的影响。推进剂燃速-压强曲线以及燃速-压强对数图分别如图3-47和图 3-48 所示。

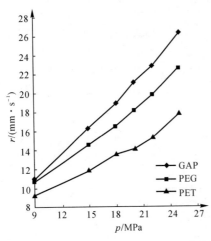

图 3-47 不同黏合剂推进剂燃速-压强曲线

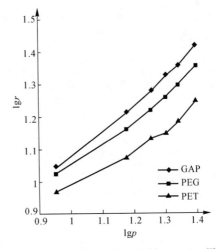

图 3-48 不同黏合剂推进剂 lg$p$-lg$r$ 图

黏合剂不同,推进剂的燃烧性能有显著差异。在同一压强下,不同黏合剂推进剂的燃速大小依次为:GAP＞PEG＞PET。随着压强升高,燃速增长速率也依次升高,表明 GAP 推进剂燃速随压强变化的敏感性最强,即压强指数最高。

2. AN/GAP 推进剂的燃烧特性

在常用氧化剂中,硝酸铵 AN 具有最低的冲击感度和摩擦感度,其燃烧具有低燃速、高压强指数、无烟的特性,因此,含有 AN/GAP 的推进剂主要特征是它可以满足低敏感性、燃烧时无烟、燃烧产物无污染和具有高性能的需要,适用于钝感、低特征信号推进剂,也可用于燃气发生剂配方。

Oyumi 等人研究了 AN/GAP 推进剂的燃速特性。配方中 AN 含量增加,比冲上升,但燃速下降,原因是燃面上的 AN 融化、升华时会吸热。在配方中加入 TMETN、NC 等高能量物质,推进剂燃速升高。亚铬酸铜和硼都是 AN/GAP 配方良好的燃烧性能调节剂。

Menke 等人研究了含 SCAN(喷雾结晶硝酸铵)、Cu(或 Zn)- PSAN 的 GAP/TMETN 推进剂的燃烧性能,发现它们具有低燃速、高压强指数的特点。铜络合物具有明显提高燃速的作用。Ni - PSAN 配方的压强指数难以降至 0.6 以下。燃速调节剂 MOVO(氧化钼和氧化钒的混合物经烧结研磨制成)显示出对所有的 AN/GAP 和 PSAN/GAP 推进剂有调节燃烧性能的作用——提高推进剂燃速、降低其压强指数。加入 MOVO,可以得到 7 MPa 下燃速为 7～8 mm/s,压强指数为 0.50～0.58 的 AN/GAP 推进剂。

3. HMX/GAP 推进剂的燃烧特性

Tokui 研究了 HMX/GAP 推进剂在小型发动机中的应用,发现该推进剂具有低燃速、高压强指数(大于 0.7)的特性,在配方中加入少量 AP 能实现提高燃速、降低压强指数的作用。因此在 GAP 推进剂中加入少量 AP,有利于促进推进剂的稳定燃烧,提高燃速和比冲,同时又能保证推进剂燃烧产物少烟、无烟。对于 HMX/GAP 推进剂有效的燃速调节剂主要有铬酸铜、重铬酸铵、炭黑、硬脂酸铅和氧化铝等。这些添加剂能使推进剂的燃速显著增加,同时影响推进剂的压强指数和温度敏感系数。

Kubota 等人研究了 HMX/GAP 推进剂的燃速特性,通过比较纯 GAP 和纯 HMX 的燃速发现,尽管在能量方面 HMX 较大,但在燃速方面却是 GAP 较高。在 GAP 中加入 HMX 后,推进剂燃速下降,而且比单一的 HMX 的燃速还低。但是,当 HMX 含量增加到一定值时,燃速的下降趋于稳定;继续增加 HMX 含量,燃速反而增加。在燃速由下降到增加的转变点,HMX 含量约为 60％～70％。HMX/GAP 推进剂的温度敏感系数随 HMX 含量增加而急剧下降,最终接近单一 HMX 的温度敏感系数。在常规复合推进剂中,随着推进剂压强指数的下降,温度敏感系数也相应下降,但 HMX/GAP 推进剂的特性规律却与此相反。

4. HMX/GAP/硝酸酯体系推进剂燃烧特性

"低特征信号"是指火箭发动机排气羽流的烟(一次烟和二次烟)、二次燃烧火焰(可见光、红外、紫外)等的辐射特征信号较低,使导弹不易被敌方探测、识别和拦截,并对制导电磁波衰减较小的现象。低特征信号技术是实现战术导弹武器系统可靠制导、精确打击的关键技术,是"海、陆、空"三军发射平台和武器系统"有效隐身、确保生存"必不可少的核心技术。推进剂中不用 Al 粉和 AP,发动机排气具有无可见烟雾、低红外辐射的特性。HMX/GAP/硝酸酯体系推进剂适用于有低红外辐射要求的低特征信号推进剂配方。配方主要组成为:HMX65％～

70%,稳燃剂 1%～2%,GAP、硝酸酯、其他组分 30%～35%。

(1)HMX 粒度。不同粒度 HMX 对 GAP/BG(NG/BTTN 混合硝酸酯)/HMX 推进剂燃烧性能的影响见表 3－24。

表 3－24　HMX 粒度对燃烧性能的影响

HMX 粒度 $D_{50}/\mu m$	燃速 $r/(\text{mm}\cdot\text{s}^{-1})$				压强指数 n
	压强 4 MPa	压强 5.5 MPa	压强 6.86 MPa	压强 9 MPa	
10	4.447	5.709	6.806	8.838	0.79
55	5.589	6.431	7.897	9.784	0.70
108	5.067	6.290	7.599	9.267	0.75
189	5.081	6.839	8.058	10.10	0.84
286	5.439	7.306	8.797	11.08	0.88

HMX/GAP/BG 体系推进剂基础燃速较低,6.86 MPa 下燃速约为 7～9 mm/s,压强指数较高,大于 0.70。随着 HMX 粒度增大,燃速提高,高压段燃速增高幅度大于低压段,压强指数增高幅度加大。

(2)硝酸酯种类及含量。进行了 NG/BTTN、NG/TEGDN、TEGDN 三种不同的硝酸酯对推进剂燃烧特性的影响规律研究,结果见表 3－25。

表 3－25　不同硝酸酯种类的影响

硝酸酯	燃速 $r/(\text{mm}\cdot\text{s}^{-1})$				压强指数 n
	压强 4 MPa	压强 5.5 MPa	压强 6.86 MPa	压强 9 MPa	
NG/BTTN	4.447	5.709	6.806	8.838	0.79
NG/TEGDN	4.279	5.347	6.277	7.611	0.71
TEGDN	3.934	4.763	5.438	6.399	0.60

不同增塑比对推进剂燃烧特性的影响见表 3－26。

表 3－26　NG/BTTN/GAP 增塑比的影响

增塑比	燃速 $r/(\text{mm}\cdot\text{s}^{-1})$				压强指数 n
	压强 4 MPa	压强 5.5 MPa	压强 6.86 MPa	压强 9 MPa	
1.5	4.447	5.709	6.806	8.838	0.79
2.0	4.528	5.823	6.934	8.592	0.79
2.5	4.881	6.317	7.556	9.415	0.81

硝酸酯品种变化时,NG/BTTN 推进剂的燃速和压强指数最高,TEGDN 推进剂的燃速和压强指数最低。NG/BTTN/GAP 增塑比提高,对推进剂的燃速影响不显著,说明 GAP 的燃速与 NG/BTTN 的燃速相当。因此,选择不同种类硝酸酯或几种硝酸酯组合使用,是调节

GAP/硝酸酯/HMX 体系推进剂燃烧特性的有效手段。

5. AP/硝胺/GAP/硝酸酯体系推进剂燃烧特性

在 GAP/硝胺体系推进剂中引入部分 AP,可大大改善推进剂燃烧性能,拓宽推进剂的燃速调节范围,因此目前国内外已应用或在研的 GAP 推进剂大多采用少量 AP 与硝胺共用的技术途径。

(1)AP 含量和粒度。表 3-27 为 AP(Ⅳ类)含量对 NG/BTTN 增塑的 GAP 推进剂燃烧性能的影响。

表 3-27　AP 含量对 NG/BTTN 增塑的 GAP 推进剂燃烧性能的影响

AP 含量/(%)	燃速 r/(mm·s^{-1})				压强指数 n
	压强 3 MPa	压强 5 MPa	压强 7 MPa	压强 9 MPa	
5	4.89	6.48	7.93	9.44	0.59
10	5.99	7.88	9.80	11.41	0.59
15	7.99	10.33	12.23	14.17	0.52
20	10.13	10.94	15.29	17.28	0.49
25	13.91	17.28	19.21	21.74	0.40

表 3-28 为 AP(含量为 15%)规格对 NG/BTTN 增塑的 GAP 推进剂燃烧性能的影响。

表 3-28　AP 规格对 NG/BTTN 增塑的 GAP 推进剂燃烧性能的影响

AP 规格	燃速 r/(mm·s^{-1})				压强指数 n
	压强 3 MPa	压强 5 MPa	压强 7 MPa	压强 9 MPa	
Ⅳ类	7.99	10.33	12.23	14.17	0.52
Ⅲ类	4.89	6.66	8.13	9.61	0.61
Ⅱ类	4.51	6.17	7.69	9.02	0.63

AP 含量增加,推进剂燃速大幅增加(7 MPa 下燃速可以增大至 20 mm/s),压强指数大幅度降低,且变化幅度有增大的趋势。用Ⅲ类 AP 取代Ⅳ类 AP,推进剂燃速约降低 5 mm/s,压强指数大幅度升高;用Ⅱ类 AP 取代Ⅲ类 AP,推进剂燃速略有下降,压强指数基本不变。

(2)不同固体填料含量。不同固体填料含量对推进剂燃烧性能的影响规律见表 3-29。

表 3-29　固体填料含量对推进剂燃烧性能的影响

固体填料含量/(%)	AP 含量/(%)	燃速 r/(mm·s^{-1})				压强指数 n
		压强 3 MPa	压强 5 MPa	压强 7 MPa	压强 9 MPa	
75	20	7.53	9.43	10.93	12.21	0.44
72	17	6.63	8.35	9.71	10.87	0.45
70	15	6.06	7.62	8.87	9.93	0.45

随着固体填料含量降低(AP含量降低),推进剂燃速降低,压强指数基本不变,说明在配方体系中AP对推进剂燃速的贡献高于在含能黏合剂体系中的情况。

(3)高压强下的燃烧特性。

1)HMX(RDX)粒度对推进剂燃烧特性的影响。三种不同粒度HMX和两种不同粒度RDX对推进剂燃烧特性的影响见表3-30。

表3-30　HMX和RDX粒度对燃烧特性的影响

HMX	RDX	粒度 $D_{50}/\mu m$	燃速 $r/(mm \cdot s^{-1})$				压强指数 n
			压强10 MPa	压强14 MPa	压强18 MPa	压强22 MPa	
HMX-1	—	18	20.70	25.16	29.11	32.70	0.58
HMX-2	—	160	27.74	36.28	39.85	42.27	0.46
HMX-3	—	400	34.62	39.88	44.32	49.73	0.42
—	RDX-1	15	15.62	19.31	22.63	25.67	0.63
—	RDX-2	180	22.53	26.75	30.41	33.69	0.51

在10~22 MPa的高压强范围内,随着HMX(或RDX)粒度增大,推进剂燃速大幅度提高,压强指数降低,这与低压段的燃烧特性明显不同。在粒度基本相当的条件下,HMX的燃速比RDX的燃速高,压强指数前者比后者低。

2)AP粒度。调节AP粒度可以有效地调节推进剂的高压燃烧性能。AP粒度对推进剂燃烧性能的影响见表3-31。

表3-31　AP粒度对推进剂燃烧性能的影响

AP粒度 $D_{50}/\mu m$	燃速 $r/(mm \cdot s^{-1})$					压强指数 n
	压强10 MPa	压强14 MPa	压强17 MPa	压强20 MPa	压强25 MPa	
81	30.74	36.50	40.30	43.78	49.06	0.51
75	33.14	38.95	42.76	46.23	51.45	0.48
60	40.45	43.57	50.55	54.13	59.45	0.42
45	42.55	48.03	51.50	54.61	57.18	0.36
39	44.18	49.37	52.64	55.54	59.78	0.33
32	45.06	50.18	53.40	56.25	60.41	0.32

6. GAP推进剂的燃速催化特性

Kubota研究了在HMX与GAP质量比为80:20的推进剂中添加燃烧催化剂LC(柠檬酸铅)和CB(炭黑)后的燃速特性,发现超速燃烧,3 MPa时压强指数由0.8下降到0.53。单独添加LC或CB时不出现超速燃烧。因此他认为LC的催化效果只在添加少量的CB时才产生,CB起着辅助催化剂的作用。同时实验表明,燃烧催化剂对单一GAP黏合剂或纯HMX的分解均无催化作用,仅当GAP/HMX混合时才起催化作用。

项丽研究了燃速调节剂对HMX/GAP/硝酸酯推进剂燃烧性能的影响,发现燃速调节剂

JEPB 可以将推进剂的压强指数从 0.79 降至 0.54,燃速调节剂 CEPB 可以将推进剂的压强指数从 0.79 降至 0.45。

关大林研究了 GAP/NG/BTTN/RDX 体系中 PNTO 的催化特性,发现普通 Pb、Cu 盐(如水杨酸铅、水杨酸铜等)可以使 GAP 推进剂的压强指数从 0.98 降至 0.52,PNTO 可使 GAP 推进剂的压强指数从 0.98 降至 0.51。3-硝基-1,2,4-三唑-5-酮(NTO)本身是一种单质炸药,生成铅盐 PNTO 后仍具有较高能量。PNTO 分解后的热效应促进 GAP 推进剂在较低压力范围内的分解,而在较高压力下(如 17 MPa)作用减弱,从而实现 GAP 推进剂压强指数降低。

7. GAP 推进剂的燃烧波结构

Hori 研究了 GAP 的燃烧模型,根据实验结果,建立了由原始 GAP 区、预热区、熔融区、气相区构成的物理模型。除了两个化学反应控制步骤外,还有一个物理控制步骤,即碎片从燃面的蒸发,该步活化能较低。凝聚相温度上升较快,说明 N_2 释放步骤的活化能大于氧化步骤,是 2.3 MPa 以下的燃速控制步骤。

Kubota 等人研究了配方为 84.8%GAP/12%HMDI/3.2%TMP 的推进剂样品,测得的燃烧波结构与 Hori 的研究结果一致,证明了燃烧的主要热源是燃面放热反应。

众多的研究结果表明,不含高能晶粒的 GAP 推进剂的燃烧波是由连续的热区域组成的。它分为三个区域:非反应的热传导区、凝缩相反应区和气相反应区。在非反应的热传导区,热传导使推进剂由初温 T_0 升高到分解温度 T_d,推进剂的温度呈指数上升。在紧靠燃烧表面的凝缩相反应区,燃烧表面温度升高到 T_s,在推进剂表面发生熔化、分解和气化反应,在燃烧表面发生快速的放热反应生成气体产物。在气相反应区,这些气体反应提高了气相反应区的温度并生成最终的燃烧产物。

一般认为 GAP 黏合剂能量的释放是由—N_3 键结构的断裂引起的,而不是由氧化反应造成的。叠氮聚合物有较高的碳原子浓度,因此可以通过引入氧化剂来发挥它的燃烧潜能。与其他推进剂相比,GAP 推进剂具有燃温低、燃速高的特点。在叠氮推进剂的燃烧过程中,从气相反馈至燃面的热通量与燃面凝聚相热分解放热量相比是非常小的,燃速随叠氮推进剂中的—N_3 基团浓度增加而增大,因此在 GAP 推进剂中燃速的控制步骤为凝聚相放热反应。

3.7.1.3　力学性能

黏合剂作为推进剂承载固体填料的基体,在很大程度上决定了固体推进剂的力学性能。GAP 分子结构中存在较大的—CH_2N_3 基团,一方面使主链承载原子数相对较低,另一方面对链旋转的阻碍作用变大,因而链的柔顺性差,同时 GAP 分子间作用力小,体系内二级交联不足,内聚能密度较低,因此 GAP 推进剂的力学性能相对 PEG 推进剂较差。根据橡胶的弹性动力学理论,应力和应变性能与主链柔顺性的 1/2 次幂成正比,故由 GAP 制成的弹性体应力应变水平较低。这给推进剂力学性能的调节带来了很多困难。科研人员试图采用多种方法提高 GAP 弹性体与推进剂的力学性能,如提高 GAP 的相对分子质量,将 GAP 与四氢呋喃(THF)、聚乙二醇(PEG)、聚己内酯等共混。

1. GAP 推进剂的细观结构

周水平采用原位扫描电子显微技术对含 GAP 的复合固体推进剂的细观结构演变行为进行分析与研究。PEG 推进剂(PE-P)与 GAP 推进剂(PE-G)在 0.4 mm/min 的拉伸速率、不同拉伸位移下的内部细观结构扫描电镜图如图 3-49 所示。PEG 推进剂细观结构的损伤以空穴与裂纹的增长与扩展为主；伴随着黏合剂基体的拉丝以及空穴与裂纹的扩展，GAP 推进剂细观结构的损伤更为迅速与剧烈。

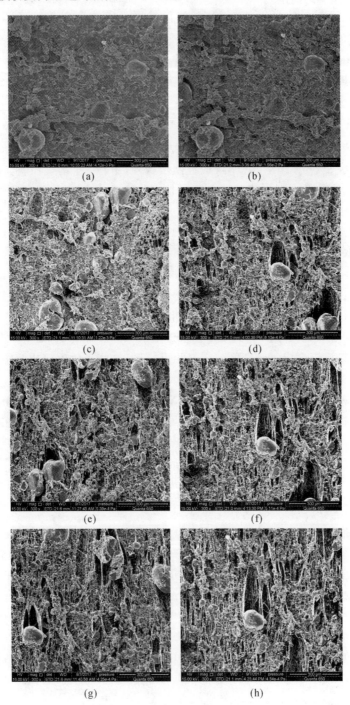

图 3-49　推进剂的拉伸扫描电镜图

(a)PE - P(0 mm)；　(b)PE - G(0 mm)；　(c)PE - P(4.0 mm)；　(d)PE - G(4.0 mm)；

(e)PE - P(7.5 mm)；　(f)PE - G(7.5 mm)；　(g)PE - P(10.0 mm)；　(h)PE - G(10.0 mm)

2. 力学性能改进

(1)共混改性。国内外许多研究者试图采用不同的方法提高 GAP 弹性体的力学性能,如提高 GAP 的相对分子质量。但聚环氧氯丙烷黏度过大而使其合成困难,且高相对分子质量的 GAP 黏度较高,这些会恶化推进剂的工艺性能。

将两种或多种预聚物与 GAP 共混固化具有操作简单、易实施等特点,但受所选预聚物密度、极性、端羟基活性等差异的影响,这种改性具有一定局限性。目前多用 PEG、PCL、HTPB 等已在推进剂中使用的黏合剂。

1)GAP 与 PEG 共混。李平等人采用 N100 单元固化剂,制备了 GAP/PEG 共混胶片。PEG 质量分数为 7% 时,胶片强度从 0.51 MPa 提高至 0.88 MPa,伸长率从 72% 提高至 90%。说明 GAP 与分子链规整的 PEG 组合使用,具有提高推进剂强度和伸长率的作用。

Byoung Sun Min 选用分子链极性与 GAP 相近的 PEG、聚己内酯(PCL),以 IPDI 和缩二脲多异氰酸酯(N100)为固化剂进行共混固化。图 3-50 所示结果表明,共混后推进剂的最大拉伸强度和断裂伸长率都随柔性链分子含量的增加而增加,且 IPDI 与 N100 同时使用比单独使用 N100 获得的力学性能更好。

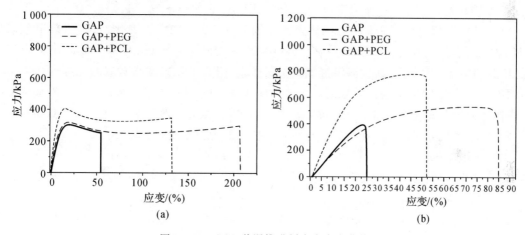

图 3-50　GAP 共混推进剂应力应变曲线
(a)固化剂 N100,无中性键合剂 NPBA；　(b)固化剂质量比(N100,IPDI)=2/1,含 NPBA

2)PET 与 GAP 共混。李平等人研究发现,GAP/PTE 共聚体系具有纯 GAP 和纯 PET 无法比拟的优越性能(拉伸强度显著提高,延伸率较高),尤其当二者质量比相近时,抗拉强度(σ_m)和断裂伸长率(ε_b)均达到最大,即 $\sigma_m=1.06$ MPa,$\varepsilon_b=139\%$。

经 DSC 和 DMA 分析发现,GAP/PET 共聚体系只存在一个玻璃化转变区,说明共聚体系相容性良好。柔顺性差的 GAP 嵌段于柔顺性好的 PET 中,交联网络刚性相应减小,伸长率增大,体系的交联网络得到有效改善;大的侧基的密度也因此减小,形成分子间氢键的空间位阻降低,强度大大提高。

由于 PET 的加入会降低体系的能量性能,邓竞科[20]研究了 PET 的添加质量分数(30% 以下)对 GAP 黏合剂体系力学性能的影响。PET 的加入能明显提高 GAP 黏合剂体系的力学性能,使弹性体的最大拉伸强度和断裂延伸率同时提高。随 PET 添加质量分数从 0 增加至 30%,弹性体的交联密度逐渐增加,交联点间平均相对分子质量逐渐减小,有效改善了 GAP

黏合剂体系交联网络结构的完整性,弹性体的网络结构校正因子从-0.038增加至0.256,最大拉伸强度从0.662 MPa增加至0.986 MPa,伸长率从212.4%增加至296.1%。

3)HTPB与GAP共混。Suresh Mathew等人选用相对分子质量为1 900~2 000的GAP与相对分子质量为4 500的HTPB进行化学共混,探讨了MDCI(4,4′-二异氰酸酯二环己基甲烷)、TDI(甲苯二异氰酸酯)、IPDI(异佛尔酮二异氰酸酯)3种固化剂对HTPB/GAP共混体系力学性能的影响,发现当其他条件相同而固化剂不同时,共混体系力学性能从好到差依次为MDCI>IPDI>TDI,说明相比于芳香族异氰酸酯,脂肪族异氰酸酯更有利于HTPB/GAP体系的力学性能提升。

王旭朋、倪冰等人采用相对分子质量约为3 000的GAP与HTPB化学共混,以改善纯GAP黏合剂的力学性能。GAP的分子是极性的,HTPB的分子是非极性的,同时两者的密度也存在着较大的差距,因此,这两种组分简单混合时很容易发生相分离,长时间放置甚至会出现分层的现象。通过搅拌和调整固化工艺条件,使交联反应速度大于相分离速度,能够使GAP与HTPB本不相容的两相产生反应增容,在-60.2℃出现单一的玻璃化转变温度,GAP与HTPB质量比为1∶1时,常温抗拉强度达到3.833 MPa,断裂伸长率可达593%。而GAP与N100固化所得胶片的抗拉强度仅为0.467 MPa,断裂伸长率为141%。

刘晶如以HTPB、PET以及GAP为黏合剂,以N100、IPDI为固化剂,以三羟甲基丙烷(TMP)为交联剂,制备了PETS/PETL/N100、GAP/PETL/N100、GAP/PET/IPDI/TMP、GAP/HTPB/IPDI/TMP四种双模聚氨酯交联体系,研究了双模网络对聚氨酯弹性体力学性能的影响。结果表明,双模体系较之于短链单模体系,力学性能有了较大的改善。双模聚氨酯交联体系力学性能的提高主要是非仿射变形的结果,非仿射变形程度主要取决于交联点之间的氢键数。单组分固化反应速率的差异对双模体系的力学性能影响较大。

4)GAP与BAMO/THF的共混。李平等人研究发现,GAP与BAMO/THF共聚体系较纯GAP体系力学性能大大提高,当两者质量比为1∶1时,拉伸强度强达到最大,甚至高过纯BAMO/THF体系。分析认为,BAMO与GAP结构相似,在弹性体中这种有序性强、对称性好的聚醚结构存在,使氨基甲酸酯基团上的H与其他链段上的氨基甲酸酯上的氧原子形成氢键的概率提高,缔合氢键的存在大幅度提高了弹性体强度。同时认为,GAP与BAMO/THF以共聚的形式存在,BAMO/THF以其对称性高的优势有效地改善了黏结剂主链,GAP以其非对称结构的特点打破了BAMO/THF的结晶趋势,两者综合作用得到了理想的网络结构。若将两者按1∶1的质量比复合使用,推进剂将获得较为理想的能量特性和力学性能。

在保证推进剂加工工艺性能和能量性能的前提下,刘晶如[21]选用BAMO/THF来改善GAP交联网络结构。当固化参数为1.3,GAP与BAMO/THF质量比为3∶1时,以1,4-丁二醇(BDO)为扩链剂、IPDI/N100为固化剂,胶片的抗拉强度达到1.03 MPa,断裂伸长率达到505.3%,而纯GAP体系的抗拉强度仅为0.55 MPa,断裂伸长率为102.1%,结果见表3-32和表3-33。

表3-32　固化剂类型对弹性体力学性能的影响

固化剂	抗拉强度 σ_m/MPa	断裂伸长率 ε_b/(%)
N100	0.826 29	157.264
$m(TDI)/m(N100)=1$	0.519 32	557.049

续表

固化剂	抗拉强度 σ_m/MPa	断裂伸长率 ε_b/(%)
$m(IPDI)/m(N-100)=1$	0.303 59	613.157
$m(HDI)/m(N-100)=1$	0.372 05	568.697

表 3 - 33　扩链剂 BDO 用量对弹性体力学性能的影响

扩链系数	拉伸强度 σ_m/MPa	断裂伸长率 ε_b/(%)
0.2	0.429 58	482.075
0.4	0.697 19	561.430
0.6	0.824 53	518.372
0.8	0.961 64	527.951
1.0	1.031 84	505.338

（2）配方调节。吴芳等人采用多种技术手段进行了提高 GAP 基推进剂力学性能的研究。通过混合工艺优化、双元固化、不同官能度 GAP 组合使用、力学性能助剂等手段，CL-20/GAP 推进剂的常温强度从 0.69 MPa 提高至 1 MPa，常温断裂伸长率从 40％提高至 100％，高温断裂伸长率从 27.7％提高至 70％。

（3）聚三唑推进剂。点击化学是 2001 年诺贝尔化学奖获得者 Sharpless 提出的一种快速合成大量化合物的新方法，主旨是通过小单元的拼接来快速、可靠地完成形形色色分子的化学合成。其中，不饱和键和叠氮基的 Huisgen 环加成反应是点击化学中应用最为成功的反应。这类反应具有条件温和、对水分不敏感、副反应少、毒性低等特点，且反应生成的三唑环具有较高的生成焓，燃烧时释放出清洁的氮气，因此，利用此法构筑适用于固体推进剂配方体系的含能聚三唑弹性体也是其重要的应用。

聚三唑弹性体作为固体推进剂黏合剂的应用研究，大致分为基于 GAP 黏合剂的三唑固化体系研究和基于聚醚或聚酯黏合剂分子的末端点击化学反应研究两方面。GAP 具有能量高、密度大等优点，在燃气发生剂、火炸药和推进剂领域展现出了良好的应用前景，使得近年来基于 GAP 的炔基固化技术得到了大量的研究。德国、印度、韩国等陆续开展了基于 GAP 黏合剂的炔基固化体系研究。德国 ICT 的 Keicher 等人以叠氮 GAP 为黏合剂，以丁二酸二丙炔醇酯（BPS）、3,6,9-三氧杂十一烷二酸丙炔醇酯（BP-Tounds）为固化剂，制备了聚三唑交联弹性体，并对弹性体的力学性能进行了深入研究，结果发现由于三唑环的刚性结构，以及固化网络结构的缺陷，弹性体的力学性能较差。瑞典 FOI、德国 ICT 的研究人员相继制备了基于三唑交联弹性体的 GAP/ADN 推进剂，并对推进剂的力学、燃烧及老化行为进行了详细研究。挪威 FEI 的 Hagen 等人研究发现基于 GAP 黏合剂的聚三唑弹性体比聚氨酯弹性体具有更高的玻璃化转变温度。Landsem 等人采用自制的双酚 A 二丙炔醚（BABE）为固化剂，制备了含能增塑的 GAP 微烟推进剂，该固化体系推进剂的力学性能较 N100 固化体系的力学性能差。采用 IPDI/BABE 的双固化体系，模量和拉伸强度均有所提高，但断裂伸长率有所降低。

Min 等人研究了基于 GAP 的聚氨酯交联和三唑交联的双固化体系，其中炔基固化剂为

BPS 或 1,4-双(1-羟基丙炔基)苯(BHPB)。研究发现,在双固化体系胶片具有令人满意的抗拉强度的同时,断裂伸长率也可大幅提高。同时,Min 等人对比研究了不同固化体系下 GAP推进剂的力学性能,发现聚氨酯交联和三唑交联双元固化体系推进剂具有较好的力学性能。Reshmi 等人利用 DSC 法研究了 GAP 和 BPS 的固化反应动力学,并分别用 Ozawa 法和Kissinger 法获得了固化反应活化能和指前因子。Reshmi 以端炔基改性聚四氢呋喃二醇(PTMO)为固化剂,制备了适用绿色燃气发生剂的 GAP 聚三唑体系,结果表明聚醚三唑体系表现出较好的加工性、良好的力学和内弹道性能。Sonawane 等人利用量子化学密度泛函理论,模拟了 GAP 和 5 种炔基固化剂的反应行为,结果表明炔基固化剂在取代传统异氰酸酯固化剂方面表现出一定潜力。武汉理工大学的黄进等人分别制备了含炔基固化剂 2,2-二炔丙基马来酸二甲酯(DDPM)和端炔基聚丁二烯(PTPB),采用氯化亚铜催化,室温下两者即可与GAP 反应得到交联弹性体。DDPM 为 GAP 的固化剂,固化网络交联密度在一定范围内可调,具有优异的力学性能,满足推进剂使用要求。

3.7.1.4 工艺性能

1. GAP 相对分子质量对 GAP 黏合剂流变特性的影响

尹必文等人采用高级扩展流变仪,研究了三种不同数均分子量的两官能度 GAP 黏合剂的稳态和动态流变性能。稳态测试时剪切速率范围为 $0.01\sim10\ \text{s}^{-1}$,结果如图 3-51 所示;动态测试时角频率范围为 $0.1\sim100\ \text{rad/s}$,对测试结果中模量和角频率取对数后,结果如图3-52所示。

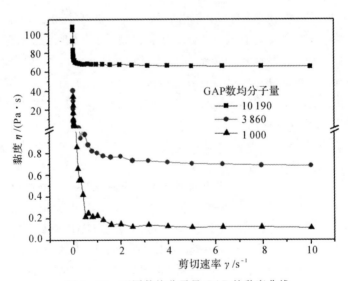

图 3-51　不同数均分子量 GAP 的黏度曲线

不同数均分子量的 GAP 黏度均随剪切速率的增大迅速下降,在较宽的剪切速率范围内黏度变化不大,呈牛顿流体行为,说明数均分子量变化不会影响 GAP 黏度与剪切速率间的变化规律。低数均分子量 GAP 黏度均较小,当数均分子量增大至约 10 000 时,黏度急剧增高,说明 GAP 的数均分子量对本体黏度影响较大。

不同数均分子量 GAP 储能模量(G')、损耗模量(G'')与角频率(ω)基本呈线性关系,在动

态测试过程中的小幅动态剪切作用下,GAP 结构变化较小;GAP 损耗模量比储能模量大 1～2
个数量级,而数均分子量越高,GAP 的储能模量和损耗模量越大。这说明 GAP 黏合剂弹性较
小,而黏性较大,主要表现为黏性。GAP 数均分子量越大,黏合剂体系工艺性能越差。

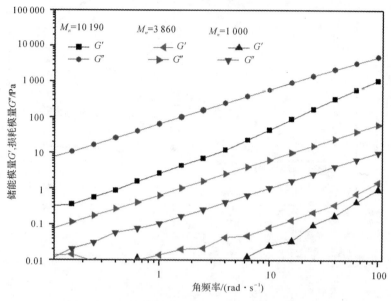

图 3-52 不同数均分子量 GAP 黏合剂动态频谱图

2. 填料含量对悬浮体系流变性能的影响

以粒度为 200 目的 HMX 作为填料,研究 HMX 含量(30%～70%)对悬浮体系流变性能
的影响。不同 HMX 含量下剪切速率对推进剂黏度的影响如图 3-53 所示,触变曲线如图
3-54所示。

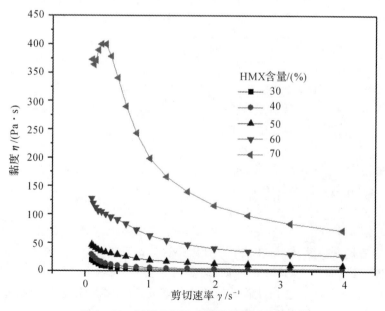

图 3-53 不同 HMX 含量悬浮体系黏度曲线

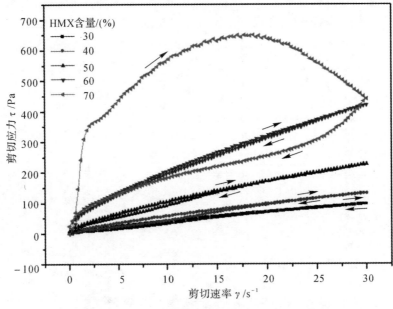

图 3 - 54 HMX 含量对悬浮体系触变曲线的影响

利用幂率方程 $\tau = K\gamma^n$ 对不同含量 HMX 填充体系剪切应力曲线进行拟合,获得其剪切速率指数 n 在不同剪切速率范围内的变化,结果见表 3 - 34。剪切速率可看作药浆结构变化程度的度量:剪切速率指数越接近 1,药浆结构越稳定;剪切速率指数偏离 1 越大,药浆结构变化越大。

表 3 - 34　不同 HMX 含量悬浮体系剪切速率指数

HMX 含量 %	剪切速率范围 0.1～1 s^{-1}		剪切速率范围 1～4 s^{-1}	
	剪切速率指数 n	相关性系数 R^2	剪切速率指数 n	相关性系数 R^2
30	0.244	0.968	0.669	0.996
40	0.340	0.998	0.629	0.991
50	0.649	0.993	0.536	0.995
60	0.730	0.991	0.391	0.996
70	0.855	0.979	0.251	0.980

在剪切速率范围 0.1～1 s^{-1} 下,HMX 含量从 30% 增加到 70%,剪切速率指数由 0.244 逐渐增加到 0.855;但在剪切速率范围 1～4 s^{-1} 下,剪切速率指数由 0.669 逐渐减小至 0.251。

当 HMX 含量小于 50% 时,悬浮体系内黏合剂作为连续基体,能够充分地浸润填料,受剪切时颗粒间的碰撞概率较小,HMX 颗粒可以均匀分散在黏合剂分子链间。随着 HMX 含量的增加,HMX 颗粒间距逐渐减小,颗粒间碰撞摩擦耗能逐渐增多,悬浮体系黏度逐渐增加,流变性能变差。HMX 含量越大,HMX 颗粒间堆积越紧密,悬浮体系结构越稳定,在较低剪切速率范围内,剪切速率指数越接近 1;随着剪切速率的增大,堆积结构被破坏越明显,因而剪切速率指数偏离 1 越明显,悬浮体系流变越差。

当 HMX 含量大于 50％时,悬浮体系内黏合剂体系体积分数较低,HMX 颗粒间距较小,流动过程中 HMX 颗粒间的相互碰撞、摩擦概率显著增加。当 HMX 含量达到 70％时,HMX 颗粒在悬浮体系中形成大范围的聚集结构,导致悬浮体系黏度急剧增大,同时形成较大的触变环,如图 3－54 所示。因此,在 HMX 含量大于 50％后,黏合剂体系可看作是 HMX 颗粒间的润滑剂,悬浮体系流变性能的主要影响因素为 HMX 颗粒间的堆积结构。

3. GAP 与不同品种固化剂固化速率的比较

在使用不同异氰酸酯固化剂固化端羟基 GAP 黏合剂的过程中,发生的主要反应是—NCO基团与—OH 基团反应,形成聚氨酯。由于不同固化剂中—NCO 基团所处的化学环境不同,异氰酸酯的结构将影响—NCO 的反应活性,最终将影响推进剂的制备工艺和力学性能。

固化剂中的—NCO 基团含有高度不饱和键,化学性质非常活泼,一般认为—NCO 的电荷分布如下:

$$\overset{\ominus}{\underset{\cdot\cdot}{N}}-\overset{\oplus}{C}=\overset{\cdot\cdot}{\underset{\cdot\cdot}{O}} \longleftrightarrow -\overset{\cdot\cdot}{N}=C=\overset{\cdot\cdot}{\underset{\cdot\cdot}{O}} \longleftrightarrow -\overset{\cdot\cdot}{N}=\overset{\oplus}{C}-\overset{\ominus}{\underset{\cdot\cdot}{O}}$$

由于氧和氮原子上电子云密度较大,电负性较大,而氧原子电负性最大,是亲核中心,所以可吸引含活泼氢化合物分子上的氢原子反应生成羟基。不饱和碳原子上的羟基不稳定,会重排成为氨基甲酸酯(反应物为醇)。碳原子电子云密度低,呈较强的正电性,为亲电中心,易受到亲核试剂的进攻。异氰酸酯与活泼氢化合物的反应就是由活泼氢化合物中的亲核中心进攻—NCO 基团的碳原子而引起的。反应机理如下:

$$\underset{H^+-R_1^-}{R-N-\overset{\curvearrowleft}{C}=O} \longrightarrow |R-N=\underset{R_1}{C}-OH| \longrightarrow R-\overset{H}{\underset{}{N}}-\overset{O}{\underset{}{C}}-R_1$$

连接—NCO 基团 R 基的电负性影响异氰酸酯的反应活性,称这种现象为诱导效应。若 R 为吸电子基团,将使得共轭体系中 C 原子具有较强的正电性,进而使得反应活性增加;反之,则反应活性降低。同时,—NCO 基团还受到相邻基团的位阻效应的影响。

使用 FTIR－ATR 技术跟踪测定了 GAP 固化体系中不同固化剂的—NCO 基团的变化情况,可通过分析—NCO 基团的相对浓度变化来比较不同异氰酸酯的反应活性。几种异氰酸酯类固化剂的结构如图 3－55 所示。

按 NCO 与 OH 摩尔比为 1∶1 称量样品,分别配制 GAP/XDI,GAP/TDI,GAP/HDI,GAP/N100,GAP/IPDI 五组样品。以开始时不同体系中—NCO 基团的峰高为基准,t 时刻—NCO 基团相对峰高为—NCO 基团的相对浓度,用—NCO 基团的相对浓度随时间变化可以表征异氰酸酯的反应活性。—NCO 基团的相对浓度随时间变化曲线如图 3－56 所示。

由不同固化剂与 GAP 固化反应过程中—NCO 基团相对浓度的变化情况可以看出,GAP 与不同固化剂的反应活性顺序为:XDI＞TDI＞HDI＞N100＞IPDI。

m－XDI 体系中—NCO 基团的消耗速率最快,与时间呈线性关系。反应前期—NCO 基团的消耗速率低于 TDI,可能是 XDI 中的—NCO 基团连接在亚甲基上,诱导效应不如直接连在苯环上的 TDI 诱导效应强,进而前期 XDI 的反应速率没有 TDI 的快。但由于 TDI 分子中

有 2,4 - TDI 和 2,6 - TDI 两种异构体结构,TDI 甲基对位的—NCO 基团(2,6)比邻位的
—NCO基团(2,4)的反应活性大,随着反应的进行,邻近基团形成的氨基甲酸酯结构的位阻效
应使得未反应的—NCO 基团活性变低。而 XDI 为对称结构,反应活性保持不变,使得后期
TDI 的反应活性相对 XDI 变慢。

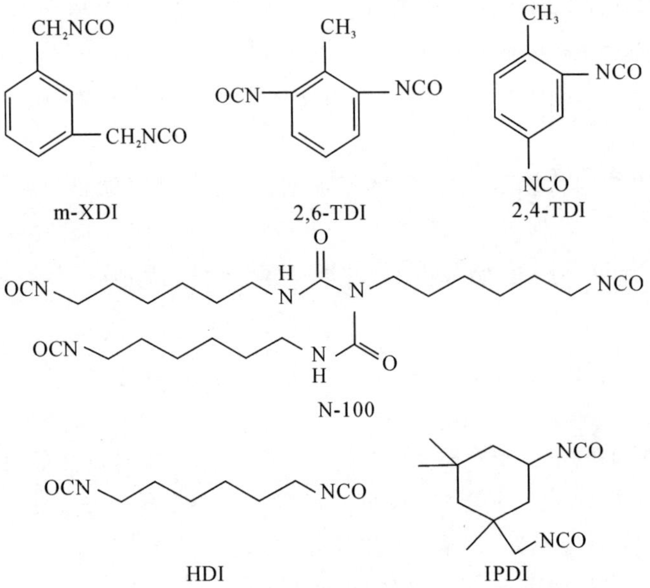

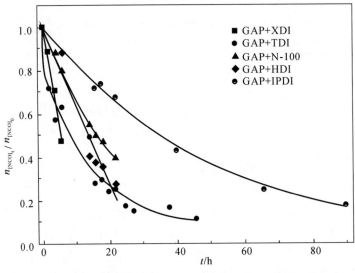

图 3 - 55　几种异氰酸酯固化剂的结构

图 3 - 56　不同固化体系—NCO 相对浓度随时间的变化

HDI 与 N100 都是脂肪族异氰酸酯,反应活性较 TDI 低。前期两者的—NCO 基团消耗
速率相近,但随着反应进行,N100 体系比 HDI 体系中—NCO 消耗速率小。这可能是因为
N100 为多异氰酸酯,反应进行一定时间后,形成的支化交联网络结构使体系黏度增加,反应
位阻效应增加,阻碍了—NCO 基团与—OH 基团的有效碰撞。

IPDI 体系中—NCO 基团的消耗速率最慢。主要原因是 IPDI 分子中—NCO 基团受到供电子基团六元环的影响,使得其碳原子的电正性降低,进而使得该体系中—NCO 基团的反应活性降低。

3.7.1.5　安全性能

1.简单体系的机械感度

将 GAP 黏合剂与推进剂常用组分混合,通过测试混合物的机械感度来研究推进剂常用组分对 GAP 安全性能的影响规律,并初步预测使用该组分的推进剂的安全性能。

(1)GAP 与推进剂常用液体组分混合物的机械感度。

按比例称量一定量的 GAP 和推进剂常用的液体组分至圆底烧瓶中,在真空状态下使用旋转蒸发仪混合均匀,按照试验规程取样,测试混合物的冲击感度和摩擦感度,结果见表3-35。

表 3-35　GAP 与推进剂常用液体组分混合物的机械感度

组分配比	撞击感度 I_{50}/J	摩擦感度(90°)/(%)
GAP	>49	0
$m(GAP)/m(A_3)=1:1$	>49	0
$m(GAP)/m(DBP)=1:1$	>49	0
$m(GAP)/m(TGC)=1:1$	>49	0
$m(GAP)/m(TEGDN)=1:1$	>49	0
$m(GAP)/m(NG)/m(TEGDN)=2:1:1$	>49	0
$m(GAP)/m(NG)/m(BTTN)=2:1:1$	>49	0
$m(GAP)/m(TEGDN)/m(TGC)=2:1:1$	>49	0

GAP 黏合剂自身的机械感度较低,与推进剂常用液体组分(含能增塑剂)混合后,机械感度基本不变。因此,将推进剂常用含能增塑剂液体组分作为 GAP 推进剂的增塑剂时,能满足推进剂常规使用的安全性能。

(2)GAP 黏合剂体系与推进剂常用固体组分混合物的机械感度。

按比例称量一定量的 GAP(或 GAP+增塑剂)和推进剂常用的固体组分,手工混合均匀后按照试验规程取样,测试混合物的冲击感度和摩擦感度,测试结果见表3-36。

表 3-36　GAP 与推进剂常用固体组分混合物的机械感度

组分配比	撞击感度 I_{50}/J	摩擦感度(66°)/(%)
$m(GAP)/m(HMX)=2:3$	42.8	36
$m(GAP)/m(AP)=2:3$	11.3	96
$m(GAP)/m(NG)/m(BTTN)/m(ADN)=2:1:1:6$	27.5	72
$m(GAP)/m(NG)/m(BTTN)/m(HMX)=2:1:1:6$	24.0	64
$m(GAP)/m(TEGDN)/m(TGC)/m(AN)=2:1:1:6$	>49	0

续表

组分配比	撞击感度 I_{50}/J	摩擦感度(66°)/(%)
$m(GAP)/m(TEGDN)/m(TGC)/m(RDX)=2:1:1:6$	39.9	20
$m(GAP)/m(TEGDN)/m(TGC)/m(AP)=2:1:1:6$	12.0	100
$m(GAP)/m(TEGDN)/m(TGC)/m(RDX)/m(AP)=2:1:1:3:3$	13.8	96
$m(GAP)/m(Al)/m(AN)/m(RDX)/m(AP)=8:3:3:3:3$	11.7	100

GAP 与推进剂常用固体组分(除 AP 外)混合后感度不高,可以预计不含 AP 的 GAP 推进剂是比较安全的。加入 AP 后,混合物机械感度大幅度上升,说明 AP 是影响推进剂感度的重要因素。

2.危险等级评估

根据 Q/GT 208—2001《复合固体推进剂成品药危险等级评定测试方法》规定,复合固体推进剂成品药危险等级评估共包括五项试验,即热稳定性试验、落锤撞击试验、点火和开放燃烧试验、雷管引爆试验以及卡片间隙试验。目前常用推进剂品种的危险等级评定结果见表3-37。

表 3-37　几种推进剂危险等级评定结果

推进剂种类	热稳定性试验	落锤撞击试验	点火和开放燃烧试验	雷管引爆试验	卡片间隙试验	危险等级
HTPB	通过	无爆发	无爆轰	无爆炸	通过	1.3
DB	通过	无爆发	无爆轰	无爆炸	通过	1.3
25%HMX,HTPB	通过	无爆发	无爆轰	无爆炸	未通过	1.1
25% HMX,XLDB	通过	无爆发	无爆轰	无爆炸	未通过	1.1
25%HMX,GAP	通过	无爆发	无爆轰	无爆炸	未通过	1.1
40% HMX,NEPE	通过	无爆发	无爆轰	爆炸	未通过	1.1

由表 3-37 可见,HTPB 和 DB 推进剂通过全部 5 项试验,危险等级为 1.3 级。加入 25% HMX 后,HTPB、XLDB 和 GAP 推进剂均未通过卡片间隙试验;当 HMX 含量大于 40% 时,NEPE 推进剂甚至不能通过雷管引爆试验。由此可见,危险等级评定实验中的卡片间隙试验是关键项。

由于高能物质的结构决定了其能量储存及释放方式,因此配方中使用的 HMX 和硝酸酯增塑剂是影响推进剂危险等级的主要因素。

3.7.2　改性 HTPB 推进剂

HTPB 是一种具有活性端羟基的液体橡胶,是目前应用最为广泛的黏合剂品种,也是复合固体推进剂和 PBX 炸药的首选黏合剂。但是,HTPB 的能量密度低,与含能增塑剂相容性差,导致推进剂的能量性能偏低,因此以英国为代表的国家开始寻求 HTPB 的结构改性,以弥补其在能量方面的劣势。在 HTPB 结构含能化改性方面,研究重点主要集中在叠氮、硝基或硝酸酯类含能基团的结构改性(在此不考虑嵌段共聚改性)上。

3.7.2.1　硝酸酯基 HTPB 的应用

NHTPB 是液态的聚合物,分子中既含有端羟基又含有含能的硝酸酯基,用不同的异氰酸酯(如 MDI,IPDI)固化,能得到弹性很好的聚氨酯。NHTPB 较 HTPB 的主要优点是它能与大多数含能增塑剂(如 NG、DEGDN、TEGDN、MTN、K10、BDNPA/F)互溶,形成均质混合物,因而能增强配方的能量密度和低温性能。

有研究发现,10%的双键转化成硝酸酯基团的 NHTPB,其能量和力学综合性能最佳。在相同固体含量下,NHTPB 推进剂的标准比冲比 HTPB 高 2%。以 Bu NENA 为增塑剂,可改善 NHTPB 推进剂的低温性能,相关的热稳定性和危险性试验结果也令人满意。

Abdullah 以硝酸酯基含量 10%的 NHTPB 和 HTPB 为黏合剂,分别制备了固体含量 87%的推进剂。NHTPB 的基本性质见表 3-38,推进剂的基本组成见表 3-39。

表 3-38　NHTPB 的基本性质

性质	HTPB	NHTPB
$\overline{M}_n$	2 800	2 600
室温黏度(27℃)/cP	2 300	3 800
官能度	2.3	3.2
密度/(g·cm^{-3})	0.901	1.195

表 3-39　NHTPB 推进剂的基本组成

推进剂种类	质量比						
	DOA+AO2246	Bu NENA+MNA	HX-752	Al	细 AP	粗 AP	IPDI
NHTPB-1	1+0.17	—	0.2	19	20.4	47.6	0.6
NHTPB-2	0+0.15	3+0.1	0.2	19	20.4	47.6	0.55
HTPB	1+0.16	—	0.3	19	20.4	47.6	0.65

NHTPB 推进剂的摩擦感度和冲击感度略高于 HTPB 推进剂,密度、燃速和压强指数均高于 HTPB 推进剂,以 NENA 为增塑剂的 NHTPB 推进剂强度与 HTPB 相当,断裂伸长率略低于 HTPB,具体测试结果见表 3-40 和表 3-41。

表 3-40　推进剂力学性能测试结果

推进剂种类	T_g/℃	密度 g/cm^3	25℃, 拉伸速度 50 mm/s			40℃, 拉伸速度 50 mm/s			−40℃, 拉伸速度 50 mm/s		
			σ_m/MPa	ε_m/%	E/MPa	σ_m/MPa	ε_m/%	E/MPa	σ_m/MPa	ε_m/%	E/MPa
NHTPB-1	−48	1.88	0.81	38	3.1	0.66	40	2.2	2.53	25	5.6
NHTPB-2	−52	1.89	0.74	45	2.8	0.61	51	1.8	2.2	41	4.6
HTPB	−67	1.78	0.71	68	3.1	0.65	60	2.0	2.7	53	5.2

表 3-41　推进剂燃烧性能测试结果

推进剂种类	燃速/(mm·s⁻¹)				压强指数 n
	压强 2 MPa	压强 4 MPa	压强 7 MPa	压强 9 MPa	
NHTPB-1	4.3	5.5	7.1	9.1	0.47
NHTPB-2	4.9	6.2	8.6	10.8	0.51
HTPB	4.2	5.1	6.8	8.3	0.44

3.7.2.2　硝基 HTPB 的应用

Abusaidi 等人对比、研究了 Nitro-HTPB 和 HTPB 推进剂的力学、燃烧和安全等性能。Nitro-HTPB 黏合剂的基本性能和推进剂的基本组成分别见表 3-42 和表 3-43。

表 3-42　Nitro-HTPB 和 HTPB 物理性能对比

性质	HTPB	Nitro-HTPB
$\overline{M}_n$(GPC)	2 586	3 130
T_g/℃	−73	−64
羟值/(mgKOH·g⁻¹)	44.7	33.1
官能度	2.22	1.84
密度/(g·cm⁻³)	0.930	1.251

表 3-43　Nitro-HTPB 和 HTPB 推进剂基本组成

推进剂种类	质量比/(%)							
	聚合物	DOA	Bu NENA+MNA	MAPO	Al	细 AP	粗 AP	TDI
HTPB	11.09	1	—	0.25	17	21.7	48.3	0.65
NIH-1	9.09	—	3+0.15	0.15	17	21.7	48.3	0.60
NIH-2	12.19	—	—	0.15	17	21.7	48.3	0.65

7 MPa 下 Nitro-HTPB 推进剂的燃速比 HTPB 高出 45%，压强指数为 0.51。采用 Bu-NENA 或 DOA 为增塑剂的 Nitro-HTPB 推进剂，常温和高低温性能与 HTPB 基本相当，且具有更高的密度，但玻璃化转变温度要高于 HTPB；安全性能方面，Nitro-HTPB 推进剂的摩擦和冲击感度要高于 HTPB。推进剂的燃烧、力学（抗拉强度 σ_m、断裂伸长率 ε_m，弹性模量 E）和安全性能分别见表 3-44～表 3-46。

表 3-44　推进剂的燃烧性能

推进剂种类	燃速/(mm·s⁻¹)				压强指数 n
	压强 2 MPa	压强 4 MPa	压强 7 MPa	压强 9 MPa	
NIH-1	5.52	7.86	10.46	11.89	0.51
HTPB	4.2	5.66	7.2	8.32	0.43

表 3-45　推进剂的力学性能

推进剂种类	$\dfrac{T_g}{℃}$	密度 g/cm³	25℃,拉速 50 mm/s			40℃,拉速 50 mm/s			−40℃,拉速 50 mm/s		
			$\dfrac{\sigma_m}{MPa}$	$\dfrac{\varepsilon_m}{\%}$	$\dfrac{E}{MPa}$	$\dfrac{\sigma_m}{MPa}$	$\dfrac{\varepsilon_m}{\%}$	$\dfrac{E}{MPa}$	$\dfrac{\sigma_m}{MPa}$	$\dfrac{\varepsilon_m}{\%}$	$\dfrac{E}{MPa}$
NIH-1	−58	1.90	0.60	78	2.6	0.49	69	1.7	1.98	59	4.1
NIH-2	−54	1.92	0.67	71	2.9	0.55	63	1.8	2.32	52	4.9
HTPB	−66	1.79	0.69	84	3.0	0.62	66	1.9	2.61	55	5.1

表 3-46　推进剂的安全性能

	HTPB	NIH-1	NIH-2
冲击感度/(N·m)	13.1	11.2	11.6
摩擦感度/N	98	87	90

Abdullah 以商品化的 HTPB(R45)为原料,合成了 HTPB-DNCB 改性黏合剂,其数均分子量为 3 500,密度为 1.2 g/cm³,并具有较低的黏度。Abdullah 以 HTPB-DNCB 为黏合剂,制备了以 TPB 为催化剂、AP 和 Al 为填料(固含量为 86%)、IPDI 为固化剂的复合固体推进剂,并研究了推进剂的力学和燃烧性能。HTPB-DNCB 和 HTPB 推进剂的燃速-压力曲线如图 3-57 所示,力学性能见表 3-47。

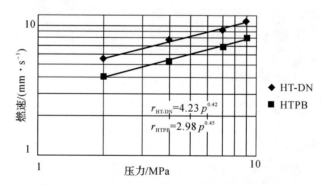

图 3-57　HTPB-DNCB 和 HTPB 的燃速-压力曲线

表 3-47　HTPB-DNCB 推进剂的力学性能

25℃,拉伸速度 50 mm/s			40℃,拉伸速度 50 mm/s			−40℃,拉伸速度 50 mm/s		
$\dfrac{\sigma_m}{MPa}$	$\dfrac{\varepsilon_m}{\%}$	$\dfrac{E}{MPa}$	$\dfrac{\upsilon_m}{MPa}$	$\dfrac{\varepsilon_m}{\%}$	$\dfrac{E}{MPa}$	$\dfrac{\sigma_m}{MPa}$	$\dfrac{\varepsilon_m}{\%}$	$\dfrac{E}{MPa}$
0.7	65	2.5	0.58	70	2.0	0.85	45	3.5

HTPB-DNCB 推进剂的燃速比 HTPB 高 35%,压强指数为 0.42,低于 HTPB 的 0.45,而且推进剂的力学性能优良。

3.7.3 硝酸酯黏合剂的应用

PGN 可用于高能、少烟洁净等类型推进剂中。美国以官能度接近或大于 2,羟基当量为 1 200~1 700、环状低聚物含量 2%~5% 的 PGN 为黏合剂,以 Al、Mg 或 B 的混合物为金属燃料,以 AN 或 RDX、HMX 或 CL - 20 为氧化剂,制备的推进剂固含量为 65%~75%,其能量水平与大型运载火箭用的 HTPB 推进剂相似。在 ADN/Al(59%、13%)推进剂配方中,PGN 与其他含能黏合剂配方的性能对比见表 3 - 48。

表 3 - 48　ADN/Al/含能黏合剂体系的推进剂性能对比

黏合剂/增塑剂	NMMO	NMMO/Bu NENA	BAMO - AMMO/GAP - P	GAP/GAP - P	PGN
密度/(g·cm^{-3})	1.667	1.665	1.659	1.667	1.737
比冲/(N·s·kg^{-1})	2 871	2 898	2 902	2 895	2 879
密度比冲/(s·g·cm^{-3})	488.36	492.36	491.27	492.44	510.29
燃温 T/℃	3 034	3 084	3 062	3 086	3 262

由表 3 - 48 可见,PGN 推进剂在比冲上并无优势,但是其较高的密度使得推进剂的密度比冲显著高于其他推进剂。研究人员还发现常规固化的 PGN 稳定性较差,存在脱固化(de - cure)问题,即 PGN 与常用异氰酸酯固化形成的聚氨酯,贮存一段时间后可降解成为流动的液体。Sanderson 等人合成了多官能度 PGN,并以芳基异氰酸酯 PAPI 反应固化,试样在 145℉ (62.8℃)下贮存 24 天,邵 A 硬度无明显下降,但以脂肪族异氰酸酯 N100/HMDI 固化时,同样贮存条件下邵 A 硬度大幅下降。王伟等人用 TDI、PAPI、N100 和 HMDI 等固化得到的 PGN 弹性体经 60℃贮存试验 60 d,邵 A 硬度无明显下降;贮存 90 d,所有固化试样无明显降解情况。由此可见,相对于均聚 PGN,PGN 的共聚物更利于 PGN 固化稳定性的提高。

3.7.4 含氟推进剂

3.7.4.1 氟碳黏合剂的应用

氟碳聚醚黏合剂是主链或侧链结构中含有—CF$_3$基团的聚合物,其具有化学稳定性好、密度大、低温性能较好等优点。1966 年美国某专利介绍的氟碳固体推进剂使用了主链含—CF$_3$基团的黏合剂,可根据需要将该氟碳黏合剂的反应基团设计成端羟基或羧基形式。

早在 20 世纪 70 年代,陈世武等人就合成出了含氟碳侧基的端羟基聚醚黏合剂预聚体 FCPE,并与上海有机所、湖北武汉长江化工厂合作研制了 FCPE - 1(见图 3 - 58)和 FCPE - 2 (见图 3 - 59),还小批量生产了 FCPE - 2。他们研究了 FCPE/AP/HMX/Al 配方产品的基本性能,计算理论比冲为 2 614 N·s/kg,密度为 1.869 g/cm^3。推进剂配方产品在直径 300 mm 的发动机中点火燃烧正常,测得燃速为 5~7 mm/s,压强指数小于 0.5,实测比冲为 2 376~ 2 430 N·s/kg。另外,FCPE/N$_2$H$_5$(NO$_2$)$_3$/AP/Al 配方产品 60℃贮存三个月后,力学性能和燃速基本不变。

合成的 FCPE - 2 数均分子量较低(约 2 000~3 000),且随相对分子质量的升高,官能度降低,以至固化情况不够好,力学性能较差,特别是低温力学性能较差。为了弄清阳离子开环聚合产物的组成、相对分子质量和官能度间的关系,提高 FCPE 的力学性能,研究人员对 FGE 与 THF 开环聚合的产物组成、相对分子质量和官能度之间的关系作了较深入的研究。

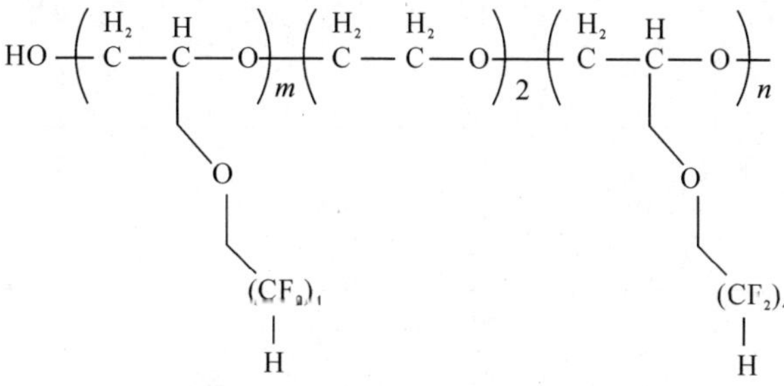

图 3 - 58　FCPE - 1 分子结构

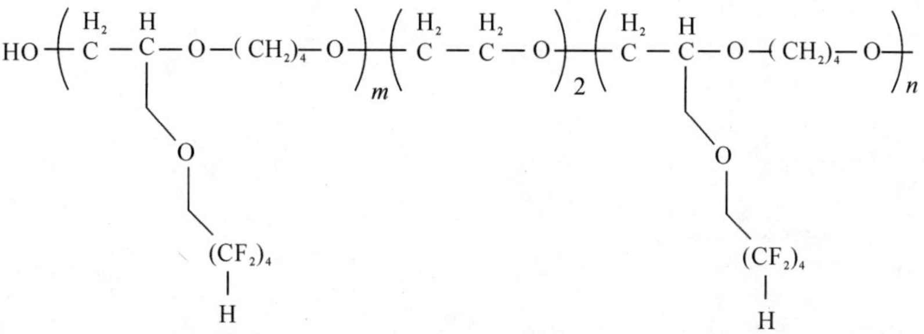

图 3 - 59　FCPE - 2 分子结构

研究发现,使用较高相对分子质量的 FCPE - 2 为黏合剂,配方为 FCPE - 2/AP/HMX/Al 的固体推进剂,其实际比冲接近 2 450 N·s/kg,密度比冲高于类似推进剂。FCPE 密度高、耐热和耐化学品性质优良,与推进剂高能组分相容,且具良好的力学性能。

3.7.4.2　氟氨黏合剂的应用

美国 20 世纪 60 年代后期开始了氟氨基黏合剂的研制,美国一些专利相继介绍了以二氟氨基氧杂环丁烷开环制备的聚合物(简称"NF - 1")、聚 1,2 -二乙烯基乙烯氧化物 N_2F_4 加成物(NF - 2)、聚二氟氨基醚醇(NF - 3)为黏合剂的氟氨推进剂。此黏合剂的分子结构如图 3 - 60 所示。

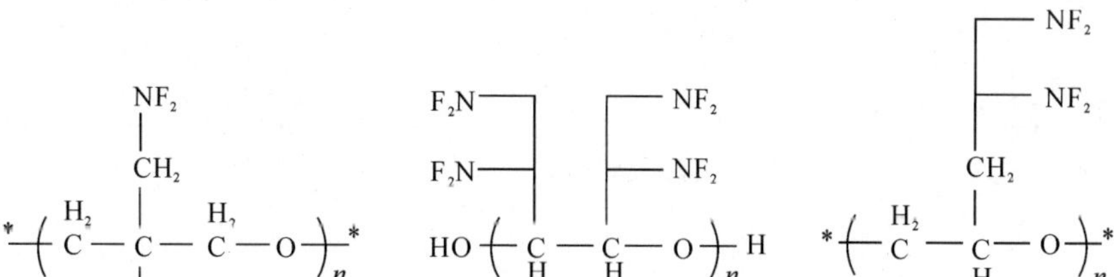

图 3 - 60　二氟氨基氧杂环丁烷开环聚合物结构

推进剂配方组成及性能见表 3 - 49。采用氟氨黏合剂的含硼推进剂,其标准理论比冲可达到 300 s。

表 3 - 49　氟氨推进剂配方组成及比冲

黏合剂种类及 质量分数	增塑剂种类及质量分数	氧化剂种类及 质量分数	燃料种类及 质量分数	理论比冲/s
NF - 1,20%	四(二氟氨基)丁烷,35%	AP,40%	B,5.0%	300
NF - 2,20%	四(二氟氨基)丁烷,50%	HNF,26.5%	B,3.5%	290
NF - 3,25%	四(二氟氨基)丁烷,35%	AP,40%	——	270

1970 年前后,美国空军火箭推进实验室合成了氟氨黏合剂 PCDE,其分子结构如图 3 - 61 所示。以 PCDE 为黏合剂、TMETN 为增塑剂,得到的推进剂的理论比冲可达到 273 s 以上,预估大型发动机的实测比冲在 260 s 以上,配方具体组成及理论计算结果见表 3 - 50。

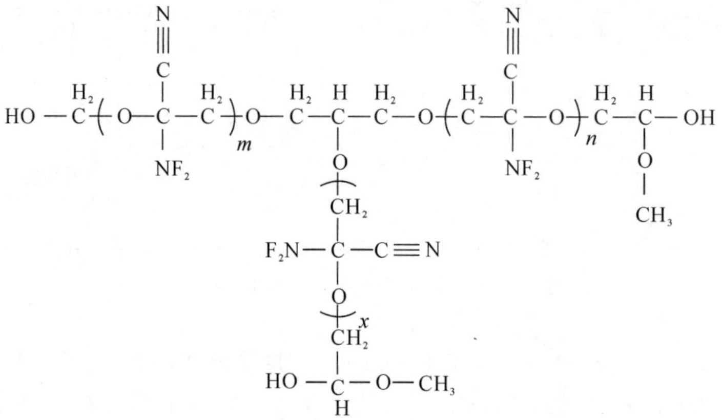

图 3 - 61　PCDE 的结构式

表 3 - 50　PCDE - TMETN 推进剂的能量性能

固含量	w_{Al}	$m(AP)/m(HMX)$	$m(TMETN)/m(PCDE)$	理论比冲 s	预估比冲 s	密度 g/cm^3
79%	20%	1/3	3	273.6	260.7	1.896
79%	18%	1/3	2	273.4	261.0	1.885
79%	18%	1/3	1	272.6	260.6	1.888
79%	18%	1/2	2	272.6	260.3	1.896
79%	18%	1/2	1	272.2	260.1	1.896

　　针对上述配方,美国空军火箭推进实验室进行了详细的试验研究,考查了不同组成配方的力学、燃烧、安全和老化性能,并以理论比冲 272.2 s 配方为试验配方,进行了 12 发小型发动机试车试验,评价了推进剂的内弹道性能。配方具体组成见表 3 - 51,试车结果见表 3 - 52。

表 3 - 51　试验推进剂配方具体组成

组分	质量分数/(%)
PCDE/TMETN	9.51/9.51
AP(180 μm)	20.5
HMX(5 μm/150 μm)	15/25.5
Al	18
IPDI	1.3
其他	0.68

表 3 - 52　小型发动机试车数据

基本性能	1 号发动机	2 号发动机
推进剂质量/g	149.12	150.92
点火前喉径/mm	9.652	9.144
点火后喉径/mm	9.525	9.093
平均压力/MPa	5.61	6.93
平均推力/N	569.6	658.6
燃速/(mm·s^{-1})	11.3	13.5
压强指数	0.53	0.53
理论比冲/s	271.2	271.2
实测比冲/s	242.1	244.4
比冲效率/(%)	89.26	90.11

　　老化试验结果表明:80℉[1]条件下暴露贮存 12 周,推进剂的力学、安全性能没有发生变化;110℉条件下,8 周后推进剂的模量略有提高,燃速降低,安全性能变化不大。另外,以 BDNPA/F 为增塑剂、AP 和 Al 为填料的 PCDE 推进剂理论比冲为 262~263 s,预估发动机的实测比冲在 250 s 以上。

　　上述氟氨聚合物的合成步骤烦琐,产品易爆有毒,危险性较大且产物收率低。另外,由于氟氨化合物氧化性较强,α - H 易与 F 发生消氢反应,导致其热稳定性差,限制了该产品的放大及应用。考虑到二氟氨基化合物的 α - H 易与 F 发生消氢反应,失去 HF 而形成腈,因此,设计出不含 α -原子,H$_2$F 基团与叔碳原子相连的偕二(二氟氨基)化合物,能够改善二氟氨基化合物的热稳定性和化学稳定性。

　　姜志荣合成了两种偕二(二氟氨基)聚醚黏合剂:4,4 -双二氟氨基戊醇缩水甘油均聚醚 BDFPGE 和 4,4 -双二氟氨基戊醇缩水甘油-四氢呋喃共聚醚。其分子结构如图 3 - 62 所示,理化性能见表 3 - 53。

---

[1]　1℉=32+1.8℃。

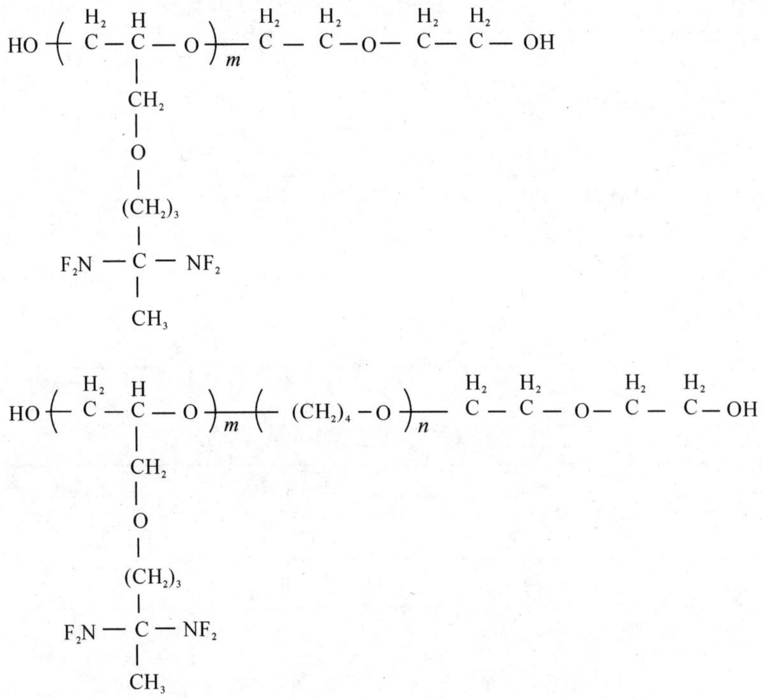

图 3 - 62　BDFPGE 和 BDFPGE - THF 共聚醚的结构

表 3 - 53　二氟氨基聚合物的理化性能

性质	BDFPGE	BDFPGE - THF
数均分子量(GPC)	4 000	4 000
平均官能度	2	≥1.6
密度/(g·cm⁻³)	1.365	1.275
热分解温度/℃	212	196
玻璃化转变温度/℃	-40	-55
黏度(25℃)/(Pa·s)	31.6	12.2
冲击感度/(kg·cm)	112.5	130
摩擦感度(2.94 MPa,87.5°)/(%)	4	0

以 BDFPGE - THF 为黏合剂、TDI 为固化剂制备的氟氨基推进剂中各组分含量为：
BDFPGE - THF 16%，AP 46%，Al 16%，HMX 20%。其 T_g 为 -61℃、密度为 1.80～
1.82 g/cm³，具有良好的力学性能。65 mm 发动机实测燃速为 9.53～11.6 mm/s，压强指数
为 0.39～0.43，实测标准比冲为 2 449 N·s/kg(250 s，6.86 MPa)。

崔瑞禧等人研究了以二氟氨基化合物［2,2-双(氟氨基)戊醇缩水甘油醚-四氢呋喃聚合
物］为黏合剂的浇注型 PBX 炸药。研究表明，二氟氨基化合物的安定性、相容性和热稳定性良
好，可以满足浇注 PBX 炸药的使用要求；与 HTPB 相比，其能量密度较高，有利于提高炸药的

爆热、爆速和能量密度水平。另外,他们还研究了以氟氨基化合物为黏合剂的含硼富燃料推进剂的燃烧性能,结果表明,氟氨基黏合剂能够提高推进剂的燃速,改善燃烧特性,但冲击感度和摩擦感度要比 HTPB 基含硼富燃料推进剂高。

美国国防研究 SBIR 项目合同中,提出发展新型的含氟固体火箭发动机,以满足发动机对推进剂高能量密度、长寿命(大于 20 年)、1.3 级钝感特性的要求,添加的含氟物质可以是氧化剂、增塑剂或黏合剂。第一阶段,设计合成实验室规模的含氟物质,完成应用性能表征及在推进剂中的应用研究;第二阶段,完成试验放大,产品纯度大于 97%,在固体推进剂中进行深入评价研究;第三阶段,以在战术、战略导弹中应用为目的,开展相应的工程研究。

表 3-54 中列出了不同黏合剂推进剂的理论比冲计算结果,结果显示含氟氮 NF 和氟氧基(OF)黏合剂的推进剂配方理论比冲可达到 3 000 N·s/kg 以上。

表 3-54　不同黏合剂推进剂的理论比冲

黏合剂	增塑剂	氧化剂	添加剂	燃料	比冲/(N·s·kg^{-1})	备注
HTPB	—	AP	—	Al	2 579	已应用
HTPB	—	ADN	—	Al	2 687	预研
PEG	NG	—	HMX	Al	2 687	已应用
PEG	NG	AP	HMX	Al	2 648	已应用
BN-7	BTTN	—	HMX	Al	2 716	预研
GAP	—	HNF	—	Al	3 322	预研
GAP	—	CL-20	—	Al	2 677	预研
PEG	BTTN	ADN	—	Al	2 716	成熟
PEG	BTTN	ADN	—	AlH$_3$	2 854	成熟
BN-7	BTTN	ADN	—	AlH$_3$	2 883	预研
BN-7	BTTN	ADN	—	Be	2 844	理论探索
NC	NG	AP	HMX/TAZ	Be	2 922	理论探索
BN-7	BTTN	ADN	—	AlH$_3$	>3 040	理论探索
BN-7	BTTN	—	HNFX	AlH$_3$	>3 040	理论探索
NF 黏合剂	—	—	—	AlH$_3$	>3 040	理论探索
OF 黏合剂	—	—	—	AlH$_3$	>3 040	理论探索

3.7.5　含能热塑性推进剂

热塑性推进剂是一种绿色推进剂品种,近年来因为成本和环境因素而备受关注。热塑性和热固性推进剂的本质区别主要体现在黏合剂及成型原理上,热塑性弹性体黏合剂从非含能向含能的发展,将热塑性弹性体推进剂的应用研究水平提升到了新的高度。

20 世纪 90 年代初,美国聚硫公司在氧杂环丁烷聚合物合成领域取得了重大突破,同时期大量的美国专利报道了含能 TPE 的合成方法和思路,重点是针对 BAMO 或 AMMO 等含有—N_3、—ONO_2含能基团的$(AB)_n$、ABA型嵌段共聚物的合成。该类聚合物的力学和加工性能优良,是作为非敏感、低特征和绿色洁净型推进剂用含能热塑性黏合剂的首选。与此同时,加拿大国防机构DREV主要从事GAP类含能热塑性聚氨酯的合成研究,并将其应用于洁净型高能LOVA发射药中。

3.7.5.1 BAMO基弹性体的应用

1994年Thiokol与美国海军研究中心签订研制合同,为后者研制热塑性推进剂配方;1994—1996年,论证了TPE黏合剂体系的重加工特性,并在1997年的ICT会议上报道了实用配方水平和18 kg发动机试车情况。推进剂配方基本组成(质量分数)如下:BAMO-AMMO黏合剂为20%,氧化剂AP级配20 μm/200 μm为19.5%/45.5%,球形Al为15%。该推进剂可重复加工,初次加工力学性能为:常温最大应力0.77 MPa,最大应变11%,模量13.2 MPa。二次加工力学性能为:最大应力0.62 MPa,最大应变为16%,模量7.3 MPa。18 kg实验发动机试车结果表明,该推进剂弹道性能良好,发动机低压下燃烧洁净,没有残渣,试车曲线规则、平整。推进剂弹道性能为:实验压力3.92 MPa,膨胀比/喷管直径/出口直径为1.5/42.8 mm/52.58 mm,推进剂实测比冲为215 s,比冲效率高达96.4%。

在1999年的ICT会议上,Hamilton提出了含能TPE火箭推进剂的组分回收方法,并制备了含少量弹道性能改良剂的BAMO-AMMO/AP/Al推进剂,进行了ϕ110 mm发动机低压试验模拟全尺寸发动机。推进剂理论比冲为259.2 s,13.8~82.7MPa范围内压强指数为0.54。他们还考查了推进剂的老化性能。8周老化试验表明,不同条件下(75℉/130℉)推进剂力学性能变化很小。首次开展了含能TPE推进剂组分的回收试验,验证了TPE推进剂的重加工、重利用特性。相比传统的推进剂,由于热塑性推进剂无化学交联固化反应,黏合剂和填料均可回收再利用。该试验回收黏合剂使用的溶剂为乙酸乙酯。推进剂中AP的回收率为98.9%,对GPC的分析表明,回收黏合剂的相对分子质量($\overline{M}_n$或$\overline{M}_w$)对比使用前几乎没有变化,完全可再利用。Hamilotn还介绍了Thiokol公司开展的其他回收或重加工试验,例如从BAMO/AMMO基的发射药中回收了7 kg的CL-20炸药,通过加热熔融发射药,以改变药柱形状的形式,重新加工了136 kg的发射药。

另外,TPE的双向热塑性、易于加工和循环特性,使其更适用于制备发射药的传统挤压工艺。美国Thiokol公司的Wardle利用挤压法制备了以BAMO-AMMO为黏合剂、CL-20或RDX为炸药的低易损性发射药。发射药的尺寸和形状不一,如孔状、粉末状和圆柱状,制备过程中原料损耗率小于0.5%。固体含量为76%时,含CL-20发射药的火药力为1 297J/g,火焰温度为3 412 K,密度为1.771 g/cm³,75.9 MPa下燃速为114.8 mm/s。CL-20包覆使用发射药的静电、冲击和摩擦感度良好,500 mm/min挤压载荷下模量为41.0 MPa,最大应力为12.2 MPa,最大应变为49.7%(子样数15),使用CL-20可获得更高的燃速和能量密度。

Wallace制备了基于BAMO/AMMO、BAMO/NIMMO和BEMO/NIMMO的6种发射药配方,TPE黏合剂的硬段含量均为25%,使用CL-20、RDX、TNAZ和NQ作为高能炸药。发射药的理论火药力为1 278~1 349 J/g,40 kpsi(1 psi=6.895 kPa)压力、常温条件下,发射药的燃速在203.2~457.2 mm/s范围内可调,其中BAMO/NIMMO/CL-20配方的能量和燃速最高。

Braithwaite为美国陆军研制了含能TPE发射药并用于TGD008坦克上,配方为5%

BAMO/AMMO、58%RDX 和 17%NQ,其火药力为 1 078 J/g,火焰温度为 2 548 K,火药力同 M30 双基发射药的 1 081 J/g 相当,而火焰温度较 M30 的 3 006 K 要低很多。重要的是,该发射药力学性能要比 M30 优越,275.8 MPa 下燃速为 104 mm/s,是利用双螺杆挤压机无溶剂法加工制备而成的。

2003 年的 ICT 会议上,荷兰 NTO 的 Hordijk 报道了他们在含能发射药重加工和组分回收方面的研究进展。在重加工方面,他使用行星式混合机混合实验样品,添加少量溶剂增加流动性,混合后采用柱塞式或双螺杆挤压机挤压加工,并重新加工成七孔型药柱,重加工前、后性能无明显变化。在组分回收方面,使用不同的溶剂 BΛ/CH 回收高能填料和 TPE,其中 TPE 黏合剂的回收产率为 98%,RDX 的回收产率为 96%。

据美国专利报道,Manning 等人为美国陆军研制了高性能的 LOVA 型 TPE 发射药,用于新型 M829E3 坦克上。该发射药以 BAMO/AMMO 为黏合剂,以 BTTN、TMETN 或 BDNPA/F 为含能增塑剂,以 CL-20、TNAZ 或 RDX 为高能填料,采取无溶剂挤压工艺制备。该专利提出的发射药配方火药力均在 1 300 J/g 以上,比传统的发射药 JA2 和 M43 具有更高的火药力和出口速度。他们还考查了不同组成发射药配方的低易损特性,研究表明该发射药的冲击感度与 M43 发射药相当,且配方的热稳定性较好。

3.7.5.2　GAP 基弹性体的应用

1990 年起,加拿大的 DREV 公司便一直在开展含能热塑性聚氨酯弹性体发射药的研制工作,并力推 GAP 为软段的热塑性聚氨酯弹性体,应用方向为钝感、洁净型高能 LOVA 发射药。其采取的加工工艺为溶剂挤压工艺,即通过溶剂溶解黏合剂,在立式混合机内与其他组分混合,然后经过挤压、切割工序,最后干燥成型。采用 GAP 基热塑性聚氨酯弹性体的发射药理论火药力可大于 1 300 J/g。同时他们设计了一种收集燃气的装置来分析该高能低易损发射药产物对环境的影响。通过与双基药配方对比实验发现,该高能发射药不但无烟、钝感,且燃气对环境的影响小于用于对比的两种双基药配方。韩国汉阳大学也在开展 GAP 型热塑性聚氨酯弹性体的合成及应用方面的研究工作,他们利用 GAP 和聚己内酯(PCL)共混制备热塑性聚氨酯,考查了不同的共混质量比对弹性体熔点、相对分子质量和热力学性质的影响,并且利用溶剂挤压的工艺方法制备了 GAP/RDX 基发射药,重点研究了该发射药的热分解动力学性能。英国将非敏感和绿色含能材料视为未来含能材料的发展趋势,其未来规划也将含能 TPE 视为未来固体火箭推进剂的关键组分。英国规划的下一代火箭推进剂组分见表 3-55。

表 3-55　英国规划的下一代火箭推进剂组分

填料	黏合剂	增塑剂	助剂
CL-20	PNIMMO	>10%	>20%
HNF	PGN		
ADN	AP		
AN	ETPEs		

3.7.6　其他含能聚合物的应用

3.7.6.1　含能聚磷氰的应用

含能聚磷腈黏合剂的应用研究主要由英国主导,其主要是用作钝感型 PBX 炸药的含能黏合剂，该黏合剂具有高能量密度和低玻璃化转变温度的综合优势。Bellamy 和 Peter 等人设计合成出了一系列含能聚磷腈黏合剂，其分子结构如图 3-63 所示。

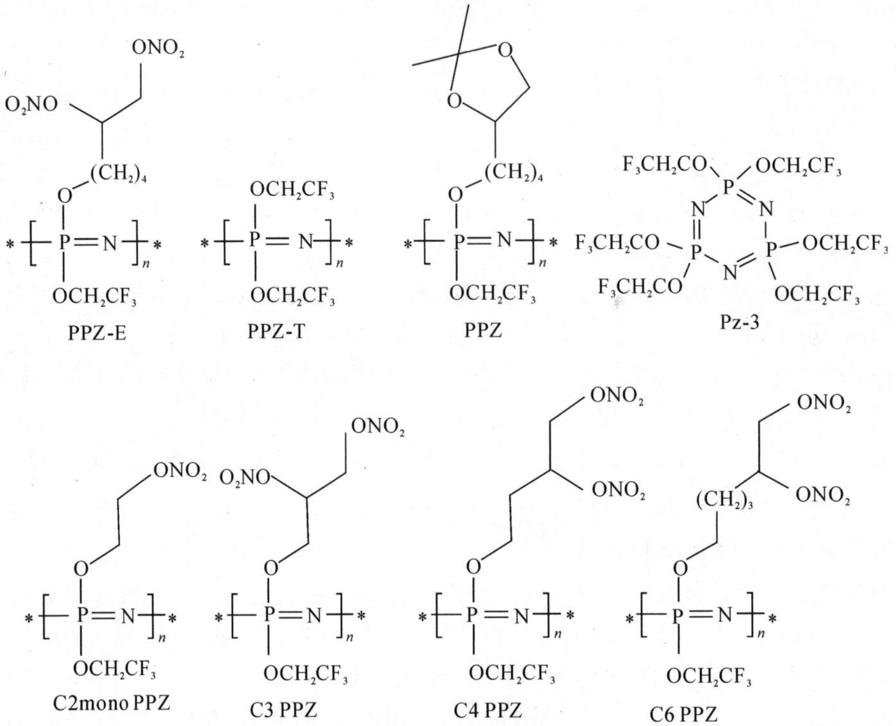

图 3-63 合成的含能聚磷腈黏合剂分子结构

表 3-56 列出了侧链含硝酸酯基团的聚磷腈黏合剂以及 PGN、PNIMMO 的基本性能。

表 3-56 聚磷腈与硝酸酯基黏合剂性能对比

材料	含能基团含量/(%)	密度/(g·cm^{-3})	T_g/℃	分解能/(J·g^{-1})
C3 PPZ	72	1.65	−25	2 020
C4 PPZ	68	1.60	−13	2 370
C6 PPZ	77	1.52	−55	2 430
polyGLYN	—	1.46	−30	2 000
polyNIMMO	—	1.26	−33	1 300

侧链中硝酸酯基团含量为 68%～77% 的聚磷腈（C6 PPZ）黏合剂，比高能黏合剂 PGN 和 PNIMMO 具有更高的密度、分解能、能量密度以及更低的玻璃化转变温度。以 20% 质量分数的 C6 PPZ（硝酸酯基含量为 77%）为黏合剂，以 HMX、TATB、FOX-7 为氧化剂的 PBX 炸药具有较好的钝感特性。

国外已开展了芳氧基聚磷腈在固体推进剂包覆层领域的研究工作，但尚未见聚磷腈作为含能黏合剂应用于推进剂的报道。主要原因可能是：①聚磷腈分子结构中均含有高原子质量的 P，燃烧产物相对分子质量较大，不利于推进剂比冲的提高。②聚磷腈爆轰或燃烧过程产生

的 H_3PO_4、H_3PO_2、HPO_3 或 P_2O_5 等小分子含磷衍生物，具有稀释或阻碍燃烧作用，对能量的贡献极为不利。③某些小分子磷腈类含能化合物的感度相对较高，安全性较差。以上问题都在一定程度上限制了磷腈类含能材料在推进剂中的应用。

3.7.6.2 唑类聚合物的应用

聚乙烯基四唑具有高能及独特的物化特性和使用特性，即高氮含量、高生成焓、热稳定性、高密度、低机械撞击敏感性、与其他化合物有良好化学相容性、燃点低、分解时产生大量的惰性气体，因此可用于固体火箭、炸药及燃气发生器。聚乙烯基四唑作为燃料使用，与其他物质相比能量更高，相容性更好，使用更安全；作为黏合剂，可以使用硝酸酯或酯类化合物增塑，使高分子具有相当的柔性，并降低其玻璃化转变温度（T_g）；与硝铵、ADN 相容，和其他物质黏附性也很好；燃烧速度快，含碳很少，燃烧产物主要为氮气，不留炭黑；燃烧过程安全，不爆轰。聚乙烯基四唑与其他黏合剂的性能对比见表 3 - 57。从表 3 - 57 中可看出，聚甲基乙烯基四唑具有较高的正生成焓，对能量有明显增益。

表 3 - 57 聚乙烯基四唑与其他推进剂黏合剂能量性能对比

黏合剂	分子式	生成焓 $kJ \cdot kg^{-1}$	密度 $g \cdot cm^{-3}$	氧含量 %
碳氢黏合剂	$C_{73.17}H_{120.9}$	-393.6	0.91	0
聚乙烯基四唑	$C_{73.34}H_{56.007}N_{32.69}O_{2.32}$	+1 256.0	1.28	约为 0
活性黏合剂	$C_{18.96}H_{34.64}N_{19.16}O_{29.32}$	-758.0	1.49	0.53
聚乙烯基甲基二氮烯基氧化氮	$C_3H_6N_2O_2$	-58.6	1.31	0.22

注：活性黏合剂含 20%聚甲基乙烯基四唑、硝化甘油及添加剂复合固体推进剂配方中聚乙烯基四唑质量分数为 12%～26%，推进剂比冲为 220～255.5 s，推进剂的密度为 1.60～1.82 g/cm³。

俄罗斯对聚甲基乙烯基四唑聚合物在推进剂中的应用进行了大量研究，其制备四唑单体的工艺水平已达到半工业化。目前的研究主要集中在高能钝感炸药、可取代 RDX 和 HMX 的低特征信号低感度推进剂上。俄罗斯曾使用 A3 增塑剂及乙烯基四唑共聚物为黏合剂、亚胺化物或环氧类化合物为固化剂，使二硝酰胺铵（ADN）氧化剂体系固体推进剂理论比冲达到 280 s 左右，这一配方体系的能量指标已远远高于现有 NEPE 推进剂（255 s 左右）。一种 PMVT 推进剂组分配方见表 3 - 58。

表 3 - 58 PEG - PMVT 推进剂配方

组分	质量分数/（%）
聚乙二醇	3.3～10
聚 2 -甲基- 5 -乙烯基四唑	5.7～18
双（2,2 -二硝基丙醇）缩甲醛	0～25
RDX	91～57

PEG - PMVT - RDX 与其他炸药冲击感度对比见表 3 - 59。可看出，掺混 PEG - PMVT 的配方比掺混 RDX -石蜡的配方冲击感度明显降低，略高于 TNT。还有文献报道了以甲基乙

烯基四唑-甲基丙烯酸共聚物为固体火箭推进剂黏合剂,但具体工艺性能及力学性能未见报道。

表 3-59　PEG-PMVT-RDX 与其他炸药的冲击感度对比

炸药配方	50%落高冲击感度/m
TNT	1.48
$m(RDX)/m(石蜡)=91:9$	0.80
$m(RDX)/m(PEG-PMVT)=91:9$	1.32

3.8　固体推进剂用含能黏合剂的发展趋势

对含能黏合剂进行研究,目的是提高黏合剂乃至整个推进剂体系的能量水平。纵观推进剂用含能黏合剂的发展历程可知,为了达到提高能量的目的,研究人员在研究过程中几乎尝试了目前所有可能的含能基团。一些含能基团的结构及生成焓数值见表 3-60。

表 3-60　含能基团的结构和生成热

名称	结构	生成焓/(kJ·mol^{-1})
硝酸酯基	—O—NO$_2$	−81.2
硝基	—NO$_2$	−56.2
硝铵基	—N—NO$_2$	74.5
叠氮基	—N$_3$	355.0
二氟氨基	—NF$_2$	−32.7
四唑	—CHN$_4$	235.7

能量并非含能黏合剂研究中的唯一关注点,对其还有其他多项性能指标要求。综合分析含能黏合剂的国内外研究进展,发现其发展趋势主要包括以下几个方面:

(1)能量仍是含能黏合剂发展的主线。从能量角度考虑,硝酸酯基、硝基、硝胺基、二氟氨基等氧化性基团可以带来更高的氧平衡,减少氧化剂的用量;叠氮、硝胺基、四唑等高氮基团可以增加生成焓;含能基团的引入都会带来密度的提升。在物理性能不发生较大变化的前提下,引入更多含能基团、多种含能基团的组合,在主链结构上引入含能结构等,都有可能获得较为满意的能量特性。

CHENG T.[7]综述了在高氯酸铵推进剂中,用多种含能黏合剂替代 HTPB 后的计算比冲对比,如图 3-64 所示。

从图 3-64 中可看出,高氮含量的黏合剂具有较高的比冲,特别是叠氮聚磷腈类的 PZ-23 和唑类的 polyDAT 等。与含能材料的发展类似,高氮类聚合物同样是近期含能黏合剂发展的主流方向之一。

(2)高稳定性、低感度是含能黏合剂的重点发展方向。良好的热稳定性和安全性是含能物质能否应用的必要特性,叠氮类含能黏合剂能量水平并非最高,但因其具有较好的低敏感特性,其成为钝感含能黏合剂中最为突出代表品种,也成了目前推进剂中研究与应用最为广泛的含能黏合剂之一。

钝感推进剂是复合固体推进剂发展的重要方向之一,而获得低敏感性的一个重要途径就是采用低感度的含能黏合剂,同时不降低推进剂的能量水平。开发能量水平不低于 GAP、感度不高于 GAP 的新型含能黏合剂,对于高能钝感推进剂的研制具有重要意义。

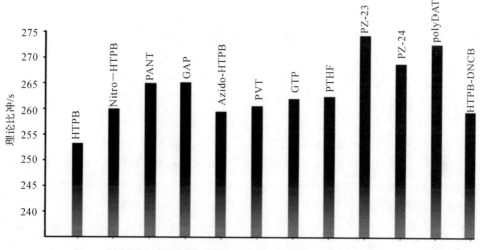

图 3-64　采用不同黏合剂的 AP 推进剂计算比冲对比

(3)良好的物理特性和力学性能的改进值得关注。既要保持较高的能量水平,同时还要具有低黏度、低玻璃化转变温度和良好的高低温力学性能等,是含能黏合剂发展的终极目标之一。运用最为广泛的 GAP 黏合剂存在两个主要不足,即玻璃化转变温度较高和力学性能较差。需要进行一定程度的改性,才可使推进剂获得较好性能。

由于含能基团大多具有强极性,且相对分子质量较大,会阻碍高分子链段的运动,所以能量水平较高的含能聚合物多为固体形态,且低温性能不佳,通过共聚等改性可使其物理性能得到极大改善。如氮含量和刚性较高的 BAMO 系列共聚物,其作为弹性体的应用前景优于作为含能预聚体,这些工作也是近年来的研究热点。

(4)针对不同的推进剂应用,开发匹配性更强的含能黏合剂品种。与惰性黏合剂不同,含能黏合剂既要能量水平高又要综合性能好,其实际工作难度是非常大的,目前还没有一种含能黏合剂品种可同时满足上述全部要求。目前含能黏合剂包含均聚、共聚、支化、星形等多种构型,无论是何种含能基团、何种类型的含能黏合剂,其最终目的都是在某一火炸药或推进剂配方中得到应用。所以,含能黏合剂的合成与改性,应与推进剂的应用紧密相连,满足特定配方的特定要求即可,使黏合剂制备和改性更具针对性,而无须对黏合剂的所有性能加以平衡。例如对于应用广泛的中能 HTPB 推进剂,可通过 HTPB 端基改性引入少量的含能基团,适当提高推进剂的能量性能,这样既不会对推进剂的力学等性能产生较大影响,又可降低合成与改性的压力,使配方得到快速应用。对于高能固体推进剂中的黏合剂选用,可适当降低对其力学等性能的要求,研制能量特性优先的品种等。随着对推进剂性能要求的不断提升,含能黏合剂的研究难度不断加大,对于特定推进剂配方黏合剂的设计与选用,性能上有针对性地倾斜与取舍是必然发展趋势。

（5）含能黏合剂的安全、高效、绿色、低成本放大制备技术。含能聚合物的制备有活性聚合法、大分子基团转化法、官能团预聚法等多种方法，目前公认的较为安全的合成方法是大分子基团转化法等。作为含能材料，安全制备是应用的首要保障。早期的多种含能聚合物就是由于制备过程过于危险、无法进行有效评价，对其研究才中断的，氟氮类聚合物即是其中的典型代表。另外，合成工艺是否高效、环保、易于放大生产，成本能否接受等，也是衡量一个优良含能黏合剂的重要指标。

参 考 文 献

[1] 侯林法. 复合固体推进剂[M]. 北京：宇航出版社，1994.

[2] 庞爱民，马新刚，唐承志. 固体火箭推进剂理论与工程[M]. 北京：宇航出版社，2014.

[3] 谭惠民. 固体推进剂化学与技术[M]. 北京：北京理工大学出版社，2015.

[4] 唐金兰，刘佩进. 固体火箭发动机原理[M]. 北京：国防工业出版社，2013.

[5] ANG H G, PISHARATH S. Energetic polymers – binders and plasticizers for enhancing performance[M]. Weimheim：Wiley-VCli Vcrlag & Co. KGaA，2012.

[6] 罗运军，王晓青，葛震. 含能聚合物[M]. 北京：国防工业出版社，2011.

[7] CHENG T. Review of novel energetic polymers and binders – high energy propellant ingredients for the new space race[J]. Designed Monomers and Polymers，2019，22 (1)：54 – 65.

[8] 廖林泉，郑亚，李吉祯. NMMO 及其聚合物的合成、性能及应用研究进展[J]. 含能材料，2011，19(1)：113 – 118.

[9] WANG X C，SHU Y J，LU X M，et al. Synthesis and characterization of polyNIMMO-HTPB-polyNIMMO triblock copolymer as a potential energetic binder[J]. Central European Journal of Energetic Materials，2018，15(3)：456 – 467.

[10] YAN Q L，COHEN A，CHINNAM A K，et al. A layered 2D triaminoguanidine-glyoxal polymer and its transition metal complexes as novel insensitive energetic nanomaterials[J]. Journal of Materials Chemistry，2016，4：18401 – 18408.

[11] 徐武，王煊军，刘祥萱，等. 含能粘合剂研究的新进展[J]. 火箭推进，2007，33(2)：44 –47.

[12] PANT C S，MADA S S，MEHILAL B S，et al. Synthesis of azide functionalized hydroxyl-terminated polybutadiene[J]. Journal of Materials Chemistry，2016，34(4)：440 – 449.

[13] YOON S W，CHOI M C，CHANG Y W，et al. Preparation of azidated polybutadiene (Az-PBD)/Ethylene-Vinyl Acetate copolymer (EVA) blends for the application of energetic thermoplastic elastomer[J]. Korean Journal of Chemical Engineering，2015，53(3)：282 – 288.

[14] SHEKHAR P C，SANTOSH M S，BANERJEE S，et al. Single step synthesis of nitro – functionalized hydroxyl-terminated polybutadiene[J]. Propellants Explos

Pyrotech，2013,38(6):748-753.

[15]　RAJAVELU M S,TAPTA K R,TUSHAR J. Terminal functionalized hydroxyl-terminated polybutadiene:An energetic binder for propellant[J]. Journal of Applied Polymer Science,2009,114(2):732-741.

[16]　BETZLER F M,HARTDEGEN V A,KLAPÖTKE T M,et al. A new energetic binder:Glycidyl nitramine polymer[J]. Central European Journal of Energetic Materials,2016,13(2):289-300.

[17]　牛群钊,王新德. 国外 ORP 含能粘合剂合成与应用进展[C]//中国化学会第五届全国化学推进剂学术会议. 大连:中国科学院大连化学物理研究所,2011:325-329.

[18]　石小兵,庞维强,刘庆,等. 聚 5-乙烯基四唑的热行为及其与含能组分的相容性研究[J].化学推进剂与高分子材料,2011,9(5):89-92.

[19]　田德余. 推进剂配方性能与图形表征[M]. 北京:中国宇航出版社,2018.

[20]　邓竞科,李国平,兰元飞,等. GAP/PET 黏合剂体系交联网络结构研究[J]. 化学推进剂与高分子材料,2016,14(2):73-85.

[21]　刘晶如,罗运军,杨寅. GAP 推进剂粘合剂固化体系力学性能的研究[J]. 精细化工,2007,24(10):1128-1131.

第4章　新型金属燃料

4.1　概　述

金属燃料是现代固体推进剂的基本组分之一。金属燃料的引入,显著地提高了固体推进剂的燃烧热和密度,燃烧形成的金属氧化物微粒也能起到抑制震荡燃烧的作用。金属燃料在推进剂中的应用只有几十年,它却成为现代固体推进剂不可或缺的组分之一,主要的原因在于:与碳氢燃料相比,单位质量金属燃料的氧化放热量更大,由于高密度其单位体积放热量也更大,金属氧化物的汽化热很高,在金属氧化物以凝聚相存在的情况下,就会放出汽化热,能进一步增加推进剂的能量。

铝(Al)、铍(Be)、硼(B)、锂(Li)、镁(Mg)、钠(Na)、锆(Zr)、铁(Fe)、铬(Cr)以及其他金属常作为金属燃料应用于固体推进剂中。评价金属燃料能量性能优劣的最直接指标是质量燃烧热和体积燃烧热。图 4-1 所示为几种常见金属燃料与单质化合物燃烧单位质量和单位体积的燃烧热,在相同体积基础上,金属的燃烧热高达 138 kJ/cm^3,显著高于单分子化合物(约 10～30 kJ/cm^3)。

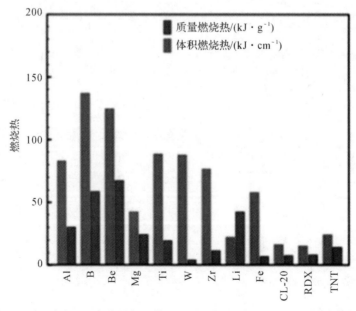

图 4-1　几种纯金属和单分子的高能材料的体积和质量燃烧热对比图(在化学计量条件氧气氛围下)

铝是地壳含量最为丰富的元素之一,因此铝的价格低廉、来源丰富,是目前在固体推进剂中应用最为广泛的金属燃料。铝粉的密度为 2.70 g/cm³,铝粉质量燃烧热和体积燃烧热分别为 31.07 kJ/g 和 83.89 kJ/cm³。铝粉的熔点较低(660 ℃),当温度高于熔点时,铝粉会在推进剂表面熔化形成液态的铝滴,在燃烧之前出现铝粉的凝聚,同时导致点火延迟、燃烧不充分,燃烧产物以大颗粒的形式从喷管排出,进而增加喷管的两相流损失,使燃烧效率下降,同时降低飞行器的隐身能力。

铍的燃烧热很高,单位质量的铍在氧气中燃烧所释放的热量为铝的 2 倍、镁的 3 倍,但是当空气中铍的含量超过 2 g/m³ 时就会使人中毒。铍的极端毒性、相对稀缺性和高成本,限制了其在推进剂中的使用。金属锂由于性质过于活泼,储存、运输、粉碎都比较困难,所以很难作为单一燃料使用,但是将其作为燃料添加剂用于改善铝、硼等金属燃料的燃烧性能可以取得显著效果[1]。

硼的密度为 2.34 g/cm³,质量燃烧热和体积燃烧热分别为 58.7 kJ/g 和 138 kJ/cm³。然而,由于硼的熔点和沸点较高(分别达到了 2 074 ℃ 和 2 550 ℃),硼颗粒的点火明显延迟。在燃烧过程中形成硼的氧化物,其熔点和沸点分别为 457 ℃ 和 1 857 ℃,液态的氧化物形成薄膜,由于表面张力该膜很难破裂,阻碍燃烧的继续进行,点火和燃烧的这些困难限制了硼在推进剂中的应用,因此最新的研究集中在用新的钝化材料和方法来增强硼颗粒的燃烧特性。例如,采用氟化物包覆纳米硼颗粒,氟化物包覆后硼颗粒的燃烧效率约为 75%,大于传统硼颗粒(约 50%)。硼体积燃烧热和质量燃烧热高,使其成为固体冲压发动机的理想燃料,但硼表面的杂质如 H_3BO_3、B_2O_3 能与端羟基聚醚(HTPB)中的羟基反应生成硼酸酯,引起凝胶化反应,从而导致药浆工艺性能恶化,药浆黏度增大,难以浇注。因此,硼的表面处理和颗粒成型工艺成为影响硼应用于固体推进剂的关键技术之一[2-3]。

镁的密度为 1.74 g/cm³,其质量燃烧热和体积燃烧热分别为 24.7 kJ/g 和 43.0 kJ/cm³,较低的质量燃烧热和体积燃烧热意味着镁很难作为高能量的金属燃料单独使用。但是,镁点火性能好、易燃烧、耗氧量低,可以作为添加剂改善其他金属燃料的燃烧性能,例如镁与硼形成合金可以有效地改善硼的点火和燃烧。

金属燃料在推进剂中燃烧氧化所释放的热量与始态和终态的生成焓有关,也即与发生化学反应前、后旧的化学键断裂与新的化学键生成所吸收和释放能量的代数和有关,基本公式可用赫斯定理描述(Hess's law),即

$$\Delta H_r^{\ominus} = \sum n_p \Delta H_{f,p}^{\ominus} - \sum n_r \Delta H_{f,r}^{\ominus} \tag{4-1}$$

其中,$\Delta H_f^{\ominus}$ 为标准摩尔生成焓;n 为物质的量;下标 p 和 r 分别代表生成物和反应物。

表 4-1 列出了目前固体推进剂中常用金属燃料及其最常见氧化物的基本性质,根据这些数据可以计算出常用金属在氧气中燃烧所释放的热量。

表 4-1　常用金属燃料及最常见氧化物的性质

金属及常见氧化物	$\dfrac{\rho}{g/cm^3}$	$\dfrac{M}{g/mol}$	$\dfrac{\Delta H_f^{\ominus}}{kJ/mol}$	$\dfrac{T_{melt}}{K}$	$\dfrac{\Delta H_{melt}}{kJ/mol}$	$\dfrac{T_{vap}}{K}$	$\dfrac{\Delta H_{vap}[1]}{kJ/mol}$	$\dfrac{\Delta H_f[3]}{kJ/g}$	$\dfrac{\Delta H_f[3]}{kJ/cm^3}$
Al	2.70	27.0	0	933	10.7	2 792	294	31.07	83.89
Al_2O_3	3.99	102.0	−2 550	2 327	111.1	3 253	109	—	—
B	2.34	10.8	0	2 348	50.2	4 273	480	58.86	137.73

续表

金属及常见氧化物	ρ g/cm^3	M g/mol	$\Delta H_f^{\ominus}$ kJ/mol	T_{melt} K	ΔH_{melt} kJ/mol	T_{vap} K	$\Delta H_{vap}^{①}$ kJ/mol	$\Delta H_f^{③}$ kJ/g	$\Delta H_f^{③}$ kJ/cm^3
B$_2$O$_3$	2.55	69.6	−1 273	723	24.6	2 133	360	—	—
Mg	1.74	24.3	0	923	8.5	1 380	136	24.70	43.00
Mg$_2$O$_3$	3.60	40.3	−601	3 098	77^{④}	3 430^{②}	670	—	—
Zr	6.52	91.2	0	2 125	21.0	3 850	573	12.03	78.43
ZrO$_2$	5.68	123.2	−1 097	2 591	87.0	4 573	624	—	—

注:①在熔点条件下;②金属氧化物经历了蒸发-分解过程;③与 O$_2$ 反应条件下;④并非很精确的值。

综上所述,单一的金属燃料的性质是固定不变的,即使是长期以来在固体推进剂中广泛应用的铝、硼、镁等燃料,既有其优势方面,也存在需要解决的技术难点。对金属燃料性能改进通常有以下几种途径:一是使金属燃料细粒度化,如纳米铝粉;二是对金属燃料进行活化;三是制备两种或两种以上金属的复合燃料或合金燃料,以改善金属燃料的综合性能;四是以金属氢化物或储氢合金作为新型燃料,评估其在固体推进剂中的作用。

4.2　金属燃料的活化

4.2.1　活化方法

金属燃料的活化是指在不改变其内在品质的前提下,采用某种方法来达到提高金属燃料反应活性的目的的工艺方法。金属燃料活化的方法主要有以下两种:化学活化法和机械活化法。化学活化包括一些新技术,如表面包覆、溶胶凝胶、气相沉积、化学沉积及原子层沉积(Atomic Layer Deposition,ALD)等。

4.2.1.1　化学活化法

化学活化(Chemical Activation,CA)是指用化学物质(如氟化物)对金属粉颗粒进行处理,达到提高金属燃料活性的目的。化学活化通过增大铝粉颗粒的比表面积,或者加入氟化物或过渡金属等,提高铝粉颗粒的表面活性,最终达到提高铝粉活性的目的。Rosenband 和 Gany 基于一种使用氯化镁水溶液的点腐蚀方法得到的颗粒,其比表面积达到 $10\sim18~m^2/g$,高于传统的微米铝而接近纳米铝(n - Al),同时保证了粉体具有较好的活性。化学处理过程不会改变金属颗粒形状,但是,活性物质的沉积能够改变颗粒表面的质地,从而改变金属颗粒的比表面积和平均粒径。相关文献介绍了将金属(如 Ni、Co 或 Fe) 和氟化物复合沉积到铝颗粒上的方法。

依赖气溶胶合成技术的一项研究已经解决了基于溶液合成的局限性[4]。该技术已广泛应用于高分子涂料。文献报道实验装置示意图如图 4 - 2 所示。三异丁基铝的铝前驱体溶液经氩气吹入 350℃的管式炉中,使前驱体热解生成不含氧的纳米铝;然后,该颗粒气溶胶被全氟戊酸(PFPA)蒸气包覆;最后通过冷却收集该含有涂层的铝基复合材料。这种合成方法可以通过调节流速和使用惰性介质氩气来运输和分散成分,从而更好地控制涂层。所得到的粉末形状不同,多面体多,球面少。图 4-2 中的 TEM 图像显示了直径为 100 nm 颗粒的多面体结构,其具有 1～2 nm 厚度的 PFPA 涂层。这种涂层比用同样方法在纳米铝上自然生长的氧化物涂层薄。因此,制备的 PFPA 包覆纳米粉体具有较高的活性铝含量。PFPA 包覆的粒径约 90 nm 的铝粉中活性铝含量约为 80%,而含天然氧化物涂层的粒径 50 nm 的纳米铝中活性铝含量仅为 70%[5]。

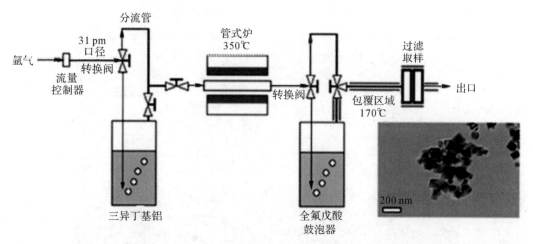

图 4-2　新制备的铝-全氟戊酸(PFPA)气溶胶涂层的实验装置(右下图为涂层铝颗粒的 TEM 图像)

4.2.1.2　机械活化法

机械活化最常用的是球磨技术,将铝粉颗粒进行高能或低能化研磨,即在装有一定量磨球的容器中进行铝粉的活化。机械活化常用以下几种方式增加颗粒的活性:①改变颗粒形貌状态;②添加剂包覆,如应用球磨技术添加包覆剂;③减少颗粒和添加剂间的距离,如应用机械混合技术。Al 粉为推进剂燃料组分。从增加活性铝含量的角度来说,机械活化最具吸引力的优点是能够改善最终产物的活性,可降低点火温度和活化能。相对于化学活化,机械活化可使活性铝含量比微米铝降低 1%～2%,这一损失可能与活化过程中作用到颗粒上的机械压力产生的形变使得铝粉核更易暴露在外界环境中有关。通常活性铝含量的损失是由添加剂的存在并逐渐加到一个高质量分数(10% 以上) 导致的,进一步损失还取决于一系列的活化参数,如球磨时间、环境气氛、球料比(BPR) 和过程控制剂(PCA) 等。机械活化对颗粒形状和表面性质的影响如图 4-3 所示。活化粉体是不规则的颗粒,且具有不规则的外表面形貌,随着添加剂 PTFE(聚四氟乙烯)的增加,活化粉体由不规则的颗粒转化为片状,尺寸变小,这是由于韧性材料聚四氟乙烯可以防止铝颗粒间的冷焊[6]。

4.2.2　铝粉活化方法在推进剂中的应用潜能

常规的微米铝颗粒虽然能够有效提高固体推进剂的燃速和能量,但其在应用中存在聚集/团聚现象,导致两相流损失严重。铝粉的活化过程对粉体的反应活性有明显的影响,通过粉体的点火温度测试分析机械活化和化学活化铝粉对颗粒反应活性的影响,发现机械活化和化学活化粉体的点火温度均有不同程度的降低,化学活化使铝粉点火温度降低 205～296 K,机械活化使点火温度降低 278～383 K,表明这些处理对铝粉的活化是有益的,而且与化学活化过程相比,机械活化更有效地降低了颗粒的点火温度。另外,由机械活化和化学活化铝粉的热重(TG)曲线发现,机械研磨粉体在第一个氧化阶段表现出明显的增重,相反,机械混合粉体只在第二个氧化阶段表现出明显的增重,这可能是由于颗粒的微观结构发生了变化。采用氟化物活化铝粉的反应活性比机械活化铝粉的高。活化铝粉的高反应活性能够减小凝聚相产物(CCP)的粒径,由此引出通过微米铝粉的活化来减小固体火箭发动机两相流损失的发展思路,这一可能性只有在选取的铝粉活性铝含量足够高的前提下才能实现。

图 4-3 不同 PTFE 含量的铝粉机械活化后的表面形貌

4.3 金属燃料的纳米化

4.3.1 制备方法

纳米铝粉的制备技术是使铝粉颗粒的直径达到纳米级尺寸并具有纳米效应和特性的技术。随着纳米材料研究的发展及进步,目前制备纳米铝粉的方法越来越多,而且不断有新的方法出现,当前纳米铝粉的制备方法多达 20 多种,主要分为蒸发-冷凝法、机械球磨法和化学法三大类。蒸发-冷凝法是纳米粉体制备的主要物理方法之一,可成功应用于金属、合金、金属氧化物等多种类型纳米粉体的制备。蒸发-冷凝法又称惰性气体冷凝(或蒸发)法,是最先发展起来的,也是目前制备具有清洁界面纳米粉体的主要手段之一。该法通常是在惰性气氛下,通过热源的加热作用,使原料蒸发、气化,然后铝蒸气原子与惰性气体原子碰撞失去能量而迅速冷却。在接近冷却装置的过程中,铝蒸气首先形成原子团簇,然后形成单个纳米颗粒,纳米颗粒随气流经分级进入收集区内而获得纳米粉末。因此,根据加热源不同可进一步将其分为电爆炸法、激光-感应加热法、等离子体加热法、电子束辐射法等[7-11]。下面简要介绍其中的一些常见方法及应用现状。

电爆炸现象(EEW)自 1774 年以来一直为人们所熟知,现简要介绍其中的一些常见方法及应用现状。1946 年有学者开始了用导线电爆炸法生产超细粉末的可能性研究,随后研究人员相继进行用该方法制备纳米级金属粉末的研究,电爆炸法制备纳米铝粉由俄罗斯石油化工研究所的科学家率先发现,此后世界范围内很多人对此方法进行了研究。电爆炸法制备纳米铝粉是一种自上而下的材料制备方法,利用高压放电产生的高温使铝金属丝熔融、气化,铝蒸气与惰性气体(例如氩气)碰撞时形成纳米铝粉。20 世纪 90 年代,Argonide 公司使用该方法开始商业化生产 Alex 商标的纳米铝粉,Alex 纳米铝粉产品粒径为 50～100 nm,许多有关纳米铝粉在火炸药及推进剂配方中的应用研究都采用了该产品。近年来用脉冲式电爆炸方法生产纳米金属粉末的技术已成为一个技术研究热点,该方法是在惰性气体氛围中使用脉冲放电系统提供高功率脉冲电流(10^4～10^6 A/cm^2),使铝丝瞬间加热融化,其以爆炸的形式气化后在惰性气氛中分散,并冷却凝聚形成纳米铝粒子,爆炸时间为 10^{-5}～10^{-8} s,爆炸时温度可达 10^4 ℃以上,通过改变铝丝的形状和尺寸、使用电压和电脉冲等参数,由电爆炸法可以制备 10～100 nm 尺寸的纳米铝粉。由电爆炸法制备的纳米铝粉微观形态如图 4-4 所示。赵军平课题组针对不同沉积能量条件下氩气中铝丝电爆炸法制备的纳米铝燃料进行了研究,掌握了沉积能量对纳米铝特性的影响规律。Sindhui T. K. 等采用线爆炸法在氮气、氩气和氦气气氛中制备了纳米铝粉,利用广角 X 射线衍射(WAXD)和 X 射线能量色散分析(EDAX)对制备的纳米粒子进行了物理化学研究,采用透射电镜(TEM)分析了粉末的尺寸和形状,研究了爆炸过程中产生的颗粒尺寸与惰性气体/压力类型之间的关系。研究表明,与使用氮气和氩气相比,氦气中产生的粒子粒径较小,同时电流密度和电流持续时间对纳米铝粉的粒径起着重要作用。俄罗斯的 N. A. Yavorovsky 和 Yu A. Kotov 优化了电爆炸法制备纳米铝粉的方法,并创建了更有能力的纳米金属粉生产设备,目前在俄罗斯托姆斯克有各种金属(铝、铜、锌、锡、钛、锆、铁、镍、钼、钨)及其合金的连续粉体生产设备,纳米金属粉体的年生产能力超过 1 t。

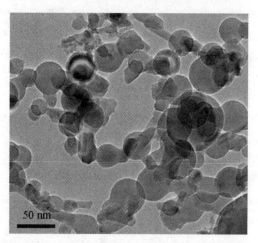

图 4-4　电爆炸法制备的纳米铝粉的微观形态图

　　等离子体加热法是在惰性环境下利用具有极高温度的等离子体对金属进行加热,使金属熔融蒸发,随后冷凝得到纳米金属粒子的一种方法。利用这种方法,几乎可以制取任何金属的纳米粒子。用其生产出来的粉末具有球形形貌,纯度高且分布均匀,具有小的尺寸和窄的分布范围。等离子体法可以制备出接近理论密度的块体材料。该方法的主要局限性在于容易污染粒子沉积层,粉末有较高的残余气孔率[12]。近年来,射频感应等离子体(RFIP)法已成功用于制备各种金属、合金、氧化物和氮化物粉末[13]。该工艺主要具有以下几个优点:①与直流等离子体相比,等离子体体积更大,速度更低,在放电区内停留时间更长;②可使用不同类型的原料(固体/液体/气体);③可以在工艺过程中灵活地改变粉末的进料速度;④连续工艺合成纳米或超细粉末。RFIP 法的工作温度高于 104 K,并在等离子体羽流的尾部进行淬火(降温速率 $10^5 \sim 10^6$ K/s)。该过程为感应加热,然后用惰性气体冷凝,以产生超细颗粒。有的研究报道感应等离子体的预处理参数将直接影响合成粉末的粒径和分布。Chandrasekhar 等人报道了利用射频感应等离子体连续合成高收率超细铝粉的工艺,在不同的加工条件下获得了平均粒径在 $220 \sim 400$ nm 之间的纳米铝粉。在所研究的参数中,粉末进料速度、等离子体形成气体流速和粉末注入探针的位置对合成纳米铝粉的粒径、分布和活性铝含量有显著影响。

高能球磨法通过球磨机的振动和转动使介质对铝粉进行强烈的撞击、研磨和搅拌,通过控制适当的研磨条件以制得纳米铝粉。该法的特点是生产成本较低,产量大,工艺简单,但是这种方法的制备过程存在能耗大、颗粒尺寸不均匀、容易引入杂质等缺点。使用球磨机制备纳米铝粉时破碎机理和破碎强度取决于不同的工艺参数,如转速、磨体质量和数量、加工时间、基材质量、磨体形状、加工介质等。在研磨过程中加入表面助剂,可以防止金属粉团聚。为了尽量减少最终产品对设备材料的污染,研磨体多采用碳化钨材质,并在惰性气体中进行研磨[14]。Pivkina 在 10% 石墨存在下,用高能球磨法制备了纳米铝粉,并采用 X 射线衍射(XRD)、透射电子显微镜(TEM)和同步热重-差热分析(SDT)技术研究了制备的纳米复合材料的结构、化学组成及其热诱导变化。TEM 研究结果表明,铝纳米颗粒的尺寸为 $20 \sim 50$ nm,它们随机分布在石墨"螺纹"内,而石墨"螺纹"又形成 $3 \sim 5$ μm 的聚集体。邓国栋课题组采用立式球磨机在乙酸乙酯溶剂中对平均粒径为 14 μm 的球形铝粉进行球磨,制备了具有高活性的片状铝粉,并采用激光粒度仪和扫描电子显微镜(SEM)对铝粉球磨前、后的粒度及形貌进行了分析,用 X 射线衍射(XRD)对铝粉球磨前、后的晶型进行了表征,发现球磨 2 h 后,得到粒径大小为 1 μm 的片状铝粉,其晶形与原料铝粉晶形一致。Anderson 将铝球与乙腈一起研磨制备纳米铝,研究发现液相研磨时没有纳米铝颗粒生成,而在气相、乙腈条件下研磨时可以制备更多、更小和更均匀的纳米铝颗粒,使用 X 射线光电子能谱、红外光谱、动态光散射、氦离子显微镜、扫描电子显微镜和热重分析/质谱联用来探测颗粒及其表层,成像结果表明纳米颗粒具有扁平的板状结构。由该方法研的新鲜样品暴露在空气中会剧烈燃烧,暴露在手套箱中的样品会慢慢钝化。Hamid Abdoli 采用差示扫描量热法(DSC)研究了不同球磨时间下粉体的应变松弛和晶粒长大过程,结果表明由于球磨过程储热焓很高,经过 25 h 的球磨,粉末颗粒达到了稳定状态,晶粒尺寸平均为 90 nm[15-18]。

化学法制备纳米铝粉按制备反应状态可以分为气相化学法、液相化学方法、固相化学方法和热分解法等。其中,液相化学法制备纳米铝粉是在液体中进行操作,较为安全,通过调节催化剂和添加剂的浓度可以调控纳米铝粉的尺寸,而且在溶液中能比较容易地对纳米铝粉的表面进行修饰和包覆改性,因此越来越受到人们重视,成为当前纳米铝粉制备的研究热点。不过一般来说液相化学法的操作较为复杂,当前还没有一种方法的产量能够达到商用的要求。液相化学法的基本原理是利用金属铝化合物与金属铝盐在合适溶剂中发生氧化-还原反应制备纳米铝粉。常采用叔胺氢化铝在异丙醇钛催化作用下分解形成纳米铝粉。当前,为了制备性能更加优异的纳米铝粉,各国学者相继研发了不同的分解前驱体和包覆剂进行液相法化学法制备纳米铝粉并取得了较大的研究进展[19-20]。

Halas 等人使用液相化学法制备了粒度受控的高纯度铝纳米晶体(见图 4-5),通过简单改变反应溶液中的溶剂比实现了 70~220 nm 尺寸控制,由于在其表面上形成了 2~4 nm 厚的钝化氧化物层,因此制备的单分散二十面体和三角双锥体纳米铝晶体可在空气中稳定数周。该项工作为各向异性纳米铝的合成提供了新思路,并为后续研究各向异性纳米铝的相关热反应性能提供了可能。随后他们又通过在路易斯碱溶剂中的异丙醇钛(Ⅳ)催化分解 AlH_3 来追求在分子水平理解 Al 纳米晶体的形成,研究发现 Al 纳米晶体的胶体稳定性及其尺寸由反应中配位原子的分子结构和密度决定。

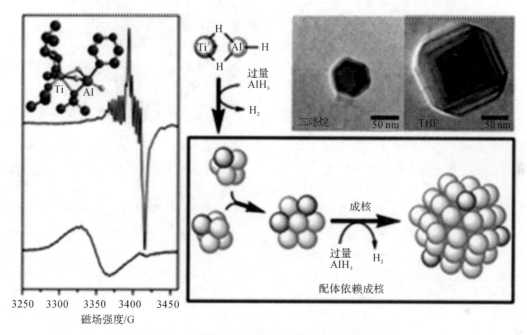

图 4-5　纳米铝多面体产物合成过程和透射电镜图

注:$1 G = 10^{-4} T$。

Sun 等人通过使用 $H_3AlN[(CH_3)_2C_2H_5]$ 和 $H_3AlN[(C_4H_8)(CH_3)]$ 作为前体和具有一个或一对羧酸基团的分子作为表面钝化剂,系统地研究了铝纳米颗粒的湿化学合成,研究发现二甲基乙胺铝烷更具反应性,能够产生分散的铝纳米颗粒,其形态如图 4-6 所示。1-甲基吡咯烷铝烷在催化分解反应中反应性较低且较复杂,因此需要对实验参数和条件进行设计。通过使用二甲基乙胺铝烷和 1-甲基吡咯烷铝烷作为前体、具有一个或一对羧酸基团的分子作为表面钝化剂,系统地研究了湿化学合成纳米铝颗粒的方法。研究表明二甲基乙胺铝烷更具反应性,能够产生分散的铝纳米颗粒,而 1-甲基吡咯烷铝烷在催化分解反应中反应性较低且较复杂。结果表明,钝化剂起到双重作用,使其在铝烷分解过程中保持纳米级,并保护纳米铝粒子免于表面氧化,且在铝烷分解速率之间取得适当平衡,还发现将钝化剂引入反应混合物中的时间对于所需的产物混合物和/或形态是关键的。

Haber 和 Buhro 在研究中用两种方法合成纳米铝。方法 1 是用 $LiAlH_4$ 和 $AlCl_3$ 于 164℃ 下在 1,3,5-三甲基苯中反应产生纳米铝,方法 2 是通过在 1,3,5-三甲基苯(约 100~164℃)中回流分解 $H_3Al(NMe_2Et)$ 产生纳米铝。

刘塑等人报道了一种可以控制大小和形状的单分散纳米铝的合成方法,使用聚合物配体二硫代苯甲酸异丙酯端接聚苯乙烯(CDTB-PS)合成单分散铝纳米晶体,其形状和粒度如图4-7所示。这种方法实现了单分散纳米铝的尺寸和形状控制合成,通过控制催化剂异丙醇钛(Ⅳ)的浓度和不同的种子数量来确定纳米铝粉颗粒的大小。纳米颗粒的大小不同,制备的纳米铝晶体溶液具有不同的颜色,这是等离子体纳米材料的一个特征。

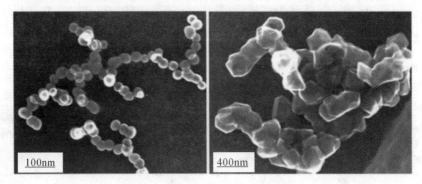

图4-6 不同方法制备的纳米铝

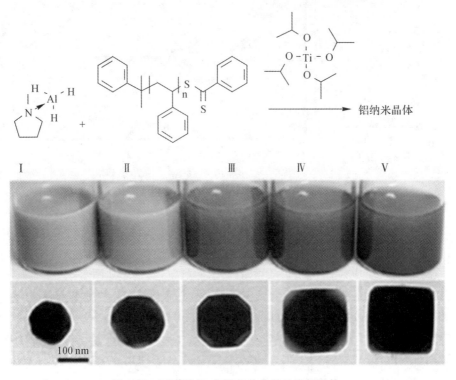

图4-7 不同形状、粒度的单分散纳米铝晶体

机械化学是研究物料在机械力诱发和作用下物理化学性质和结构发生的变化,这种变化不仅为合成新的化学物质和开发预定功能材料提供了方法,也为探讨特殊条件下物质的化学特性和物理功能以及它们的交叉问题开辟了新的途径。机械化学合成纳米铝粉近年来取得了较大的研究进展。机械化学法一般采用氯化铝和金属锂作为反应原料,在惰性气体氛围下使用高能球磨设备边研磨边反应制备纳米铝,高能研磨反应后所得产物经过有机溶剂洗涤,能够

将大部分副产物氯化锂除去,所得纳米铝的平均粒径为 55 nm。由于所生成的纳米铝非常活泼,如果使用金属钠与氯化铝球磨制备纳米铝,则副产物氯化钠很难除去。这种机械化学法制备纳米铝的优点是方法简便、操作简单;缺点是虽然经过长时间研磨,也难以保证所有原料都能够参与反应,因为固相研磨法毕竟接触面较小,无法与均相反应相比。如果能够找到一种均相反应制备纳米铝的方法,将会更有利于提高产物的纯度和粒度均匀性,并能实现规模化生产。李鑫等人采用山梨糖醇酐三油酸酯作为过程控制剂及分散剂,通过高能机械球磨的固相化学还原法制备了立方晶型的纳米铝粉,通过 Scherrer 公式计算制备的纳米铝粉平均粒径为 58.6 nm,同时制备的纳米铝粉表面包覆有无定形 Al_2O_3 氧化物及部分表面活性剂 Span - 85,试样中含少量 $AlCl_3 \cdot 6H_2O$ 杂质。

4.3.2　纳米铝粉表征方法及设备

纳米材料的化学组成及其结构是决定其性能和应用的关键因素,研究纳米材料结构与性能之间的关系,就必须对纳米材料在原子尺度和纳米尺度上进行表征,主要包括成分分析、形貌分析、粒度分析、结构分析以及表面界面分析。纳米铝粉重要的微观特征包括:晶粒尺寸及其分布和形貌、晶界及相界面的本质和形貌、晶体的完整性和晶间缺陷的性质等。适合纳米材料尺度测量与性能表征的仪器主要有:电子显微镜、扫描探测显微镜、X 射线衍射仪和激光粒径仪等。随着纳米材料科学的发展和纳米制备技术的进步,将需要更新的测试技术和手段来表征、评价纳米粒子的粒径、形貌、分散和团聚状况,以及分析纳米材料表面、界面性质等。因此,纳米材料表征技术的进步,必将推动纳米材料科学不断向前发展[21-23]。

4.3.2.1　粒度分析方法及设备

颗粒大小影响着颗粒材料的许多性能,是衡量颗粒材料质量和性能的重要指标。纳米铝粉的颗粒大小和粒度分布对相关材料的研究和开发以及质量控制是非常重要的参数。可以假设纳米铝粉颗粒为一个球形粒子,用一个单一的数字来描述其直径,也可以使用多种长度和宽度测量来描述非球形颗粒,这样的描述提供了更高的准确性,但也更复杂。纳米粒子的常用测试方法大多是通过物理测量值(即散射光、沉降率)来确定能够产生数据的球体的大小,这种方法虽然简单但不完全准确,大多数情况下假设制备的纳米铝粉的颗粒形状为球形不会引起严重问题。纳米铝粉的粒度测试中可以使用激光衍射、动态光散射和图像分析等多种原理的粒子表征工具。每种粒度表征测量技术都是利用自身的物理原理来检测纳米粒子尺寸的。例如沉降法粒度测试中测量颗粒在黏性介质中的下落速率,其他颗粒和/或容器壁倾向于减慢其运动。当粒子在光束中随机流动时,光散射装置将平均各种尺寸,产生从最小到最大尺寸的尺寸分布。因此,对于不同原理的粒度分析仪器,所依据的测量原理不同,其颗粒特性也不相同,不能进行横向直接对比。在粒度测试过程中常使用平均值、中值等术语来描述所制备纳米粒子的大小。均值是一个类似于半均概念的计算值,具有多种定义,因为均值与分布计算的基础(数量、表面、体积)相关联。

激光粒度仪通过颗粒的衍射或散射光的空间分布(散射谱)来分析颗粒大小。主要原理是米氏散射理论,光在行进过程中遇到颗粒(障碍物)时,会有一部分偏离原来的传播方向,颗粒尺寸越小,偏离量越大,颗粒尺寸越大,偏离量越小,散射光的强度代表该粒径颗粒的数量,这样测量不同角度上的散射光的强度时,就可以得到样品的粒度分布。激光粒度仪集成了激光技术、现代光电技术、电子技术、精密机械和计算机技术,具有测量速度快、动态范围大、操作简便、重复性好等优点,目前已成为在全世界范围内最流行的粒度测试仪器。其缺点是分辨率相对较低,不宜测量粒度分布范围很窄的样品。激光黏度仪根据能谱稳定与否分为静态光散射粒度仪和动态光散射激光粒度仪两类。静态光散射粒度仪适用于微米级颗粒的测试,激光衍射式粒度仪仅对粒度在 5 μm 以上的样品分析较准确,经过改进也可将测量下限扩展到几十纳米。动态光散射激光粒度仪根据颗粒布朗运动的快慢,通过检测某一个或两个散射角的动态光散射信号来分析纳米颗粒大小,能谱随时间高速变化。动态光散射粒度仪对粒度在 5 μm 以下的纳米样品分析准确。

电镜法粒度分析的优点是可以提供纳米材料颗粒大小、分布以及形状的数据,此外一般测量颗粒的大小可以从 1 nm 到几微米不等,并且给出的是颗粒图像的直观数据,容易理解。其缺点是样品制备过程会对结果产生严重影响,如样品制备的分散性会直接影响电镜观察质量和分析结果。电镜取样量少,会产生取样过程的非代表性。适合纳米铝粉电镜法粒度分析的仪器主要有扫描电子显微镜(SEM)和透射电子显微镜(TEM)。SEM 有很大的扫描范围,原则上从纳米级到毫米级均可以用扫描电子显微镜进行粒度分析。对于 TEM,由于需要电子束透过样品,因此适用的粒度分析范围在 1~300 nm 之间。电镜法粒度分析还可以和电镜的其他技术共用,实现对颗粒成分和晶体结构的测定,这是其他粒度分析法不能实现的。

用 XRD 测量纳米铝粉颗粒大小是基于衍射线的宽度与材料晶粒大小有关这一现象的。利用 XRD 测定粒度的大小是有一定的限制条件的。一般当晶粒大于 100 nm 时,其衍射峰的宽度随晶粒大小的变化就不敏感了;当晶粒小于 10 nm 时,其衍射峰随晶粒尺寸的变小而显著宽化。试样中晶粒大小可采用 Scherrer 公式进行计算。

4.3.2.2 纳米铝粉的结构分析

纳米铝粉的结构分析不仅对纳米材料的成分和形貌研究有重要影响,而且对纳米铝粉相关材料的性能研究也有着重要的作用。目前常用的物相分析方法有 X 射线衍射(XRD)分析、激光拉曼(Raman)分析、高分辨 TEM(HRTEM)分析等。XRD 分析是基于多晶样品对 X 射线的衍射效应,对样品中各组分的存在形态进行分析,测定纳米铝粉的晶相、晶体结构及成键状态等,确定各种晶态组分的结构和含量。由于该方法的灵敏度较低,一般只能测定样品中含量在 1% 以上的物相,同时其定量测定的精度也不高,一般在 1%。XRD 分析所需样品量大(0.1 g),对非晶样品不能分析。样品的颗粒度对 X 射线的衍射强度以及重现性有很大的影响,一般样品的颗粒越大,参与衍射的晶粒数就越少,并且还会产生初级消光效应,使得强度的重现性较差,因此要求粉体样品的颗粒度大小在 0.1~10 μm 范围。此外,吸收系数大的样品,参加衍射的晶粒数减少,也会使重现性变差,因此在选择参比物质时,尽可能选择结晶完好、晶粒小于 5 μm 且吸收系数小的样品。由于 X 射线的吸收与其质量密度有关,因此要求样品制备均匀,否则会严重影响定量结果的重现性。

4.3.2.3 纳米材料的形貌分析

对于纳米材料,其性能不仅与材料颗粒大小有关,还与材料的形貌有重要关系。形貌分析的主要内容是分析材料的几何形貌、材料的颗粒度、颗粒度的分布以及形貌微区的成分和物相结构等。纳米铝粉常用的形貌分析方法主要有:扫描电子显微镜(SEM)、透射电子显微镜(TEM)、扫描隧道显微镜(STM)和原子力显微镜(AFM)等。扫描电镜分析可以提供从数纳米到数毫米范围内的形貌图像,其分辨率一般为几纳米,对于场发射扫描电子显微镜,其空间分辨率可以达到 0.5 nm 量级；可以提供纳米铝粉材料的几何形貌、粉体的分散状态、颗粒大小与分布以及特定形貌区域的元素组成和物相结构等。扫描电镜对样品的要求比较低，可以对纳米铝粉直接进行形貌观察。透射电镜具有很高的空间分辨能力，特别适合纳米铝粉材料的分析，其特点是样品使用量少，但纳米铝粉颗粒大小应小于 300 nm，否则电子束就不能透过样品。

利用原子力显微镜，可以解决单个粒子和粒子群的问题，AFM 提供了三维可视化。垂直轴或 Z 轴的分辨率受仪器振动环境的限制，而水平轴或 $X-Y$ 轴的分辨率受用于扫描的尖端直径大小的限制。通常 AFM 仪器的垂直分辨率小于 0.1 nm，$X-Y$ 轴的分辨率在 1 nm 左右。在材料传感模式下，AFM 可以区分不同的材料，提供复合材料的空间分布信息。AFM 数据基于软件的图像处理可以在单个纳米颗粒和纳米颗粒组之间产生定量信息。扫描隧道显微镜主要针对粒径为 1 nm 的铝粉的形貌分析，可以达到相对原子质量级的分辨率，能进行表面原子结构分布分析。扫描原子力显微镜可以对纳米薄膜进行形貌分析，分辨率可以达到几十纳米。这几种形貌分析方法各有特点。虽然电镜分析具有很多优势，但 STM 和 AFM 具有可以在气氛下进行原位形貌分析的特点。

4.3.3　纳米铝粉的保护与钝化

纳米铝粉作为一种新型高活性含能材料，其活性铝含量对于提高含能材料的能量水平极为重要。随着纳米铝粉粒径的减小，其比表面积急剧增大，表面原子比例增多。由于表面原子配位不全，具有较高的反应活性，暴露在空气中时极易与空气中的水和氧气快速反应形成氧化层，因此氧化反应释放的热量足以将纳米铝粉加热到点火温度（400 ℃），导致未纯化的纳米铝粉暴露于空气中时甚至会因为剧烈反应而直接燃烧。由于纳米铝粉具有自燃特性，必须在生产后立即用惰性涂层钝化。随着纳米铝粉应用领域的拓展，研究在空气中可以稳定放置的纳米铝粉的制备方法显得尤为重要。为了保证纳米铝粉的优良性能，应尽量增加活性铝的含量。现阶段最具代表性的方法是在纳米铝表面包覆一层物质，防止纳米铝粉与环境中的气体分子发生作用。纳米铝粉的原位包覆改性主要有碳包覆、氧化物包覆、金属包覆、聚合物包覆、有机酸包覆等，纳米铝粉表面包覆处理已经被证实是一种行之有效的途径。纳米铝粉通过表面包覆形成的核壳型复合结构的形成机理主要有化学键作用、库仑力静电引力作用和吸附作用等。无论是无机物包覆还是有机物包覆，都是基于上述几种原理，有的甚至是几种机理同时存在。对于化学键作用机理，由于包覆物与纳米铝粉之间形成较强的化学键，相对于库仑静电引力作用包覆性较好，壳层不易脱落，因而以此机理实现铝粉的包覆会得到较好的效果，但其对包覆剂的选择具有一定的限制，即包覆剂上需要含有某些特定官能团；聚合物包覆纳米铝粉一般为吸附作用，该方法包覆效果的好坏关键在于包覆介质，研究中经常使用表面活性剂与偶联剂处理剂，不同的表面处理剂所得到的包覆效果会有显著的不同，因而需要根据使用的高聚物或单体选择适当的表面处理剂。近年来，各国研究人员采用多种方法保持纳米铝粉的活性，尤其是已在纳米铝粉表面包覆处理领域取得了许多的研究成果，但是使用的大部分包覆材料为惰性物质，本身的燃烧热不高，这些包覆材料在燃烧时不会放热或仅释放较少的能量，而且本身作为惰性成分还占有一定的质量份额，这对其在含能材料领域的应用十分不利。

目前针对纳米铝表面改性技术，通常是在液相中将铝烷类前驱体加热分解，或者将铝盐还原生成铝颗粒的同时采用保护剂进行包覆。赵书林等人采用三苯基膦、氯化铝和氢化铝锂在三甲基苯溶剂中加热反应制备粒度在 50～120 nm 的纳米铝颗粒,其中三苯基膦包覆层厚约 3 nm;Muralidharan 等人采用乙酰丙酮铝和氢化铝锂在三甲基苯溶剂加热反应制备了粒度在 50～250 nm 的纳米铝颗粒,其中乙酰丙酮铝分解的有机物可覆在纳米铝颗粒表面;Thomas 等人先制得中间体氢化铝,再加入保护剂(聚合环氧化物/油酸/油胺)和催化剂加热分解制得粒度约 30 nm 的铝颗粒,图 4-8 中可清晰地看到有机包覆层。鄂秀天凤等人通过添加表面活性剂配体分解三氢化铝乙醚络合物,采用温和、简单的方法制备了尺寸为 16 nm 的亲油性的纳米铝粉。

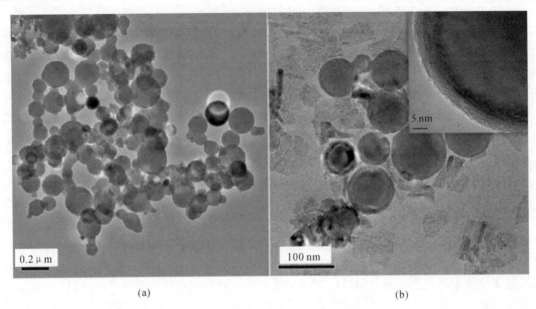

图 4-8 纳米铝和改性纳米铝颗粒 TEM 图
(a)原料纳米铝; (b)油酸改性纳米铝颗粒

Chung 等人以烷基取代环氧化合物为包覆剂,制备出颗粒粒径在 20～30 nm 的纳米铝。环氧化合物钝化纳米铝粉的示意图如图 4-9 所示,研究发现包覆环氧乙烷和环氧十二烷的铝纳米粒子在空气中是稳定的,而包覆环氧异丁烷的纳米粒子在空气中自燃。对该核壳纳米结构的滴定分析表明,其中存在 96% 的活性铝。

Fernando 等人报道了一种在油酸包覆剂存在的情况下用超声化学分解前驱体的方法,包覆与反应同时进行,其中将前驱体和催化剂以及适量的油酸加入到声波降解瓶中,将声波降解器调整至合适的程序,将反应后的产物去除溶剂后进行洗涤。产生的结构为球形的颗粒,其存在两个较明显的分布区间,这主要是由于两种产品在不同的油酸量下反应。经热重分析后发现铝的含量在 60%,活性组分铝大大提高,说明有机层替换表面氧化层可以有效地提高活性组分铝单质的质量分数。

以上这些方法对实验设备要求不高,可在实验室中化学合成,但存在制备过程中产物易氧化、易团聚、颗粒大小分布不均,以及杂质(如副产物 LiCl)不易分离等缺点。此外,还有一些电化学、高压蒸发法等制备颗粒尺寸小于 10 nm 的纳米铝的方法,但是这些方法设备复杂或者存在安全风险,不适合大规模生产[24-29]。

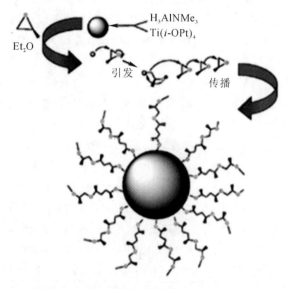

图 4 - 9   环氧化合物钝化纳米铝粉

4.3.4 纳米铝粉含能材料的应用性能

铝粉是固体火箭推进剂中常用的燃料补充,在复合固体火箭推进剂中加入铝粉可以增加推进剂的比冲和密度,从而增加总能量密度。而且,加入铝粉后通过铝粉燃烧时产生的凝聚相粒子可以减少燃烧不稳定性,从而减弱火箭发动机的震荡行为。因此,多年来铝粉在固体推进剂中的应用一直是人们关注的话题。在推进剂、烟火、炸药等含能材料领域,铝粉因其燃烧焓高、易得性好、毒性低、稳定性好而得到广泛的应用。铝粉在推进剂燃烧过程中氧化为氧化铝时释放出高能量,同时铝的高密度(2.7 g/cm³)使推进剂质量分数得到显著提高。研究表明,纳米铝粉能显著提高固体推进剂的燃速;纳米铝粉的燃烧效率高,燃烧过程只需要几分之一毫秒,且燃烧完全;纳米铝粉燃烧过程无团聚现象。在实际推进剂的配方应用过程中使用微米铝粉时,铝粉的燃烧需经熔化—凝聚—燃烧三个阶段,导致铝粉的点火延迟长,燃烧慢;铝粉点火温度高,燃烧时容易团聚,形成凝块,且燃烧不完全,从而降低了燃烧效率等。纳米铝粉的活性远远超过微米铝粉,作为燃料应用于含能材料中具有明显的优势。因此,纳米铝粉由于具有高能量密度、高感度和环境友好等特性,成为固体推进剂和复合炸药燃料的极具潜力的提高能量密度和燃烧速率的添加剂,在固体推进剂体系中添加适量的纳米铝粉,可显著改善固体推进剂的性能,可大幅度提高燃料的燃烧效率,改善燃烧稳定性。尽管在含能材料领域对纳米铝粉的应用进行了大量研究,但是大部分研究仅仅停留在实验室阶段。许多原因阻碍了纳米铝粉在含能材料领域的工业化应用,例如纳米铝粉的惰性保护层、不均匀分散、老化、推进剂制备过程中黏度过高、机械性能可能存在限制、安全问题、成本等[30-33]。

各国研究学者深入研究了纳米铝粉对固体推进剂燃烧性能的影响,Meda 等人使用 AP/Al/HTPB 配方研究了纳米铝粉对推进剂配方燃烧的影响,发现当 Al 粒径从 3 μm 下降至 30 nm 时 Al 的点火温度降低,燃烧时间缩短,而推进剂燃速增加明显。Baschung 和 Tepper 等人的研究结果表明,添加质量分数 20% 的纳米 Al 可以使基于 HTPB 固体推进剂的燃速提高

70%，证明含纳米铝的推进剂比含普通铝粉推进剂的燃速高。Olivani等人研究了纳米铝粉粒径对AP/Al/HTPB推进剂点火和燃烧的影响，发现增加纳米铝粉含量或者减小纳米铝粉的粒径，可以增加推进剂燃速并降低压强指数。Galfetti等人研究了纳米铝粉在固体推进剂中的应用，并与有相同含量普通铝粉的推进剂进行了比较，评估纳米铝粉在固体推进剂中的应用效果，对原始铝粉和固体推进剂冷凝燃烧产物进行了详细的表征和讨论，证实含纳米铝粉的固体推进剂有更高的燃速，压强指数没有显著变化，燃烧产物中铝的聚集/团聚现象较少。Baschung等人报道在HTPB复合推进剂中加入含20%Alex（Argonide公司产品），与同样含量普通铝粉相比较，燃烧速率可以提高70%，通过对比铝含量都为15%的片状YX76铝（Pdchiney公司产品）和球状Alex铝粉在双基推进剂中的作用表明，添加了Alex的推进剂爆热和作用力都有所提高，燃速提高了近2倍，同时燃烧压强指数从0.8下降到0.66。

Deluca等人在实验条件下对比了纳米铝粉与普通铝粉的燃烧微观情况，发现含纳米铝粉的固体推进剂配方比普通铝粉配方的燃速高；纳米铝粉的配方与普通铝粉的配方在燃烧表面附近的聚集非常不同，纳米铝粉团聚物（聚集薄片）具有珊瑚结构并且尺寸微小，而普通铝粉产生的液滴可能在燃面附近（或上方），大小达到几百微米，并在燃烧过程中观察到中空氧化帽；收集燃烧残渣发现，尽管纳米铝粉的活性铝含量降低，但纳米铝粉燃烧效率并没有降低，这主要是因为纳米铝颗粒比表面积增加，金属燃烧充分。通过快速减压、PDL法，发现含纳米铝粉的推进剂配方在燃烧表面有更强的热量传递，这是因为纳米铝粉增加了热反馈。Deluca等人研究了不同种类的纳米铝粉在不同压力条件的燃烧稳定性能，发现不同种类的纳米铝粉在不同压力条件下，燃烧稳定性变化不大；在相同压力下，降低纳米铝粉的粒度，即增加纳米铝粉比表面积，燃烧稳定性变化很大；对于极小的铝颗粒，虽然颗粒氧化速率非常快，但活性铝含量显著降低，阻碍了推进剂稳定燃速的进一步提高。测试铝粉的点火延迟发现，纳米铝粉比普通铝粉点火快，比没有铝粉的推进剂点火慢。

Sundaram等人进一步从火焰结构和燃烧模式方面对纳米铝燃烧进行了全面的总结，发现纳米铝颗粒粒径大于临界值时，燃烧由气相混合物的质量扩散来控制；当压力从0.1 MPa增加到10 MPa时，化学动力学为纳米铝燃烧的控制因素。因此相较于微米铝，纳米铝在含能材料中应用具有更多优势，比如纳米铝的氧化起始温度在100～200 ℃之间，显著低于铝的熔点（660 ℃），因此非常接近氧化剂的分解温度；纳米铝可不经过熔化直接燃烧，具有更好的点火性能，且燃烧很快，在燃烧面上就已经完全被氧化，产生的氧化物变为雾状并与燃烧气体达到热平衡，跟随燃烧气体流动，燃烧速率是微米铝的5～30倍之多；纳米铝在燃烧过程中无团聚和结块的现象，具有更好的抗凝聚性能；在设计新型的拥有良好物理性质的含能燃料配方时具有很高的灵活性。

李疏芬等人研究了超细铝粉与普通铝粉对NEPE推进剂燃烧性能的影响。研究结果表明，铝粉粒度越小，火焰中铝的凝滴越小，火焰越均匀，即超细铝粉可以减轻铝粒子的凝聚；对铝粉燃烧残渣的分析表明，粒径小于1 μm的超细铝粉燃烧最完全，即采用超细铝粉可以提高铝粉的燃烧效率；用热分析实验确定的铝粉点火温度结果表明，含超细铝粉NEPE推进剂的点火温度最低。秦钊等人研究了氟化物包覆纳米铝粉对端羟基聚丁二烯（HTPB）燃料燃烧性能的影响，采用真空浇注法制备了含氟化物包覆纳米铝粉和不含添加物的两种HTPB燃料，并测试了其在氧气流中的燃烧性能，研究表明氟化物包覆的纳米铝粉对燃料的退移速率有一定的促进作用，氧气与燃料质量比在0.4～8时，铝粉对HTPB燃料的理论比冲和绝热火焰温度都没有明显的促进作用。

由于纳米铝粉的活性太高,其在生产、使用和储存过程中存在很多安全上的问题。纳米铝粉表面极易被氧化,导致活性铝含量降低,会极大地损失能量。10 nm 的颗粒如有 3 nm 的钝化层的话,能量损失将近 60%,而高活性的纳米铝与有机溶剂的不兼容性以及在空气、酸碱性介质中的易腐蚀性,同样限制了其在固体推进剂中的应用。现阶段纳米铝粉的生产成本高,而且纳米铝粉的性质很大程度上取决于其制备技术,不同研究机构制备的纳米铝粉的活性和稳定性差别非常大;含纳米铝粉的含能配方中存在着流变学问题,使得含能配方黏性变大,难以处理;纳米铝的燃烧机制可能不同于微米铝,有待进一步研究,并且纳米铝的燃烧温度很低,这将不利于其广泛应用。因此,如果上述问题不能够成功解决,大规模的生产和使用纳米铝粉便不太可能实现。为了促进纳米铝粉在含能材料中的成功应用,各国科学家对其点火与燃烧行为、工艺性能与力学性能等进行了深入研究。

微米级铝粉燃烧的主要问题之一是点火温度较高,微米级铝粉的直径大于 100 μm,只有在 2 350 K 下氧化层融化后才能实现点火。含铝推进剂燃烧生成的较大粒径液相含铝凝团在燃烧流场的作用下,会导致发动机出现二相流损失、熔渣沉积和绝热层烧蚀加剧等现象。推进剂中铝颗粒的燃烧历经相变、团聚、点火、燃烧和燃烧产物的凝聚等过程。铝粉位于燃面凝聚相中,由于被高熔点氧化铝膜包裹而出现点火延迟,在 AP 热分解气体产物的推动下游动、碰撞、堆积,并在氧化膜部分破裂的部位发生融联。当燃烧表面退移到一定程度时,铝凝团脱离燃面进入气相火焰点火燃烧。纳米铝颗粒的燃烧涉及一系列物理化学过程,例如颗粒和气体之间的热量和质量传递、氧化物层中的相变和放热化学反应。纳米铝粉颗粒在氧气中燃烧的过程中纳米铝粉颗粒被 2~4 nm 厚的氧化物(Al_2O_3)层覆盖,纳米铝粉颗粒的燃烧在颗粒表面上不均匀地发生,氧化剂气体分子向颗粒表面扩散并与铝原子反应。随后的能量释放加热了粒子,热量通过传导和辐射传递到周围的气体中。通常要控制燃烧速度的三个重要过程为:①通过气相混合物的质量扩散;②通过颗粒氧化层的质量扩散;③化学反应。Meda 等人分析了含纳米铝粉推进剂燃烧产物中的铝粉含量,发现含纳米铝粉推进剂的燃烧产物中未燃烧铝粉的含量要低于含普通微米铝粉推进剂的燃烧产物中未燃烧铝粉的含量。

综合国内外的研究现状可知,目前对纳米铝粉在含能材料领域的应用研究特别是燃烧的研究取得了较大的进展,研究内容涉及纳米铝粉点火燃烧和推进剂中纳米铝粉燃烧机理研究,但是以单个铝颗粒和简单组成推进剂的铝粉燃烧机理研究较多,对推进剂中纳米铝粉燃烧过程的认识仍存在很多不足,相关结论能否应用于实际的推进剂复杂体系还未得到验证,今后需要建立一个重要的实验数据库,并对不同氧化环境下铝颗粒燃烧动力学进行深入研究,以便建立更加准确的预测模型。进行纳米铝粉表面改性可提升纳米铝粉的稳定性,改善纳米铝粉的点火及燃烧性能,这是提升铝粉燃烧效率的重要的研究工作。只有深入开展相关的研究,才有可能使纳米铝粉的优良特性在新型含能材料的研制中得到充分的发挥。

4.4　复合金属燃料

当前单质炸药的能量密度最高约为 12 kJ/cm³,而复合含能材料的能量密度可以达到 23 kJ/cm³。将铝粉与其他金属制备成纳米复合材料,可以在铝基推进剂中作为燃速调节剂使用,其与推进剂组分的相容性良好,能够提高铝粉燃烧效率和燃速,降低压强指数,降低铝粉的团聚,提高推进剂的实际能量密度。利用简单的溶胶-凝胶法制备的纳米复合含能材料、氧化剂/燃料纳米复合含能材料、纳米金属或金属氧化物复合含能材料在众多研究中体现出增加固体推进剂燃速、增加能量释放速率、改善固体推进剂黏合剂中纳米粒子的长期贮存性和稳定性等众多优点。

4.4.1 微米级金属燃料的复合

4.4.1.1 高能球磨法

高能球磨法是利用球磨机的转动或振动,使硬球对原材料进行强烈的撞击、研磨和搅拌,能明显降低反应活化能、细化晶粒、增强粉体活性、提高烧结能力、诱导低温化学反应,把粉末粉碎为微米级或纳米级微粒的方法。高能球磨也被称为机械合金化。常见的高能球磨设备主要为振动式球磨机、行星式球磨机和搅拌式球磨机,其优缺点见表 4-2[34]。

高能球磨法的基本原理和特点:利用球磨过程的高能量撞击使得反应物发生塑性变形,产生应变和应力,反应物内部发生晶格畸变,产生大量的缺陷,随着缺陷的积累,元素之间的扩散激活能显著降低,使得各反应物在常温下即可发生原子或离子扩散;在球磨过程中不断发生塑性变形、冷焊、断裂、细化,反应体系内形成无数扩散/反应偶,这样极大地缩短了反应物间的扩散距离;球磨过程中产生的大量应力、应变、缺陷和纳米相界、晶界使得粉末体系储能很高,极大地提高了粉末体系的活性;在磨球与粉末发生距离撞击的瞬间,会造成相界升温,这样不仅会促进相界间的扩散,同时诱发相界处发生化学反应,最终导致原料晶型、结构、组织的变化,新材料生成。因为铝粉本身具有很好的延展性和韧性,因此球磨产生的铝基复合燃料多为鳞片状或多层颗粒状,如图 4-10 所示。有文献报道了多种嵌入型铝基复合燃料的表面形貌。铝基复合燃料形貌与添加剂种类、添加量、球磨时间等密切相关。从文献报道来看,一般当添加剂为金属或者金属氧化物或氟化物时,调整球磨工艺,最终能够制备类颗粒状的铝基复合燃料,如图 4-10(a)(b)所示,延长球磨时间,制备的 Al/Ni 复合燃料由多层片状变为类颗粒状;而当添加剂为有机聚合物时,制备的铝基复合燃料多为多层片状,如图 4-10(c)~(e)所示。当添加剂为低密度乙烯(LDPE)、聚单氟乙烯(PMCF)和聚四氟乙烯(PTFE)时,所制备的铝基复合燃料均为多层片状,粒度为几十微米。这可能与有机聚合物的性质有关,特有的热塑性使其在球磨过程中热量积聚,温度升高,导致聚合物高温变软,黏度增加,将铝粉层层复合,因此在高能球磨过程中多为多层片状结构。

表 4-2 主要高能球磨设备举例

原理示意图	性能
振动式球磨机 	设备名称:Spex SamplePrep(美国) 　　　　　Aronov vibratory mill(俄罗斯) 容量:50 mL,1~10 g 优点:碰撞能量高,研磨时间短,耐压 缺点:批量处理,容量小,球磨速度不可调,难以进行实时测量,没有温度控制

续表

原理示意图	性能
行星式球磨机 	设备名称:Retsch PM series 　　　　　Fritsch Pulverisette series 　　　　　AGO-mills(俄罗斯) 容量:50~500 mL,100 g/罐 优点:比振动式球磨处理批量大,通常球磨速度可调,耐压,球磨室可冷却,某些 Fritsch 球磨机具有可变传动比 缺点:实时测量需要无线传感器,批量处理
搅拌式球磨机 	设备名称:Union Process,vertical axis 　　　　　Zoz GmbH,horizontal axis 容量:0.5~400 L,100 g/罐 优点:固定球磨罐可实现实时监控,冷却套可实现大范围的温度控制,包括低温,批量和连续生产可行 缺点:球磨罐难以承受较高压力,不能简单地加工小质量(单克)样品,样品在装卸过程中暴露在空气中

4.4.1.2　金属互化物与合金化燃料

合金是由两种或两种以上的金属与金属或非金属经一定方法所合成的具有金属特性的物质。常将两种或两种以上的金属元素或以金属为基添加其他非金属元素通过合金化工艺(熔炼、机械合金化、烧结、气相沉积等)形成的具有金属特性的金属材料叫做合金。合金主要分为以下三类:①混合物合金(共熔混合物),即当液态合金凝固时,构成合金的各组分分别结晶而成的合金;②固熔体合金,即当液态合金凝固时形成固溶体的合金;③金属互化物合金,即各组分相互形成化合物的合金。

推进剂中的金属合金化燃料的制备采用以下几种方法:机械合金化即高能球磨法、熔炼、气相沉积、紧耦合气雾化法等。

高能球磨过程中磨球之间、磨球与球磨罐壁、粉体与磨球及球磨罐壁之间剧烈的相互挤压和碾磨,使原始粉末均匀的混合在一起,粉末颗粒之间反复产生变形、冷焊、破碎、再冷焊,各组元原子之间相互扩散,从而达到合金化生成新相或细化粉末的目的。在球磨初始阶段,原始粉末被反复地挤压变形,经过破碎、焊合、再挤压,形成层状的复合颗粒,复合颗粒在球磨机械力的作用下,不断产生新生原子面,层状结构不断细化。机械合金化球磨过程中层状结构复合颗粒的形成标志着各组成元素合金化的开始。

通过用高能球磨制备的 Al/Mg、Al/Fe、Al/Zn、Al/Ni、Al/Ti 等金属合金化燃料[35-36],显

著降低了铝粉的点火温度。球磨法制备的 Al/Ni 金属合金,其形貌如图 4-11 所示,氧化性能如图4-12所示,可以看出将 Al 和 Ni 进行球磨复合后,可以显著改善铝粉在低温下和高温下的氧化性能。

紧耦合气雾化法制粉机理如图 4-13 所示,即利用高速气流冲击舱内低速的液态金属流,将其粉碎成细小的金属熔滴并在随后飞行的过程中快速凝固成粉末。气雾化的核心是控制高速气体对低速液态金属流的作用过程,使气流的动能最大限度地转化为新生粉末的表面能。紧耦合气雾化过程主要分为三个阶段:①液态金属流的初始破碎;②金属熔滴的二次破碎;③金属熔滴的冷却凝固。

华中科技大学蔡水洲课题组采用气雾化法制备二元及多元合金,如 Al/Li、Al/Mg、Al/Eu、Al/Mg/Zr、Al/Mg/Ce 等。合金在制备过程中形成其特有的内部结构,如 Al/3Eu 合金(见图 4-14 左图)和 Al/Mg/Zr 合金(见图 4-14 右图)。这种特殊的结构可能是促进合金粉末氧化的重要因素之一。

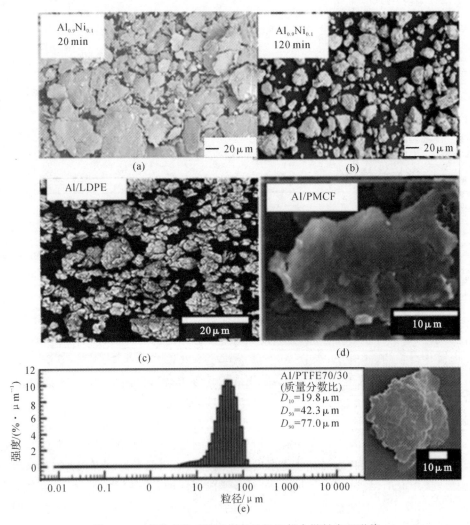

图 4-10　多种高能球磨法制备的铝基复合燃料表面形貌

(a)Al/Ni 复合燃料球磨 20 min 后的表面形貌;　(b)Al/Ni 复合燃料球磨 120 min 后的表面形貌;

(c)Al/LDPE 复合燃料的表面形貌;　(d)Al/PMCF 复合燃料的表面形貌;　(e)Al/PTFE 复合燃料的表面形貌及粒度分布

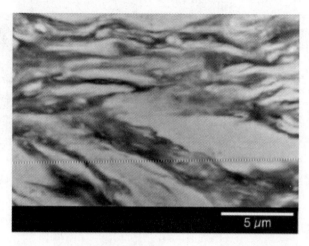

图 4-11　高能球磨法制备的 Al/Ni 合金 SEM 图[35]

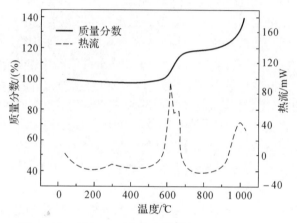

图 4-12　Al/Ni(10%)合金燃料的 TG-DSC 曲线

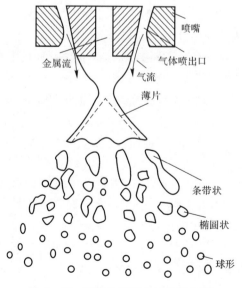

图 4-13　紧耦合气雾化法制粉机理

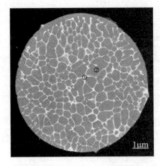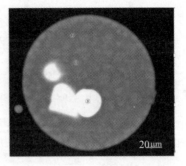

图 4-14　Al/3Eu(左)和 Al/Mg/Zr(右)合金粉末颗粒截面形貌

4.4.2　纳米复合燃料

纳米含能复合燃料不仅实现了氧化剂和燃料在介观尺度的均匀复合,充分发挥了现有高能化合物在推进剂中应用的潜能,提高了燃烧剂活性组分的含量,而且能够使目前一些能量高但感度也高、稳定性和组分相容性较差的新型高能化合物在推进剂中获得实际应用,还可制备本身具有能量的骨架材料,从而有效提高推进剂的能量和能量利用率。

用于制备纳米复合含能材料的方法按制备手段来分有物理法和化学法。物理法指用外加物理手段如气流、液流或其他机械力冲击含能材料的颗粒,使其在外加力场(如冲击、挤压、碰撞、剪切、摩擦等)作用下,发生颗粒断裂、破碎,从而达到细化、分散的目的。化学法指的是采用各种化学原理,通过在化学过程中控制含能组分颗粒的长大,使其细化并分散均匀。

(1)物理混合法。超声波物理混合法广泛地应用于纳米 Al 和氧化物粉末混合[37-40]。这些由纳米组分制得的纳米铝热剂被称为 MIC(亚稳态分子间复合材料或亚稳态空隙复合材料)或超级铝热剂[41-42]。超级铝热剂通常是将纳米铝粉和氧化剂在溶剂(如正己烷)中分散,并在超声波条件下混合均匀,经过超声处理和分散剂蒸发后,通过细筛网除去蒸发过程中形成的团聚物。

(2)气相沉积法。气相沉积法包括溅射法(sputtering)和原子层沉积法(atomic layer deposition,ALD)。溅射法的应用较为广泛,能够获得多层的纳米含能材料。原子层沉积法是沉积具有高度正形性和精确薄膜厚度可控的超薄薄膜(20 nm～2 μm)的一种理想方法。由该法制得的纳米含能材料反应层间的扩散距离减小,从而粒子间的混合度和活性提高。

Vine 等人报道了 Ti/C 和 Ti/Al 的多层沉积方法,结果表明,与常规化合物相比,多层材料的燃烧速率大幅增加。俄罗斯邦核中心通过气相沉积制备的纳米炸药多晶层含有大量孔隙、位错等微缺陷(见图 4-15)。在多层 PETN 中,炸药密度仅为 $0.75 \sim 0.8$ g/cm³。这些纳米和微米尺度下的微缺陷可使得炸药的临界起爆直径显著降低,且与传统方法制备的纳米炸药相比,气相沉积法制备的纳米炸药爆速受药片厚度影响较小。

(3)反应抑制研磨。反应抑制研磨(ARM)是以均匀常规的金属、非金属和(或)氧化物粉体的混合物为起始物料,通过类似机械合金化的技术来制备纳米复合材料的方法,其在机械触发的自持反应之前的研磨过程被中断或抑制。

Sehoenitz 等人利用 ARM 技术制备出具有高反应性和高能量密度的系列铝-金属氧化物亚稳态纳米复合含能材料,复合物中的反应性组分也可以是金属氧化物或者其他具有高放热反应材料的组合,如 B/Ti 或 B/Zr 等。研究结果表明,利用该技术制备的产品,其密度接近理论上的最大值;由 ARM 技术制备的纳米级复合物比部分研磨的粉体混合物有更高的反应速率和线性燃烧速率。

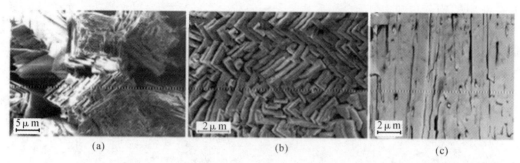

图 4-15　俄罗斯邦核中心制备的多层 PETN 的 SEM 图

Badiola 等人采用一种改进的 ARM 技术,即于低/冷冻温度下经冷研磨制备出 Al/CuO 反应性纳米复合物,原材料在有液氮浴和研磨球介质的钢瓶中进行处理。其颗粒横截面如图 4-16 所示,铝基质中氧化铜包含物大小从 1 nm 到 50 nm 不等。

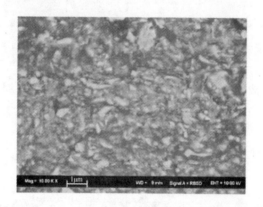

图 4-16　8Al/3CuO(富金属铝热剂合成物)的纳米复合反应活性微粒横截面

为了制备性能优异的纳米级含能复合物,俄罗斯也进行了反应性研磨的研究,并称之为机械活化能复合材料(MAEC)。大部分研究集中在金属-特氟纶化合物上,其中的金属包括铝、镁、钛和锆粉等。

通过 ARM 技术可制备出完全致密的样品,个别复合粒子的密度接近理论最大值。机械触发反应的研磨时间有效地建立了一个有限的三维空间尺度,在这个立体空间内对各组分进行较为均匀的混合。研磨时间可根据具体情况进行选择,如批量粉末、粉末样品与研磨介质的质量比、处理温度以及过程控制剂的使用等。因此,需在研磨时间的选择、诸多的研磨因素等方面开展进一步研究,最终达到优化 ARM 技术工艺过程的目的。同时也可以在 ARM 技术基础之上对其进行改进或结合其他制备方法,以获得性能更优的含能复合材料。

(4)喷雾干燥法。喷雾干燥法是将溶有溶质的溶液、悬浮液、乳液、溶胶等雾化成小微粒,然后再干燥的工艺,它是工业上制备亚微米、纳米颗粒的主要工艺方法,其设备简单、成本低廉、效率较高。

采用气动和超声两种雾化喷嘴,以聚乙烯醋酸盐(PVAc)为黏合剂,将炸药与黏合剂首先共同溶解于溶剂中,再经喷雾干燥法制备均匀、粒径为数百纳米的类球状 RDX 以及纳米 RDX 基复合炸药微粒,如图 4-17 所示[43]。研究结果显示,雾滴大小对 RDX 晶体产物的粒径具有决定性的影响,而黏结剂均匀地分布在复合炸药微粒中。RDX 结晶首先经历一个快速大量成核的过程,黏结剂壳层的生长对抑制颗粒晶体生长、实现纳米尺度复合有重要影响。此外,这种制备方法的优点是在实现对炸药粒径有效控制的同时,将黏结剂与细颗粒炸药均匀复合,这样能够有效降低其机械感度和冲击波感度。

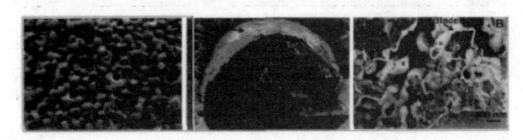

图 4-17 类球状 RDX 以及纳米 RDX 基复合炸药 SEM 图

俄罗斯科学院研究人员采用喷雾干燥混合制备了 Al/HMX 纳米复合物,如图 4-18 所示。由该法制备的粉末较为松散,其燃烧性能表明,燃烧速度可由 19 mm/s 增加至 55 mm/s (压力范围为 3 ~10 MPa,压强指数为 0.34~0.84)。

(5)微乳液法。微乳液是由两种不互溶的溶剂[通常为油(常为碳氢化合物)和水],在表面活性剂(有时加入特定的助表面活性剂)存在下制成的透明、各向同性、低黏度的热力学稳定体系[44-45]。其中不溶于水的非极性物质为分散介质,反应物水溶液为分散相,表面活性剂为乳化剂,形成油包水(W/O)型微乳液。在此体系中,两种互不相溶的连续介质被表面活性剂分子分割成微小空间形成微型反应器,其大小可被控制在纳米级范围。

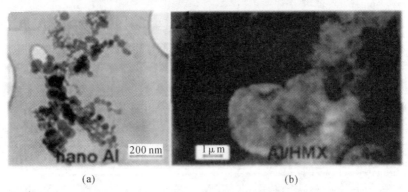

图 4-18 纳米 Al 和 Al/HMX 复合物 TEM 图
(a)纳米 Al; (b)Al/HMX 复合物

Bayat 等人通过微乳液法,采用乙烯-乙酸乙烯共聚物和 GAP 制备了两种 CL-20 基纳米复合炸药,该方法 CL-20 含量可控,用该方法成功制备了 CL-20 含量分别为 80%、85%、90%的 CL-20 基纳米 PBX。CL-20/EVA 纳米复合炸药扫描电镜及原子力显微镜如图 4-

19 所示。另外,采用透射电镜清晰地观察到了黏合剂包覆 CL - 20 的纳米核壳结构。动态光散射测试结果表明,两种纳米复合炸药配方中 CL - 20 的平均粒径约为 32 nm 和 18 nm,PBX复合物感度降低,且机械强度高,可用于推进剂配方。

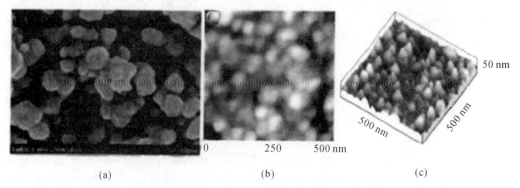

(a)　　　　　　　　(b)　　　　　　　　(c)

图 4 - 19　CL - 20/GAP 纳米复合炸药扫描电镜及原子力显微镜
(a)扫描电镜图；　(b)(c)原子力显微镜图

　　(6)溶胶-凝胶法。溶胶-凝胶法是将氧化剂或燃料制成溶胶,添加其他组分形成凝胶的方法。凝胶形成后,采用超临界法萃取出其中液体可得到多孔、低密度的气凝胶;采用慢蒸发,结合一定的压力可得到高密度的干凝胶(见图 4 - 20)。

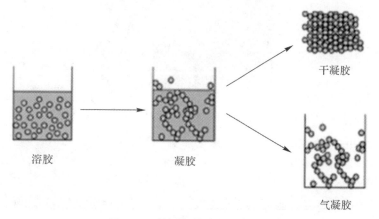

图 4 - 20　溶胶-凝胶法示意图

　　美国 Lawrence Livermore 国家重点实验室首次利用溶胶-凝胶方法制备了纳米结构复合含能材料,达到了分子水平上的混合。该实验室 Tillotson 等研究人员采用溶胶-凝胶法得到了 Fe_2O_3/Al 纳米结构复合含能材料(见图 4 - 21)。对该复合材料的热性能、结构和它们的混合程度进行研究,结果表明,所制备的含能纳米复合材料燃烧得更快,反应更剧烈,比单纯的两种材料混合更均匀,热点火感度更敏感。该实验室还制备了 AP/RF 的纳米复合含能材料,AP 含量高达 90%,试验表明该材料最高可以达到 HMX 的能量密度。

　　Tappan 等人以粒径 20～200 nm 的 CL - 20 炸药球形粒子为核,使用溶胶-凝胶法在其表面均匀包覆上一层硝化纤维为壳,得到了 CL - 20/硝化纤维纳米复合物(见图 4 - 22)。这种纳米粒子的热分解过程表现为外层硝化纤维壳的特性,但当 CL - 20 的含量高于 50% 时,复合粒子则在一定程度上呈现出 CL - 20 的分解特性。

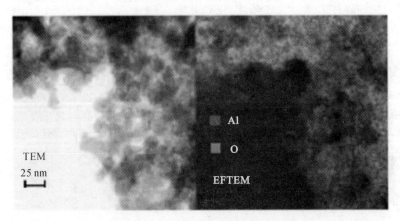

图 4 - 21　溶胶-凝胶法制备的 Fe_2O_3/Al 纳米复合含能材料的 TEM 图

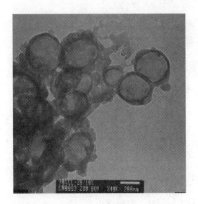

图 4 - 22　CL - 20/NC 冰冻凝胶的 TEM 图

　　雷晴等人采用溶胶-凝胶法制备了酚醛树脂、二氧化硅、三氧化二铁等基体的一系列的纳米复合含能材料,不同基体纳米复合含能材料的 SEM 图如图 4 - 23 所示,可以看出氧化剂和燃料以纳米级别分布。

　　用溶胶-凝胶法能够容易地将其他惰性氧化物引入金属氧化物基材中,从而制得二元骨架复合材料,可用它来调节能量释放速率、燃烧速率、敏感性等性能。如图 4 - 24(a)(b)所示,添加 SiO_2 前、后的 $Fe_2O_3/Al(2~\mu m)$ 复合材料燃烧速率明显不同。用 40 nm 的铝粉替代 2 μm 铝粉[见图 4 - 24(c)]后,氧化剂与燃料在纳米尺度上混合均匀,传质速率增加,使得 $Fe_2O_3/SiO_2/Al(40~nm)$ 的燃烧速率比含有微米级 Al 的复合材料快得多[46]。

　　溶胶-凝胶法制备纳米复合材料除易于控制含能材料的配方组成和纳米结构外,还具有很高的加工安全性和易成型性,其室温凝胶化和低温干燥过程对敏感含能组分没有热冲击,加工过程也没有明显的机械作用,而且凝胶化之前溶胶的黏度很低,易于浇铸成任何形状。

　　用溶胶-凝胶法制备结构纳米复合含能材料可能开创一条简单、安全和经济的火箭运载推进剂、武器弹药等含能材料制备工艺的新道路,从而全部或部分取代现有的危险、复杂的含能材料制作工艺,是固体推进剂和火炸药等纳米含能材料技术发展的重要方向。

图 4 - 23　不同基体的纳米复合含能材料的 SEM 图

(a)RF/ADN；　(b)SiO$_2$/RDX；　(c)AP/Al[m(AP)∶m(Al)=1∶3]/Fe$_2$O$_3$；

(d)AP/Al[m(AP)∶m(Al)=3∶1]/Fe$_2$O$_3$

图 4 - 24　金属基复合含能材料点火图

(a)溶胶-凝胶法制备的 Fe$_2$O$_3$/Al(2 μm)；　(b)Fe$_2$O$_3$/SiO$_2$/Al(2 μm)；　(c)Fe$_2$O$_3$/SiO$_2$/Al(40 nm)

(7)分子自组装。自组装技术[47-48]利用范德华力、静电力、氢键、毛细管作用等为驱动力，控制纳米复合含能材料中组分纳米粒子之间的排布，增加组分粒子之间的接触，缩短粒子之间的传质和传热距离，提高材料的燃烧速率、反应活性和能量利用率。

将常用的 7 种纳米复合含能材料制备方法的优缺点总结列于表 4 - 3 中。这些制备工艺都有自己的优缺点，用单一方法制备纳米复合含能材料可能不能满足预期效果，需考虑将多种工艺方法有机结合的方式。

表 4-3 纳米复合含能材料的制备工艺比较

制备方法	优点	缺点
物理混合法	适用范围广,操作简便,成本低	(1)很难使超细粉体紧密混合; (2)难以获得氧化剂和燃料的均匀分布; (3)超声波混合的工艺难以扩大规模
气相沉积法	纳米粒子间混合均匀、活性高	(1)需要专用的设备和严格的实验条件; (2)不适于大规模生产纳米含能材料
反应抑制研磨	可制备出完全致密的样品,个别复合粒子的密度接近理论最大值	(1)局限于制备活性纳米复合粉体; (2)需要考虑制备过程的安全性
喷雾干燥法	具有细化程度高、可操作性强和细化粒子均匀性好等优点	只适用于制备某些在蒸发温度下稳定的含能材料,对于某些挥发性差、对热极端不稳定的含能化合物的制备是不适宜的
微乳液法	粒度分布范围窄,制备过程安全易操作	制备过程中的残留表面活性剂不易除去,导致所得产品纯度不够
溶胶-凝胶法	(1)易于控制含能材料的配方组成和纳米结构; (2)具有很高的加工安全性和易成型性; (3)对设备要求简单,易于实现	传统的干燥技术由于凝胶孔洞收缩,极易导致产品颗粒团聚长大
分子自组装	能够实现燃料和氧化剂的均匀分散,大大提高能量释放速率	(1)目前在含能材料领域应用较少且仅用于试验研究; (2)定制自组装材料成本高,可能会降低含能配方的能量密度

根据其结构和应用领域,纳米复合含能材料主要分为三类,如图 4-25 所示。图 4-25(a)是一种由燃料颗粒和氧化剂骨架组成的多孔结构复合材料。这类复合材料主要产生高温固相反应,可用于铝热剂、起爆药、推进剂燃速调节剂中。图 4-25(b)为多孔金属骨架结构,其中金属在空气中燃烧产生能量,主要应用于烟火剂、发射药中。最终理想化的复合材料是如图 4-25(c)所示的材料,其由燃料骨架与纳米无机氧化剂形成网络结构,复合体反应时主要生成气态产物,适用于固体推进剂中。

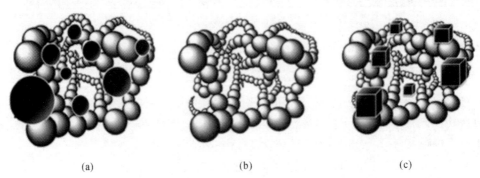

(a)　　　　　　　　　　(b)　　　　　　　　　　(c)

图 4-25　纳米复合含能材料的结构示意图

(a)燃料颗粒和氧化剂骨架组成的多孔结构;　(b)多孔金属骨架结构;

(c)燃料骨架与纳米无机氧化剂组成的网络结构

纳米复合含能材料在炸药、推进剂、烟火剂和其他方面的应用已经深刻地影响了含能材料的应用,并且这种影响正在不断扩大。纳米含能复合材料在军事和民用领域都有很大的潜力,包括环境清洁点火药、起爆药、先进火箭推进剂、炸药、绿色含能材料、多功能弹头、热电池、原位焊接、化学/生物中和技术、可调节火焰技术、微型连接技术、气热发生器、热电池、爆炸装置、引发剂等应用领域。如:质量分数为 90% 的 PETN 与质量分数为 10% 的 SiO_2 纳米复合炸药可用作钝感雷管装药;Al/MoO_3 纳米复合含能材料可作为环境友好、无铅组分的冲击起爆雷管;用氧化剂和添加剂制备出了硝基甲烷/SiO_2 凝胶火箭推进剂;金属基的纳米复合含能材料燃烧速度是现有发射药的 10 倍,可使导弹、鱼雷、炮弹或子弹在目标采取规避措施前就以极快的速度进行攻击;纳米复合含能材料应用于 PBX 炸药,能够有效降低感度、提高爆轰性能。

4.4.3　高能量密度多元纳米复合微单元燃料(MFC)

4.4.3.1　概念与内涵

高能量密度多元纳米复合微单元燃料是指由两种或多种氧化剂、可燃剂在纳米尺度均匀复合、精确组装构筑的有精确氧(化剂)、燃(料)配比的新型含能材料。与一般纳米复合含能材料不同,在制备之前燃料与氧化剂便被赋予精确的比例,氧化剂、可燃剂间以纳米级尺度组装,这样可缩短氧化剂与可燃剂燃烧时的质量传输距离,降低传质、传热过程对燃烧性能的影响,使氧化剂、可燃剂间的化学反应更加充分。将高能量密度多元纳米复合微单元燃料应用到固体推进剂后,可充分发挥固体推进剂组分的化学潜能,从而有效提高固体推进剂的能量和能量利用率,进而为新一代火箭、导弹等武器装备提供性能更优异的动力源。高能量密度多元纳米复合微单元燃料开辟了研制具有高能量、高效率的新型含能材料的新途径,是未来提高固体推进剂比冲的一个主要研究方向。目前常见的高能量密度多元纳米复合微单元燃料有负载型和核壳型两大类。

负载型高能量密度多元纳米复合微单元燃料是一种以有机或无机分子为骨架,氧化剂和燃烧剂均匀负载于骨架分子中,在纳米级或分子级复合的新型结构单元,具有能量释放效率高、能量释放速率可控、感度低等特点。负载型高能量密度多元纳米复合微单元燃料的结构如图 4 - 26 所示。

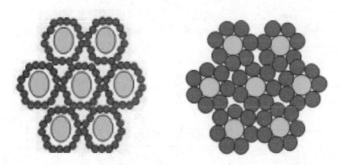

图 4 - 26　负载型高能量密度多元纳米复合微单元燃料结构示意图

核壳型高能量密度多元纳米复合微单元燃料是一种以纳米级氧化剂(还原剂)为核,以还原剂(氧化剂)为壳,氧化剂与还原剂之间有高分子隔离层,最外层有高分子保护层的新型结构单元,其具有尺寸均匀、燃烧效率高、感度低等特点。由于采用高分子隔离层将结构单元与外部隔离,该类高能量密度多元纳米复合微单元燃料的制备技术有望应用于解决组分相容性差、感度高、易吸湿类高能化合物(如 CL - 20、ADN 等)的工程化应用难题。核壳型高能量密度多元纳米复合微单元燃料的结构如图 4 - 27 所示。

图 4 - 27　核壳型高能量密度多元纳米复合微单元燃料结构示意图

4.4.3.2　制备方法及设备

从结构上分析,多元纳米复合微单元含能材料制备工艺的复杂程度远超一般的纳米复合含能材料,常规、单一的制备技术不能满足其制备要求。

目前常将溶胶-凝胶、原位聚合、液相沉积等多种技术进行组合,从而制备出不同类型、不同结构的多元纳米复合微单元含能材料。

超临界流体增强溶液扩散技术(Solution Enhanced Dispersion by Supercritical fluids,SEDS)是一种制备多元纳米复合微单元含能材料的全新的超临界流体反溶剂技术(SAS),该技术利用超临界流体传质速率快的特性,以及喷嘴增强雾化效果的特性,可制备出比其他工艺粒度更小的微粒。SEDS 工艺流程如图 4 - 28 所示,其主要特点是,采用一个多流体喷嘴,使超临界流体与溶液从不同管路同时进入喷嘴,在喷嘴内部相混后,形成高速混合射流喷入粒子收集釜。在较高流动能量与机械约束共同作用下,溶液破碎形成大量细小雾滴,雾滴在超临界流体超强扩散作用下急剧膨胀,产生高过饱和度,促使溶质大量成核。由于雾滴本身直径非常小且分散均匀,造成晶核可用生长资源稀缺,生长受到抑制,因此制备出的粒子小且分布均匀。

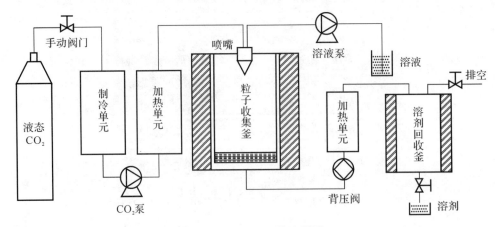

图 4 - 28　SEDS 工艺流程图

超临界 SEDS 技术可用于制备纳米复合含能材料。其工作原理是:将含能材料与包覆材料同时加入到溶剂中,充分搅拌后,含能材料在溶剂中完全溶解,包覆材料在溶剂中完全溶胀,二者混合均匀;制备过程中,混合溶液与超临界流体(SCF)经喷嘴雾化后,形成大量微小雾滴,在超临界流体扩散作用力下,雾滴迅速膨胀,含能材料晶体成核并快速长大,同时溶胀在雾滴中的包覆材料的分子链迅速向内塌缩,将含能材料晶体紧密包裹,形成壳核结构的复合粒子,即通常所说的微胶囊。

微胶囊的内部结构有单核、多核、多壁、复合结构、无定形等多种类型,其结构模型如图4-29所示。

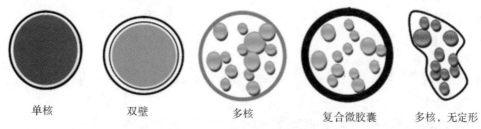

単核　　　　　双壁　　　　　多核　　　　复合微胶囊　　多核,无定形

图 4 - 29　微胶囊的不同结构

超临界流体装置图如图 4 - 30 所示。图 4 - 30(a)为无防爆设计区,主要由二氧化碳泵、双柱塞流体泵和控制面板组成。双柱塞流体泵分为双柱塞溶液泵 P400 和悬浮液泵 P200,RDX@FE 和 AP@FE 均选用双柱塞溶液泵 P400 制备,Al@FE 选用悬浮液泵 P200 制备。双柱塞溶液泵 P400 的流量范围为 1~60 mL/min。图 4 - 30(b)为防爆设计区,主要由粒子形成釜 A20 和 A30 组成。

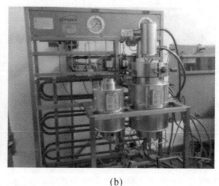

(a)　　　　　　　　　　　　　　　　(b)

图 4 - 30　超临界流体设备图

(a)无防爆设计区;　(b)防爆设计区

纳米复合材料的 SEDS 工艺过程为:将配置好的含能材料溶液通入同轴不同通道的喷嘴中,高速流动的超临界流体把溶液喷雾为细小的液滴,同时超临界流体对溶剂发生萃取作用,使得溶质在高过饱和度的驱动力下结晶析出。

操作具体流程为:

(1)系统预热。开机使超临界流体系统升温,预热时间 1 h。

(2)设定系统参数。设定泵 P400(或泵 P200)的流速,在控制面板上设定系统压力、二氧化碳的进气速度等参数值。

(3)配制溶液。按照实验制备要求配制好所需溶液。

(4)开始制备。开启 CO_2 泵,当系统达到预定温度和压力时,开启泵 P400(或泵 P200),以设定好的流速将溶液打入喷嘴。

(5)干燥过程。喷射结束后继续通入二氧化碳若干分钟,充分带走釜内残留的溶剂,以保证粒子的干燥。

(6)泄压取样。干燥过程结束后,停止 CO_2 泵,缓慢进行泄压后取样,制备完成。

4.4.3.3 表征及性能

采用溶胶-凝胶法、喷雾干燥法制备出了以微米铝粉为核、RDX 为包覆层的微单元含能材料,并进行了结构和性能表征。所制备的微单元含能材料的 SEM 图和 EDS 图如图 4-31 所示。

如图 4-31(b)所示,目前制备的微单元含能材料外保护层的厚度极小,不会带入过多非有效组分。图 4-31(c)为除掉外保护层的微单元含能材料,图 4-31(d)为图 4-31(c)中圆圈区域的 EDS 图,从图 4-31(d)中可知,所制备的微单元含能材料中 Al 和 RDX 间实现了均匀复合。以低燃速 NEPE 推进剂为研究对象,使用端燃 $\phi 75$ mm 发动机试车,研究了微单元含能材料对推进剂燃烧性能的影响。表 4-4 为纳米复合微单元含能材料对推进剂动、静态燃烧性能的影响。

表 4-4 微单元含能材料对推进剂燃烧性能的影响

| 配方 | 金属燃料 | 质量分数/(%) | | 药条 $r_{6.86}$ mm/s | $\dfrac{p_b}{MPa}$ | $\dfrac{R_{6.86}}{mm/s}$ | 残渣率 % |
		AP(Ⅰ)	AP(Ⅲ)				
NP-203	Al	35	0	6.79	6.36	8.87	7.22
NP-206	微单元含能材料	35	0	6.26	5.99	7.79	6.86
NP-281	微单元含能材料	22.1	12.9	6.78	6.79	8.85	5.31

从表 4-4 可知,采用微单元含能材料替换相应组分后,推进剂燃速和残渣率同时降低;调整 AP 级配使推进剂燃速与基础配方相同时,含微单元含能材料的推进剂的残渣率进一步下降。通过 BSF$\phi 165$ mm 发动机试车,研究了微单元含能材料对推进剂能量性能的影响,实验结果见表 4-5。

表 4-5 低燃速高能推进剂 BSF$\phi 165$ mm 试验结果

| 编号 | 铝粉 | 质量分数/(%) | | $\dfrac{C^*}{m/s}$ | $\dfrac{R_B}{mm/s}$ | $\dfrac{I_{sp}}{s}$ | 比冲效率 % |
		AP(Ⅰ)	AP(Ⅲ)				
NP-308	Al(18%),基础配方	35	0	1 575.945	8.33	247.8	92.6
NP-310	微单元含能材料	22.1	12.9	1 604.720	8.77	250.0	93.6
NP-314	微单元含能材料	24.2	10.8	1 603.001	8.74	250.3	93.7

如表 4-5 所示,采用微单元含能材料替换推进剂中的相应组分后,在不提高推进剂燃速

的前提下,推进剂比冲较基础配方提高了 2.0 s 左右,比冲效率提高了 1.0% 左右。

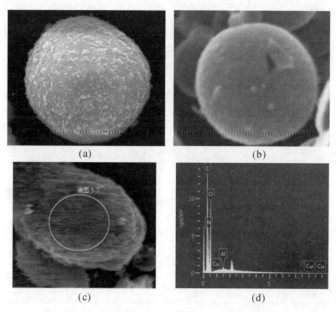

图 4-31　核壳型微单元含能材料的微观结构表征

(a)微单元含能材料 SEM 图;　(b)微单元含能材料的外保护层(纳米厚度);
(c)微单元含能材料 SEM 图;　(d)微单元含能材料的 EDS 图

现有研究结果表明,纳米复合微单元含能材料已经显现出巨大的应用前景和技术优势,有必要进一步加大资金、人员投入,着重加强其设计理论、制备技术等相关领域的研究。

4.4.4　铝基复合燃料在推进剂中的应用效果评价

目前普遍采用燃面铝团聚情况研究和凝聚相产物研究两种方式对材料进行应用评价。对燃面铝团聚主要采用燃面高速摄影技术进行研究,对于凝聚相产物的研究,主要采用燃烧淬灭设备收集凝聚相并对凝聚相产物进行理化分析。

4.4.4.1　燃面高速摄影技术

针对燃面区域的铝团聚机理,实验通常采用高速拍摄的方法,对团聚物形成及发展的微观动态过程进行观察,研究团聚物尺寸的变化规律及影响因素。目前,对于推进剂燃面上铝的团聚实验研究还较少,尤其是接近实际发动机工作压力条件下(高于 5 MPa)团聚物的微观动态演变机理尚未见相关报道。Maggi 等人,Takahashi 等人和 Mullen 等人通过长焦高速显微摄像技术研究了推进剂燃面铝颗粒的团聚过程,装置如图 4-32(a)所示,受燃烧装置限制,实验压力低于 4 MPa。Sippel 等人进行了聚乙烯、聚四氟乙烯包覆改性铝粒子固体推进剂凝聚减少机理探索试验。通过试验观察到在 1 atm 大气压下推进剂燃面的铝粒子燃烧。观测应用高速摄像机(Vision Research,Phantomv7.3)及长距显微镜(Infinity Photo-Optical,K2 镜头),用 1 000 W Xenon 弧光灯(Newport Corp. ♯66921)进行照明,拍摄速率为 11 000~20 000 帧/s。试验采用电加热 24♯镍镉线,点燃一个长 23 mm 的推进剂药条。当药条燃烧到指定的长度时,10 mW 氦镉激光束(起初被推进剂药条阻挡)穿过推进剂燃面照射到燃烧装置内另一端的光电二极管探测器上,启动燃烧过程的拍摄摄像机(Vision Research,Phantom Miro eX4,100 帧/s)开关,同时开启动直流电机。电机驱动摆臂,摆臂上装有耐火玻璃盘(McMaster-Carr8477K11),其以 7 m/s 的速率在燃面上方 2~6 mm 位置处扫过推进剂燃面。期间,推进剂燃烧后的凝聚相产物在玻璃盘面上冷却,接着摆臂运动到另一边,这样就不会受到试验剩余推进剂的燃烧产物气流影响。

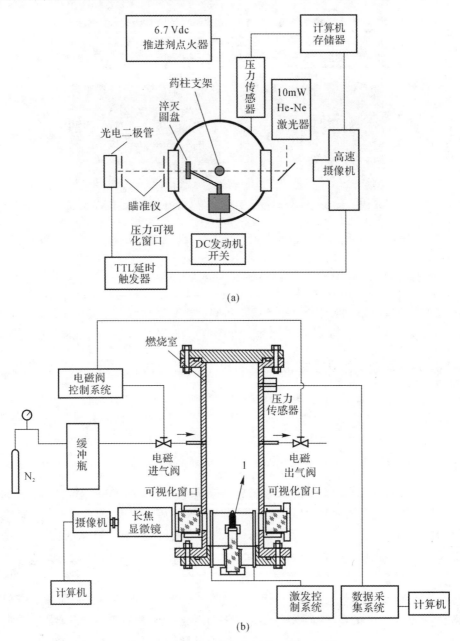

图 4-32　长焦高速显微摄像设备示意图

(a)国外某设备示意图;　(b)西北工业大学设备示意图

西北工业大学刘佩进等人也一直从事铝粉燃烧方面研究,其实验装置与国外某设备类似,采用高速摄影技术对推进剂燃面进行研究,实验装置如图 4-32(b)所示。其设备带有观察窗口,可对燃烧过程进行直观检测。为了保持压力恒定,容器内充入加压氮气,氮气最终与燃烧产物一起排出喷管。

铝的团聚物形成机理如图 4-33 所示。当推进剂燃烧时,燃面退移,金属颗粒逸出至火焰锋面(预混气体的反应区),如图 4-33(a)所示。铝被火焰及混合物的反应产生的热反馈加热,相邻的铝颗粒开始聚集黏合成珊瑚状。当最终的扩散火焰接触到这一结构时,金属颗粒温度升高,发生点火,如图 4-33(b)(c)所示。这一聚集体坍缩成一熔融液滴[见图 4-33(d)],最终脱离燃面进入燃烧室燃烧[见图 4-33(e)(f)]。Takahashi 等人还研究了团聚物直径和团聚区域范围的变化。Liu 利用高速摄像技术研究了燃面铝的团聚直径和团聚程度随粒径和压力的变化,实验压力达到 6.89 MPa,但视场范围为毫米级,难以获得微观下团聚物的形成机理。

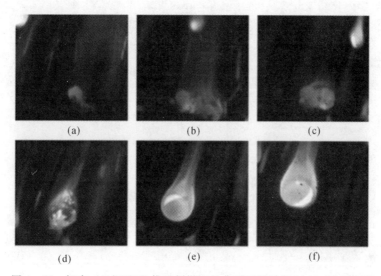

图 4-33　铝在 AP/HTPB 推进剂燃面的典型团聚过程(在 0.5 MPa 下)

Sippel 等人一直从事嵌入型铝基复合燃料研究,2013 年他们报道了聚单氟乙烯与铝粉复合的 Al/PMF 复合燃料,该燃料具有很好的分散效果。2014 年他们报道了 Al/PTFE 复合燃料,其显著降低了燃烧产物的粒径,当 PTFE 达到 30% 时,残渣颗粒粒度 D_{90} 从 121 μm 下降到 42 μm。2015 年他们使用低密度聚乙烯材料(LDPE)制备铝基复合燃料,同样显著降低了燃烧残渣粒径。2016 年 Gaurav 等人报道了相似的 Al/PTFE 复合燃料,其燃烧残渣质量占比比普通铝粉低一个数量级,说明添加聚合物的嵌入型铝基复合燃料在抑止铝粉团聚方面效果显著。为了表征该材料的燃烧性能并分析其作用机理,上述两个课题组均使用高速摄影技术并通过燃烧火焰及表面高速摄影分析,表征该类材料抑制铝粉团聚效果。美国普渡大学研究了聚合物材料的抑制机理,通过 LDPE 和 PTFE 两种聚合物添加剂的对比,推测了该类聚合物添加剂材料对铝粉燃烧的催进机理。如图 4-34 所示,含普通球形铝粉(Flake Al)推进剂燃烧火焰中团聚明显,含铝基复合燃料 Al/PTFE 和 Al/LDPE 的推进剂燃烧火焰中团聚情况明显减少,添加剂聚四氟乙烯和低密度乙烯的添加,明显抑止了铝粉燃烧过程中的团聚。据推测,聚合物在球磨过程中均匀分布于铝粉内部和表面,在燃烧过程中,低于铝粉点火温度时聚合物就已经开始分解气化,产生的气体小分子从铝粉内部开始外溢,使颗粒破碎为更小的颗粒,抑制了燃烧过程中铝粉的团聚。

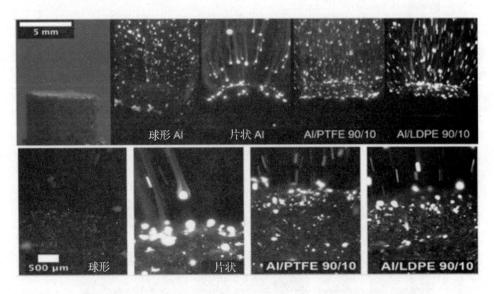

图 4-34　含 Al/PTFE 和 Al/LDPE 铝基复合燃料推进剂燃烧情况

4.4.4.2　凝聚相产物研究

与直接对燃面铝团聚过程进行观察相比,研究凝聚相产物可以更加详细、系统、定量地获得团聚物粒度分布和氧化程度等参数,进而分析团聚机理。目前大部分研究都是通过这一途径来揭示团聚有关特性的。试验过程通常为将推进剂置于燃烧器内进行燃烧,燃面产生出的凝聚相被冷却工质熄灭,冷却工质为惰性气体、酒精、丙酮、异丙醇、水等,随后对收集得到的凝聚相产物进行粒度、成分和微观结构等分析。常见的凝聚相产物收集装置如图 4-35 所示。

Sippel 等人用图 4-35 所示的凝聚相产物收集装置收集到了推进剂凝聚物。试验采用电加热 24♯镍镉线,点燃一个长 23 mm 的推进剂药条。当药条燃烧到指定的长度时,10 mW 氦镉激光束穿过(起初被推进剂药条阻挡)推进剂燃面照射到燃烧装置内另一端的光电二级管探测器上,启动燃烧过程的拍摄摄像机(Vision Research,Phantom Miro eX4,100 帧/s)开关,同时启动直流电机。电机驱动摆臂,摆臂上装有耐火玻璃盘(McMaster-Carr8477K11),以 7 m/s 的速率在燃面上方 2～6 mm 位置处扫过推进剂燃面。期间,推进剂燃

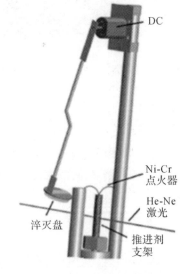

图 4-35　凝聚相产物收集装置示意图

烧后的凝聚相产物在玻璃盘面上冷却,接着摆臂运动到另一边,这样就不会受到试验剩余推进剂的燃烧产物气流影响。

通过收集凝聚相,可以对凝聚相产物进行粒度、活性铝含量等进行分析,评价铝基复合燃料在推进剂中的燃烧情况。如图 4-36 所示,使用 Al/PTFE 或 Al/LDPE 复合燃料取代普通球形铝粉后,其燃烧后的凝聚相产物粒度明显降低,D_{50} 从原来的 125 μm 降低到54.7 μm 或29.0 μm。

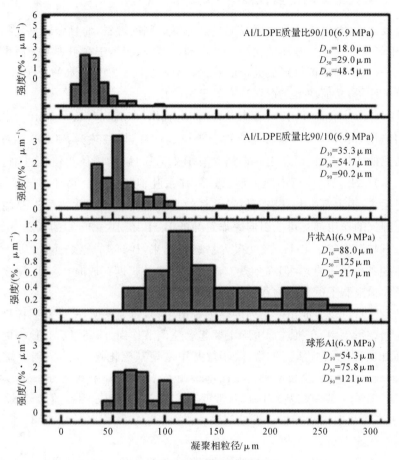

图 4-36　凝聚相产物粒度分布

嵌入型铝基复合燃料破坏铝粉表面致密的氧化膜,同时材料间的受热膨胀系数不同,燃烧受热过程中使颗粒破碎为更小的颗粒,抑制铝粉团聚,金属添加剂有利于氧向核内传播,促进铝粉快速氧化,聚合物材料受热分解生成气体小分子外溢,使颗粒破碎,易于燃烧。有文献报道燃烧示意图如图 4-37 所示。

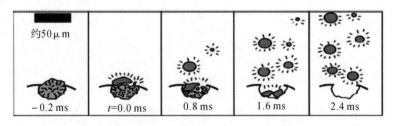

图 4-37　嵌入型铝基复合燃料燃烧示意图

4.5 金属氢化物

4.5.1 金属氢化物的能量性能

相对于金属而言,金属氢化物也可以充当固体推进剂的燃料,而且金属氢化物具有燃烧热值更高、可产生气体等优点。金属氢化物在推进剂中燃烧,相当于在引进了金属燃烧剂的同时又引入了氢原子,氢的燃烧可以释放大量的热量,同时增加了燃气中水的分子数,降低了燃气的平均相对分子质量,从而使推进剂比冲有了显著的提高。

氢化硼(B_2H_6、B_5H_9、$B_{10}H_{14}$)反应能力高,易于氧化,在燃烧时会释放出比相应数量碳氢化物大得多的能量。在燃烧时,硼氢化合物会提供高比冲,燃烧热为 70 000 kJ/kg[49]。由于氢化硼具有高热值的特点,已研制出一系列含有 B_2H_6、B_5H_9 的固体火箭推进剂。但是,吸入少量的 B_2H_6、B_5H_9、$B_{10}H_{14}$ 就可引起头疼、恶心、肺水肿、呼吸困难、精神抑郁等症状,其毒性会作用于神经系统,损害肾脏和肝脏。值得注意的是含有高价硼氢化物的乙硼烷 B_2H_6,在室温条件下受到湿气的作用都有可能引起爆炸。纯的 B_5H_9 在 10～20 ℃ 的干燥空气中不起燃,但在杂质参与下与湿空气中 B_5H_9 蒸气很容易燃烧起来,B_5H_9 的燃烧通常以爆炸形式发生。纯 $B_{10}H_{14}$ 在室温条件下不自燃,但在 100 ℃ 温度下和户外长期存放时,$B_{10}H_{14}$ 可自行爆炸。毒性和危险性极大地限制了硼氢化物在固体推进剂中的应用。

以氢化硼为原料可以合成出一系列的碳硼烷衍生物,研究表明,一些对固体推进剂燃速有调节功能的碳硼烷衍生物,在推进剂中除主要起燃速调节作用外,还具有其他功能。这些碳硼烷衍生物包括如碳硼烷的烷基衍生物、碳硼烷基甲基烷基硫化物、二-1-碳硼烷基甲醚衍生物、异丙烯基碳硼烷衍生物,主要品种是正己基碳硼烷,碳硼烷基甲基正丙基硫化物,正丁基碳硼烷和1-硝基-2-(1-碳硼烷基)丙烯等,常温下它们都是液体。将它们加入端烃基聚丁二烯、端羧基聚丁二烯及聚氨酯等复合推进剂中,加入量为 10%～13%,既能起到增塑的作用,又能使推进剂的燃速提高 2～3 倍。

李猛等人考查了常见的金属氢化物在推进剂中的能量表现,其具体理化性能数据见表4-6。

表 4-6 金属氢化物理化性能

金属氢化物(MH)	密度 g/cm³	氢含量 %	体积氢密度 g/L	分解温度 K	ΔH_f kJ/mol
AlH_3	1.486	10	150.1	423	−11.51
BaH_2	4.21	1.45	61.0	948	−178.7
CaH_2	1.7	4.79	81.6	873	−181.5
CsH	3.4	0.75	25.6	443	−54.2
$LiAlH_4$	0.917	10.6	97.6	438	−116.3
$Mg(AlH_4)_2$	1.046	9.34	97.9	413	−152.7
MgH_2	1.45	7.6	111.3	600	−76.15

续表

金属氢化物(MH)	密度 g/cm³	氢含量 %	体积氢密度 g/L	分解温度 K	ΔH_f kJ/mol
SrH₂	3.26	2.25	73.4	948	−180.3
TiH₂	3.75	4.04	151.9	653	−144.35
ZrH₂	5.67	2.16	122.8	500	−169.0

图 4-38 为李猛等人研究得到的不同金属氢化物对 HTPB 四组元推进剂标准理论比冲的影响规律,选定(HTPB/AP−RDX/MH)配方体系进行能量特性计算,获得了 HTPB 黏合剂含量不变时金属氢化物含量与标准理论比冲的关系。随金属氢化物含量的增加,标准理论比冲呈线性上升状态,当金属氢化物含量达到一定程度时,出现标准理论比冲值的拐点;随后,标准理论比冲值呈下降趋势。按标准理论比冲最优值大小排序为 $AlH_3 > LiAlH_4 > Mg(AlH_4)_2 > Al > MgH_2$。从图 4-38(b)中可看出,随金属氢化物含量的增加,标准理论比冲最优值基本都呈现下降趋势,按标准理论比冲最优值大小排序为 $Al > TiH_2 > ZrH_2 > CaH_2 > SrH_2 > BaH_2 > CsH$。

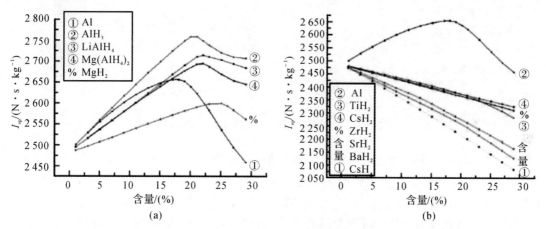

图 4-38　金属氢化物含量对(HTPB/AP−RDX/MH)标准理论比冲的影响
(a)高于含 Al 推进剂的金属氢化物;　(b)低于含 Al 推进剂的金属氢化物

Shark 等人则全面评价了常见金属氢化物作为能量添加剂应用于液体双组元推进剂和 RP−1 燃料的效能,添加金属氢化物能在不同程度上提高推进剂比冲,且随着体积氢密度的增加,比冲和密度比冲均增加。如图 4-39 所示为各类金属氢化物对比冲的贡献,其中 AlH₃ 的体积氢密度、质量氢密度和对比冲的贡献均在较高的水准。

4.5.2　三氢化铝的合成与特性

三氢化铝(AlH₃),又称铝烷,目前共发现 α、α′、β、γ、δ、ε、ζ 七种晶型,其中 α−AlH₃ 最为稳定,其标准摩尔生成焓为 −11.8 kJ/mol,绝对熵为 30.0 kJ/mol·℃,标准生成摩尔吉布斯自由能为 45.4 kJ/mol,相对分子质量为 30.0,密度为 1.48 g/cm³,氢含量为 10.08%,体积氢密度为 148 g/L,是液氢的两倍。因 AlH₃ 含氢量高、燃烧产物相对分子质量小、热分解温度相对较高,自首次合成以来就被视为新一代固体推进剂的理想燃料,用以提高固体推进剂的能量性能。

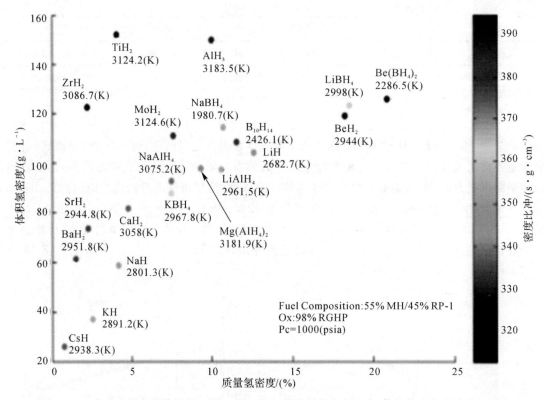

图 4 - 39 各类金属氢化物基于 RP - 1 的双组元推进剂的密度比冲、体积氢密度和质量氢密度

将 AlH$_3$ 应用于固体推进剂中首先需要解决的问题是发展一种质量稳定可控、安全、低成本的制备技术,并可实现一定规模的工业化放大生产。为此各国科研工作者对 AlH$_3$ 的制备技术进行了深入研究,根据其制备方法的不同可以分为"湿法"合成和"干法"合成两种。

湿法合成方法制备 AlH$_3$ 属于金属有机合成化学,1968 年 Brower 等人在前人研究的基础上成功合成出了脱溶剂的 AlH$_3$,并被证明是切实可行的合成路线。他们以氢化铝锂(LiAlH$_4$)、三氯化铝(AlCl$_3$)和乙醚为原料,以苯为溶剂,合成出 AlH$_3$ 的醚合物,然后将醚合物在真空条件下加热,除去乙醚后经 XRD 检测为 AlH$_3$,这是首次合成出非溶剂化的 AlH$_3$,但 Brower 等人合成出的 AlH$_3$ 不只是单一晶型,而是 α、β、γ 等晶型的六种混合晶型,这种方法是目前使用最多的湿法合成方法,虽然该方法的合成成本高昂,但是该反应进行速度快,收率高。

使用类似 SiCl$_4$ 或 SiHCl$_3$ 路易斯酸与 LiAlH$_4$ 乙醚溶液中反应都可以合成出 α - AlH$_3$[50]:

$$4LiAlH_4 + SiCl_4 \longrightarrow 4AlH_3 \downarrow + 4LiCl + SiH_4$$

Bulychev 等人研究了使用 Al$_2$Br$_6$ 和无水 H$_2$SO$_4$ 与 LiAlH$_4$ 直接生成非溶剂化 AlH$_3$ 的合成方法:

$$2LiAlH_4 + H_2SO_4 \longrightarrow 2AlH_3 + Li_2SO_4 + 2H_2$$

该方法表明 $LiAlH_4$ 可与多种路易斯酸发生反应,生成 AlH_3。但是,上述两种方法同时也存在着条件控制问题,比如以 $SiCl_4$ 为原料会生成在潮湿空气中自燃的 SiH_4,而以无水浓硫酸作为反应物,反应条件剧烈,且生成氢气,造成 $LiAlH_4$ 原材料浪费。

铝和氢气直接反应生成 AlH_3 是降低合成成本的思路之一,但从理论上说,AlH_3 的摩尔生成焓 ΔH_f 和摩尔吉布斯函数 ΔG_{f298} 分别是 -9.9 kJ/mol 和 48.56 kJ/mol,那么在室温下其氢的平衡逸度为 5×10^4 MPa,这相当于室温下氢的平衡压力为 700 MPa。以上数据意味着常温下由 Al 和 H_2 直接反应生成 AlH_3 在目前工程条件下是不可行的。通过改良方法,Graetz 在相对低得多的压力(3.5 MPa)和室温条件下,将 Al(Ti)-TEDA 与 H_2 在 THF(或十一烷)形成的浆料中直接反应生成 Al(Ti)H_3-TEDA[51]:

$$Al(Ti) + TEDA + 1.5H_2 \longrightarrow Al(Ti)H_3 - TEDA$$

这种三步再生程序制备 AlH_3,首先是用 Al、H_2 和胺生成 AlH_3 的胺配合物,然后是配体转换和分离。相同的程序通常用来制备 $LiAlH_4$,首先是使用 Al、LiH 和 THF 生成 $LiAlH_4$·nTHF,紧接着脱溶剂生成纯的 $LiAlH_4$。

反应的第一步是在低压的情况下使用催化氢化将 Al 和胺(NR_3)在溶剂中生成 AlH_3·NR_3[52]。许多不同的配体三胺非常适合成为配体,例如三甲基胺(TMA)、三乙烯基二胺(TEDA)、三甲基乙基胺(DMEA)、奎宁环、四氮六甲圜。最稳定的胺配合物(例如 AlH_3·TEDA)可以在低压下很容易地生成配合物,但是需要在更高的温度下去脱配体,而 AlH_3 却是不稳定的,直接的脱配体生成 AlH_3 被证明是困难的,因此配体的胺转换形成一个不稳定的胺配合物是必不可少的步骤,例如使用 TEA 来进行配体交换,生成 AlH_3·TEA。这个添加物在室温下是液体,可以在 75℃ 环境中和氮气保护的条件下脱配体形成 AlH_3 和 TEA。这三步过程可表示如下:

氢化

$$Al + NR_3 + (3/2)H_2 \longrightarrow AlH_3 · NR_3$$

转化

$$AlH_3 · NR_3 + TEA \longrightarrow AlH_3 · TEA + NR_3 \uparrow$$

分离

$$AlH_3 · TEA \longrightarrow AlH_3 \downarrow + TEA \uparrow$$

图 4-40 是以二甲基乙基胺为配体的三步再生 AlH_3 分子示意图,这种是简单的三步再生,可广泛地应用于生成其他的稳定技术化合物[例如 $Mg(AlH_4)_2$ 和 $Ca(AlH_4)_2$]。

催化剂 Ti 的加入,使得上述加氢反应易进行,但催化剂的存在使得逆反应的分解放氢也易于进行,从而将 α-AlH_3 的分解温度由 180 ℃ 降到 100 ℃ 左右,不利于在 α-AlH_3 固体推进剂中应用。

机械研磨法[53]采用廉价的 $NaAlH_4$、NaH、CaH_2 或 MgH_2 等取代 $LiAlH_4$,并通过这些氢化物与 $AlCl_3$ 干法研磨合成 AlH_3 的方法,得到了 AlH_3 产品,但其反应转化率和产品纯度较低,且通过球磨法合成 AlH_3 的方法会产生大量的 α' 晶型,这种晶型即使在室温下也会相对快速地分解,显然无法满足固体推进剂使用的基本要求。

通过电解 $NaAlH_4$ 的 THF 溶液的方法也可以制备 AlH_3,但这种方法效率较低。Zidan[54]对原始的电解过程进行了改进,用 $LiAlH_4$ 取代原有的 $NaAlH_4$,并且向电解液中加入了 LiCl,他发现加入 LiCl 后能够加快原有电解反应的进程,使得阳极析出过程的速度和效率明显提高。这种方法生成的依然为溶剂化的 AlH_3,尚需通过脱溶剂反应生成非溶剂化的 AlH_3。

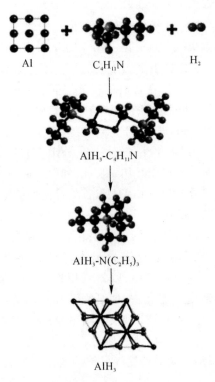

图 4 - 40　以二甲基乙基胺为配体的三步再生 AlH_3 分子示意图[52]

三氢化铝标准生成焓为 -11.4 kJ/mol,但由于氢气和铝直接反应合成三氢化铝的过程熵会大幅度降低,其标准生成自由能约为 48.5 kJ/mol。因此,在一般外界条件下,三氢化铝处于亚稳定状态,会慢慢分解放出氢气。分解方程是氢、铝直接反应制备三氢化铝的逆反应,根据其标准生成自由能,只有在外界氢压高于 27 GPa 时才可能使分解释氢反应逆转(热力学不稳定)。

三氢化铝的稳定性源于其分解反应的化学活化能,理想晶体为 127 kJ/mol。这一活化能是标准生成自由能的 2 倍以上,据此可以推测,三氢化铝分解不仅仅是单个 Al—H 键的断裂,可能涉及较大晶胞单元的变化。由于分解反应活化能极大,三氢化铝分解速度极慢(动力学稳定)。理论计算显示,三氢化铝分解率达到 1% 所需时间为 20 年。但是,晶格中的缺陷和杂原子占位可能使分解活化能降低,加速释氢反应。表面和内部晶格缺陷的存在会加速三氢化铝的分解,由于氢的高渗透性,随释氢分解,晶体内部缺陷会不断扩展变大,分解反应会不断加速,晶体颗粒会渐渐变成多孔颗粒。释氢的原因为晶体内部存在晶格缺陷,且有自加速作用。

因此,基于固体推进剂使用的三氢化铝必须是高化学纯度、高 α 晶型纯度、表面光滑、内部缺陷少的高品质产品,这样对固体推进剂降低药浆机械感度和延长推进剂老化时间都是有利的。Thorne 等人在 2003 年第 34 届国际含能材料年会上,公布了俄罗斯合成并经过稳定化处理的 AlH_3 样品的物理、化学性质,2005 年 Gary 等人又在第 36 届国际含能材料年会上公布了俄罗斯合成的 AlH_3 样品的研究数据,这些数据显示俄罗斯的 α - AlH_3 具有完整的晶体形貌、良好的储存稳定性和与推进剂常用组分的相容性。

4.5.3　三氢化铝在固体推进剂中的应用评价

4.5.3.1　三氢化铝在固体推进剂中的相容性研究

由于 AlH_3 的化学活性大，易与其他物质反应，加之固体推进剂组分多带有不同的有机官能团，因此，研究 AlH_3 与推进剂主要组分的相容性是 AlH_3 应用探索过程中的一项重要工作。

张伟利用 DSC 热分析法系统研究了 AlH_3 与固体推进剂常用黏合剂、增塑剂、固化剂和固体填料的相容性。如表 4-7 所示，AlH_3 与硝化棉（NC）、硝化甘油（NG）、硝化甘油-1,2,4-丁三醇三硝酸酯混合物（NG-BTTN）、二缩三乙二醇二硝酸酯（TEGDN）、丁基-N-（2-硝氧乙基）硝胺（Bu NENA）和双 2,2-二硝基丙醇缩甲醛-缩乙醛（BDNPA-F）的二元混合物分解反应峰温比各单独化合物的分解反应峰温低 5.5～15.8 ℃，这显示 AlH_3 与上述组分的相容性较差。AlH_3 与常用黏合剂聚叠氮缩水甘油醚（GAP）、3,3-二叠氮甲基氧丁环-四氢呋喃共聚醚（PBT）、聚乙二醇（PEG）和环氧乙烷/四氢呋喃共聚醚（PET）、固化剂异佛尔酮二异氰酸酯（IPDI）、六次甲基二异氰酸酯水合物、甲苯二异氰酸酯（TDI）、固体填料铝粉（Al）、HMX、高氯酸铵（AP）和二硝酰胺铵（AND）均相容。

表 4-7　AlH_3 与 5 种增塑剂的相容性评判结果

体系	$t_p^{1①}$/℃	$t_p^{2②}$/℃	$\Delta t_{p,AlH_3}$③/℃	$\Delta t_{p,增塑剂}$④/℃	相容性判定
AlH_3	179.1				
NG	203.0				
AlH_3/NG		173.3/188.1	−5.8	−14.9	敏感
NG-BTTN	202.9				
AlH_3/NG/BTTN		173.3/191.6	−5.8	−11.3	敏感
TEGDN	216.1				
AlH_3/TEGDN		171.7,188.4/203.6	−7.4,−9.3	−12.5	敏感
Bu NENA	207.4				
AlH_3/ Bu NENA		173.6/191.1	−5.5	−15.8	敏感
BDNPA/F	254.9				
AlH_3/ BDNPA/F		171.3,187.7/256.4	−7.8,8.6	1.5	敏感

注：①该物质分解峰温；②该物质在混合体系中的分解峰温；③AlH_3 在混合体系中的分解峰温与自身分解峰温的差值；④增塑剂在混合体系中的分解峰温与自身分解峰温的差值。

王艳群等人为弄清 AlH_3 与增塑剂相容性差的微观机理，利用分子动力学模拟方法（MD），以 NG 分子中的—O—NO_2 基团为代表，采用反应性力场 ReaxFF，通过 MD 模拟计算，研究了—O—NO_2 基团与 AlH_3 表面 Al_2O_3 膜层的相互作用。研究结果表明，NG 分子中的—O—NO_2 基团易与 AlH_3 表面的 Al_2O_3 膜层发生反应，在 5 ps 时即生成活泼的 NO_2 自由基,并随着反应的进行不断侵蚀 Al_2O_3 膜层,进而暴露出 AlH_3 本体(见图 4-41)。生产的 NO_2 自由基吸附在暴露的 AlH_3 本体表面,引发 AlH_3 分解释氢,且 NO_2 自由基浓度越高,反应向 AlH_3 本体纵深发展越快,使 AlH_3 快速分解释氢(见图 4-42),进而导致 AlH_3 与增塑剂 NG 之间的相容性差。

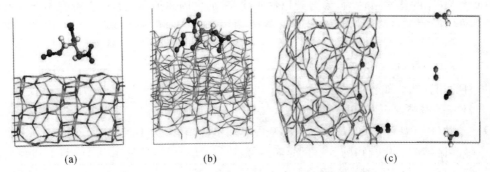

图 4-41 NG 与 AlH_3 表面 Al_2O_3 膜层的相互作用

(a)初始优化吸附态; (b)5 ps MD 后结构; (c)50 ps MD 后体系状态

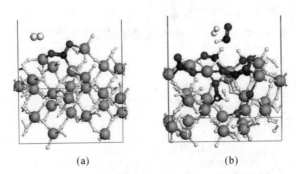

图 4-42 NO_2 自由基引发 AlH_3 本体分解释氢

(a)低浓度 NO_2 自由基; (b)高浓度 NO_2 自由基

AlH_3 固体推进剂全组分在 70 ℃和 40 ℃下的恒温热失重试验结果见表 4-8。AlH_3 固体推进剂全组分在 70 ℃下存放 70 d 后的失重率为 3.803%,而在 40 ℃下存放 70 d 后的失重率仅为 0.06%。根据相容性判据(混合体系在某一温度下存放 70 d 后,若失重率≤0.1%,则体系相容;若失重率在 0.1%～0.2%,体系亚相容;若失重率≥0.2%,体系不相容)可知,AlH_3 与固体推进剂组分在 70 ℃下的相容性不佳,但 40 ℃下的相容性良好。因此,虽然 AlH_3 与固体推进剂某些组分的相容性不佳,但通过控制 AlH_3 固体推进剂制备过程中的温度,可以实现 AlH_3 在固体推进剂中的应用。

表 4-8 AlH_3 固体推进剂恒温热失重试验

时间/d	70 ℃失重率/(%)				40 ℃失重率/(%)			
	1#	2#	3#	平均	1#	2#	3#	平均
7	0.390	0.320	0.320	0.343	7	0.020	0.000	0.020
14	0.680	0.610	0.660	0.650	14	0.040	0.020	0.020

续表

时间/d	70 ℃失重率/(%)				40 ℃失重率/(%)			
	1#	2#	3#	平均	1#	2#	3#	平均
21	0.929	0.810	0.880	0.873	21	0.000	0.010	0.020
28	1.159	1.130	1.180	1.156	28	0.010	0.010	0.020
35	1.549	1.510	1.510	1.523	35	0.040	0.040	0.060
42	1.799	1.830	1.900	1.843	42	0.020	0.020	0.030
49	2.278	2.180	2.350	2.270	49	0.050	0.030	0.050
56	2.668	2.590	2.791	2.683	56	0.010	0.010	0.010
63	3.278	2.990	3.181	3.149	63	0.030	0.020	0.020
70	3.797	3.720	3.891	3.803	70	0.050	0.040	0.060

4.5.3.2　三氢化铝对固体推进剂安全性能的影响研究

1. AlH_3 对固体推进剂安全性能的影响

AlH_3 对固体推进剂安全性能的影响可以通过测试 AlH_3 加入前、后推进剂的撞击感度和摩擦感度的变化来评价,具体测试数据如表 4-9 所示。测试结果表明,加入 AlH_3 后,推进剂的摩擦感度无显著变化,但撞击感度急剧恶化,增加了 AlH_3 在固体推进剂中应用的安全风险。

表 4-9　AlH_3 加入前、后推进剂的撞击感度和摩擦感度

序号	配方组成	撞击感度/J	摩擦感度/(%)
1	GAP/NG/BTTN/AP/CL-20/Al	10~18	84~100
2	GAP/NG/BTTN/AP/CL-20/Al/AlH₃	1~3	88~100

2. AlH_3 固体推进剂撞击感度升高的原因分析

首先从宏观层面,分别测试了 AlH_3、固体推进剂组分、AlH_3/固体推进剂组分的撞击感度,测试结果见表 4-10。AlH_3、固体推进剂组分的撞击感度均良好且固体推进剂组分中的 AP、CL-20、Al 粉与 AlH_3 混合后,混合体系相比单组分的撞击感度无显著变化。但是,在黏合剂体系与 AlH_3 混合后,混合体系的撞击感度显著升高。因此,可初步判定 AlH_3 与黏合剂体系的相互作用是导致 AlH_3 固体推进剂撞击感度升高的主因之一。

表 4-10　AlH_3、固体推进剂组分、AlH_3/固体推进剂组分的撞击感度

单组分	撞击感度/J	混合体系	撞击感度/J
AlH₃	>49	—	—
AP	38.4	AlH₃/AP	35.6
CL-20	30.7	AlH₃/CL-20	28.3
Al	>49	AlH₃/Al	>49
黏合剂体系	29.8	AlH₃/黏合剂体系	2.6

固体推进剂黏合剂体系由黏合剂和增塑剂组成,黏合剂、硝酸酯增塑剂对 AlH₃ 固体推进剂撞击感度的影响,可以通过测试含三氢化铝高能推进剂的感度来评价,测试结果见表 4－11 和表 4－12。

表 4－11 黏合剂种类对含 AlH₃ 高能推进剂撞击感度的影响

序号	黏合剂种类	撞击感度/J
1	HTPB/AlH₃	＞49
2	PET/AlH₃	＞49
3	PEG/AlH₃	＞49
4	GAP/AlH₃	12.4

表 4－12 增塑剂种类对含 AlH₃ 高能推进剂撞击感度的影响

序号	增塑剂种类	撞击感度/J
1	AlH₃/GAP/NG/BTTN	2.6
2	AlH₃/GAP/TMETN	4.0
3	AlH₃/GAP/TEGDN	5.4
4	AlH₃/GAP/Bu－NENA	6.8
5	AlH₃/GAP/A₃	11.6
6	AlH₃/GAP/KZ	15.7

与 HTPB、PET、PEG 等非含能黏合剂相比,GAP 与 AlH₃ 混合后,体系的撞击感度显著升高,表明含能黏合剂 GAP 是导致 AlH₃ 固体推进剂撞击感度升高的原因之一。同时,以钝感增塑剂替换 NG/BTTN 后,混合体系的撞击感度均得到不同程度的改善,表明 AlH₃ 与硝酸酯增塑剂 NG/BTTN 的相互作用是导致 AlH₃ 固体推进剂撞击感度升高的主要因素。同时,进一步分析发现,含—O—NO₂ 基团的增塑剂(NG/BTTN、TMETN、TEGDN、Bu NENA)与 AlH₃ 混合后体系的撞击感度均较高,且混合体系的撞击感度随硝酸酯增塑剂中—O—NO₂基团含量的增大而升高,而不含—O—NO₂ 基团的增塑剂(A₃)甚至不含—NO₂基团的增塑剂(KZ)与 AlH₃ 混合后体系的撞击感度较好。因此推测可能是硝酸酯增塑剂中的—O—NO₂ 基团与 AlH₃ 存在相互作用导致 AlH₃ 固体推进剂撞击感度升高。

3. AlH₃ 固体推进剂安全性能改善研究

为改善 AlH₃/硝酸酯增塑剂体系推进剂的安全性能,通常采用的方法是对 AlH₃ 进行表面处理或包覆,以期在 AlH₃ 表面形成致密的膜层,实现 AlH₃ 与硝酸酯增塑剂的物理隔离,有效避免二者间的相互作用。

AlH₃ 表面处理的方法通常包括空气氧化、氧气氧化、过氧化氢氧化、电镀等,表面处理的目的是使 AlH₃ 颗粒表层发生氧化分解形成氧化铝膜层,以阻隔 AlH₃ 与硝酸酯增塑剂间的相互作用,达到改善推进剂安全性能的效果。实际应用中,由于控制 AlH₃ 氧化程度存在一定的困难,难以在 AlH₃ 表面形成致密完整的氧化铝膜层,导致 AlH₃ 与硝酸酯增塑剂之间仍存在一定的相互作用,推进剂的安全性能改善程度差异较大。

包覆 AlH₃ 通常采用的方法包括:采用金属置换或原子沉积法在 AlH₃ 表面形成金属膜层,采用原位聚合法在 AlH₃ 表面形成 HTPB、PEG、PET 等高分子膜层,通过吸附作用使其稳定存在于 AlH₃ 表面,采用溶胶-凝胶法将石蜡、硬脂酸等包覆在 AlH₃ 表面等。实际应用中,由于有些包覆材料易被推进剂其他组分溶解,导致 AlH₃ 表面包覆层在推进剂制造过程中被溶解,或有些包覆材料与 AlH₃ 结合力不足,易脱落,或有些包覆材料(如石蜡)在 AlH₃ 表面形成的包覆层较脆,虽然初始包覆效果较好,但在与推进剂其他组分混合过程中易碎,导致 AlH₃ 包覆层不致密、不完整,推进剂的安全性能改善程度未达到预期效果。

4.5.3.3　三氢化铝对固体推进剂成药性能的影响研究

固体推进剂中常用 α 型 AlH₃。α - AlH₃ 的晶型结构如图 4 - 43 所示,每个 α - AlH₃ 晶胞中含有 6 个 AlH₃ 分子,Al 原子和 H 原子交替形成平面结构,垂直 c 轴堆砌。每个 Al 原子与周围 6 个 H 原子形成 AlH₆ 正八面体配体,晶体由顶角共用的 AlH₆ 正八面体配体构成。Al 原子外层的成键电子有 3 个,每 2 个 Al 原子共用 H 原子的 1 个电子。因此,α - AlH₃ 晶型结构中的 Al 原子与 H 原子形成的是弱金属共价键,导致其在机械或热激发下容易脱氢,热力学不稳定。同时,AlH₃ 中的 Al 原子还有能力利用其空轨道接受孤对电子形成配位键,是很强的电子接受体,也就是说具有强还原性,使得其与强氧化剂(AP、CL - 20、NG/BTTN 等)反应势垒显著降低。此外,AlH₃ 表面形成了大量 Al 原子核骨架,Al 原子上的自由电子导致其反应活性显著增加。

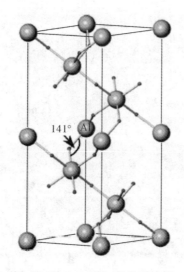

图 4 - 43　α - AlH₃ 的晶型结构

AlH₃ 是由 H 和 Al 两种元素组成的还原性物质,分解产物主要为 H₂ 和活性 Al。研究认为,α - AlH₃ 的热分解过程主要分为诱导期、加速期和平台期(也称衰变期)三个阶段,释氢曲线为典型的 S 形,如图 4 - 44 所示。第一阶段为诱导期,对应诱导时间为 τ_{ind},区间范围转化率 α 为 0~0.1,该阶段的反应速率方程为 $K = 1/\tau_{ind}$,反应活化能为 97 kJ/mol;第二阶段为加速期,区间范围转化率 α 为 $0.1\sim0.6$,反应速率方程为 $\alpha^{1/3}=k_2t$,反应活化能为 108 kJ/mol;第三阶段为平台期,区间范围转化率 α 为 $0.6\sim0.9$,反应速率方程为 $\ln(1-\alpha)^{-1}=k_3t$,反应活化能为 112 kJ/mol。AlH_3 总的热分解反应在动力学上是一级自催化反应,反应活化能为 (72.2 ± 2.5) kJ/mol。

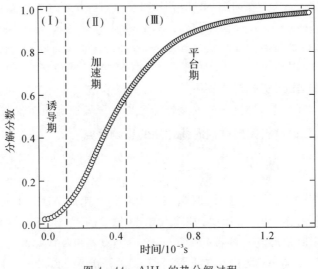

图 4-44 AlH_3 的热分解过程

由于 AlH_3 易分解释氢,在固体推进剂固化过程中,AlH_3 释放出的 H_2 不能及时排出,导致推进剂固化后存在气孔或裂纹,如图 4-45 所示。

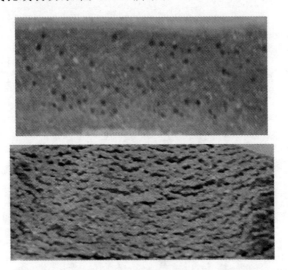

图 4-45 AlH_3 固体推进剂固化后的气孔或裂纹

为促进 AlH_3 在固体推进剂中的应用,需消除 AlH_3 固体推进剂固化后的气孔或裂纹。基本思路是进一步提高 AlH_3 的热稳定性,抑制 AlH_3 在固化过程中的热分解释氢。提高 AlH_3 热稳定性的方法主要包括以下几种:

(1)表面钝化法。通过水洗、稀酸(盐酸、硼酸、磷酸、氢氟酸等)溶液浸泡、有机物(肼、烷基

肼、烷基胺、烃、醇等)浸泡和热处理等方法,可以洗去 α-AlH₃ 表面杂质和不稳定晶形,使其表面钝化,在产品的表面形成一层物质,起到隔离作用,并可以使 α-AlH₃ 的热稳定性增加。

(2)表面包覆法。James 等人用有机物来包覆 AlH₃。Norman 等人也研究过通过吸附气态或用液态的无机物质对 AlH₃ 进行包覆以增加其稳定性的方法。Mark 等人在 α-AlH₃ 表面包覆能调整 Al³⁺ 的物质(为多羟基的单体和高聚物)。Donal 将 AlH₃ 晶体用含有氰基的物质、单质铝等包覆,包覆物质起物理隔离作用。

(3)掺杂法。在合成过程中掺入自由基接受体稳定剂或者某些金属离子化合物来提高 α-AlH₃ 的稳定性。Cianciolo 等人通过往 AlH₃ 层状结构中掺入 Hg²⁺ 离子来提高其稳定性,Roberts 等人研究在 AlH₃ 中掺入阳离子 R₃Si⁺ 增加其稳定性。

通过提高 AlH₃ 的热稳定性,抑制 AlH₃ 在固化过程中的热分解释氢,可使 AlH₃ 固体推进剂固化后无气孔或裂纹,如图 4-46 所示。

图 4-46　提高 AlH₃ 热稳定后推进剂固化图片

4.5.3.4　三氢化铝对固体推进剂燃烧性能的影响研究

1. AlH₃ 的释氢燃烧特性

在标准温度和压强下,AlH₃ 的释氢过程是一个微弱的吸热反应(11.4 kJ/mol)。Glumac 等人研究了 0.85 MPa 下 AlH₃ 的释氢过程,发现以下现象:

(1)AlH₃ 的释氢分为两个阶段:

脱氢:$AlH_3 \longrightarrow Al + 3/2H_2$。

氧化:$Al + 3/4O_2 \longrightarrow 1/2Al_2O_3$。

(2)AlH₃ 在 1 500 K 下的释氢反应仅需 100 μs。

(3)对于粒度在 5~10 μm 之间的 AlH₃,其释氢过程远快于点火和燃烧过程。

(4)释氢后的 AlH₃,在高温高压下的燃烧时间和温度与相近尺寸的 Al 粉颗粒相似。

(5)在推进剂中,AlH₃ 能在燃烧表面快速释氢,释放出的氢气能在第一火焰区燃烧。

(6)AlH₃ 释氢后,剩余的 Al 可以顺利地点火和燃烧。

对比了 AlH₃ 与 Al 粉在常压下的激光点火性能,如图 4-47 所示,相比 Al 粉,AlH₃ 粉体更易点火,且点火后 AlH₃ 热分解释放的氢气也随之燃烧,产生明亮的火焰。同时,AlH₃ 粒度对其点火性能影响显著,如图 4-48 所示,AlH₃ 粒度越小,热分解释氢速率越快,点火后的燃烧火焰越剧烈。

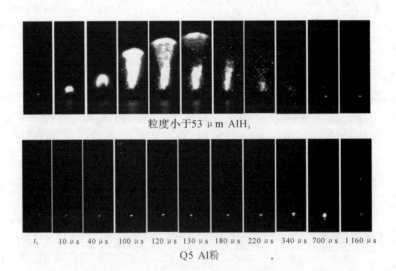

粒度小于53 μm AlH₃

t_0 10 μs 40 μs 100 μs 120 μs 130 μs 180 μs 220 μs 340 μs 700 μs 1 160 μs

Q5 Al粉

图 4 - 47   AlH₃ 和 Al 粉的点火性能

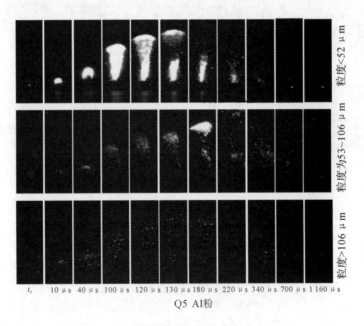

t_0 10 μs 40 μs 100 μs 120 μs 130 μs 180 μs 220 μs 340 μs 700 μs 1 160 μs

Q5 Al粉

图 4 - 48   不同粒度 AlH₃ 粉体的点火性能

2. AlH₃ 对固体推进剂燃速和燃速压强指数的影响

AlH₃ 含量对 NEPE 高能推进剂燃速和燃速压强指数的影响见表 4 - 13,随 AlH₃ 含量的增加,NEPE 高能推进剂 7 MPa 下的燃速升高,3～9 MPa 下燃速压强指数降低。AlH₃ 粒度对 NEPE 高能推进剂燃速和燃速压强指数的影响见表 4 - 14,随 AlH₃ 粒度的增加,NEPE 高能推进剂 7 MPa 下的燃速降低,3～9 MPa 下燃速压强指数升高。

表 4 - 13　AlH₃ 含量对 NEPE 高能推进剂燃烧性能的影响

序号	AlH₃ 含量	燃速(3 MPa) mm/s	燃速(5 MPa) mm/s	燃速(7 MPa) mm/s	燃速(9 MPa) mm/s	压强指数
1	4%	9.58	13.06	16.85	20.36	0.68
2	7%	9.72	13.24	17.01	20.40	0.67
3	10%	9.90	13.58	17.12	20.54	0.66

表 4 - 14　AlH₃ 粒度对 NEPE 高能推进剂燃烧性能的影响

序号	AlH₃ 粒度 $(D_{50})/\mu m$	燃速(3 MPa) mm/s	燃速(3 MPa) mm/s	燃速(3 MPa) mm/s	燃速(3 MPa) mm/s	压强指数
1	16.1	10.41	14.67	18.18	21.71	0.67
2	23.7	9.43	13.40	16.83	20.06	0.69
3	34.7	9.24	13.42	16.48	19.95	0.69

3. AlH₃ 固体推进剂的燃烧火焰特性

意大利学者 DeLuca 等人对比了含纳米 Al 粉、微米 Al 粉和 AlH₃ 推进剂的燃烧火焰,结果如图 4 - 49 所示,由于 AlH₃ 推进剂的燃烧温度较低,相比于纳米 Al 粉和微米 Al 粉推进剂,其燃烧火焰亮度较低。

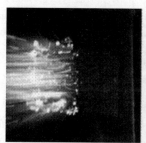

图 4 - 49　含纳米 Al 粉(左)、微米 Al 粉(中)和 AlH₃(右)推进剂的燃烧火焰

同时,DeLuca 还研究了 AlH₃ 推进剂在不同压强下的燃烧火焰,结果如图 4 - 50 所示,发现随压强的增加,推进剂燃烧火焰越来越剧烈。

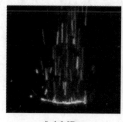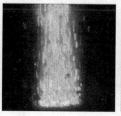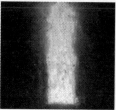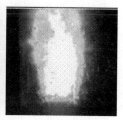

0.1 MPa　　　　1 MPa　　　　3 MPa　　　　7 MPa

图 4 - 50　AlH₃ 推进剂在不同压强下的燃烧火焰

4.5.3.5　三氢化铝对固体推进剂能量性能的影响研究

AlH_3 因含氢量高、燃烧产物相对分子质量小、热分解温度相对较高,自首次合成以来就被视为新一代固体推进剂的理想燃料,被用以提高固体推进剂的能量性能。用 AlH_3 取代 Al 粉,可使固体推进剂、固液推进剂和液体推进剂的比冲分别提高 10 s、32 s 和 27 s,以 AlH_3、ADN 和含能黏合剂组成的固体推进剂,其标准理论比冲可达 294 s,比传统固体推进剂高 $20\% \sim 25\%$,且环保洁净,可用作典型的高能低特征信号和洁净推进剂的添加剂。Deluca 通过理论计算发现,用 AlH_3 取代 HTPB/AP/Al 推进剂中的 Al,推进剂的理论比冲由 305 s 提高至 318 s,同时,推进剂的燃温也由 3 579 K 降至 3 021 K。Flynn 计算了 NC/TMETN/AP/AlH_3 推进剂的能量性能,发现 AlH_3 质量分数为 $20\% \sim 30\%$ 时,推进剂的理论比冲为 $287.6 \sim 297.0$ s。俄罗斯学者 Ermilov 计算了一种含 AlH_3 的高能推进剂配方:硝基异丁基硝化甘油增塑剂($11.25\% \sim 26.78\%$)/CL-20 或 ADN 或六硝基六氮杂金刚烷($35\% \sim 38\%$)/铝粉($0.01\% \sim 9\%$)/AlH_3($6\% \sim 27\%$)/其他助剂,该配方的理论比冲可达 $276 \sim 277$ s,燃温约为 3 550 K。

AlH_3 固体推进剂的最大特点是用金属氢化物 AlH_3 部分或全部取代传统金属燃料 Al。为揭示 AlH_3 取代 Al 对推进剂能量性能的影响,在设定推进剂固含量为 72%、黏合剂体系增塑比为 2.8、AP 质量分数为 19%、CL-20 质量分数为 35% 的情况下,研究了 AlH_3/Al 相对含量对推进剂氧系数 O、密度 ρ、理论比冲 I_{sp}、燃烧产物中 H_2 含量、燃烧室燃烧产物的温度 T_c 和燃气平均相对分子质量 $\overline{M}$ 的影响,计算结果如图 4-51 所示。当 PEG、NG/BTTN、AP、CL-20 含量一定时,随 AlH_3/Al 相对含量的增加,推进剂的氧系数 O、理论比冲 I_{sp} 和燃烧产物中 H_2 含量升高,但密度 ρ、燃温 T_c 和燃气平均相对分子质量 $\overline{M}$ 降低。此外,该配方体系下,当 AlH_3 全部取代 18% 的 Al 后,推进剂的比冲达到 2 760.84 N·s/kg,比全 Al 推进剂的比冲提高了 110.83 N·s/kg。分析认为,由于 AlH_3 中的 H 在推进剂燃烧过程中主要生成后 H_2(推进剂燃烧产物中的 H_2 含量随 AlH_3/Al 相对含量的增加而增加),不额外消耗氧气,所以单位质量 AlH_3 的耗氧量低于 Al,因而随 AlH_3/Al 相对含量的增加,推进剂的氧系数不断增加。由于 AlH_3 的密度仅为 1.47 g/cm^3,远低于 Al 的密度 2.70 g/cm^3,因而随 AlH_3/Al 相对含量的增加,推进剂的密度大幅降低。推进剂的燃温随 AlH_3/Al 相对含量的增加而降低,一方面是因为 AlH_3 中的 Al 含量为 90%,AlH_3 取代 Al 后,推进剂中的 Al 含量降低,导致燃温降低;另一方面,AlH_3 的分解释氢是一个吸热反应,也会导致推进剂燃温降低。如前所述,AlH_3 加入固体推进剂后,燃烧产物中的 H_2 含量增加,由于 H_2 是相对分子质量最小的气体,所以随 AlH_3/Al 相对含量的增加,燃气平均相对分子质量也随之降低。由推进剂理论比冲计算公式 $I_{sp} \propto \sqrt{T_c/\overline{M}}$ 可知,随 AlH_3/Al 相对含量的增加,推进剂理论比冲不断升高的主因是 AlH_3 的加入降低了燃气平均相对分子质量 $\overline{M}$。

理论计算结果表明,AlH_3 可显著提高固体推进剂的能量性能。为考查 AlH_3 对固体推进剂实测比冲的增益作用,通过标准 $\phi165$ mm 发动机同台热试车对比了全 Al 粉配方和 15% AlH_3 配方的标准实测比冲,结果见表 4-15。测试结果表明,采用 15% 的 AlH_3 取代 Al 粉,推进剂的标准理论比冲由 270.4 s 提高至 280.1 s,提高幅度为 9.7 s;推进剂的标准实测比冲由 252.8 s 提高至 261.3 s,提高幅度为 8.5 s。这表明 AlH_3 用于固体推进剂可显著提高推进剂的标准实测比冲,具有良好的应用效果。

表 4 – 15　标准 ϕ165 mm 发动机热试车结果

配方代号	质量分数/(%)		标准理论比冲/s	标准实测比冲/s	比冲效率/(%)
	Al	AlH₃			
Al 粉配方	18	0	270.4	252.8	93.49
AlH₃ 配方	3	15	280.1	261.3	93.29

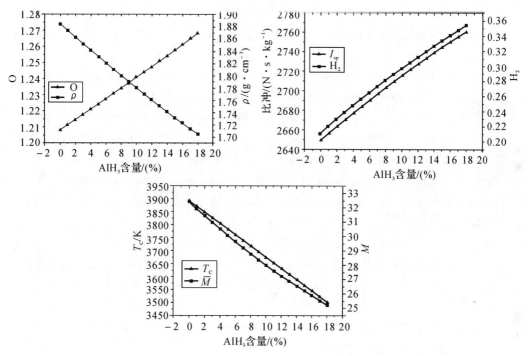

图 4 – 51　AlH₃/Al 相对含量对推进剂能量性能的影响

4.6　金属燃料的发展趋势

金属燃料是高能固体推进剂基本组分之一。其作用为：①提高推进剂的恒容燃烧热，从而提高比冲；②提高推进剂的密度。为此，要求金属燃烧应具有燃烧热高、密度大、与其他组分相容性好等特点。目前，铝粉由于密度高、无毒、原材料丰富、成本低、耗氧量低、燃烧焓高、对推进剂比冲增益显著等优点，被广泛应用于固体推进剂。

未来，金属燃料的发展趋势主要包括以下几方面：

（1）以铝粉为基础，不断提高铝粉的燃烧效率，以进一步提高推进剂的实测比冲。具体途径为：①将铝粉与其他易燃烧金属进行合金化，如 Al – 3Li、Al – 6Mg、Al – Mg – Zr、Al – Eu 合金等；②对铝粉进行包覆，如有机氟包覆铝粉；③对铝粉进行纳米化处理，降低铝粉的微观尺度。

（2）采用密度更大、燃烧热值更大的金属燃料替代铝粉，如锆粉、硼粉、钼粉等。

(3)采用金属氢化物(AlH₃)或储氢合金替代铝粉,降低燃烧产物平均相对分子质量,提高推进剂比冲。

参 考 文 献

[1] 张教强,张琼方,国际英,等. 超细硼粉的氟化锂包覆[J]. 火炸药学报,2005,28(3):8 -11.

[2] DELUCA L T, MARCHESI E, SPREAFICO M, et al. Aggregation versus agglomeration in metallized solid rocket propellants [J]. Int J EnergMater Chem Propul,2010, 9(1):91 - 105.

[3] NOBERT E. Burning behavior of gas generator with high boron content [J]. Propellants,Explosives, Pyrotechnics, 1992,17(4): 161 - 163.

[4] DANIEL A, et al. Aerosol synthesis and reactivity of thin oxide shell aluminum nanoparticles via fluorocarboxylic acid functional coating[J]. Particle & Particle Systems Characterization, 2013, 30(10): 881 - 887.

[5] DAN A, JOUET J, ZACHARIAH M R. Aerosol synthesis and reactive behavior of faceted aluminum nanocrystals[J]. J Cryst Growth December, 2010, 312 (24): 3625 -3630.

[6] XIAO F, YANG R J, LI J M. Preparation and characterization of mechanically activated aluminum/polytetrafluoroethylene composites and their reaction properties in high temperature water steam[J]. Journal of Alloys and Compounds,2018, 761: 24 -30.

[7] 李凤生. 固体推进剂技术及纳米材料的应用[M]. 北京:国防工业出版社,2009.

[8] 彭亚晶,宋云飞,蔡克迪. 纳米铝复合含能材料[M]. 北京:化学工业出版社,2015.

[9] 程志鹏,何晓兴. 纳米铝燃料研究进展[J]. 固体火箭技术,2017,40(4):438 - 443.

[10] GHORBANI H R. A review of methods for synthesis of Al nanoparticles [J]. Oriental Journal of Chemistry, 2014, 30(4):1941 -1949.

[11] KONG C D, YAO Q, YU D, et al. Combustion characteristics of well - dispersed aluminum nanoparticle streams in post flame environment[J]. Proc Combust Inst, 2015, 35(2): 2479 - 2486.

[12] PIVKINA A, IVANOV D, FROVOV Y, et al. Plasma synthesiednano - aluminum powders structure, thermal properties and combustion behavior [J]. Journal of Thermal Analysis and Calorimetry, 2006, 86(3):733 - 738.

[13] KOAYASHI N, KAWAKAMI Y, KAMADA K, et al. Spherical submicron - size copper powders coagulated from a vapor phase in RF induction thermal plasma[J]. Thin Solid Films, 2008, 516(13): 4402 - 4406.

[14] ABDOLI H, GHANBARI M, BAGHSHAHI S, Thermal stability of nanostructured aluminum powder synthesized by high - energy milling[J]. Mater Sci Eng A, 2011, 528(22): 6702 - 6707.

[15]　李鑫，赵凤起，罗阳，等.纳米铝粉的固相化学还原法制备、表征及对 ADN 热分解性能的影响[J].稀有金属材料与工程，2015，44(6)：1474－1478.

[16]　殷求实，邓国栋，肖磊，等.片状铝粉的制备及其活性[J].爆破器材，2016，45(4)：30－34.

[17]　申连华，李国平，罗运军，等.高能球磨法制备 Al/B/Fe₂O₃ 纳米复合含能材料[J].固体火箭技术，2014，37(2)：233－237.

[18]　YU J，MCMAHON B W，BOATZ J A，et al. Aluminum nanoparticle production by acetonitrile－assisted milling：effects of liquid－vs vapor－phase milling and of milling method on particle size and surface chemistry[J]. J Phys Chem C，2016，120 (35)：19613－19629.

[19]　CUI Y，ZHAO S L，TAO D L，et al. Synthesis of size－controlled and discrete core－shell aluminum nanoparticles with a wet chemical proces[J]. Mater Lett，2014，121：54－57.

[20]　TAVAKOLI A，SOHRABI M，KARGARI A. A review of methods for synthesis of nanostructured metals with emphasis on iron compounds[J]. Chem Pap，2007，61 (3)：151.

[21]　楚广，唐永建，楚士晋，等.纳米 Al 粉的结构和性能表征[J].含能材料，2006，14(3)：227－230.

[22]　MEDA L，MARRA G，GALFETTI L，et al. Nano－aluminum as energetic material for rocket propellants[J]. Materials Science and Engineering C，2007，27：1393－1396.

[23]　刘志芳，刘新红，黄亚磊，等.铝粉表面包覆改性的研究进展[J].材料导报 A：综述篇 2017，31(11)：73－79.

[24]　李鑫，赵凤起，仪建华，等.国内外纳米铝粉表面包覆改性研究进展[J].材料保护，2013，46(12)：47－52.

[25]　张立新.核壳结构微纳米材料应用技术[M].北京：国防工业出版社，2010.

[26]　姚二岗，赵凤起，郝海霞，等.全氟十四烷酸包覆纳米铝粉的制备及点火燃烧性能[J].火炸药学报，2012，35(6)：70－75.

[27]　JOUET J R，WARREN A D，ROSENBERG D M，et al. Surface passivation of bare aluminum nanoparticles using perfluoroalkyl carboxylic acids[J]. MRS Online Proceedings Library，2003，800(1)：91－102.

[28]　GROMOV A A. Effect of the passivating coating type，particle size，and storage timeon oxidation and nitridation of aluminum[J]. Powders Combustion，Explosion and Shock Waves，2006，42(2)：177－184.

[29]　KWON Y S，GROMOV AA，STROKOVA J. Passivation of the surface of aluminum nanopowders by protective coatings of the，different chemical origin[J]. Applied Surface Science，2007，253(12)：5558－5564.

[30]　袁志锋，赵凤起，张教强，等.固体推进剂用纳米核壳型铝粉的制备及其应用研究进展[J].化工新型材料，2012，40(4)：20－22.

[31]　李颖，宋武林，谢长生，等.纳米铝粉在固体推进剂中的应用进展[J].兵工学报，

2005，26(1)：121－125.

[32]　徐景龙，阳建红，王华.含纳米金属粉高能推进剂热分解性能和燃烧火焰结构分析[J].
飞航导弹，2006，12：47－49.

[33]　秦钊，PARAVAN C，COLOMOBO G，等.氟化物包覆纳米铝粉对 HTPB 燃料燃烧
性能的影响[J].火炸药学报，2014，37(2)：61－64.

[34]　EDWARD L，DREIZIN M S. Mechanochemically prepared reactive and energetic
materials：a review[J]. J Mater Sci，2017，52(20)：11789－11809.

[35]　WHITE J D E，REEVES R V，SON S F，et al. Thermal explosion in Al－Ni
system：Influence of mechanical activation[J]. J Phys Chem A，2009，48(113)：
13541－13547.

[36]　NAYAK S S，WOLLGARTEN M，BANHART J，et al. Nanocomposites and an
extremely hard nanocrystalline intermetallic of Al－Fe alloys prepared by mechanical
alloying[J]. Mater Sci Eng A，2010，527(9)：2370－2378.

[37]　BOCKMONB S，PANTOYA M L，SON S F，et al. Combustion velocities and
propagationmechanisms of metastable interstitial composites[J]. J Appl Phys，2005，
98(6)：1－7.

[38]　PANTOYA M L，GRANIER J J. Combustion behavior of highly energetic
thermites：Nano versus micron composites[J]. Propellants Explosives Pyrotechnics，
2005，30(1)：53－62.

[39]　PANTOYA M L，et al. Dependence of size and size distribution on reactivity of
aluminum nanoparticles in reactions with oxygen and MoO_3[J]. Thermochim Acta，
2006，444(2)：117－127.

[40]　MOORE K，PANTOYA M L. Combustion of environmentally altered molybdenum
trioxide nanocomposites[J]. Propellants Explosives Pyrotechnics，2006，31(3)：
182－187.

[41]　PERRY W L，TAPPAN B C，REARDON B L. Energy release characteristics of the
nanoscale aluminum－tungsten oxide hydrate metastable intermolecular composite
[J]. Journal of Applied Physics，2007，101(6)：1－5.

[42]　WALTER K C，PESIRI D R，WILSON D E. Manufacturing and performance of
nanometric Al/MoO_3 energetic materials[J]. Journal of Propulsion and Power，
2007，23(4)：645－650.

[43]　QIU H W，STEPANOV V，Stasio A R D，et al. Investigation of the crystallization of
RDX during spray drying[J]. Powder Technology，2015，274：333－337.

[44]　罗敏，陈水林.W/O 微乳液法制备纳米微粒的研究[J].山东化工，2003，32(4)：27－29.

[45]　邵庆辉，古国榜，章莉娟.微乳反胶团体系在纳米超微颗粒制备中的应用[J].化工进展，
2002，21(2)：136－139.

[46]　SIMPSON R L，TILLOTSON T M，HRUBESH L W，et al. Nanostructured
energetic materials derived from sol－gel chemistry[C]//31st International Annual
Conference of ICT. Karlsruhe，Germany：ICT，2000：1－11.

［47］ THIRUVENGADATHAN R，KORAMPALLY V，GHOSH A，et al. Nanomaterial processing using self – assembly – bottom – up chemical and biological approaches［J］. Reports on Progress in Physics，2013，76(6)：816 – 819.

［48］ THIRUVENGADATHAN R，CHUNG S W，BASURAY S，et al. A versatile self – assembly approach toward high performance nanoenergeticcomposite using functionalized graphene［J］. Langmuir，2014，30(22)：6556 – 6564.

［49］ 王为强，薛云娜，杨建明，等. 高燃速推进剂用硼氢化物的研究进展［J］. 含能材料，2012，1(20)：132 – 136.

［50］ BAKUM S I，KUZNETSOVA S F，KUZNETSOV N T. Method for the preparation of aluminum hydride［J］. Russian Journal of Inorganic Chemistry，2010，55(12)：1830 – 1832.

［51］ LACINA D，WEGRZYN J，REILLY J，et al. Regeneration of aluminium hydride［J］. Energy Environ Sci，2010，3(8)：1099 – 1105.

［52］ LACINA D，REILLY J，JOHNSON J. The reversible synthesis of bis(quinuclidine) alane［J］. J Alloys Compd，2011，509：654 – 657.

［53］ 罗永春，毛松科，阎汝煦，等. 机械球磨固相化学反应制备 AlH_3 及其放氢性能［J］. 物理化学学报，2009，25(2)：237 – 241.

［54］ ZIDAN R，KNIGHT D A，DINH L V. Novel methods for synthesizing alane without the formation of adducts and free of halides：US20120141363A1［P］. 2013 – 02 – 19.

第5章　新型含能增塑剂

5.1　概　　述

未来武器系统要求采用高性能和低易损性(贮存和运输过程中)的炸药及推进剂。重要的设计因素包括固体推进剂的力学性能、低特征信号、长服役期限和制造/使用/处理等过程中的环境友好性。

增塑剂的发展常常与黏合剂的发展相伴随和相适应。增塑剂通常是液体有机化合物,被添加到固体推进剂中以改善其机械性能。除此之外,它们还可以降低混合黏度,提高适用期。增塑剂添加到黏合剂中,削弱了黏合剂分子之间的作用力(主要是范德华力),它穿透黏合剂基体,降低黏合剂之间的黏结力,从而降低黏合剂分子链的结晶性;增塑剂增加了自由体积,增加了黏合剂分子链的移动性,显著降低了聚合物的脆性,提高了弹性体的延伸率和抗冲击性。这将导致链段的流动性增加,从而降低玻璃化转变温度。因此,增塑剂降低聚合物的 T_g 的程度,常被用来作为衡量增塑剂效率的指标。

理想的含能增塑剂应具有如下性能:①与黏合剂有良好的相容性;②具有相对低的热、撞击、静电感度;③具有高的密度、生成焓和高的氧平衡值;④塑化效率高;⑤对黏合剂的交联无影响;⑥玻璃化转变温度低;⑦低黏度;⑧迁移性小(低渗透、低挥发)。这些性能指标在很多情况下是相互矛盾的,因此,获得性能优异的含能增塑剂并不容易。

增塑剂的相对分子质量从 200 到 2 000 不等,性质也各不相同。低相对分子质量的增塑剂大多是易挥发的,较高相对分子质量的增塑剂则更黏稠。因此,增塑剂相对分子质量在 400～1 000 的范围内是首选。其他几个因素,如与推进剂组分的相容性、增塑效率、稳定性和成本等,在筛选增塑剂的过程中也发挥重要的作用。两种类型的增塑剂,即主增塑剂和助增塑剂,在工业界中是众所周知的。主增塑剂是"真正的增塑剂",它们与聚合物相互作用,以增加它的柔软性。助增塑剂能提高主增塑剂的增塑效率,但与给定树脂的相容性往往不如主增塑剂,因此,如果使用过量,会导致表面呈黏性。助增塑剂通常是与主增塑剂一起使用的,以降低成本,改善耐低温特性。它们也被称为增塑增容剂。

设计新型含能增塑剂的重要策略:①根据相似相溶原理,在含能增塑剂分子中引入与黏合剂极性类似的基团,有利于提高增塑效果,减少相分离;②在增塑剂分子中引入含能官能团,如叠氮基、硝基、硝酸酯基、硝胺基和二氟氨基,可以改善总的氧平衡,提高配方的内能;③在同一个增塑剂分子中引入两种以上的含能基团,实现优势互补;④两种结构相似增塑剂的混合使用,比单一增塑剂可能更具优势。稳定性是含能增塑剂研发的另外一个重要关注点。增塑剂未来的研究方向应该是寻找低易损性和更稳定的含能增塑剂。含能增塑剂在开始合成前应该先从理论上评估其性能。

5.2　硝酸酯类增塑剂

5.2.1　硝酸酯类增塑剂的合成

无论是实验室合成还是工业规模的生产,多元醇前驱体的直接硝化是制备硝酸酯增塑剂的最常用的方法,硝-硫混酸是最常用的硝化剂。

此处以 1,2,4-丁三醇(BT)为原料,比较不同的硝化试剂对 1,2,4-丁三醇三硝酸酯(BTTN)的收率的影响[1],结果见表 5-1。

表 5-1　不同硝化试剂对 BT 的硝化结果

硝化试剂	硝化试剂用量/g	硝化温度/℃	硝化时间/min	BTTN 收率/(%)
发烟硝酸	10.0 ± 0.5	10~20	>90	31.2
纯硝酸	7.00~10.00	10~20	60~90	34.7
N_2O_5	3.00~4.00	0~5	60~90	33.5
N_2O_5/HNO_3	0.30~0.60/7.0	0~5	60~90	58.9
硝-硫混酸	3.00/3.00~4.00	10~20	5~30	73.5

发烟硝酸初始状态含有部分水,不利于硝酸的碱式电离,硝化能力弱,硝化很不完全,所以 BTTN 收率很低。纯硝酸明显较发烟硝酸硝化效果好,主要是因为纯硝酸处于无水状态,反应初始阶段,硝化反应速度很高,但随着反应的不断进行,反应体系中生成部分水,阻碍了硝酸的碱式电离,所以 BTTN 的收率也并不理想。很多文献报道,对于一元醇、二元醇和张力氧杂环的硝化,N_2O_5/CH_2Cl_2 有较强的硝化能力。但是,高浓度的 N_2O_5 很不稳定,容易分解,降低了 N_2O_5 的有效硝化作用,同时增加了氧化副作用;低浓度的 N_2O_5 反应较温和,但 BTTN收率很低。所以,N_2O_5/CH_2Cl_2 体系不适用于对 BT 进行硝化以制备 BTTN。N_2O_5/HNO_3的硝化能力要强于纯硝酸和 N_2O_5/CH_2Cl_2。硝-硫混酸是这 5 种硝化试剂中硝化能力最强的,这主要是因为硫酸的存在影响了硝酸的电离趋势,大大加强了硝酸的碱式电离[1]。

硝-硫混酸硝化多元醇属于放热反应,存在因为温度飞升而冒釜甚至爆炸的风险。工业规模的生产通常采用严格控制反应温度范围、远程操作和视频监控等手段来降低风险。硝化反应完毕,需要进行洗涤,因为即使微量存在的酸也可能造成硝酸酯的分解。通常用碱水洗可以除掉微量的酸。影响硝酸酯稳定性的另一个杂质是亚硝酸酯,脲是阻止亚硝酸酯形成的有效试剂。

5.2.2　硝酸酯类增塑剂的性质

硝酸酯类增塑剂是含能增塑剂中最常用的品种,短期内看不到停止使用的趋势。常用的硝酸酯增塑剂有硝化甘油(NG)、三羟甲基乙烷三硝酸酯(TMETN)、1,2,4-丁三醇三硝酸酯(BTTN)、一缩二甘油四硝酸酯(DGTN)、2,2,2-三硝基-2-硝氧基乙醚(TNEN)、二缩三乙二醇二硝酸酯(TEGDN)、一缩二乙二醇二硝酸酯(DEGDN)、乙二醇二硝酸酯(EGDN)等,如

图 5-1 所示。表 5-2 列举了几种典型的硝酸酯增塑剂的性质[2]。硝酸酯类增塑剂典型的代表是 NG,但是 NG 感度高,蒸汽压高,低温下会使推进剂发生脆变,并存在迁移问题。其他硝酸酯能量低于 NG,但是可能在其他性能方面优于 NG。BTTN 的外消旋结构赋予其良好的低温性能。DGTN 的安全性能远优于其他硝酸酯增塑剂,还具有较低的凝固点和蒸汽压。TNEN 具有较高的密度,以及良好的增塑性能和低的蒸汽压,热稳定性高于 NG 和 BTTN。TMETN 化学稳定性好,不溶于水并且有较低的蒸汽压,是近年来美国在固体推进剂研制中最常用的硝酸酯增塑剂,在某种程度上有取代 NG 的趋势。

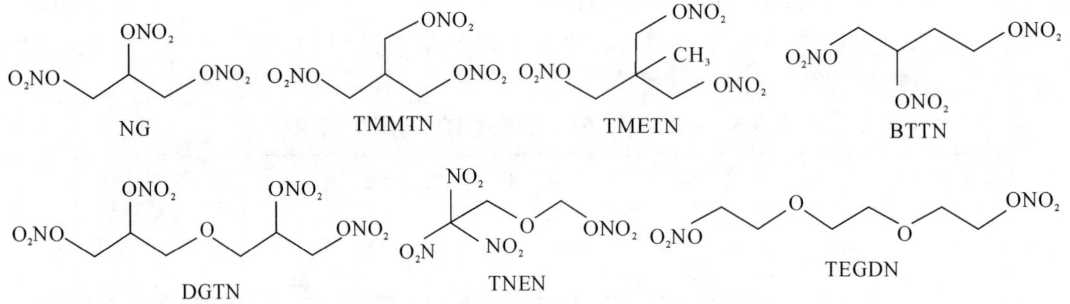

图 5-1 部分常用硝酸酯增塑剂的结构

表 5-2 典型硝酸酯增塑剂的基本性质

化合物	密度/(g·cm⁻³)	生成焓/(kJ·kg⁻¹)	氧平衡/(%)	起始分解温度/℃	T_g/℃
NG	1.59	−1 536.8	+3.5	135	−68
TMETN	1.48	−1 704.6	−34	158	−62.67
BTTN	1.52	−1 606.9	−16.6	154	−65.1
TEGDN	1.30	−2505.7	−66.6	223	−19

硝酸酯的混合使用有可能达成能量和安全性的平衡。如 NG/BTTN(质量比 50∶50)的配方可防止推进剂低温脆变。TMETN、BTTN、TEGDN 和 DEGDN 的混合配方可以减少增塑剂的迁移,降低火焰温度和危险性。

5.3 叠氮类增塑剂

对叠氮类增塑剂的研究和发展,源于 20 世纪 70 年代初对叠氮化合物和叠氮黏合剂的研究获得的关键性进展,此后各种叠氮类增塑剂品种层出不穷。叠氮类增塑剂的发展历程见表 5-3[3-4]。

表 5-3 叠氮类增塑剂的发展历程

年份	研究人员	叠氮类增塑剂品种
1975	Rosher	1,6-二叠氮-2,5-二硝基氮杂己烷(DADZP)
1978	Flanagan	1,3-二叠氮-2-硝基氮杂烷

续 表

年份	研究人员	叠氮类增塑剂品种
1984	Simmons	1,5-二叠氮-3-硝基氮杂戊烷(DIANP)
1985	Frankel	二叠氮季戊四醇二硝酸酯(PDADN)
1988	Ampleman/Wilson	端叠氮基 GAPA
1990	Flanagan	端酯基 GAPE
1993	Kindone	双(1,3-二叠氮内基)缩甲醛(BDPF)
1997	阎红	1,9-二叠氮-2,2,8,8-四硝基-4,6-二氧杂壬烷
1999	Dress	乙二醇双叠氮乙酸酯(EGBAA)
		二甘醇双叠氮乙酸酯(DEGBAA)
		季戊四醇四叠氮乙酸酯(PETKAA)
		三羟甲基硝基甲烷三叠氮乙酸酯(TMNTA)
2001	阎红	1,11-二叠氮-2,2,10,10-四硝基-5,7-二氧杂十一烷
		1,1,1,9,9,9-六硝基-4,6-二氧杂壬烷
		1,4-二叠氮-2,2-二硝基丁烷
2001	Bouchez	端酯基端叠氮基 GAP
2003	郭绍俊	双叠氮硝化甘油(DANG)
2003	张志忠	1,7-二叠氮-2,4,6-三硝基-2,4,6-三氮杂庚烷(DATH)
2004	欧育湘	叠氮磷酸酯(APE)
2005	Unkelbach	三叠氮新戊酸乙酯(TAPE-E)
		三叠氮季戊四醇乙酸(TAP-Ac)
2006	Pant	1,3-二叠氮乙酰氧基-2-叠氮乙酰氧甲基-2-乙基丙烷(TAAMP)
		1,3-二叠氮乙酰基-2,2-二叠氮甲基丙烷(PEAA)
2007	Karanjule	1-叠氮-2,3-二羟基-2-叠氮甲基丙烷(ADPM)
2009	E. K. Stefan	4,4-二硝基-1,7-二叠氮基庚烷(DNHDA)
	Agnes Clement	二(2-叠氮乙基)缩甲醛(DAEF)
	徐若千	三臂型 GAPA
2010	汪营磊	2-硝基-2-甲基-1,3-二叠氮丙烷(NMPA)
2011	姬月萍	1,1,1-三叠氮甲基乙烷(TMETA)
2012	Kumari	叠氮苯 BADEP,BADPP,BADBP
	Ghosh	1,3-二叠氮基-2-乙基-2-硝基丙烷(DAENP)
2013	Kumari	二(1,3-二叠氮-2-丙基)丙二酸酯
		二(1,3-二叠氮-2-丙基)戊二酸酯
	刘亚静	1,3-二(叠氮乙酰氧基)-2-甲基-2-硝基丙烷(DAMNP)
2014	Huang	端酰基 TNB-GAP

续表

年份	研究人员	叠氮类增塑剂品种
2015	Tang	4-氨基-3,5-二叠氮甲基-1,2,4-三唑
		3,3′,5,5′-四叠氮甲基-4,4′-偶氮三唑
2016	Hafner	2,2-二叠氮甲基丙烷-1,3-二醇羧酸酯
	Schulze	叠氮甲基-双(硝氧甲基)-硝基甲烷(AMDNNM)
	陆婷婷	4,4,4-三硝基丁酸-2-叠氮基-1-叠氮甲基乙酯(DPTB)
	刘卫孝	3-硝基-5-叠氮基-3-氮杂戊醇硝酸酯(PNAN)
2017	Baghersad	四种叠氮化合物
	丁峰	1,3-双(叠氮乙酰氧基)-2-乙基-2-硝基丙烷(ENPEA)
	张明权	1,7-二叠氮基-4,4-双(二氟氨基)庚烷(DADFAH)
2018	丁峰	1,3-二叠氮基-2-叠氮乙酸丙酯(PCPAA)

叠氮类增塑剂最大的优势是生成焓高、机械感度低,且与 GAP 黏合剂相容性好,所以在 GAP 推进剂体系中受到广泛关注。由于 GAP 推进剂存在力学性能方面存在不足,而现有的含能增塑剂又存在物理不相容等问题,因此研究人员开发了多种具有与叠氮类黏合剂良好相容性和高热稳定性的叠氮类含能增塑剂。

5.3.1 叠氮类增塑剂的合成

5.3.1.1 叠氮齐聚物

叠氮齐聚物[5]是从 GAP 黏合剂发展起来的,是一类小分子叠氮聚合物,所以其性能与高分子 GAP 黏合剂类似,具有生成焓高、含氮量高、成气性好、蒸汽压低、安全性好等优点,而且其以齐聚物作为增塑剂,还具有不易迁移和渗出的优势。由齐聚物叠氮化法制备的 GAP 增塑剂主要有端羟基 GAP 增塑剂、端叠氮基 GAP 增塑剂、端酯基 GAP 增塑剂和端叠氮基端酯基 GAP 增塑剂四种。

GAP 增塑剂主要有端羟基和非端羟基两种。端羟基 GAP 增塑剂即小分子 GAP 黏合剂,由于含有端羟基,易与推进剂中的其他官能团作用,发生交联,减弱增塑作用。为提高增塑性能,对制得的端羟基 GAP 增塑剂进行酯化、硝化、酰化等,取代端羟基。

此外以端叠氮基 GAP(GAPA)增塑剂的合成为例。其合成分为两步(见图 5-2):在无水吡啶中首先使端羟基 PECH(合成方法见 GAP 黏合剂)与甲苯磺酰氯反应,将端羟基转化为端甲苯磺酸酯基,再在 DMF 中使其与叠氮化钠反应,将氯和甲苯磺酸酯基转化为叠氮基,得到 GAPA。磺酸酯基也可用卤素替代,如—Cl 和—Br 等。

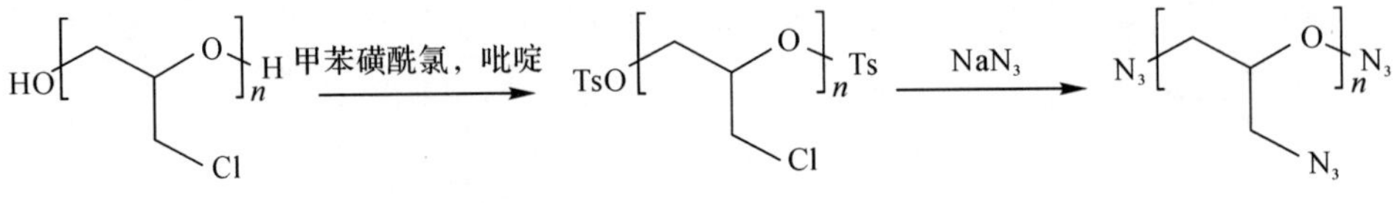

图 5-2 端叠氮基 GAP 的合成

对于端羟基 PECH 或 GAP 的酯化,可以用羧酸、酸酐、酰氯在惰性溶剂中反应将羟基转化成酯基。常用酯化剂有乙酸、乙酸酐、酰氯等。美国 Rockwell 公司以 N-甲基咪唑或吡啶为催化剂,用羧酸、酸酐、酰氯将端羟基 GAP 酯化,制得端酯基 GAPE(见图 5-3)。

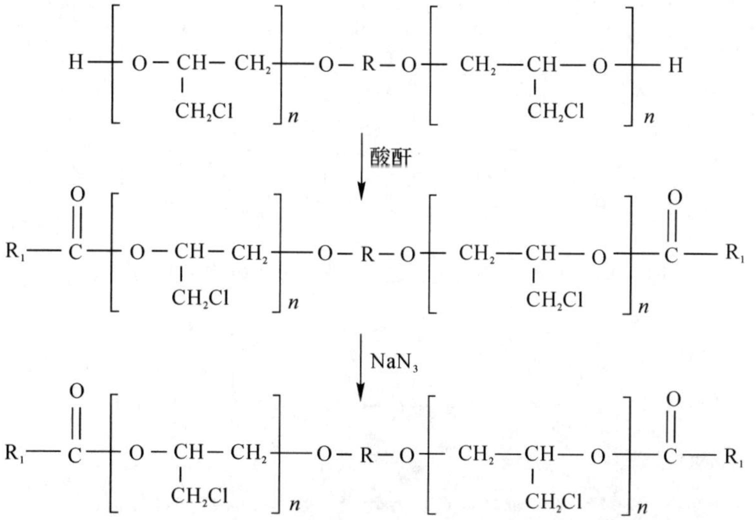

图 5-3　端酯基 GAPE 的合成

由于端酯基使含能增塑剂具有较好的安全性,而端叠氮基使增塑剂具有较高的能量水平,因此,端酯基端叠氮基 GAP 增塑剂兼顾安全和能量,使二者达到较好的中和。方法为将一端的羟基氯化,再将另一端羟基酯化,最后将端氯基叠氮化。Huang 等人用 2,4,6-三硝基苯甲酰氯(TNB)和端羟基 GAP 合成了端三硝基苯酰基 GAP 增塑剂(TNB-GAP)。

5.3.1.2　叠氮有机小分子

叠氮有机小分子增塑剂可按含能基团类型分为单一叠氮类和多含能基团类。单一叠氮类增塑剂主要有叠氮脂肪族类、叠氮缩醛类、叠氮酯类、叠氮醚类等,多含能基团类常见有叠氮硝酸酯类、叠氮硝胺类、叠氮硝基类和叠氮氟二硝基类等。

与叠氮齐聚物的合成一样,叠氮有机小分子增塑剂中的叠氮基引入,通常也是以氯化物、溴化物或对磺酸酯基化合物为原料,将与叠氮化钠反应生成的醇先转化为卤代烃(溴代烃或氯代烃),再与 MN_3(M=Li、Na、K 等)反应的过程。这是制取叠氮化合物普遍的方法。

以 1,2,4-丁醇或季戊四醇为初始原料,先用对苯磺酰氯(TsCl)将分子中的羟基磺酰化,再在 DMF 等非质子性溶剂中叠氮化取代,即可得到相应的叠氮脂肪族类含能增塑剂 1,2,4-三叠氮丁烷(TAB)和四叠氮甲基丁烷(TAPE),如图 5-4 所示。

将醇转变成磺酸酯,通常采用吡啶(Py)为溶剂。这是由于该反应过渡态的电荷比作用物的电荷密集,采用极性溶剂吡啶在动力学上有利于反应的进行,并且取代反应的副产物 HCl 而得到磺酸酯,然后用叠氮离子进行取代。这是将醇类化合物转化成叠氮化合物的一个有效方法,如图 5-5 所示。

也有采用乙酸酐-发烟硝酸为硝化剂,将醇转变成硝酸酯,然后用叠氮离子进行取代得到叠氮化合物的。1,5-二叠氮-3-硝基氮杂戊烷(DIANP)的合成如图 5-6 所示。

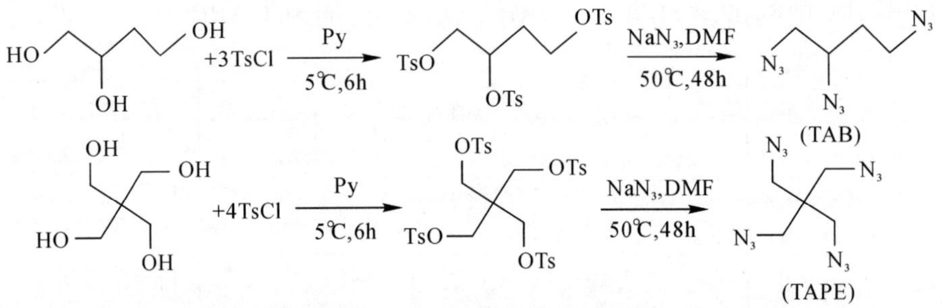

图 5-4 叠氮脂肪族类含能增塑剂 TAB 和 TAPE 的合成

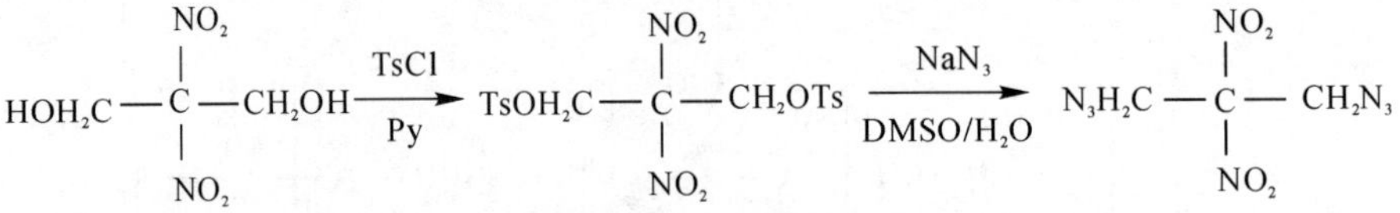

图 5-5 吡啶溶剂将醇转变为叠氮化合物的过程

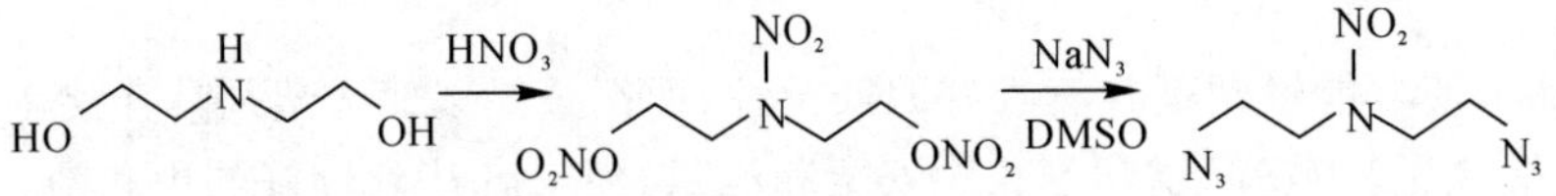

图 5-6 DIANP 的合成

酯类叠氮类增塑剂乙二醇双叠氮醋酸酯(EGBAA)的合成如图 5-7 所示。

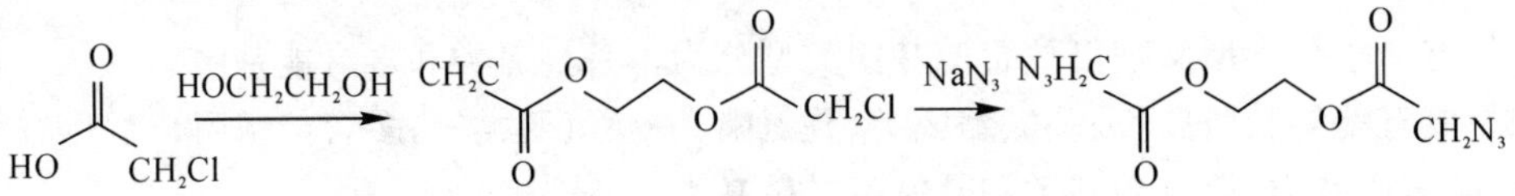

图 5-7 EGBAA 的合成

1,3-双(叠氮乙酰氧基)-2-乙基-2-硝基丙烷(ENPEA)是以 2-乙基-2-硝基-1,3-丙二醇为原料,经酯化、叠氮化两步反应合成的,如图 5-8 所示。

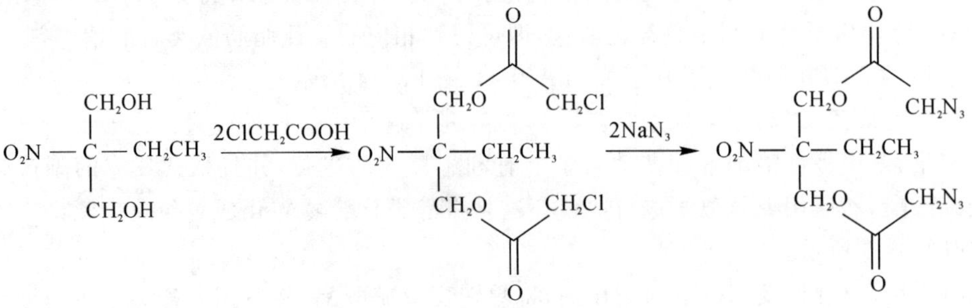

图 5-8 ENPEA 的合成

5.3.2　叠氮类增塑剂的性质

叠氮类增塑剂中的每摩尔叠氮基可提供 355.3 kJ 的正生成热,它不仅具有优异的增塑性能,还具有高能、高燃速、低燃温、低凝固点等性能,是理想的含能增塑剂。

5.3.2.1　叠氮齐聚物

叠氮齐聚物主要指小分子聚叠氮缩水甘油醚 GAP,端基可以为羟基、叠氮基、酯基等。GAP 增塑剂作为含能齐聚物,具有感度低、机械性能好、含氮量高、不易渗出等优点,成为当前含能材料领域倍受青睐的齐聚物增塑剂。由于端羟基 GAP 增塑剂含有羟基,在固化过程中能与异氰酸酯交联剂发生反应,进入交联网络,失去增塑作用,所以通常不被使用。普遍使用的是端叠氮基的 GAPA 增塑剂和端酯基的 GAPE。表 5-4 为端羟基 GAP 三醇与端叠氮基 GAPA 的性能对比。对比结果显示,GAPA 具有更高的能量和更低的玻璃化转变温度,性能优良。

表 5-4　端羟基 GAP 三醇与端叠氮基 GAPA 的性能对比

性质	GAP 三醇	GAPA
数均分子量	440	1 032
密度/(g·cm^{-3})	1.25	1.3
玻璃化转变温度/℃	−59.9	−64.4
生成焓/(cal·g^{-1})	280	550
分解焓/(J·g^{-1})	1 554	2 204

端酯基 GAPE 同样克服了端羟基 GAP 的反应性缺点,提高了储存稳定性,而且低温性能优良,使增塑剂在降低推进剂低温机械性能的同时,感度低,对撞击、摩擦、静电火花等,有更好的安全性。其缺点是能量水平较低。端酯基 GAD 性能见表 5-5。

表 5-5　端酯基 GAP 性能

性能	指标
颜色	淡黄色液体
折光率(24℃)	1.492 0
密度(24℃)/(g·cm^{-3})	1.235
冰点/℃	小于−90
DSC 初始分解温度/℃	229
热失重(74℃,24 h)/(%)	0.5
冲击感度/J	217.6
摩擦感度/kg	10.8
生成焓/(kJ·mol^{-1})	−37.3

李娜等人合成的端叠氮基端乙酸乙酯基 GAP(AATGAP),玻璃化转变温度为−74.5℃,热分解温度为 250.08℃,兼顾了能量、低温性能与热稳定性。

5.3.2.2 叠氮酯

与长期使用的硝酸酯类增塑剂相比,叠氮酯类增塑剂与常规黏合剂有相容性好、蒸汽压低、沸点高、黏度低、易合成和热安定性好等优点。

Dress 等人[6]在 1999 年合成了乙二醇双叠氮乙酸酯(EGBAA)、双叠氮二乙二醇二乙酸酯(DEGBAA)、四叠氮季戊四醇四乙酸酯(PETKAA)、三羟甲基硝基甲烷三叠氮乙酸酯(TMNTA)四种叠氮酯类增塑剂。其结构式如图 5-9 所示。

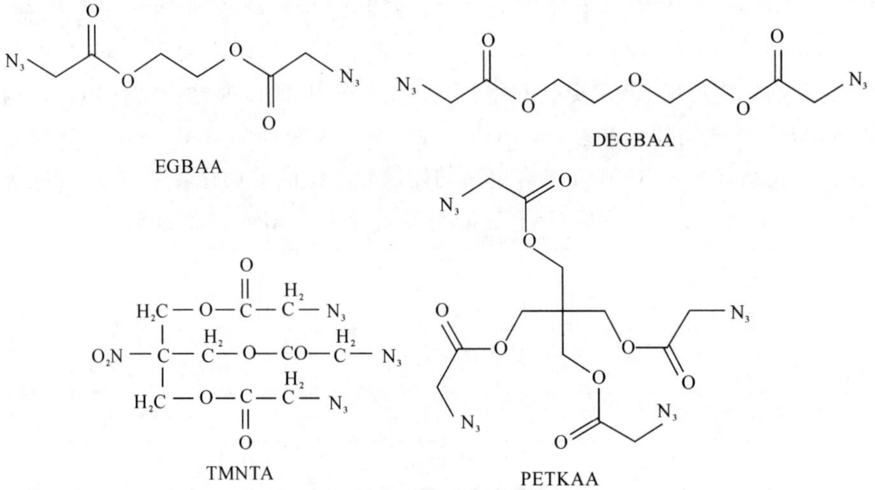

图 5-9 四种叠氮酯类增塑剂的结构

以上四种叠氮酯类化合物均为液体,T_g 为 $-70.8 \sim -34.1$℃,热分析表明它们具有良好的热稳定性,与叠氮聚合物黏结剂及其他各组分之间具有良好的相容性。其主要缺点是氮含量低,对推进剂体系能量贡献小。它们的氧平衡、燃烧热(Q)、生成焓(H_f)、黏度(η)、DSC 峰温、玻璃化转变温度(T_g)等主要性能参数见表 5-6。

表 5-6 四种叠氮酯类增塑剂的性能

增塑剂	密度 g/cm³	氧平衡 %	Q kJ/mol	H_f kJ/mol	η mPa·s	DSC 峰温 ℃
EGBAA	1.34	−84.15	3 344.3	−167.36	23.4	206.4
DEGBAA	1.00	−99.92	4 540.5	−328.86	29.2	215.0
TMNTA	1.45	−71.95	5 435.0	−262.33	1 288	217.2
TETKAA	1.39	−88.82	7 202.0	−215.20	2 880	221.5

增塑剂	分解峰温 ℃	T_g ℃	燃爆点(5K/min) ℃	失重(90℃,80 d) %	撞击感度 J	摩擦感度 N
EGBAA	218.0	−70.8	232	0.90	5.5	165
DEGBAA	212.0	−63.3	235	0.48	>10	160
TMNTA	207.7	−34.1	214	0.25	16	192
TETKAA	212.0	−35.4	234	—	60	360

另外两种叠氮酯类含能增塑剂 1,3-二叠氮乙酰氧基-2-叠氮乙酰氧甲基-2-乙基丙烷 (TAAMP)和 1,3-二叠氮乙酰氧基-2,2-二叠氮甲基丙烷(PEAA)的结构式如图 5-10 所示,具体性质见表 5-7。PEAA 为棕色透明黏稠液体,氮含量为 47.70%,密度(20℃)为 1.39 g/cm^3,黏度(20℃)为 2.0 Pa·s,分解温度为 215.8℃,T_g 为 -51.9℃,介于 EGBAA (-70.8℃)和 PETKAA(-35.4℃)之间。有如此大差别的原因在于 EGBAA 为线性结构,而 PETKAA 结构较为对称。

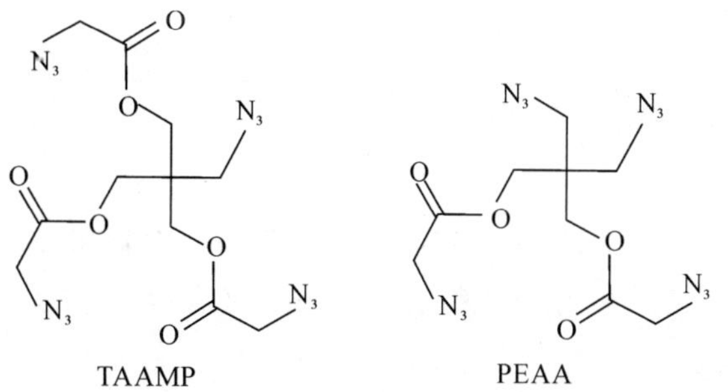

图 5-10　TAAMP 和 PEAA 的结构式

TAAMP 和 PEAA 热稳定性较好,玻璃化转变温度低,感度适中,并与叠氮黏合剂 GAP 相容性好,是具有良好应用前景的增塑剂。由于 PEAA 分子结构中含有更多的叠氮基,因此其具有更高的能量和更大的放热量。当在发射药配方中加入质量分数为 2% 的 PEMAA 或 PEAA 替代不含能的增塑剂邻苯二甲酸二丁酯(DBP)时,发射药的能量可由 1 018 J/g 提高至 1 030 J/g 和 1 038 J/g,火焰温度稍有提高,而且发射药具有更好的力学性能,但感度与 DBP 增塑的发射药相当。

表 5-7　叠氮酯类增塑剂的物理和感度性质

增塑剂	DSC 峰温 ℃	$\dfrac{Q}{\text{J/g}}$	$\dfrac{T_g}{℃}$	$\dfrac{H_f}{\text{kJ/mol}}$	$\dfrac{\eta(25℃)}{\text{mPa·s}}$	撞击感度 J	摩擦感度 %
TAAMP	254.5	2129.6	-47	-157.5	82	>34	0
PEAA	245.8	3096.7	-51.9	605.6	205	>34	0

丁峰等人[7]合成的 1,3-二叠氮基-2-叠氮乙酸丙酯(PCPAA),低温性能优良,稳定性良好,能量水平高,性能见表 5-8。

表 5-8　PCPAA 的性能

性质	指标
分子式	$C_5H_6N_9O_2$
外观	淡黄色液体
氮含量/(%)	55.99
密度/(g·cm^{-3})	1.32

续 表

性质	指标
DSC 分解峰温 T_p/℃	240.5
玻璃化转变温度 T_g/℃	小于－80
撞击感度/J	36.5
摩擦感度/(%)	0
燃烧热 Q/(J·g^{-1})	21 179

此外,含卤磷酸酯也是一类使用广泛的增塑剂,作为高聚物添加剂时,具有增塑及阻燃功能。将叠氮基团引入后,便成为既对体系有能量贡献,又有增塑、降感、阻燃性能的多功能含能材料添加剂。欧育湘等人[8]用叠氮基取代含卤磷酸酯中的全部或大部分卤原子,制得一类新型叠氮酯类化合物——多叠氮磷酸酯,其中主要有三(β-叠氮乙基)磷酸酯(TAEP),2,2-二氯甲基-1,3-亚丙基-四(β-叠氮乙基)磷酸酯(MPAEDP),1-氧代-4-(β-叠氮乙氧羰基)-2,6,7-三氧杂-1-磷杂双环[2.2.2]辛烷(AEPEPA),1-氧代-4-(β,β-二叠氮异丙氧羰基)-2,6,7-三氧杂-1-磷杂双环[2.2.2]辛烷(AIPEPA)。其中 MPAEDP 是一种无色黏稠液体,氮含量高,热安定性好,有望作为优良的火炸药含能增塑剂。以上 4 种叠氮磷酸酯增塑剂的性能对比见表 5-9。

表 5-9　四种叠氮磷酸酯的主要性能参数

增塑剂	分子式	相对分子质量	氮含量 %	熔点 ℃	密度 g/cm^3	DSC 峰温 ℃
TAEP	$C_6H_{12}O_4N_9P$	305.22	41.31	液态	1.337	223.7
MPAEDP	$C_{25}H_{24}O_8N_{12}P_2$	609.28	27.59	液态	—	210.9
AEPEPA	$C_7H_{11}O_6N_6P$	263.15	15.97	120~122	—	210.5
AIPEPA	$C_8H_{11}O_7N_6P$	319.20	26.42	52~53	—	218.0

2000 年,叶玲等人[9]以 β-氯乙醇与叠氮化钠反应制得 β-叠氮乙醇,经三氯氧磷酯化合成了三(β-叠氮乙基)磷酸酯,其氮质量分数为 41.3%,密度(25℃)为 1.337g/cm^3,起始分解温度为 199℃,分解峰温为 248℃,撞击感度(10 kg 落锤)为 24.5 J。

5.3.2.3　叠氮烷烃和叠氮缩醛

1,2,4-三叠氮丁烷(TAB)是一种淡黄色油状液体,可溶于二氯甲烷,不溶于水。密度为 1.266 g/cm^3,凝固点小于－16℃,折光率为 1.448(20℃),燃烧热为 19.84 MJ/kg,标准生成焓为 1 019 kJ/mol。四叠氮甲基丁烷(TAPE)为无色晶体,熔点为 48~50℃,密度为 1.444 g/cm^3,标准生成焓为 1 260 kJ/mol,由 DSC 法测得的放热峰温为 250℃。1,1,1-三叠氮甲基乙烷(TMETA)是一种淡黄色液体,摩擦感度较低,撞击感度适中。RENATO R. R.[10]设计合成了叠氮缩醛类增塑剂 BDPF。四种叠氮类增塑剂的结构如图 5-11 所示。

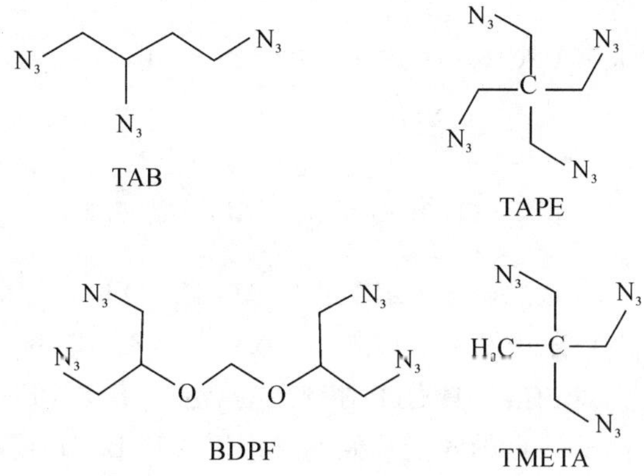

图 5-11　叠氮烷烃和叠氮缩醛增塑剂的结构

BDPF 在生成焓、增塑性、相容性、热安定性和撞击感度满足增塑剂使用要求的同时，还有原料易得、合成工艺简单等特点。BDPF 的主要性能见表 5-10。

表 5-10　叠氮缩醛增塑剂 BDPF 的主要性能

性能	指标
外观	无色液体
密度/(g·cm^{-3})	1.29
冰点/℃	-22
Q/(kJ·mol^{-1})	1 002.13
H_f/(kJ·mol^{-1})	5 474.87
撞击感度/J	9.2
旋转摩擦感度(2 000 r/min)/N	9 800
DSC 分解峰温/℃	247

5.4　硝基增塑剂

硝化乙二醇甘油醚(NGGE)较 NG 含有较高能量和较低挥发性。K10 为 2,4-二硝基乙苯与 2,4,6-三硝基乙苯的混合物(质量分数分别为 65% 和 35%)，是一种清澈的黄色或橘黄色液体，由英国皇家军火生产。

偕二硝基增塑剂——偕二硝基缩醛类增塑剂是近年来被研究报道的最多的含能增塑剂之一[11]，其典型代表是双(2,2-二硝基丙醇)缩甲醛(BDNPF)和双(2,2-二硝基丙醇)缩乙醛(BDNPA)，结构式如图 5-12 所示。此类增塑剂具有非常低的蒸汽压、适宜的密度和黏度、好的稳定性和相容性，与推进剂其他组分相容性良好。BDNPF 的熔点为 33~34℃，常温下呈固态，在实际应用中，常与 BDNPA 以质量比 1:1 组成混合增塑剂使用，其共溶物熔点小于 -5℃。BDNPF 和 BDNPA 与 NG 相比感度较低，和邻苯二甲酸二乙酯(DEP)相当，在落锤质量为 5 kg 的条件下，特性落高为 133 mm。美国已经将其用于北极星潜射导弹系统。

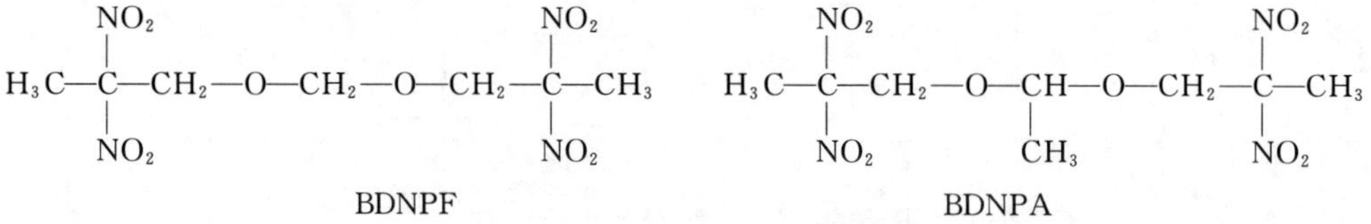

图 5-12 BDNPF 和 BDNPA 的结构式

氟二硝基增塑剂——双(氟二硝基乙基)缩甲醛(FEFO)是典型的氟二硝基增塑剂(其结构见图 5-13)。在此基础上又开发了双(氟二硝基乙基)缩二氟甲醛(DFFEFO)。FEFO 具有较高的能量含量,但易挥发、有毒,具有相对较高的熔点。BDNPF 的能量相对较低,但具有较高的熔点,需要使用能降低熔点的含能抑制剂。FEFO 和 BDNPF 的混合物能够使用,以获得较低的熔点、适当的能量和挥发性(其性能见表 5-11)。

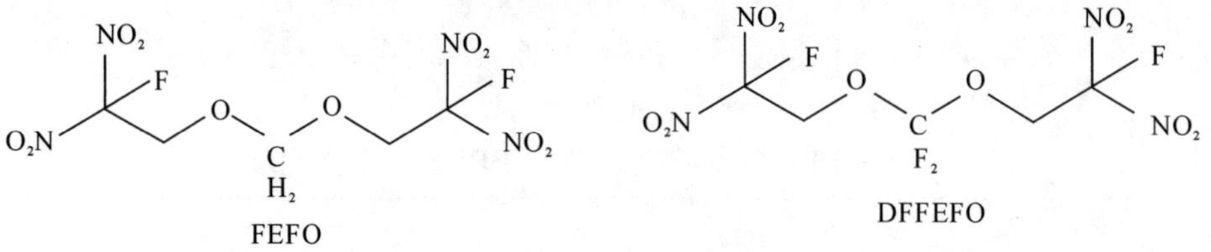

图 5-13 氟二硝基增塑剂的结构

表 5-11 典型氟二硝基增塑剂的基本性质

增塑剂	密度/(g·cm^{-3})	生成焓/(kJ·kg^{-1})	起始分解温度/℃	T_g/℃
FEFO	1.6	—	—	14
DF FEFO	1.67	—	—	−16.5

俄罗斯制备了图 5-14 所示的混合型硝胺增塑剂[12]。其中 QNM 的熔点范围为 18~50℃,生成焓为 −813 kJ/kg;QAM 常温下为液体,生成焓为 1 481 kJ/kg。

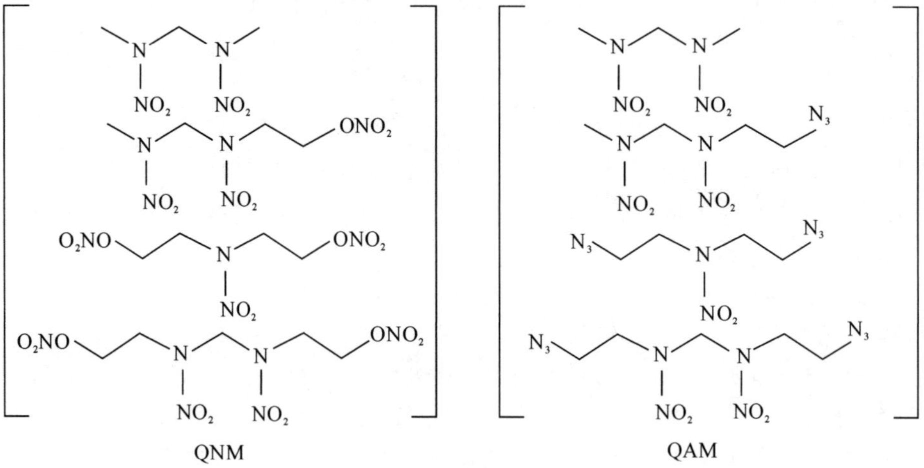

图 5-14 硝胺增塑剂的结构

5.5　呋咱增塑剂

呋咱环(1,2,5 - oxadiazole,furazan)是由碳氧氮构成的五元杂环结构,N—O 弱键和共轭键结构赋予这类化合物高生成焓和可接受的稳定性。有文献报道,呋咱增塑剂具有低感度、高能量和高密度[2]。然而,大多数呋咱化合物具有较高的熔点,如何搭建呋咱增塑剂的结构,使其具有较低的熔点是呋咱增塑剂设计的难点。

5.5.1　呋咱增塑剂的合成

王锡杰等人[13]合成了 3,4 -二硝基呋咱(DNF)。3,4 -二氨基呋咱的氨基在硫酸铵/过氧化氢/硫酸体系中氧化,合成了 DNF。在碱性条件下,两分子的 DNF 缩合,合成了 4,4′-二硝基双呋咱醚(FOF - 1),如图 5 - 15 所示。

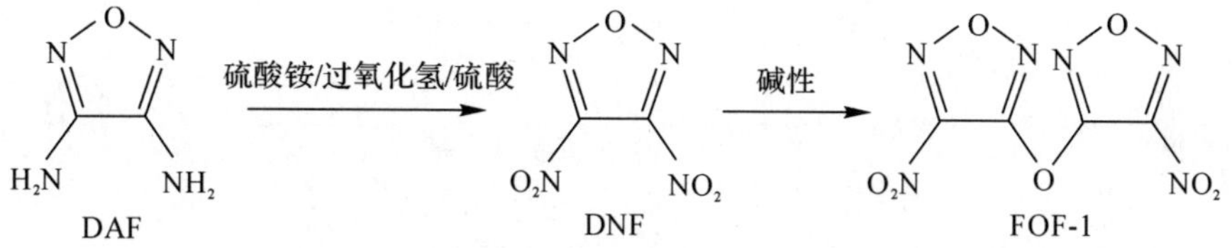

图 5 - 15　FOF - 1 的合成

范艳洁等人[14]合成了 3,3′-二氰基二呋咱基醚(FOF - 2)。以 3 -氨基- 4 -酰氨肟基呋咱(AAOF)为原料,经 PbO_2 氧化合成了 3 -氨基- 4 -氰基呋咱(CNAF),CNAF 经 H_2O_2 氧化合成了 3 -氰基- 4 -硝基呋咱(CNNF),再经分子间醚化合成了 FOF - 2(见图 5 - 16)。

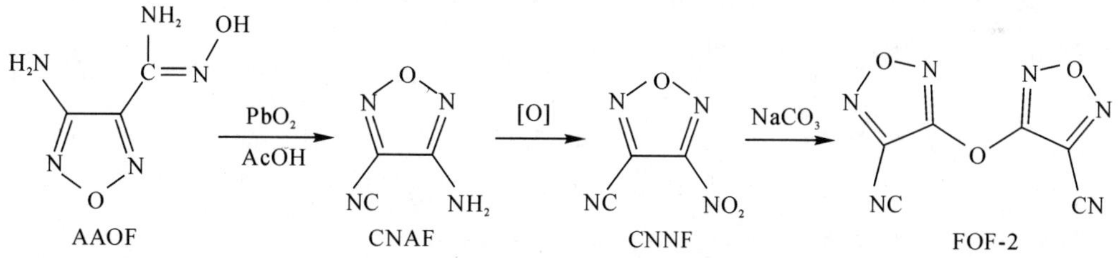

图 5 - 16　FOF - 2 的合成

Scott K. Dawley 针对 FOF - 1 和 FOF - 2 熔点高、硝酸酯增塑剂安全性差的弱点,对呋咱增塑剂进行了修饰,设计并合成了钝感高能增塑剂——NF1 和 NF2(见图 5 - 17)。由于潜在的军事用途,详细结构并未公开。

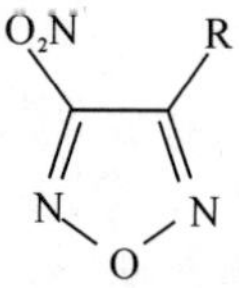

图 5 - 17　NF1 和 NF2 的结构

沈华平等人针对 FOF - 1 和 FOF - 2 熔点高的弱点,设计并合成了 4 -硝基- 3 -呋咱甲醚

（NEF）。以氰基乙酸乙酯为起始原料，通过在碱性条件下添加羟胺使其成环，得到 4-氨基-3-呋咱甲酸（见图 5-18 中 1）。再用硼氢化钠和氯化锌将呋咱环上的羧基选择性还原为醇羟基，得到 4-氨基-3-呋咱甲醇（见图 5-18 中 2）。然后通过过氧化氢和浓硫酸体系将呋咱环上的氨基氧化为硝基，得到 4-硝基-3-呋咱甲醇（见图 5-18 中 3）。再在吡啶催化下，用氯化亚砜令醇羟基发生氯取代，得到 4-硝基-3-甲基氯呋咱（见图 5-18 中 4）。最后在乙腈中使得到的 4-硝基-3-甲基氯呋咱与甲醇钠反应成醚，脱去一个氯化钠，得到目标化合物 4-硝基-3-呋咱甲醚 NEF（见图 5-18 中 5）。

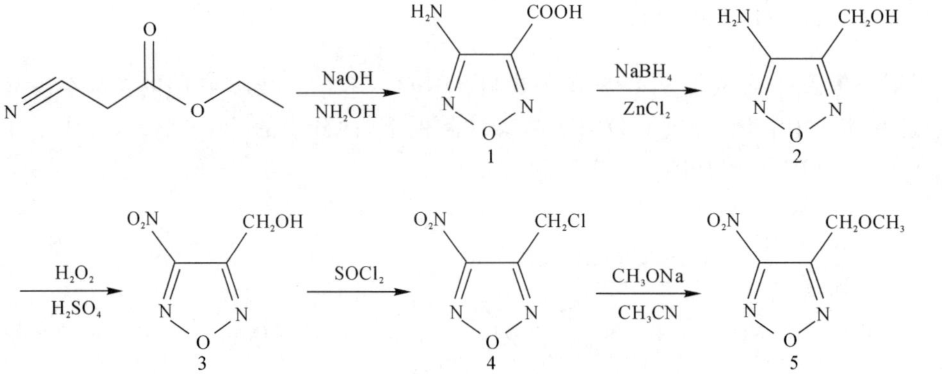

图 5-18 4-硝基-3-呋咱甲醚的合成

4-氨基-3-呋咱甲酸试验结果：

DSC（10 ℃/min）：209.8 ℃（m.p.）；IR［KBr 压片，波数/（cm^{-1}）］：3 445 (s)，3 332 (s)，1 750 (s)，1 621(s)，1 510(m)，1 404(m)，1 006(m)，1 195(m)；^{1}H NMR (500 MHz，DMSO) δ：6.32 (s，2H，—NH$_2$)；m/z (ESI)：128.01。

4-氨基-3-呋咱甲醇试验结果：

DSC（10 ℃/min）：−59.29 ℃（m.p.）；IR［KBr 压片，波数/（cm^{-1}）］：3 448 (s)，2 941 (w)，2 880 (w)，1 632(s)，1 526(s)，1 443(m)，1 002(w)；^{1}H NMR (500 MHz，DMSO)δ：5.12 (s，2H，—NH$_2$)，4.65(s，2H，—CH$_2$—)；m/z (ESI)：115.04。

4-硝基-3-呋咱甲醚试验结果：

DSC（10 ℃/min）：−67.05 ℃（m.p.）；IR［KBr 压片，波数/（cm^{-1}）］：2 963 (s)，1 637 (w)，1 587 (s)，1 547 (s)，1 491(w)，1 431(w)，1 253(s)，1 158 (s)，1 033 (s)；^{1}H NMR (500 MHz，DMSO) δ：4.60 (s，2H，—CH$_2$)，0.99 (s，3H，—CH$_3$)；m/z (ESI)：158.03 (C$_4$H$_4$N$_3$O$_4^-$)。

5.5.2 呋咱增塑剂的性质

呋咱增塑剂的优异性质在于呋咱环具有正的生成焓，并且与硝酸酯等增塑剂相比，具有相对低的感度。将呋咱增塑剂的性质列于表 5-12 中。FOF-2 分子内含有醚键，增加了分子的柔韧性，增塑性能亦随之提高。由于存在两个呋咱环，因此具有较高的正生成焓。但是，FOF-2 熔点较高。虽然 FOF-1 的生成焓低于 FOF-2，但在固体推进剂中，FOF-1 的两个硝基的能量贡献显著高于 FOF-2 的两个氰基，并且密度远高于 FOF-2，故 FOF-1 作为固体推进剂的增塑剂，性能优于 FOF-2。

表 5 – 12　呋咱增塑剂的基本性质

化合物	密度/(g·cm^{-3})	生成焓/(kJ·mol^{-1})	起始分解温度/℃	熔点/℃
FOF – 1	1.907	258.8	—	63~64
FOF – 2	1.64	576.8	>250	69
NF1	1.467	244.8	180	—
NF2	1.264	−259.4	176.4	—
NEF	1.55	25.50	169.9	−67

　　NF1 和 NF2[2]具有相对高的密度,较好的安全性能(见表 5 – 13),低黏度,有望用于 HTPB 固体推进剂。其缺点在于挥发性较强(沸点 95.63 ℃)。如果对 NF1 的结构进行修饰,降低其挥发性,将有望开发新型的含能增塑剂。

表 5 – 13　新型呋咱增塑剂 NF1 和 NF2 的安全性能

感度	增塑剂种类		
	NF1	NF2	RDX
撞击感度/J	14.5	30	4.9
摩擦感度/(%)	0	0	0
静电感度/J	6.0	6.0	0.38

　　对使用 NF1 作为增塑剂的 HTPB 固体推进剂(见图 5 – 19)进行了安全性能测试(结果见表5 – 14)。该推进剂安全性处于正常范围,并且由于 NF1 的生成焓高于常用的惰性增塑剂,因此,NF1 推进剂的比冲高于普通的 HTPB 固体推进剂。

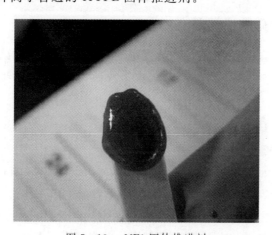

图 5 – 19　NF1 固体推进剂

表 5 – 14　NF1 增塑的 HTPB 固体推进剂的安全性能

感度	NF1 固体推进剂	RDX
撞击感度/J	10	4.9
摩擦感度/(%)	0	0
静电感度/mJ	3.0	0.38

NEF 的结构与 NF1/NF2 类似。NEF 的撞击和摩擦感度均优于 NG,与 Bu NENA 等相当(见表 5-15)。NEF 的熔点(见表 5-12)较低,具有较好的低温性能。但是,与 NF1 和 NF2 类似,NEF 的挥发性较强。

表 5-15 4-硝基-3-呋咱甲醚和几种硝酸酯增塑剂的感度

化合物	撞击感度/J	摩擦感度/(%)
Bu NENA	98	0
TMETN	46	0
BTTN	56	0
NG	1	100
4-硝基-3-呋咱甲醚	49	0

NF1、NF2 和 NEF 具有类似的硝基呋咱结构、较高的生成焓和较低的感度。但是,它们均有相同的弱点,即挥发性较强,在固体推进剂中的迁移率较高。保留硝基呋咱的基本结构,设计新的呋咱含能增塑剂,将有可能应用于 HTPB 固体推进剂。

5.6 多含能基团增塑剂

单一的含能基团增塑剂往往无法获得满意的综合增塑性能,因此,基于—N_3、—NO_2、—ONO_2、—N—NO_2 和—NF_2 这些含能基团的组合,有可能设计出兼顾能量和安全性能的增塑剂。

5.6.1 硝氧乙基硝胺增塑剂

R-NENA 类增塑剂是应用较广的含能增塑剂,它含有硝酸酯和硝胺两种能量基团,其中的 R 可以是甲基、乙基、丙基、异丁基、丁基或戊基等,它可用于发射药、NEPE 固体推进剂和 ADN 基固体推进剂。

5.6.1.1 NENA 的合成

1.取代胺基乙醇中间体合成

在配备回流冷凝器、搅拌器、插入液面下的导气管、温度计的四口反应器中,加入取代胺(甲基、乙基、丙基、丁基),用同质量比例的水稀释(甲胺因使用水溶液可直接使用),投料比例保证取代胺远远过量。先用氮气置换反应系统中的空气,然后将环氧乙烷以气态缓慢通入取代胺反应液,开环加成反应开始。反应过程中控制反应液温度在 10～20℃范围内,环氧乙烷通完后,再用氮气吹除反应系统中残余的环氧乙烷,升高反应温度至 30℃继续反应 1 h,开环加成反应结束。

将反应液转入精馏柱长度不小于 1 m 的间歇式填料精馏釜中,开始反应液精馏后处理。精密分馏过程中采用尾接低温冷却肼冷却蒸馏出的未反应取代胺,绝大部分未反应胺类原料均可冷却回收,循环使用。取代胺馏出结束后,继续平稳提高精馏釜加热温度,切割温度稳定的馏出组分,即可获得高纯度的目标中间体取代胺基乙醇。精密分馏可较好地将取代胺基乙醇、取代二乙醇胺二者分离，获得纯度较高的取代胺基乙醇合成中间体（见图 5-20）。

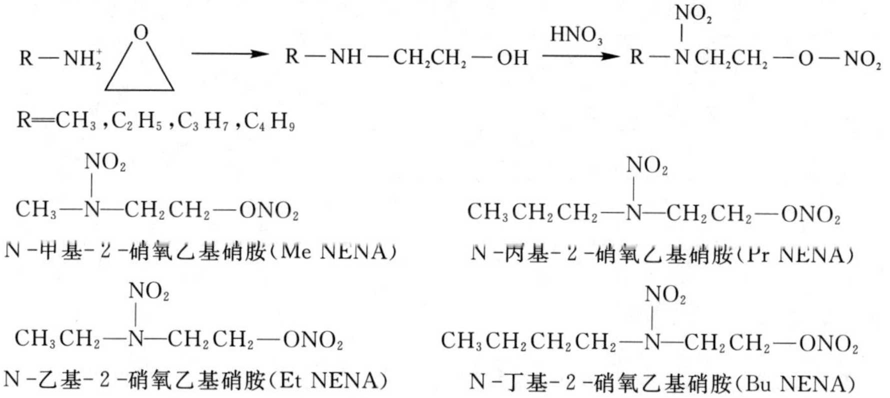

$$R-NH_2^+ \quad \overset{O}{\triangle} \quad \longrightarrow \quad R-NH-CH_2CH_2-OH \quad \overset{HNO_3}{\longrightarrow} \quad R-\overset{NO_2}{\underset{|}{N}}CH_2CH_2-O-NO_2$$

$R=CH_3, C_2H_5, C_3H_7, C_4H_9$

$$CH_3-\overset{NO_2}{\underset{|}{N}}-CH_2CH_2-ONO_2$$
N-甲基-2-硝氧乙基硝胺（Me NENA）

$$CH_3CH_2CH_2-\overset{NO_2}{\underset{|}{N}}-CH_2CH_2-ONO_2$$
N-丙基-2-硝氧乙基硝胺（Pr NENA）

$$CH_3CH_2-\overset{NO_2}{\underset{|}{N}}-CH_2CH_2-ONO_2$$
N-乙基-2-硝氧乙基硝胺（Et NENA）

$$CH_3CH_2CH_2CH_2-\overset{NO_2}{\underset{|}{N}}-CH_2CH_2-ONO_2$$
N-丁基-2-硝氧乙基硝胺（Bu NENA）

图 5-20　NENA 的合成

2. 硝化合成取代硝氧乙基硝胺

向配备通入液面下加料管的恒压加料漏斗、温度计、搅拌器、回流冷凝器的四口反应器，投入发烟硝酸。在 0～10℃内，边搅拌边将上步合成获得的取代胺基乙醇中间体通过插入发烟硝酸液面下的加料管逐滴加入发烟硝酸中。滴加反应结束后，将获得的反应硝化液取出，在搅拌下滴入醋酸酐、氯化锌混合液中，控制反应液温度在 10～20℃内，滴加结束后保持反应温度为 20℃继续反应 1 h。反应结束后，将硝化反应液倒入水和二氯甲烷混合液中稀释，再用纯碱或苏打水洗涤有机相，多次洗涤分离出有机相后，用水多次洗涤有机相至酸碱度为中性为止，将干燥剂硫酸镁加入有机相，干燥除水后过滤除去干燥剂，将有机相置于旋转蒸发仪上蒸除二氯甲烷溶剂，剩余物料即为硝氧乙基硝胺目标化合物。

5.6.1.2　NENAs 的性质

硝氧乙基硝胺族化合物（NENAs）兼有高生成焓硝胺和高氧含量的硝酸酯双重结构，同时具有良好的热化学稳定性，在配方中引入 NENAs，可使其能量和其他性能（特别是安全性和易损性）得到改善和提高，是保持安全特性条件下提高能量的途径。表 5-16 列举了硝氧乙基硝胺类含能增塑剂的主要性能指标。表 5-17 列举了 NENA 化合物的安全性能，可见，除了甲硝胺基乙基硝酸酯有加压自爆现象外，其他三种化合物都具有较好的安全性能。

表 5-16　NENAs 含能增塑剂的基本性能

化合物	密度/(g·cm^{-3})	生成焓/(kJ·kg^{-1})	氧平衡/(%)	分解温度(峰温)/℃	T_g/℃
Me NENA	1.53		—43.6	172.6(218.6)	38～40
Et NENA	1.32	—794.73	—67.0	172.6(218.6)	1.25
Pr NENA	1.264	—802.11	—87.0	172.6(218.6)	—2.0
Bu NENA	1.21	—919.88[2]	—104.2	172.6(218.6)	—27
Penty NENA	1.178		—119.1	—	—8～—5

表 5 - 17　NENAs 系列化合物安全性能

化合物名称	落锤撞击感度/J	摩擦感度/(%)	静电感度/mJ
Me NENA	>49	100	65.3
Et NENA	>49	0	53.0
Pr NENA	>49	0	44.4
Bu NENA	>49	0	73.1

5.6.2　叠氮硝胺增塑剂

叠氮硝胺类增塑剂分子中除含有叠氮基团外,还含有硝胺基含能基团,能量水平高,其特点是热稳定性好,撞击感度可满足使用要求,与 HMX 和 RDX 等高能炸药相容性好,且制备简单。

20 世纪 70 年代中期,Rosher 等人[15]合成了可用于替代双基推进剂中硝化甘油的含叠氮基、硝胺基的化合物——N - N′-双(叠氮甲基)硝铵(DANP),其又名 1,3 -二叠氮基- 2 -硝基氮杂丙烷。Flanagan 等人[16]报道了 1,5 -二叠氮基- 3 -硝基氮杂戊烷(DIANP)的合成并将其应用于含能材料的增塑。将 DIANP 的理化性能列于表 5 - 18 中。

表 5 - 18　增塑剂 DIANP 和 NG 的理化性能

性能	DIANP	NG
分子式	$C_4H_8O_2N_8$	$C_3H_5O_9N_3$
密度/(g·cm^{-3})	1.33	1.59
冰点/℃	—7	13.2
$T_{爆炸}$/℃	2 413	5 253
$T_{分解}$/℃	170	140
撞击感度/J	9.9	1
摩擦感度/(%)	20～33	100
挥发性(60℃,42 h)/(%)	1.01	1.44
NC 溶解率/(%)	12.6(N)	12.0(N)

5.6.3　叠氮硝酸酯类增塑剂

硝酸酯基是较好的增塑基团,对高聚物分子链节间运动起润滑作用,氧含量高,但是感度也较高,蒸汽压低并带来迁移问题,低温下可能使推进剂发生脆变。叠氮基能量很高,1 mol 叠氮基可提供约 355.2 kJ 的正生成热,氮含量高,凝固点低,但氧平衡低,密度小。叠氮硝酸酯增塑剂综合了这两者的优点,既保持了硝酸酯增塑剂增塑能力强、氧含量高、密度大的优势,又降低了凝固点,提高了体系的总能量。

二叠氮季戊四醇二硝酸酯(PDADN)由于两个叠氮基团取代了两个硝酸酯基团,凝固点

比 PETN 降低 100℃,感度亦降低,可作为推进剂和 PBX 的增塑剂。双叠氮硝化甘油
(DANG)是一种淡黄色油状液体,可溶于二氯甲烷,不溶于水,凝固点为 −15℃。其结构式如
图 5 − 21 所示,性质见表 5 − 19。

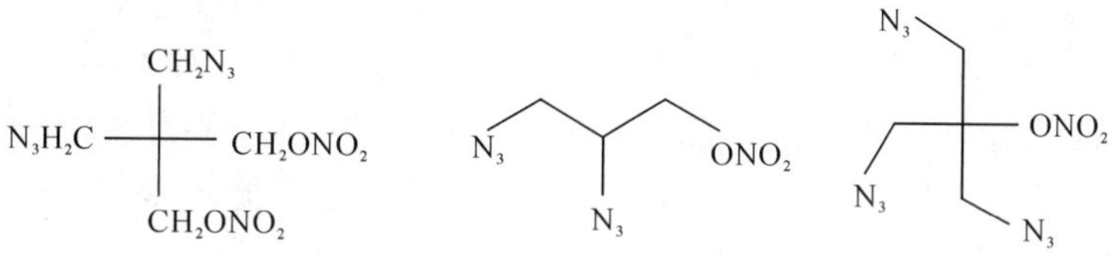

图 5 − 21　叠氮硝酸酯的结构

表 5 − 19　部分叠氮硝酸酯的基本性质

增塑剂	密度/(g·cm⁻³)	生成焓/(kJ·kg⁻¹)	氧平衡/(%)	起始分解温度/℃	T_g/℃
PDADN	1.51	2290.5	−46.34	220	34
DANG	—	—	−47.02	—	−15

5.7　含能增塑剂在固体推进剂中的应用

含能增塑剂是高能固体推进剂必不可缺的组分,增塑剂不仅起着降低药浆黏度、改善药浆
流变性能的作用,更重要的是起到提高推进剂能量和降低黏合剂玻璃化转变温度的作用。固
体推进剂的增塑是由推进剂中黏合剂分子链间聚集作用的削弱而实现的,增塑剂小分子插入
黏合剂分子链之间,削弱了黏合剂分子链间的引力,使得黏合剂分子链的移动性增大、黏合剂
分子链的结晶度降低。固体推进剂中含能增塑剂的种类和含量,对推进剂的力学性能和工艺
性能有重大影响。在开展增塑剂的选择时,必须综合考虑推进剂能量性能、力学性能、燃烧性
能、安全性能、经济成本及宽温环境适应性等多方面的要求。

含能增塑剂向着高能化、安全化和低温化等方向发展,其研究类型有硝酸酯类、偕二硝基
类、叠氮类、硝胺类和多个含能基团的混合类含能化合物及具有中等相对分子质量的含能低聚
物。目前在新型含能增塑剂的研制上趋于在结构中引入含能基团,如硝酸酯基(—ONO₂)、硝
基(—NO₂)、硝胺基(—NNO₂)、叠氮基(—N₃)、二氟氨基(—NF₂)和氟二硝基[—CF(NO₂)₂]
等。这样不仅增加了推进剂的能量和密度,还可以改善推进剂的氧平衡。在固体推进剂应用
中除要关注增塑剂对能量性能和力学性能的影响外,还要关注热安定性和对推进剂低易损性
的影响。钝感含能增塑剂在固体推进剂中的应用已越来越广泛。

5.7.1　硝酸酯含能增塑剂在固体推进剂中的应用

当前硝酸酯增塑的聚醚推进剂已成为能量水平最高、应用最广泛的高能固体推进剂之一,
它拥有高能量、高密度和优良的力学性能,而且寿命长、使用安全,含有大剂量的硝酸酯含能增
塑剂等。硝酸酯类含能增塑剂一直是固体推进剂和发射药配方中的主要应用对象。现在常用
的硝酸酯类含能增塑剂主要有硝化甘油、三羟甲基乙烷三硝酸酯、三羟甲基甲烷三硝酸酯

(TMMTN)、二缩三乙二醇二硝酸酯、一缩二乙二醇二硝酸酯、乙二醇二硝酸酯和1,2,4-丁三醇三硝酸酯等。尤其是硝化甘油,它是一种最常用的高能、高密度含能增塑剂,因此在一定程度上对含能增塑剂能量与安全性的研究常常以硝化甘油为参照对象,但硝化甘油也存在感度高、低温下会使推进剂发生脆变等问题。一方面使用硝化甘油追求高能、高密度、低成本,另一方面为改善固体推进剂的低温力学性能和提高使用的安全性,国内外对硝酸酯类含能增塑剂的使用通常采用混合硝酸酯的形式。常常采用的混合硝酸酯有 NG/BTTN、NG/TEGDN 和 NG/TMETN 等。目前硝酸酯类含能增塑剂的研制和使用在高能固体推进剂、低特征信号固体推进剂和低易损性固体推进剂中仍占有重要地位。

5.7.1.1 硝酸酯类含能增塑剂对能量性能的影响

在常用的几种硝酸酯类含能增塑剂中,硝化甘油制备所用原材料价格最低,而且硝化甘油的挥发性低、密度高,氧平衡数也优于其他硝酸酯,选择硝化甘油可避免由挥发性高(如 DEGDN)带来的推进剂性能不稳定等问题,以硝化甘油为主增塑的推进剂密度比冲高于其他硝酸酯增塑的推进剂密度比冲。表 5-20 和表 5-21 分别为 5 种硝酸酯含能增塑剂的理化性能及其在高能固体推进剂中的理论热力学的计算结果,图 5-22 是不同含能增塑剂对推进剂理论密度比冲的影响。

表 5-20 硝酸酯含能增塑剂理化性能

硝酸酯	黏度[①] $Pa \cdot s$	挥发性[③] $mg/(cm^2 \cdot h)$	熔点 ℃	撞击感度[④] cm	密度 g/cm^3
NG	0.027[①]	0.11	2.9	15	1.59
BTTN	0.059[①]	46	−27	58	1.52
TEGDN	0.012[②]	40	−19,过冷温度低于 −55℃不结晶	100	1.33
TMETN	0.156[②]	24	−3	47	1.47
DEGDN	0.0073[②]	193	2	175～180	1.38

注:①测试温度 25℃。②测试温度 20℃。③测试温度 60℃。④测试锤重 2 kg。

表 5-21 增塑剂种类对 PET 基 NEPE 推进剂能量性能的影响(增塑比 2.0)

	配方特点				热力学计算结果			
增塑剂	固体含量 %	Al 含量 %	AP 含量 %	RDX 含量 %	氧系数	理论密度 g/cm^3	比冲[①] $N \cdot s/kg$	理论特征速度 m/s
NG	78	18	30	30	1.292	1.825	2 641	1 618
BTTN	78	18	30	30	1.243	1.811	2 640	1 621
TEGDN	78	18	30	30	1.144	1.769	2 630	1 618
TMETN	78	18	30	30	1.202	1.800	2 638	1 622
DEGDN	78	18	30	30	1.198	1.779	2 636	1 621

注:①计算压强为 6.86 MPa。

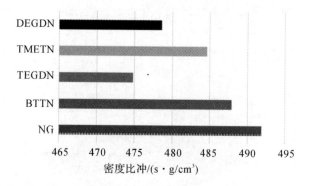

图 5-22　增塑剂种类对 NEPE 推进剂密度比冲的影响

由 5 种硝酸酯类含能增塑剂在 NEPE 推进剂中的热力学计算结果可知,采用 NG 的推进剂氧系数、密度和理论比冲最高,以 TEGDN 为增塑剂的推进剂氧系数、密度和理论比冲最低。采用 5 种含能增塑剂的固体推进剂密度比冲从大到小分别为:NG、BTTN、TMETN、DEGDN 和 TEGDN。

硝酸酯类含能增塑剂是目前应用最广、最具潜力的含能增塑剂,为优化固体推进剂能量、力学、燃烧和安全等综合性能,目前国内外多个战略、战术高能固体推进剂配方,均以混合硝酸酯作为增塑剂。如美国休斯飞机公司改进"陶-2"所用的固体推进剂时,以混合硝酸酯(NG/BTTN)为增塑剂,以聚乙二醇己二酸酯/硝化棉(PGA/NC)为黏合剂,以 RDX 为氧化剂;美国陆军部分武器系统所用的固体推进剂配方中也将混合硝酸酯作为增塑剂(如 TMETN/DEGDN),以及具有较好安全性的 TMMTN 等新型含能增塑剂与 NG 混合使用,解决采用硝化甘油单一增塑带来的固体推进剂低温脆变问题,从而提高了产品的低温力学性能,使其得以在各种战术导弹上应用。

比冲、密度是衡量推进剂能量水平的两个重要参数,PET/NG/TEGDN 基 NEPE 推进剂配方中 RDX 含量、增塑比(增塑剂质量与黏合剂质量的比值)、固体含量、Al 粉含量对比冲、密度的影响较大。固体推进剂配方中增塑比(P_L/P_0)变化对能量性能的影响结果见表 5-22 和图 5-23。

表 5-22　增塑比对 PET/NG/TEGDN 系 NEPE 推进剂能量性能的影响

	配方特点				热力学计算结果		
P_L/P_0	固体含量 %	Al 含量 %	AP 含量 %	RDX 含量 %	理论密度 g/cm³	比冲[①] N·s/kg	理论特征速度 m/s
1.0	78	18	30	30	1.764	2 625	1 615
1.5	78	18	30	30	1.783	2 634	1 620
2.0	78	18	30	30	1.796	2 637	1 621
2.5	78	18	30	30	1.805	2 639	1 621
3.0	78	18	30	30	1.812	2 641	1 621

注:①计算压强为 6.86 MPa。

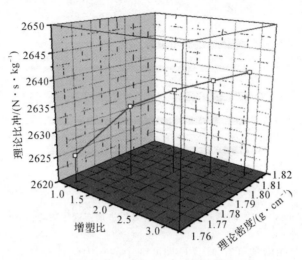

图 5-23　增塑剂比对 NEPE 推进剂能量性能的影响

由表 5-22 可见,当固体含量、Al 粉含量和 AP 含量一定时,增加混合硝酸酯 NG/TEGDN 含量,推进剂密度明显增加;当增塑比达到 2.0 时,再增加增塑比,对固体推进剂比冲的提升效果不明显。结合实际应用,受燃速、安全性、压强指数、力学性能等条件限制,在固体推进剂设计中并不总能选择理论比冲最高的配方。在充分研究固体推进剂各单项性能的变化规律基础上,针对具体使用要求平衡协调各项性能水平,一般 PET/NG/TEGDN 基 NEPE 推进剂 BSFϕ315mm 发动机标准实测比冲可达到 2 420～2 499 N·s/kg。

5.7.1.2　硝酸酯类含能增塑剂对燃烧性能的影响

固体推进剂的稳态燃烧过程是一个复杂的强化学流体力学过程。它是由一组在气相、液相、固相及其界面上同时发生的化学过程及传热、扩散和动量传递等物理过程所组成的。影响固体推进剂燃烧性能的因素是多方面的,主要可分为内部因素和外部因素:内部因素主要与推进剂配方组成,如黏合剂、增塑剂、氧化剂、金属燃料、燃速调节剂等的种类、含量及规格等密切相关;外部因素则有推进剂制造工艺、工作压强、环境温度等。以上各类因素对推进剂燃烧性能的影响规律非常复杂,因各类固体推进剂配方而异,没有统一的影响方式。通对过固体推进剂中含能物质组分热分解特性进行表征,为探索组分结构与燃烧性能及燃烧机制中的相关性提供基础。

1. 硝酸酯含能增塑剂组分热分解及燃烧特性

热分解是推进剂燃烧的第一步,因此推进剂各组分的分解特性将直接影响推进剂的燃烧特性。热分解手段也是分析组分及推进剂反应特征、掌握反应动力学/热力学参数及化学反应过程的重要手段。通常采用差示扫描量热法(DSC)研究固体推进剂主要组分的热分解特性,应掌握组分分解动力学和热力学参数随压强的变化规律,为燃面热平衡及反应过程分析提供基础。图 5-24 和图 5-25 所示分别为黏合剂 PET、PEG 的热分解特性,图 5-26～图 5-28 所示分别为黏合剂 PET、PEG、GAP 与混合硝酸酯含能增塑剂的热分解特性,通过对组分间的热分解特性进行研究可为推进剂内在的燃烧机理分析提供理论指导。

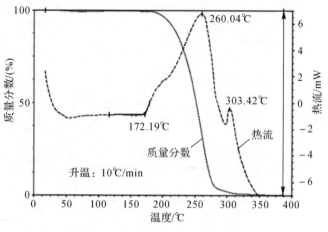

图 5 - 24　黏合剂 PET 的 DSC 图

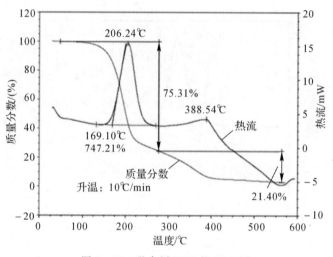

图 5 - 25　黏合剂 PEG 的 DSC 图

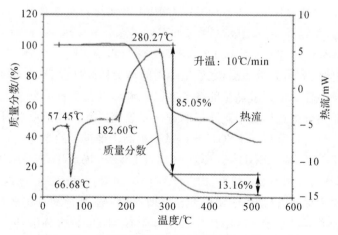

图 5 - 26　含能黏合剂 PET/NG/TEGDN 的 DSC 图

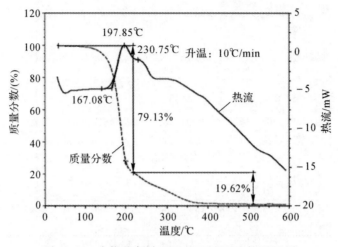

图 5-27　含能黏合剂 PEG/NG/BTTN 的 DSC 图

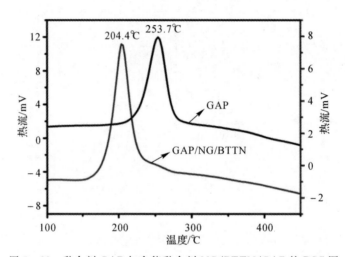

图 5-28　黏合剂 GAP 与含能黏合剂 NG/BTTN/GAP 的 DSC 图

　　PET 的分解过程最为缓慢。在 172℃ 左右 PET 开始缓慢分解放热,到 350℃ 时基本完成分解。PEG 在 66.7℃ 时发生熔融吸热,在 280℃ 时迅速分解放热,在 400℃ 左右时还有一个放热峰,释放出热量,分解反应基本完成。GAP 的分解过程中无吸热熔融,当温度达到 253.7℃ 时迅速分解,短时间内放出大量的热,之后是缓慢的热量释放过程;其 DSC 曲线中的放热峰对应的应是快速并集中释放出大量热量的叠氮基团的解离以及醚键的断裂,其后缓慢的放热过程对应的应是初始热分解过后骨架碳原子的进一步氧化过程。相同质量时 GAP 黏合剂单位时间分解所放出的热量显著高于 PEG、PET,从而提高了推进剂的燃速。

　　含能黏合剂 PET/NG/TEGDN、PEG/NG/BTTN 和 NG/BTTN/GAP 在 160~170℃ 开始分解,初始分解峰温分别为 205.2℃、197.8℃ 和 204.4℃。对比黏合剂的 DSC 曲线可知,含能黏合剂分解峰温均提前,这是由于硝酸酯含能增塑剂先于黏合剂分解放热。孙运兰[17]采用原位傅里叶红外光谱对比研究了 GAP 与 NG/BTTN/GAP 的热分解特性,认为 NG/BTTN 不但加速了叠氮基($-N_3$)和氨基甲酸酯特征链的分解,而且还加速了 C—O—C 基的分解。

通过双击式裂解-色谱/质谱联用技术,还分别研究了 GAP 与 NG/BTTN/GAP、PET 与 PET/NG/TEGDN 含能黏合剂在 300℃裂解和 500℃闪解的产物。在 300℃时 GAP 裂解,确认了其中相对分子质量较大的产物,主要是丁二醇、酮和酯的芳香类化合物;NG/BTTN/GAP

裂解,检测确认了 5 种产物,其中主要产物的结构为 ![structure] 。在 500℃时,GAP 与

NG/BTTN/GAP 经检测分别确认了 43 种和 34 种化合物。在 300℃,PET 裂解确认的产物有 5 种,主要是含苯环的酯类、苯酚类衍生物、二元醇类等大分子产物;对 PET/NG/TEGDN 含能黏合剂只检测到了 2 种可信度高的物质。在 500℃时,对 PET 与 PET/NG/TEGDN 分别检测确认了 33 种化合物,主要为丁醛、醚类、醇类和酯类等物质,虽然检测的产物有一部分相同,但后者生成饱和醚和饱和醇的概率比较大。

采用上述参数对固体推进剂的组成与结构参数进行了表征,为综合分析影响燃速和燃烧机理的物质结构参数奠定了基础,表征结果见表 5-23。其中不同含能增塑体系的增塑比均取为 2,以便于掌握不同种类黏合剂和含能增塑剂对燃烧影响的共性特征。

表 5-23 硝酸酯对含能黏合剂体系性能参数的影响

黏合剂	PET	PEG	GAP	PET	PET	PET	PET
增塑剂	NG	NG	NG	NG/BTTN	BTTN	NG/TEGDN	TEGDN
标准理论比冲/(N·s·kg⁻¹)	2 025	2 078	2 413	1 998	1 977	1 934	1 850
绝热火焰温度/K	1 485	1 753	2 769	1 390	1 341.8	1 299.7	1 234.7
氧系数	1.23	1.41	1.576	1.178	1.103	1.022	0.839
总焓/(J·g⁻¹)	−2 301	−2 390	−892	−2 322	−2 342	−2 631	−2 960
燃烧热/(J·g⁻¹)	2 337	2 502	3 113	2 191	2 088	1 966	1 790
燃气相对分子质量	20.13	21.31	24.04	19.21	18.48	18.49	19.48

通过对比不同单元推进剂和含能物质的性能参数及对比单元推进剂性能参数与燃速数据可以发现:在单元推进剂中黏合剂种类固定的情况下,含能黏合剂体系的能量特性(体现在硝基含量上)与其绝热火焰温度及推进剂的相应燃速间存在较好的线性对应关系。不同黏合剂种类对火焰温度、燃速的影响主要来自于自身热分解特性和能量特性。因此,通过建立燃速-燃烧热-特征反应的反应热与特征基团间的相互联系,为高能物质燃烧性能设计提供基础。

姚子云等人[18]采用高压差热分析技术和高压原位傅里叶变换红外光谱检测技术研究了 NG 在压力下的热分解动力学及机理。NG 在压力下的热分解速度可以由自催化动力学方程来描述,即

$$\frac{\mathrm{d}a}{\mathrm{d}t} = \exp\left(A_1 - \frac{E_1}{RT}\right)(1-\alpha)^{n_1} + \exp\left(A_2 - \frac{E_2}{RT}\right)\left[\alpha(1-\alpha)\right]n_2 \tag{5-1}$$

式中,α 为硝化甘油的转化率;E_1、E_2 为活化能,kJ/mol;T 为绝对温度,K;n_1、n_2 为反应级数;A_1、A_2 为指前因子。

NG 的热分解通过两种反应进行:一种是 NG 本身的热分解反应,另一种是热分解产物

NO_2 与它的反应。NO 通过夺氢反应自催化了 NG 的热分解,压力加快了这种夺氢反应的进行,从而加速了 NG 的热分解。

表 5-24 列出了 PEG/NG/BTTN 含能黏合剂在升温速率 10℃/min 下不同压强的热分解特性。从中可以看出,随压强升高,含硝酸酯黏合剂的反应放热量急剧升高,而反应活化能和指前因子无明显变化。硝酸酯急剧增大的放热量是影响推进剂反应过程,提高燃面净释放热量进而提高高压燃速的主要因素。

表 5-24 NG/BTTN/PEG 含能黏合剂的热分解特性

实验压强	反应活化能/(kJ·mol⁻¹)	指前因子/10¹⁶	反应热/(J·g⁻¹)	分解峰温/℃
常压	136.18	1.21	856.3	197.7
2 MPa	144.30	6.14	1910	202.5
6 MPa	139.43	1.69	3084	206.0

2. 增塑剂含量与种类对燃烧性能的影响

对比研究了硝酸酯含能增塑剂 NG、BTTN、TEGDN 及 NG/BTTN、NG/TEGDN 混合硝酸酯中的硝酸酯基($—ONO_2$)含量对 NEPE 推进剂燃烧性能的影响,结果见表 5-25 和图 5-29。

表 5-25 硝酸酯含能增塑剂对 NEPE 推进剂燃烧性能的影响

硝酸酯含能增塑剂	$—ONO_2$ 质量摩尔浓度/(mmol·g⁻¹)	不同压强下的燃速/(mm·s⁻¹)						n (9~25 MPa)
		9 MPa	15 MPa	18 MPa	20 MPa	22 MPa	25 MPa	
NG	13.22	10.02	14.05	16.09	17.27	19.25	22.71	0.72
NG/BTTN	12.84	10.01	13.75	15.34	16.57	17.91	20.47	0.68
BTTN	12.45	9.53	12.46	15.10	16.29	17.91	20.91	0.70
NG/TEGDN	10.78	9.35	11.83	13.64	14.10	15.31	17.76	0.60
TEGDN	8.33	7.99	10.06	10.94	11.58	12.02	14.09	0.51

随着硝酸酯基含量升高,即黏合剂体系含能程度增大,燃速随压强增长的速度依次增大,压强指数产生转折的拐点相应向低压移动。

从图 5-29 中可以看出,增塑剂中硝酸酯基的含量对 NEPE 推进剂的燃烧性能有影响:硝酸酯基含量越高,燃速和燃速压强指数越高。顺序是,NG＞NG/BTTN＞BTTN＞NG/TEGDN＞TEGDN,其燃速和燃速压强指数的顺序与此相同。增塑剂中的硝酸酯基含量越高,即黏合剂体系能量越大,同一压强下的燃速越高,9~25 MPa 压强范围内的压强指数就越高,同时压强指数拐点向较低压强方向移动。因此,使用 NEPE 推进剂,可以根据实际情况通过选择不同的硝酸酯种类和用量达到调节燃烧性能的目的。

以 PEG/NG/BTTN 和 PET/NG/TEGDN 为黏合剂体系的 NEPE 类推进剂的燃速和压强指数均随增塑比的增大而升高,如图 5-30 所示。以 PEG 为黏合剂的推进剂燃烧性能受增塑比的影响大于以 PET 为黏合剂的推进剂。

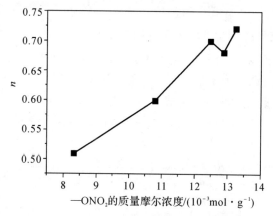

图 5-29　硝酸酯基($-ONO_2$)的含量对 NEPE 推进剂压强指数的影响

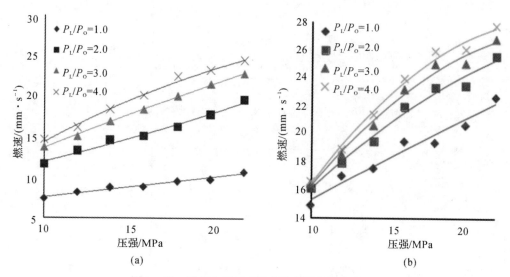

图 5-30　增塑比对 NEPE 推进剂燃烧性能的影响

(a)增塑比对 PET 体系燃烧性能的影响；　(b)增塑比对 PEG 体系燃烧性能的影响

在 NEPE 类推进剂中,硝酸酯的凝聚相分解主要是 $O—NO_2$ 键断裂,区别于硝胺的 $C—NO_2$ 键断裂,因此净放热量大,且随压强增高,放热量急剧增大,对燃烧表面温度和燃速的贡献占主导作用;硝酸酯的凝聚相分解是一次火焰区 NO_2 的主要来源,对醛的氧化反应放热同样显著。燃烧表面区释放的热量必定受推进剂中 NO_2 存在量的影响;表面区及一次火焰区反应的 NO_2 的量随压力升高而增多,其对燃面热反馈的增益最大,这在前述硝酸酯的热分解特征中已得到体现。随压强升高,燃烧表面温度显著增高,燃烧表面厚度降低,导致推进剂高压燃速提高更显著,推进剂高压压强指数增大;硝酸酯含量是影响推进剂高压压强指数的首要因素。在高压区,燃速压强指数拐点产生范围主要取决于黏合剂体系能量(硝酸酯基含量、聚醚黏合剂生成热)及黏合剂熔化特性等特征。硝酸酯种类、含量及黏合剂生成热,决定含能黏合剂体系的能量和燃烧速度,黏合剂体系能量越低,高压燃速越低,氧化剂与黏合剂体系的扩散火焰消耗了单元推进剂火焰中的能量;燃面平均退缩速度越低,硝胺突破熔融层、单元推进剂火焰起燃烧主导作用的压强区间越会向高压方向移动,使得压强指数拐点高移。

5.7.1.3 硝酸酯类含能增塑剂对力学性能的影响

导弹武器技术的发展,对复合固体推进剂提出了更高的要求,不仅要求其具有高能量,而且还要求其具有良好的宽温域力学性能。在高能固体推进剂配方中采用混合硝酸酯增塑是推进剂能量保持和力学性能提升的有效途径。侯竹林等人[19]采用低温熔点测定仪测定了 NG 分别与不同比例 BTTN 和 DEGDN 混合得到的硝酸酯的熔点。测试表明其质量混合比为 1∶1 时,混合硝酸酯的熔点最低,分别为 −38℃ 和 −28℃,具体如图 5-31 和图 5-32 所示。

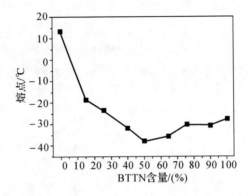

图 5-31 混合硝酸 NG/BTTN 中 BTTN 含量对熔点的影响

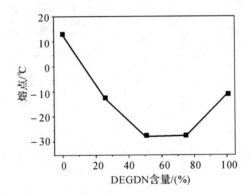

图 5-32 混合硝酸 NG/DEGDN 中 DEGDN 含量对熔点的影响

固体推进剂主要由黏合剂基体和固体填料组成。为改善推进剂力学性能,调节黏合剂中的增塑比是常用的方法之一。采用动态热机械分析仪(DMA)和单向拉伸实验测试了不同增塑比条件下黏合剂体系及推进剂的玻璃化转变温度、临界温度和低温力学性能变化规律,并用扫描电镜(SEM)观测推进剂拉伸断面形貌。结果表明,增塑比提升至一定程度后对黏合剂胶片及推进剂的玻璃化转变温度影响并不大,但对胶片及推进剂的低温力学性能有影响。随增塑比的提升,胶片的抗拉强度降低,低温最大伸长率提升。在低温拉伸条件下,推进剂主要表现为基体撕裂和颗粒脆断,随增塑比的提升,颗粒脆断程度降低,基体断裂程度提高。增塑比对含能黏合剂(PET/NG/TEGDN)玻璃化转变温度的影响见表 5-26。

表 5 – 26　增塑比对胶片 T_g 的影响规律

黏合剂体系	PET/NG/TEGDN						
增塑比	0	0.5	1.0	1.5	2.0	2.5	3.3
T_g（损耗模量）/℃	−74.25	−68.65	−68.91	−69.66	−69.6	−69.09	−69.49
T_g（损耗角）/℃	−68.12	−61.8	−62.59	−63.53	−60.97	−61.69	−61.88

黏合剂胶片的 T_g 随增塑比的升高呈逐渐下降的趋势,但总体差距并不大。在增塑比高于 2.0 后,T_g 反而略微下降,这是因为增塑比提升到一定程度后,硝酸酯已经将 PET 全部溶胀。此时继续增加增塑比,多余的增塑剂在表面析出,反而导致 T_g 升高。因此,在配方设计时并不能一味采用提升增塑比来降低推进剂的 T_g。

采用单向拉伸测试了在玻璃化转变温度附近较低温度时黏合剂胶片的力学性能,测试结果见表 5 – 27 所示。

表 5 – 27　增塑比对含能黏合剂胶片 T_g 附近较低温度的力学性能影响

黏合剂体系	增塑比	T_g/℃	−62℃[①]	
			σ_m/MPa	ε_m/(%)
PET/NG/TEGDN	0.5	−68.65	7.22	800.7
	1.0	−68.91	6.69	800.8
	1.5	−69.66	4.36	781.6
	2.0	−69.60	3.39	800.7

注:①拉伸速度为 100 mm/min。

由表 5 – 27 得出,当测试温度略高于玻璃化转变温度 6℃ 左右时,黏合剂胶片仍能保持较好的低温黏弹性,最大伸长率较高,但随着增塑比的提升,胶片的强度逐渐下降。这是由增塑比提升后,硝酸酯含能增塑剂对 PET 的溶胀作用导致的。

在黏合剂中添加固体填料后,推进剂的黏弹性会进一步发生变化,因此研究了相同固体含量下不同增塑比推进剂的黏弹性变化。配方中黏合剂基体组分不变,固体填料为 AP/Al/RDX,固体含量均为 77%,固体填料配比相同。增塑比对推进剂 T_g 的影响研究结果见表 5 – 28。

表 5 – 28　不同增塑比推进剂 T_g 测试结果

增塑比	T_g（损耗模量）/℃	T_g（损耗角）/℃
0.5	−54.59	−47.91
2.0	−58.72	−51.32
2.5	−58.62	−51.46
2.8	−59.85	−52.83
3.1	−58.35	−51.63

相同固体含量下,增塑比为 0.5 时,T_g 显著高于其余增塑比的推进剂配方。当增塑比在

2.0～3.1之间时,T_g基本相同。这表明在推进剂的增塑比大到一定程度后,继续增加增塑比对 T_g 影响程度不大。增塑比分别为 0.5、2.0 和 3.1 时的 NEPE 推进剂动态黏弹性曲线如图 5-33 所示。

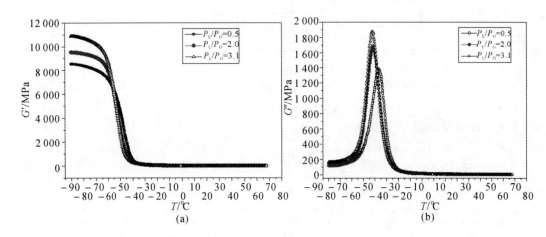

图 5-33　T_g 附近推进剂黏弹性的变化

(a)T_g 附近推进剂 G'-T 的变化曲线；　(b)T_g 附近推进剂 G''-T 的变化曲线

从图 5-33 可以看出,随增塑比的提升,推进剂贮能模量逐渐升高,损耗模量向低温区移动。以损耗模量达到最大对应的温度为 T_g,以增塑比为 2.0 曲线为例,可看出在[T_g-6℃,T_g+6℃]区间时,贮能模量从 7 400 MPa 降低至 1 200 MPa,推进剂性能变化较大。在玻璃化转变温度附近,推进剂性能变化明显,为此对以上不同增塑比配方 T_g 附近 NEPE 推进剂的力学性能进行了测试,拉伸速度为 100 mm/min,测试结果见表 5-29。

表 5-29　增塑比对 NEPE 推进剂配方 T_g 附近的力学性能影响

增塑比	($T_{测}$-$T_{g(损耗模量)}$)/℃	-65℃下的力学性能		
		σ_m/MPa	ε_m/(%)	ε_b/(%)
0.5	-10.41	8.51	2.8	10.1
2.0	-6.28	6.57	10.9	15.3
2.5	-6.38	2.67	28.3	36.8
3.1	-6.65	2.06	22.3	33.2

当低温测试温度在 T_g-6℃ 以下时,推进剂逐渐从过渡玻璃态到完全进入玻璃态,最大伸长率迅速降低。在 T_g 附近推进剂力学状态发生突变,在高于 T_g 约 6℃时推进剂仍处于黏弹性,而低于 T_g 约 6℃时推进剂迅速进入玻璃态。对不同增塑比下单向低温拉伸断裂后推进剂断面进行 SEM 扫描,结果如图 5-34 所示。

当增塑比较低时,推进剂的断面明显为固体颗粒的脆性断裂,在增塑比逐步提升后,固体颗粒的脆性断裂减小,黏合剂的断裂增加,表明增塑比大小会影响推进剂的断裂方式。即增塑比大小会影响推进剂的断裂方式。

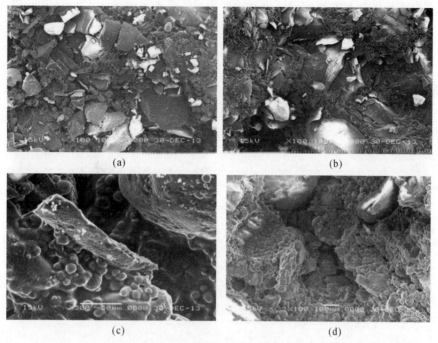

图 5-34　不同增塑比固体推进剂低温拉伸断面 SEM 图

(a)增塑比为 0.5 时推进剂低温拉伸断面；　(b)增塑比为 2.0 时推进剂低温拉伸断面；

(c)增塑比为 2.5 时推进剂低温拉伸断面；　(d)增塑比为 3.1 时推进剂低温拉伸断面

　　PET/NG/TEGDN 基 NEPE 推进剂采用玻璃化转变温度较低的聚醚为黏合剂，以廉价的、低冰点的混合硝酸酯为含能增塑剂，固体含量一般在 75%～82% 之间。由于大剂量硝酸酯的增塑，PET/NG/TEGDN 基 NEPE 推进剂的典型特点是在使用温度范围内具有较低的弹性模量、较强的抗冲击能力、整体较高的伸长率水平，尤其是在到达低温力学性能转变区域之前，具有优良的低温力学性能。图 5-35 为 PET/NG/TEGDN 基 NEPE 推进剂装药的演示发动机成功通过的 -55℃ 和 -60℃ 地面试验的 p-t 曲线。

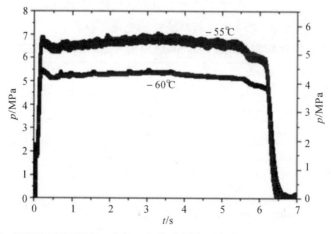

图 5-35　PET/NG/TEGDN 基 NEPE 推进剂演示发动机 -55℃、-60℃ 试车曲线

以硝酸酯含能增塑剂增塑的固体推进剂在常温下具有较高的抗拉强度和断裂伸长率,在低温快速拉伸条件下能保持较好的弹性。表 5-30 列出了几种典型 PET/NG/TEGDN 基 NEPE 推进剂配方的力学性能。在 -40℃ 开展了 PET/NG/TEGDN 基 NEPE 推进剂低温快速压缩试验,试验过程中试样在整体压缩量达到 70% 时,仍能够保持结构完整,无裂纹、无裂缝,应力撤销后迅速恢复,表现出了较强的抗形变、抗冲击能力,这一特性是其他高固体填充的推进剂难以达到的。

表 5-30　典型 PET/NG/TEGDN 基 NEPE 推进剂力学性能

配方	25℃①		70℃②		-40℃①		-40℃③		-40℃④	
	σ_m/MPa	ε_m/(%)	σ_m/MPa	ε_m/(%)	σ_m/MPa	ε_m/(%)	σ_m/MPa	ε_m/(%)	σ_m/MPa	ε_m/(%)
1#	0.83	111.0	0.20	52.8	3.15	68.0	3.54	46.4	3.51	37.6
2#	0.65	130.5	0.18	77.2	2.68	82.2	3.51	73.0	3.55	46.9
3#	1.07	54.7	0.51	41.3	3.55	47.9	—		—	

注:①拉伸速度为 100 mm/min。②拉伸速度为 2 mm/min。③拉伸速度为 1 000 mm/min。④拉伸速度为 4 000 mm/min。

随着先进战略战术发动机向高质量比、高性能结构材料等方向发展,发动机使用环境日趋复杂,使用温度范围越来越宽。高装填的推进剂、发动机应具备良好的宽环境温度适应性,尤其是针对空基、舰载导弹武器严酷的载荷环境,对高性能固体推进剂的应用提出了更加严苛的环境适应性要求。对 PET/NG/TEGDN 基 NEPE 推进剂曾开展了环境温度性试验,研究推进剂燃烧和力学等性能对温度变化的敏感程度。环境温度试验分为两部分:先完成温度循环试验,再开展温度冲击试验。

环境温度试验分为三个阶段,每个阶段均始于室温、结束于室温,低温温度点分别为 -30℃、-40℃和 -55℃。将环境温度以固定的升温速率由室温升高至 60℃,保温 24 h 后将环境温度以固定降温速率降低至 -30℃,保温 24 h 后将环境温度升高至初始室温,第一阶段温度循环结束,然后进行下一阶段温度循环。推进剂环境温度试验曲线如图 5-36 所示,试验后推进剂性能变化见表 5-31。PET/NG/TEGDN 基 NEPE 推进剂在经历(-55~+60℃)温度循环实验后,推进剂力学、燃烧和界面黏结性能变化不显著。

表 5-31　温度循环实验对 PEG/NG/TEGDN 基 NEPE 推进剂性能的影响

配方特点	力学性能①		燃烧性能		界面黏结性能②
	σ_m/MPa	ε_m/(%)	$r_{6.86\ MPa}$/(mm·s^{-1})	n/(6~15)MPa	σ_m/MPa
初始	0.78	75.6	8.65	0.31	0.90
温度循环试验	0.87	85.1	8.65	0.30	0.91

注:①20℃、拉伸速度为 100 mm/min。②20℃、拉伸速度为 20 mm/min。

5.7.1.4　硝酸酯类增塑剂对安全性能的影响

从分子结构层面研究 NEPE 推进剂的微观结构与安全性能的关系,可以采用量子化学计算的方法;若考查黏合剂的分子结构(如官能团、相对分子质量等)对 NEPE 推进剂安全性能的影响,则采用半经验的计算方法比较合适。这主要是由于黏合剂网络的原子数较多,采用较精确的从头算或密度泛函方法将极大地增加计算的工作量。选用半经验分子轨道方法(Austin Model 1,AM1)方法对硝化甘油的结构与安全性、不同相对分子质量的 PEG 对硝化甘油的影响等进行了理论计算研究。

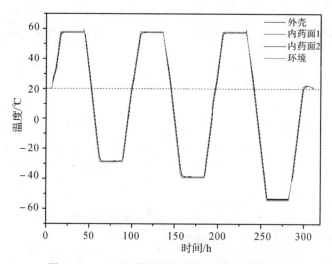

图 5-36　NEPE 推进剂环境温度试验温度曲线

硝化甘油化学结构的不稳定性在很大程度上决定了 NEPE 推进剂的安全性,因此对其进行结构及安全性的相关性研究非常必要。大量研究表明,硝化甘油的初始热分解始于 O—NO$_2$ 键的断裂,硝化甘油的安全性与 O—NO$_2$ 键断裂的活化能呈正相关。采用半经验的 AM1 方法优化了 NG 的稳态结构(Min)以及 O—NO$_2$ 键裂解的过渡态结构(TS),如图 5-37 所示。计算表明,硝化甘油的 O—NO$_2$ 键裂解活化能为 78.7 kJ/mol,过渡态中 O—NO$_2$ 键长为 1.781Å。

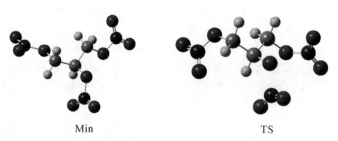

Min　　　　　　　　TS

图 5-37　NG 的稳态结构(Min)与 O—NO$_2$ 键裂解的过渡态结构(TS)

在 NEPE 推进剂体系中,NG 一方面提供能量,另一方面对黏合剂起到增塑作用。研究 NG 与不同相对分子质量 PEG 的相互作用及其对 NG 安全性的影响。图 5-38 是聚合度为 10 的 PEG 与 NG 形成的复合体系(NG-PEG10)的稳态结构(左图)及复合体系中 O—NO$_2$ 键裂解的过渡态结构(右图)。图 5-39 为该复合体系中 O—NO$_2$ 键裂解后的产物复合物结构。NG-PEG10 复合体系中 NG 的 O—NO$_2$ 键裂解活化能为 22.4 kcal/mol,过渡态中 O—NO$_2$ 键长为 1.798Å,与自由的 NG 相比,活化能增加了 3.6 kcal/mol,表明 NG 在 PEG 分子链的影响下稳定性略有增加。

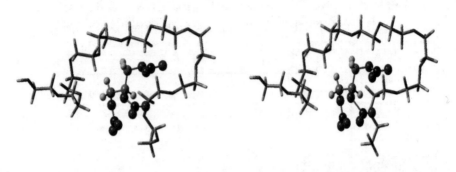

稳态结构　　　　　　　　　　　　　　O—NO₂键裂解的过渡态结构

图 5-38　NG-PEG10 复合体系的稳态结构及 O—NO₂ 键裂解的过渡态结构

图 5-39　NG-PEG10 复合体系中 O—NO₂ 键裂解后产物的复合物结构

　　图 5-40 为 NG-PEG50 复合体系的稳态结构,图 5-41 为 NG-PEG50 复合体系的能量随 O—NO₂ 键长的变化情况。此外,通过计算还发现,随着·NO₂ 自由基的离去,PEG 的构象也发生了一些变化,还需对黏合剂的这种构象变化对 NEPE 推进剂安全性的影响进一步开展研究。

　　针对 NG 单一增塑感度高的问题,张昊越等人在以 GAP 为黏合剂的条件下研究了混合硝酸酯 NG/TMETN、NG/BTTN、NG/TEGDN 中不同配比对推进剂撞击感度的影响。随着液体组分中 NG 含量的增大,特性落高减小,即撞击感度增大。在相同 NG 含量时,添加 TEGDN 的推进剂特性落高最大,添加 TMETN 的推进剂特性落高最小,表明在增塑剂中加入低感度硝酸酯可明显降低推进剂的撞击感度,且以 TEGDN 为增塑剂的推进剂感度最低。陈沛等人在推进剂中用 10% 的 TMETN 取代 10% 的 NG,发现可以明显地降低推进剂撞击感度,特性落高 H_{50} 增加 14 cm。当 TMETN 完全取代 NG 时,H_{50} 达 59.6 cm,比含 NG 配方的 H_{50} 高出 1 倍多;TMETN 部分取代 NG 后,推进剂的摩擦感度明显降低,而完全取代后摩擦感度又有所增加,说明 NG 和 TMETN 共用的体系有较低的摩擦感度。但是,使用 TMETN

增塑的推进剂比 NG 推进剂具有更低的氧平衡、更低的分解温度和更低的爆热。

图 5 - 40 NG - PEG50 复合体系稳态结构

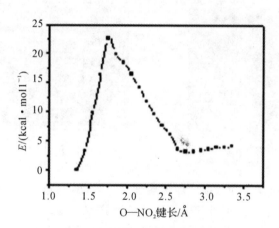

图 5 - 41 NG - PEG50 复合体系的能量随 O—NO$_2$ 键长的变化

不同硝酸酯类含能增塑剂安全性的差异如此明显，与其分子结构密切相关。按照 Kamlet 和 Adolph 对含能材料结构与撞击感度之间的关系研究，认为具有相似分解机理的一类高能物质的 lgH_{50} 随 CHNO 类炸药的氧平衡指数（OB$_{100}$）的减少而增加，即

$$OB_{100} = 100 \cdot (2n_O - n_H - 2n_C - 2n_{COO})M_r \qquad (5-2)$$

式中，n_O、n_H、n_C 为分子中相应元素的原子数；n_{COO} 为分子中羧基数；M_r 为相对分子质量。

由 NG 和 TMETN 的分子结构可算得，NG 的 OB$_{100}$ 明显大于 TMETN 的 OB$_{100}$，因此 NG 的 H_{50} 小于 TMETN 增塑剂的 H_{50}。

含能增塑剂是高能推进剂的能量重要来源。一般认为增塑比越高，配方的能量性能越高，与此同时危险性也越高，因此合适的增塑比能够实现能量和安全的最佳平衡。表 5 - 32 给出了黏合剂增塑比对 GAP/TEGDN 低特征信号推进剂爆轰感度的影响情况。

表 5-32　增塑比对固体推进剂爆轰感度的影响情况

黏合剂体系	P_L/P_o	卡片厚度/mm	验证结论
GAP/TEGDN	1.8	20～21	未通过
	1.5	18.5～20.0	未通过
	1.3	16.5～17.5	通过
	1.0	15～16	通过

引入钝感含能增塑剂能够实现降低爆轰感度、改善安全性能的要求,但随着增塑比增大,配方的卡片厚度逐渐增加,说明钝感含能增塑剂的使用也存在一定的限制。在低易损性推进剂配方中研究了含能增塑剂种类对慢速烤燃特性的影响,图 5-42 和图 5-43 分别为采用含能增塑剂 NG 和 TEGDN 推进剂的慢速烤燃试验结果。在推进剂配方中加入含能增塑剂 NG 后,推进剂慢速烤燃试验为爆轰,而采用含能增塑剂 TEGDN 的推进剂慢烤试验为燃烧,响应更温和。

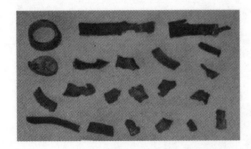 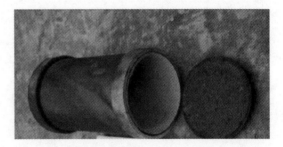

图 5-42　含 NG 推进剂慢烤试验结果(爆轰)　　图 5-43　含 TEGDN 推进剂慢烤试验结果(燃烧)

在固体推进剂低易损性设计过程中能够通过慢速烤燃,主要是因为推进剂的能量在固体组分和液体组分间进行了分配,推进剂中的液体组分较推进剂中的固体组分先发生分解,推进剂全部能量没有集中释放出来,推进剂的慢速烤燃响应程度较低。

5.7.2　叠氮类含能增塑剂在固体推进剂中的应用

自叠氮基(—N₃)被发现以来,国内外研究者对叠氮基在含能材料中分子结构设计、合成及应用等方面作了大量研究,并将其应用到含能黏合剂、含能增塑剂、氧化剂等诸多方面。由于叠氮基能量很高,每个叠氮基可提供大量的正生成热,这既不影响氧平衡,又可提高体系的总能量,同时增加黏合剂体系的氮含量,提升推进剂燃速,尤其是饱和叠氮有机化合物的撞击感度较低,热安定性与化学安定性好。在增塑剂的分子结构中引入叠氮基后,含能增塑剂与叠氮黏合剂具有更好的相容性。随着含能叠氮黏合剂的发展,与之相适应的叠氮类含能增塑剂也相继发展起来。将—N₃引入含能增塑剂能大幅度提高能量,而且由于叠氮类含能增塑剂具有较好的热安定性、低玻璃化转化温度、化学安全性、物理相容性及对叠氮黏合剂较好的增塑效应等性能,因而具有较好的实用价值。

叠氮类含能增塑剂根据分子结构中含能基团的类型分为单一叠氮类含能增塑剂(包括叠

氮烷基醚、叠氮烷基酯等)和多含能基团的叠氮类含能增塑剂,如硝酸酯类叠氮类含能增塑剂、硝胺类叠氮类含能增塑剂、硝基类叠氮类含能增塑剂、氟二硝基类叠氮类含能增塑剂等。表 5-33 为几种叠氮类含能增塑剂的理化性能[20]。在硝酸酯完全叠氮化后的衍生物中,由于叠氮基的引入,含氮量增加,燃烧热提高,从而有利于提高能量;凝固点降低,有利于改善低温力学性能,但也带来了氧平衡下降、密度减小等问题。

表 5-33　几种叠氮类含能增塑剂的理化性能

类别	名称	外观	凝固点 ℃	密度 g/cm³	燃烧热 kJ/mol	氧平衡 %
硝酸酯	NG	无色或微黄色油状液体	13.2	1.59	88.6	3.5
叠氮类含能增塑剂	TAB	淡黄色油状液体	<-16	1.266	811	-101.7
	TAEP	淡黄色或白色固体	48	1.44	126	-94.9
	EGBAA	淡黄色或无色液体	-70	1.34	3344	-84.2
硝酸酯类叠氮类含能增塑剂	PDADN	白色固体	38	1.51	3218	-51.6
	DANG	淡黄色油状液	-15	/	/	-50.9
硝胺类叠氮类含能增塑剂	DIANP	淡黄色透明液体	-7	1.34	3 317	-80

PDADN 含能增塑剂具有较好的安全性,其爆发点为 220～230℃,撞击感度为 15.4 cm,摩擦感度为 4%。由于 PDADN 分子中含有双叠氮基团,用 PDADN 部分替代 RDX,提高了 RDX - CMDB 推进剂的燃速。在不同压强下,PDADN 与 RDX 混合物的分解峰温见表 5-34[21],PDADN 对 RDX 的分解有促进作用。在改性硝胺推进剂中 PDADN 取代 RDX 或 NG,不但使配方能量提高,对进一步降低硝胺改性双基推进剂的特征信号非常有益。

表 5-34　PDADN/RDX 在不同压强下的分解峰温

组分配比	实验压强	分解峰温 1/℃	分解峰温 2/℃	反应热/(J·g⁻¹)	峰温差 ΔT/℃
m(PDADN):m(RDX)=1:1	常压	206.6	233.0	3 264	26.4
	2 MPa	210.1	211.7	4 041	11.6
	4 MPa	209.3	219.2	3 932	9.9
	6 MPa	209.3	222.1	3 995	12.8

DIANP 具有良好的热化学性质,早在 20 世纪 80 年代人们就曾探索将 DIANP 作为含能增塑剂应用于双基发射药中,降低火焰温度而不降低燃速,而且将 DIANP 代替 NG 获得的叠氮硝胺发射药不仅能量提高,而且烧蚀和压强指数拐点降低。丁峰等人对以 BAMO/THF 为黏合剂、DIANP 为增塑剂、RDX 为氧化剂在钝感高能推进剂的应用进行了研究;结果表明,DIANP 与 BAMO/THF 的相容性良好,以 DIANP 为增塑剂的推进剂工艺性能可满足浇注要求,10 MPa 下推进剂燃速为 10.29 mm/s。

取代基种类及数量对叠氮类含能增塑剂的结构与性能有显著的影响,杨俊清在 1,5-二叠氮戊烷、1,7-二叠氮庚烷和 1,9-二叠氮壬烷的结构中引入不同数目、不同种类的取代基

（—NNO₂、—NO₂ 和—ONO₂），采用密度泛函理论方法对设计的 27 种衍生物进行研究,发现取代基对热力学性能的贡献大小顺序为—ONO₂＞—NO₂＞—NNO₂,对密度、爆速、爆压和比冲的贡献大小为—NNO₂＞—ONO₂＞—NO₂,稳定性因取代基的引入略有下降。基于分子动力学(MD)方法研究了叠氮类含能增塑剂 DIANP 对黏合剂硝化纤维素、聚叠氮缩水甘油醚和 3,3′-双叠氮甲基环氧丁烷-3-叠氮甲基-3′-甲基环氧丁烷三嵌段共聚物(BAMO-AMMO)的增塑效应,发现 DIANP 与三种黏合剂均有很好的相容性,且可以很好地改善它们的力学性能。对于低酯化度 NC,硝酸酯含能增塑剂 NG 的增塑效果优于 DIANP,而对于高酯化度 NC,DIANP 增塑效果优于 NG。

为了克服小分子增塑剂普遍存在的易迁移、易挥发等缺陷,研究者还合成了相对分子质量较高的齐聚物叠氮类含能增塑剂。叠氮齐聚物含能增塑剂兼具叠氮黏合剂的优点,感度低、机械性能好,且与 GAP 相容性良好,能有效解决体系黏稠等问题。目前叠氮齐聚物含能增塑剂在固体推进剂中使用较多的为 GAPA。GAPA 为黄色黏性液体,20℃时的密度为 1.27 g/cm³。徐若千等人曾合成了两种规格的三臂型叠氮含能增塑剂 GAPA,一种相对分子质量为 767,另一种相对分子质量为 1 077。相对分子质量小的 GAPA 玻璃化转变温度为—52.86℃,热分解温度为 243.3℃,另一种相对分子质量的 GAPA 玻璃化转变温度为—48.09℃,热分解温度为 247.9℃。采用真空安定性法在 90℃恒温存放 40 h,分析了 GAPA 与推进剂常见含能材料的相容性。通过 GAPA 与组分配比 1∶1 混合后的放气量来评判其相容性。结果表明,GAPA 与 Al 粉、RDX、HMX 的相容性良好,而与 NG 不相容。

王连心等人在 HTPB 推进剂中以聚酯类齐聚物叠氮类含能增塑剂完全取代己二酸二辛酯(DOA)增塑剂,测试推进剂的力学性能和微观结构。结果表明,该增塑剂与 HTPB 相容,且在固化过程中,增塑剂的端羟基与异氰酸酯发生了交联反应,使用该增塑剂完全取代 DOA 增塑剂后,推进剂显示出了更好的力学性能和高能量特征,表明该叠氮类含能增塑剂可被应用于 HTPB 推进剂配方中以提高其能量性能。

国内外很多专利报道中的低特征信号、少污染、环境友好型推进剂配方都将叠氮类含能增塑剂作为备选增塑剂。目前实际应用的叠氮类含能增塑剂有限,与常用硝酸酯含能增塑剂相比,其工艺化制备的技术路线成熟度偏低,所需研制周期长、试验成本高、危险性较高,而且叠氮类含能增塑剂具有氧含量低、燃烧残渣较多、挥发性大等缺陷,在一定程度上限制了其在固体推进剂中的推广应用范围。因此,通过绿色合成出低温力学性能好、感度低、能量高、不易迁移的叠氮类含能增塑剂仍是提高固体推进剂性能的研究目标和未来的发展方向之一。

5.7.3 硝基含能增塑剂在固体推进剂中的应用

目前对新的高性能武器系统通常使用的固体推进剂的研究方向主要有,降低存储、运输、使用过程中的易损性,降低信号特征,延长使用寿命,及减少在生产、使用、回收过程中对环境的影响。其中降低弹药的感度受到了全世界的关注并得到大力发展,如低易损性弹药(LOVA)或不敏感弹药(IM)的开发。国内外已对低易损性推进剂进行了广泛深入研究,并取得了较大进展。降低推进剂易损性除采用惰性黏合剂、钝感炸药外,使用钝感含能增塑剂也是其十分有效的技术手段。目前在低易损性推进剂中常使用的钝感含能增塑剂有硝酸酯类含能增塑剂(如 TEGDN)、硝氧乙基硝胺类含能增塑剂(如 Bu NENA)和硝基类含能增塑剂(如 BDNPF/A)。BDNPF/A[双(2,2-二硝基丙基)缩乙醛/双(2,2-二硝基丙基)缩甲醛]是硝基类含能增塑剂的典型代表,也是近年来文献资料中报道较多的钝感含能增塑剂之一。

5.7.3.1　BDNPF/A 含能增塑剂的理化性能

BDNPF/A 是由美国海军办公室牵头为无烟推进剂研制的含能增塑剂,美国海军曾将其用于北极星潜地导弹系统。BDNPF/A 含能增塑剂是 BDNPF 和 BDNPA 的等质量比混合物。BDNPF 和 BDNPA 虽然都含有偕二硝基,但由于其熔点较高,常温下为固体,在推进剂中使用会降低配方的低温力学性能,不适合作为增塑剂。但是,当它们以质量比 1∶1 混合时,却表现出低熔点的性能,可以被当作液态增塑剂用于推进剂配方中,较适合在高性能、低易损的推进剂配方中使用。BDNPF、BDNPA、BDNPF/A 含能增塑剂的主要物理化学性质见表 5-35,BDNPF 和 BDNPA 的全原子模型如图 5-44 所示[22]。

表 5-35　BDNPF、BDNPA、BDNPF/A 含能增塑剂的主要物理化学性质

增塑剂	外观	密度 g/cm³	熔点 ℃	沸点 ℃	酸值 mg/g	氧平衡 %	燃烧热 kJ/mol	溶解性
BDNPF	白色结晶粉末或淡黄色液体	1.415	33~34	149	≤0.1	−51.2	13 095.0	溶于苯、乙醚、乙醇、二氯乙烷、不溶于水、氯仿和四氯化碳
BDNPA	白色结晶粉末或淡黄色液体	1.383	28~29	150	≤0.1	−63.8	14 434.8	溶于苯、乙醚、乙醇、二氯乙烷、不溶于水、氯仿和四氯化碳
BDNPF/A	淡黄色液体	1.38~1.40	−18	150	≤0.5	−57.5	13 764.9	溶于苯和甲苯,不溶于水

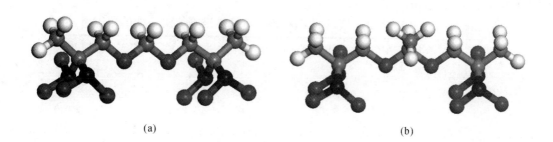

(a)　　　　　　　　　　　　　　(b)

图 5-44　BDNPF 与 BDNPA 的全原子模型
(a)BDNPF；(b)BDNPA

与硝酸酯类、叠氮类等含能增塑剂相比,BDNPF/A 因具有较好的安全性和较低的黏度,可作为单独组分使用。G. M. Gore 等人[23]曾对比、研究了邻苯二甲酸二乙酯(DEP)、硝化甘油(NG)和 BDNPF/A 的安全性,结果见表 5-36。

表 5 - 36　BDNPF/A 含能增塑剂的撞击感度

序号	增塑剂	撞击感度/cm
1	NG	1
2	DEP	170
3	BDNPF	170
4	BDNPA	170
5	NG - DEP	90
6	NG - BDNPF/A	85

实验验证了 BDNPF/A 与惰性增塑剂一样,对撞击十分钝感,与 NG 混合后可有效改善 NG 的撞击感度。采用 BDNPF/A 取代惰性增塑剂时,可在保持能量性能的前提下,降低推进剂固体含量,有利于提高推进剂燃速和低温性能;用其代替或部分取代硝酸酯含能增塑剂,可适当提高推进剂的低温力学性能,降低推进剂制备过程中的危险性。BDNPF/A 可燃烧但不发生爆轰,灭火可采用泡沫、干粉或者二氧化碳灭火器,美国运输部将其列为 B 级爆炸物。运输和储存过程中应远离热源或火源,避免震动。

5.7.3.2　BDNPF/A 对能量性能的影响

俄罗斯曾使用 BDNPF/A 含能增塑剂及乙烯基四唑共聚物为黏合剂、亚胺化物或环氧类化合物为固化剂和二硝酰胺铵(ADN)为氧化剂体系的固体推进剂,其比冲达到 280 s 左右,这一配方体系的能量性能高于现有 NEPE 高能推进剂。在表 5 - 37 中计算了增塑比对 (BDNPF/A)/HTPE 基推进剂能量性能的影响。当增塑比从 0.5 增加至 2.0 时,推进剂理论比冲从 2 581 N·s/kg 提高至 2 594 N·s/kg,推进理论密度从 1.749 g/cm³ 提高至 1.805 g/cm³;当(BDNPF/A)/HTPE 黏合剂的增塑比达到 1.5 以上时,提高 BDNPF/A 含量对推进剂能量性能的提升作用不明显。

表 5 - 37　增塑比对 HTPE/(BDNPF/A)基推进剂能量性能的影响

P_L/P_0	Al 含量 %	AP 含量 %	RDX 含量 %	密度 g/cm³	氧系数	$C^{*①}$ m/s	$I_{sp}^{\ominus②}$ N·s/kg
0.5	18	50	10	1.749	1.201	1 584	2 581
1.0	18	50	10	1.776	1.288	1 590	2 590
1.5	18	50	10	1.791	1.344	1 590	2 593
2.0	18	50	10	1.805	1.385	1 589	2 594

注:①C^* 为特征速度。②$I_{sp}^{\ominus}$ 为理论比冲(6.86 MPa)。

表 5 - 38 和表 5 - 39 分别给出了增塑比为 1.5 时,氧化剂种类和黏合剂种类对推进剂能量性能的影响。当分别采用 HMX、CL - 20 和 ADN 时,推进剂能量性能基本相当,推进理论密度分别为 1.801 g/cm³、1.793 g/cm³ 和 1.813 g/cm³。当黏合剂分别采用 GAP、HTPE 和 HTCE(端羟基聚己内酯与聚四氢呋喃醚的接枝嵌段共聚物)时,推进剂能量性能分别为 2 609 N·s/kg、2 593 N·s/kg 和 2 547 N·s/kg,采用(BDNPF/A)/GAP 黏合剂体系的推进

剂较其他黏合剂具有更高的能量性能。

表 5 - 38　氧化剂种类对 HTPE/(BDNPF/A)基推进剂能量性能的影响(6.86 MPa 下)

P_L/P_0	Al 含量 %	AP 含量 %	HMX 含量 %	ADN 含量 %	CL - 20 含量 %	密度 g/cm³	氧系数	C^* m/s	I_{sp} N·s/kg
1.5	18	50	10			1.801	1.344	1 590	2 592
1.5	18	50		10		1.793	1.478	1 585	2 590
1.5	18	50			10	1.813	1.345	1 588	2 591

表 5 - 39　黏合剂种类对推进剂能量性能的影响(6.86 MPa 下)

BDNPF/A 含量 %	GAP 含量 %	HTPE 含量 %	HTCE 含量 %	Al 含量 %	AP 含量 %	RDX 含量 %	密度 g/cm³	氧系数	C^* m/s	I_{sp} N·s/kg
8.8	13.2			18	50	10	1.849	1.446	1 590	2 609
8.8		13.2		18	50	10	1.791	1.344	1 590	2 593
8.8			13.2	18	50	10	1.802	1.402	1 559	2 547

BDNPF/A 含能增塑剂具有非常低的蒸汽压、适宜的密度和黏度、极好的稳定性和相容性。随着高能钝感炸药的发展,BDNPF/A 含能增塑剂已广泛应用在多种高能钝感弹药配方中,大大扩展了其应用领域。张旭东等人[24]在 BAMO - THF/AN(硝酸铵)和 GAP/AN 两类推进剂中计算了 BDNPF/A 含能增塑剂对能量性能的影响,在配方组成 BAMO - THF(3,3 - 二叠氮甲基氧丁环与四氢呋喃共聚醚)/(BDNPF/A)/AN/RDX/Al 含量比为 12/13/40/30/5 时 7 MPa 下理论比冲为 2 457 N·s/kg;以 GAP/(BDNPF/A)为黏合剂体系的理论比冲为 2 448 N·s/kg。对比了 BDNPF/A 和 NG/BTTN 两种不同硝酸酯增塑体系下的能量性能影响,以 BAMO - THF 为黏合剂、NG/BTTN 硝酸酯为增塑剂的推进剂较 BDNPF/A 增塑推进剂的理论比冲约高 62 N·s/kg。

5.7.3.3　BDNPF/A 对燃烧性能的影响

国内外研究者对 BDNPF/A 含能增塑剂的热分解特性及作用机理进行了研究。程帅峰等人[24]采用高压差示扫描量热法(PDSC)和热重-微熵热重法(TG - DTG),对 PBT(3,3 - 二叠氮甲基氧丁环与四氢呋喃共聚醚)/(BDNPF/A)之间的热分解作用进行了分析。试验结果表明,PBT 与 BDNPF/A 之间存在较强的相互作用。在 PBT 包覆和压力作用下,质量比为 1∶1 的 PBT/(BDNPF/A)混合体系在 4 MPa 下的放热量比常压下约提高 30%。PBT 与 BDNPF/A 混合之后的分解放热过程与单组分相比产生了较大变化,见表 5 - 40。PBT 与 BDNPF/A 混合体系的分解峰温为 245.9℃,比 BDNPF/A、PBT 分别降低 16.1℃和 16.5℃,初始分解温度为 203.8℃,比 BDNPF/A、PBT 分别降低 42.5℃和 34.9℃。PBT/(BDNPF/A)混合体系的放热量为 2 140 mJ/mg,比同质量的单组分放热量之和提高了一倍,这主要是由于 BDNPF/A 被 PBT 包覆所起的作用与压强一样,抑制了 BDNPF/A 的挥发而使其分解更充分。在 4 MPa 压力下,PBT/(BDNPF/A)混合体系单位质量内的放热量(ΔH)为

2 785 mJ/mg,说明在压力作用下混合体系的分解放热更加充分。这主要是因为,在 PBT 包覆和压力作用下,BDNPF/A 中 C—NO$_2$ 键的断裂占优势,产生更多的 NO$_2$,NO$_2$ 与 PBT 分解产生的 NH$_3$ 反应机会增多,同时 BDNPF/A 凝聚相表面的气相反应也更加剧烈,使 PBT/(BDNPF/A)混合体系的放热量大幅增加。

表 5－40　PBT 与 BDNPF/A 共混体系的热分解特性

组分	实验压强:0.1 MPa			实验压强:4 MPa		
	初始分解温度 ℃	分解峰温 ℃	放热量 mJ/mg	初始分解温度 ℃	分解峰温 ℃	放热量 mJ/mg
PBT	238.7	262.4	1 619	232.8	263.0	1 630
BDNPF/A	246.3	262.0	415	245.4	269.7	1 692
PBT/(BDNPF/A)	203.8	245.9	2 140	201.6	248.2	2 785

　　BDNPF/A 的缩醛结构导致其易热氧分解,这成为影响整个黏合剂体系热稳定性能及贮存老化性能的重要因素。谢虓等人[26]采用非等温热分析动力学方法,研究了以多官能度异氰酸酯(N100)和 1－戊基－2－庚基－3,4－二(异氰酸壬酯)环己烷(DDI)为固化剂的 PET/(BDNPF/A)黏合剂体系的热氧化分解动力学。在相同固化系数的情况下,N100 固化体系中 BDNPF/A 含能增塑剂的热氧化稳定性要高于以 DDI 为固化剂的固化体系。在 500 K 以下,N100 固化样品中的 BDNPF/A 含能增塑剂的热氧化分解历程可分为 2 个阶段,其机理函数分别符合 n(反应级数)＝4 的反应级数函数以及 n＝3 的函数,BDNPF/A 的热氧化稳定性随固化系数的增加而提高。研究表明,PET 与固化剂形成的聚氨酯体系交联网络的密集程度是影响 BDNPF/A 含能增塑剂热氧化稳定性的关键因素。

　　印度在研究钝感含能增塑剂过程中以 BDNPF 为 NG 降感剂时,获得的推进剂力学性能比以 NG/DEP 为增塑剂的推进剂力学性能低,而 BDNPF 和 BDNPA 组合使用后力学性能可达到参比推进剂同样水平,热稳定性也和参比推进剂相当。将 BDNPF/A 取代 DEP 作为 NG 降感剂对推进剂安全性能无负面影响,但能量性能却有很大提高。在 AP－CMDB 推进剂中采用 BDNPF/A 取代惰性增塑剂 DEP 后,推进剂在 6.8 MPa 下燃速由 16.8 mm/s 提高至 20.6 mm/s,理论比冲提高约 6 s。目前 BDNPF/A 含能增塑剂不仅用于高能低易损性推进剂,而且也应用于高燃速高能微烟推进剂。

5.7.3.4　BDNPF/A 对力学性能的影响

　　增塑剂是固体推进剂的一个主要组分,增塑剂含量的高低(增塑比)不仅影响推进剂的工艺性能,而且影响推进剂能量性能和低温力学性能。增塑比太低时,推进剂药浆的黏度大,对药浆的捏合和浇注会产生不利影响,也会导致推进剂低温力学性能变差;增塑比太大则导致黏合剂含量太少,推进剂的强度不能满足使用要求。图 5－45 所示为以 PBT 为黏合剂、BDNPF/A 为含能增塑剂的体系中,BDNPF/A 含量变化对玻璃化转变温度的影响。在黏合剂基体中,随增塑比增加,玻璃化转变温度呈降低趋势。固体推进剂配方以 BDNPF/A 为增塑剂,发现随增塑比增加,推进剂玻璃化转变温度降低。

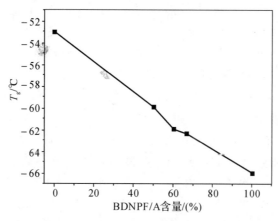

图 5 - 45　BDNPF/A 含量对玻璃化转变温度的影响

在以 BAMO - THF 共聚醚为黏合剂、BDNPF/A 为含能增塑剂,固体含量为 75% 的叠氮固体推进剂配方中,增塑比变化对推进剂力学性能的影响见表 5 - 41。

表 5 - 41　增塑比对推进剂力学性能的影响

增塑比	各试验温度、拉伸速度下的力学性能					
	20℃,100 mm/min		70℃,2 mm/min		−40℃,100 mm/min	
	σ_m/MPa	ε_m/(%)	σ_m/MPa	ε_m/(%)	σ_m/MPa	ε_m/(%)
1.0	1.08	56.4	0.53	31.1	3.21	72.3
1.5	0.92	62.9	0.50	47.6	2.87	77.8
2.0	0.78	75.6	0.41	55.6	2.36	81.3

由表 5 - 41 中数据可以看出,提高增塑比,可以提高钝感高能推进剂的最大伸长率,但抗拉强度有所降低。这是因为增塑比较高时,黏合剂的量较少,形成的交联网络中凝胶含量降低,导致强度偏低。沈业炜等人[27]为了改善 PBT/BDNPF/A/Al/AP/HMX 体系的钝感高能推进剂的高温力学性能,分析了推进剂高温力学性能的影响因素,研究了中性键合剂粒度、用量、固化网络交联相对分子质量对高温性能的影响,以及中性键合剂与醇胺键合剂组合技术在高、中、低燃速配方中的使用效果。研究表明,醇胺键合剂对 HMX 粒子表面缺乏有效的化学键合,HMX 能部分溶解在极性含能增塑剂 BDNPF/A 中,形成软界面层,这两点使得试样拉伸过程中 HMX 的表面容易"脱湿",影响高温力学性能。通过调整固化参数和交联剂用量,控制交联相对分子质量,优化固化网络,并结合组合键合剂技术,能获得高、低、常温力学性能优良的 PBT 钝感高能推进剂配方,当交联相对分子质量达到 8 000~10 000 时,推进剂的高温抗拉强度大于 0.4 MPa,最大伸长率大于 35%,常温强度大于 1 MPa,常温和低温最大伸长率大于 50%。

此外,还对比、研究了硝酸酯含能增塑剂(NG/DEGDN)与 BDNPF/A 增塑的 BAMO - THF 复合推进剂的燃速和力学性能[28]。配方中 BAMO - THF 黏合剂与增塑剂含量为 26%、Al 粉含量为 5%、AP 含量为 50%、RDX 含量为 15%。在燃烧性能方面,硝酸酯含能增塑剂的推进剂 11 MPa 下燃速为 52 mm/s,在 5 MPa～11 MPa 范围内压强指数为 0.38;BDNPF/A 增塑的推进剂 11 MPa 下燃速为 37 mm/s,压强指数为 0.50。常温下 BDNPF/A 增塑的推进剂常温抗拉强度和最大伸长率分别为 1.04 MPa 和 28%;以混合硝酸酯(NG＋DEGDN)增塑的推进剂常温抗拉强度和最大伸长率分别为 1.06 MPa 和 40%,从力学性能来看,NG/DEGDN 增塑 BAMO－THF 复合推进剂体系优于 BDNPF/A。

5.7.3.5 其他性能的影响

增塑剂与推进剂含能组分之间的相容性,是增塑剂选择的衡量条件。BDNPF/A 含能增塑剂具有非常低的蒸汽压、适宜的密度和黏度、极好的稳定性,已有人对于 BDNPF/A 与其他推进剂组分的相容性开展了大量研究工作。马泽文等人[28]采用差示扫描量热法和 X 射线衍射法(XRD),研究了含能增塑剂 BDNPF/A 与 6 种高能炸药,即 1－氧－2,6－二氨基－3,5－二硝基吡嗪(LLM－105)、三氨基三硝基苯(TATB)、2,6－二氨基－3,5－二硝基吡啶－1－氧化物(ANPyO)、奥克托今、六硝基六氮杂异伍兹烷(CL－20)和 3－硝基－1,2,4－三唑－5－酮(NTO)的相容性。采用 DSC 研究表明,(BDNPF/A)/TATB 混合体系相容,(BDNPF/A)/LLM－105 混合体系轻微敏感,(BDNPF/A)/ANPyO 和(BDNPF/A)/HMX 混合体系敏感,(BDNPF/A)/CL－20 和(BDNPF/A)/ NTO 混合体系危险;用 XRD 法为辅助验证手段研究表明(BDNPF/A)/HMX、(BDNPF/A)/CL－20 和(BDNPF/A)/ NTO 体系组分之间存在较强的相互作用。

固体推进剂性能的优劣在很大程度上与配方中黏合剂与增塑剂的相容性有关。赵昱等人[29]运用分子动力学方法模拟研究 GAP 黏合剂与 BDNPF/A、Bu NENA、TEGDN 三种含能钝感含能增塑剂的相容性。通过计算溶度参数,预测 3 种钝感含能增塑剂均可与 GAP 相容。分析混合能量数据,发现 3 含能增塑剂与 GAP 的混溶过程均放热,且 BDNPF/A 含能增塑剂最易混溶。径向分布函数表明 3 种含能增塑剂依靠氢键、范德华力与 GAP 黏合剂产生较强的相互作用,BDNPF/A 含能增塑剂与 GAP 分子远程范德华作用亦比较明显。沈肖胤等人采用热分性研究了 3,3－双叠氮甲基氧杂环丁烷/四氢呋喃共聚物(PBT)与 BDNPF/A 的相容性,发现 BDNPF/A 与 PBT 混合体系的分解峰温较 BDNPF/A 的分解峰温降低了 3℃。

将 BDNPF/A 应用于固体推进剂,推进剂具有较好的安全性。表 5－42 为以 BDNPF/A 为增塑剂,以 Al 粉、AP 和 RDX 为填料的 PET 推进剂、HTPB 推进剂和以硝酸酯增塑的 NEPE 推进剂机械感度比较。从表 5－42 中可看出,以 BDNPF/A 增塑的 PET 推进剂安全性能较好,摩擦感度与机械感度要优于 HTPB 推进剂和 NEPE 推进剂。

表 5－42　BDNPF/A 增塑的推进剂机械感度

推进剂	摩擦感度/(%)	撞击感度/J
HTPB 推进剂	36	28.2
NEPE 推进剂	60	29.1
PET/(BDNPF/A)推进剂	36	32.6

在高能固体推进剂配方设计中引入大剂量的含能增塑剂是提高能量性能的有效途径之一。配方中增塑剂含量较高,加之分子极性与溶度梯度等的差异,导致增塑剂往衬层、绝热层中迁移,影响界面黏结性能和产品可靠性。研究含能增塑剂在不同衬层体系和绝热层中的迁

移特性及其带来的性能变化,对含能增塑剂推进剂配方设计及衬层和绝热层材料的筛选具有重要意义。刘戎等人[31]采用浸渍法研究了 BDNPF/A 在三种不同类型的衬层和两种不同类型的绝热层中的迁移特性,采用傅里叶变换红外光谱、热机械分析、抗拉强度和伸长率测试、烧蚀率测试等方法研究了不同类型衬层和绝热层的性能随 BDNPF/A 吸收量的变化情况。试验表明,BDNPF/A 与 JF 衬层、PBT 衬层和 NBR 绝热层具有良好的相容性,与 HTPB 衬层和 EPDM 绝热层的相容性较差;随着 BDNPF/A 迁移量的增加,JF 衬层、PBT 衬层和 NBR 绝热层的力学性能下降,BDNPF/A 的迁入会提高衬层的玻璃化转变温度,降低绝热层的热稳定性。因此,在选择含能增塑剂时要考虑其充分的增塑效果,保证迁移性低、相容性与安全性好、可加工性高和贮存老化性能好。

5.7.4　硝氧乙基硝胺含能增塑剂在固体推进剂中的应用

硝氧乙基硝胺族化合物(NENAs)是一类同时具有硝酸酯基(—ONO_2)和硝胺基(—NNO_2)的化合物,其分子式是 R—NNO_2—CH_2—CH_2—ONO_2。早在 20 世纪 40 代就有文献报道有关 NENAs 的合成,而直至 70 年代美国赫格列斯火药公司才开始发表含这类化合物的应用情况,1981 年在 JANNAF 推进会议上介绍了 N-丁基硝氧乙基硝胺(简称"Bu NENA")的某些性能。NENAs 具有感度低、生成热高、热稳定性好、燃烧产物分子质量低等优点,常作为含能增塑剂应用于高性能固体火箭推进剂、双基推进剂和发射药中,起到改善体系的安全性和低温力学性能的作用。

5.7.4.1　NENAs 类含能增塑剂的理化性能

硝氧乙基硝胺族化合物(NENAs)的主要品种有甲基硝氧乙基硝胺(Me NENA)、乙基硝氧乙基硝胺(Et NENA)、丙基硝氧乙基硝胺(Pr NENA)和丁基硝氧乙基硝胺(Bu NENA)等,其主要性能见表 5-43[32]。

表 5-43　NENAs 含能增塑剂的主要性能

增塑剂	M_r	密度 g/cm³	熔点 ℃	氧平衡 %	分解温度 ℃	生成焓 kJ/mol
Me NENA	165.1	1.530	38~40	−43.6	218	1113
Et NENA	179.1	1.320	1~5	−67.0	210	784
Pr NENA	193.2	1.264	−2	−87.0	210	503
Bu NENA	207.2	1.211	−28~−27	−104.0	210	259

R. V. Cartwrigh[33]开展了 Bu NENA 增塑剂及其他几种含能增塑剂的挥发性试验,他们认为在推进剂实际应用中,Bu NENA 含能增塑剂的挥发性低于常用的 NG 和一缩二乙二醇二硝酸酯(DEGDN),Bu NENA 的挥发性不会成为其在实际应用中的问题。与其他几种含能增塑剂相比,Bu NENA 有较低的熔点、良好的热安定性和安全性,是硝氧乙基硝胺族化合物中应用最广的增塑剂。

Bu NENA 的热化学性质比较稳定,分解温度为 210℃。20℃时 NG 的分解速率为 Bu NENA 的 123 倍,70℃时为 Bu NENA 的 19 倍。Bu NENA 的活化能高于 NG,热安定性也明显优于 NG。TEGDN 和 NG 的撞击感度分别为 19.6 J 和 0.196 J,而 Bu NENA 撞击感度约为 24.5 J,美国海军水面作战中心(NAWC)给出的 Bu NENA 摩擦感度大于 360 N(BAM 方法)[34]。这些数据说明 Bu NENA 含能增塑剂凭借良好的安全特性,已广泛应用于低易损性推进剂。

5.7.4.2 能量性能

在 NEPE 推进剂现有配方的基础上引入含能增塑剂 NENAs 来取代常用的硝酸酯含能增塑剂,是提高推进剂能量性能的有效途径之一。挪威国防研究院(FFI)和 NAMMO 公司曾联合研发出以 Bu NENA 为含能增塑剂、GAP 为黏合剂,加上含 65% 的降感硝胺炸药 RDX 、稳定剂、燃速调节剂和添加剂组成的新一代微烟推进剂,该新型微烟推进剂具有较好的能量特性、可接受的安全性能、良好的老化性能和环境适应性。刘晶如等人[35]用电算法对黏合剂/含能增塑剂/高能氧化剂/金属燃烧剂组合的一系列配方的能量特性进行了计算。在 NEPE 推进剂现有配方的基础上引入含能增塑剂 NENA 来取代 NG/DEGDN。当固含量为 75% 时,PET/Al/AP/NG/DEGDN 体系的理论比冲为 263.6 s。在 PET/Al/AP 体系中引入含能增塑剂 NENA 来取代 NG/DEGDN 后,推进剂的理论比冲有大幅度的提高;分别采用 Me NENA、Et NENA、Pr NENA、Bu NENA 增塑的推进剂理论比冲达到 281.5 s、278.5 s、275.6 s 和 272.8 s,理论密度为 1.828 g/cm^3、1.772 g/cm^3、1.754 g/cm^3 和 1.736 g/cm^3。其中采用 Me NENA 为含能增塑剂的推进剂理论比冲最高,采用 Bu NENA 增塑的推进剂比冲最低。

采用最小自由能法计算了三种钝感含能增塑剂 Bu NENA、TEGDN 和 BDNPF/A 对 HTPE 推进剂能量性能的影响,结果见表 5-44。从表 5-44 中可看出,采用 Bu NENA 为含能增塑剂推进剂能量最高,但其密度和氧系数却最小;分别采用 TEGDN 和 BDNPF/A 为含能增塑剂的推进剂能量性能相当。调节增塑剂含量,不仅可调节推进剂低温力学性能和玻璃化转变温度,而且有利于提高配方能量性能。Bu NENA 与 HTPE 黏合剂质量比对 HTPE 推进剂能量性能的影响见表 5-45。

表 5-44 增塑剂种类对 HTPE 推进剂能量性能的影响(6.86 MPa 下)

Bu NENA 含量/(%)	BDNPF/A 含量/(%)	TEGDN 含量/(%)	密度/(g·cm^{-3})	氧系数	I_{sp}/(N·s·kg^{-1})
10			1.761	1.322	2 605
	10		1.795	1.322	2 594
		10	1.786	1.249	2 595

表 5-45 增塑比对 HTPE 推进剂能量性能的影响(6.86 MPa 下)

增塑比	密度/(g·cm^{-3})	氧系数	I_{sp}/(N·s·kg^{-1})
0.5	1.747	1.194	2 593
1.0	1.761	1.249	2 605
1.5	1.770	1.283	2 611
2.0	1.775	1.307	2 614

在以 Bu NENA 为含能增塑剂的 HTPE 推进剂配方中,随黏合剂体系增塑剂增加,推进

剂理论比冲增大,当配方增塑比大于 1.5 时,增加 Bu NENA 含量对推进剂能量性能增量的影响不明显。

5.7.4.3　燃烧性能

NENA 类含能增塑剂对 GAP 高能推进剂燃烧性能的影响见表 5-46。NENA 类含能增塑剂的结构与配方燃烧性能之间存在良好的对应关系,随侧基碳原子数下降,含能程度上升,燃速与压强指数均呈规律性的上升。

表 5-46　NENA 含能增塑剂对 GAP 高能推进剂燃烧性能的影响

增塑剂	各压强下的燃速/(mm·s^{-1})				n
	2.94 MPa	4.90 MPa	6.86 MPa	8.83 MPa	
Bu NENA	6.909	8.478	9.790	10.83	0.41
Pr NENA		8.820	10.16	11.33	0.43
Et NENA	7.419	8.747	10.38	11.63	0.47

美国海空作战中心弹药分部(NAWCWD)的研究人员以 RDX、AP 和 AN 为混合氧化剂、以铝为金属燃料,研制了一系列新型高能、钝感 1.3 级 IMAD 助推级推进剂,发现以 Bu NENA 为含能增塑剂、HTPE 或 HTCE 为黏合剂,推进剂具有较好的燃烧特性,在 6.9 MPa 下燃速为 12.7 mm/s,并且在 55.2 MPa 时未出现压强指数的急升现象,呈现较好的高压燃烧特性。Bu NENA 为增塑剂的推进剂除了具有令人满意的燃烧特性之外,还具有良好的安全特性及优良的力学特性,这些特点使其能适应战术环境的要求。

5.7.4.4　力学性能

增塑剂在增进固体推进剂性能,尤其是力学性能方面起着重要的作用。邓蕾等人[34]为了筛选与 PBT 黏合剂相容且与 PBT 混合物具有低玻璃化转变温度的含能增塑剂,用分子动力学(MD)方法模拟研究了 PBT 黏合剂与三缩三乙二醇二硝酸酯、1,3-二叠氮基-2-乙基-2-硝基丙烷(DAENP)、丁基硝氧乙基硝胺、1-烯丙基-3(5),4-二硝基吡唑(ADNP)、双 2,2-二硝基丙醇缩甲醛/双 2,2-二硝基丙醇缩乙醛混合物 5 种含能增塑剂之间的相容性、PBT/增塑剂共混物的玻璃化转变温度,分析了 PBT 黏合剂与含能增塑剂相互作用的原因。结果表明,含能增塑剂优劣次序为 Bu NENA＞DAENP＞BDNPF/A＞TEGDN＞ADNP,TEGDN、ADNP 与 PBT 不相容;PBT/含能增塑剂的玻璃化转变温度顺序为 PBT/Bu NENA＜PBT/TEGDN＜PBT/DAENP＜PBT/ADNP＜PBT/(BDNPF/A)。与现用的 PBT 含能增塑剂 BDNPF/A 相比,Bu NENA、DAENP 与 PBT 相容性更好,且 PBT/Bu NENA 和 PBT/DAENP 混合体系的玻璃化转变温度更低。

低易损性推进剂主要应用于战术导弹发动机,对推进剂低温力学性能要求较高。研究了 PBT/Bu NENA 体系高能低易损性推进剂的玻璃化转变温度,发现推进剂的玻璃化转变温度为 -63.5℃,如图 5-46 所示。苗建波等人[37]研究了不同增塑剂、不同增塑比对 PBT 弹性体玻璃化转变温度的影响,结果见表 5-47。在 PBT 黏合剂体系中,提高 Bu NENA 含量可降低玻璃化转变温度,但低温力学性能明显降低,与 BDNPF/A 增塑相比,Bu NENA 增塑的 PBT 弹性体玻璃化转变温度更低。

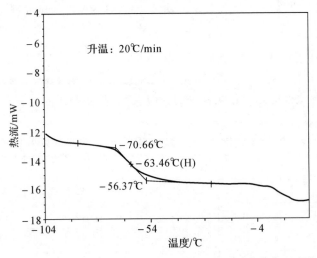

升温：20℃/min

纵轴标签：热流/mW

−70.66℃
−63.46℃(H)
−56.37℃

横轴标签：温度/℃

图 5-46　PBT/Bu NENA 推进剂 DSC 法测试玻璃化转变温度曲线

表 5-47　PBT/Bu NENA 弹性体的低温力学性能

弹性体	增塑比	T_g(DMA)/℃	试验温度−55℃，拉伸速度 100 mm/min	
			σ_m/MPa	ε_m/(%)
PBT/Bu NENA	0.5	−52.6	8.48	768
PBT/Bu NENA	1.5	−68.3	3.04	615
PBT/(BDNPF/A)	1.5	−52.0	8.66	506

　　黏合剂体系中含能增塑剂的种类与含量，一方面通过影响体系的交联网络密度、链段活动能力等而影响固化网络，另一方面其自身极性差异也影响着黏合剂体系的相容性、液相/固相界面的匹配性等。因此，其是影响配方力学与工艺性能的首要因素。表 5-48 为 NENA 类含能增塑剂种类对配方力学与工艺性能的影响。从表 5-48 中可以看出，NENA 类含能增塑剂种类对 GAP 推进剂力学性能与工艺性能有明显影响。其中，采用 Pr NENA 增塑的推进剂工艺性能最好，但推进剂常温抗拉强度最小；采用 Et NENA 增塑的推进剂药浆的黏度和屈服应力最大，力学性能相对最好。

表 5-48　NENA 类含能增塑剂对 GAP 高能推进剂力学与工艺性能的影响

增塑剂种类	η_a/(Pa·s)	τ_y/Pa	试验温度 25℃，拉伸速度 100 mm/min	
			σ_m/MPa	ε_m/(%)
Bu NENA	499.1	90.0	0.75	34.0
Pr NENA	418.2	62.1	0.73	35.7
Et NENA	521.3	117.7	0.84	43.0

5.7.4.5　安全性能

新型钝感含能增塑剂的使用可以进一步改进推进剂的安全特性。Bu NENA 是一种性能优良的钝感含能增塑剂,在 Bu NENA 分子结构中既有链节较长的正丁基以提供良好的分子柔顺性和低的冰点,又有硝胺(—N—NO₂)和硝酸酯(—O—NO₂)等能量基团赋予其适当的含能特性。Bu NENA 因热化学稳定性好、感度低,已应用于推进剂、发射药或其他含能材料配方中,它可明显改善产品安全性。表 5－49 为 NENA 类含能增塑剂与推进剂主要组分的机械感度。总体而言,在 NENA 类物质中,侧基碳原子数增加对改善推进剂的撞击感度有利。

表 5－49　NENA 含能增塑剂对高能低易损性推进剂感度特性的影响对比

黏合剂体系组成	撞击感度①/J	摩擦感度②/(%)
m(Bu NENA)：m(GAP)＝1：1	＞49	0
m(Pr NENA)：m(GAP)＝1：1	＞49	0
m(Et NENA)：m(GAP)＝1：1	＞49	0
m(Bu NENA)：m(GAP)：m(HMX)＝1：1：2	＞49	0
m(Bu NENA)：m(GAP)：m(AP)＝1：1：2	12.3	100
m(Pr NENA)：m(GAP)：m(AP)＝1：1：2	10.8	76
m(Et NENA)：m(GAP)：m(AP)＝1：1：2	9.1	

注:①测试锤重 10 kg。②测试压力 4 MPa,测试摆角 90°。

NENA 类含能增塑剂对高能低易损性推进剂药浆机械感度的影响见表 5－50。在推进剂的制造过程中,NENA 类含能增塑剂配方的机械感度优于低感度硝酸酯类含能增塑剂,尤其是含能增塑剂 Bu NENA 在改善撞击感度与摩擦感度方面均具有明显效果。

表 5－50　含能增塑剂种类对装药过程中推进剂药浆机械感度的影响

种类	加 HMX 后		加 AP 后		出料药浆	
	撞击感度① J	摩擦感度② %	撞击感度① J	摩擦感度② %	撞击感度① J	摩擦感度② %
Bu NENA	＞49	0	10.5	88	10.0	92
Pr NENA	＞49	12	9.6	96	9.1	92
Et NENA	＞49	8	8.7	96	8.2	96
TEGDN	＞49	16	9.2	92	8.8	96

注:①测试锤重 10 kg。②测试压力 4 MPa,测试摆角 90°。

含能增塑剂一般是指含有 C—NO₂、O—NO₂、N—NO₂ 等基团,可以明显提高推进剂配方体系能量的增塑剂。—NO₂ 的数量、连接原子及其连接位置不同,对推进剂能量性能的影响不同,同时对推进剂安全性能的影响也不同。对比、研究了 NG/BTTN(O—NO₂)、BDNPF/A(C—NO₂)、Bu NENA(O—NO₂ 和 N—NO₂)3 种典型含能增塑剂对 PBT 推进剂药块安全性能影响,结果见表 5－51。

表 5 – 51 增塑剂种类对 PBT 推进剂安全性能影响

增塑剂种类	撞击感度[①]/J	摩擦感度[②]/(%)	静电感度/mJ
NG/BTTN	12.0	100	68.0
BDNPF/A	20.9	100	109.0
Bu NENA	42.9	36	88.2

注:①测试锤重 10 kg。②测试压力 2.5 MPa,测试摆角 66°。

从表 5 – 51 可以看出,配方组成固定时,增塑剂的品种对推进剂的安全性能影响很大。含有 3 个 O—NO$_2$ 的小分子增塑剂 NG/BTTN 的机械感度和静电感度最高,含有 4 个 C—NO$_2$ 的大分子增塑剂 BDNPF/A 的机械感度和静电感度次之,含有 1 个 O—NO$_2$ 基团和 1 个 N—NO$_2$ 基团的 Bu NENA 增塑的 PBT 推进剂机械感度最低,静电感度介于 NG/BTTN 和 BDNPF/A 之间。因此,对于低感度的高能叠氮黏合剂 PBT 选用 Bu NENA 含能增塑剂,推进剂本体即具备良好的安全性能。

在复合固体推进剂中添加高能炸药部分取代 AP 是提高固体推进剂能量的有效方法,但是高能炸药的加入会导致推进剂感度上升,危险性增大。在固体推进剂危险等级评定实验中,卡片试验是关键项。由于高能物质的结构决定了其能量储存及释放方式,硝胺和硝酸酯含量是影响推进剂危险等级卡片试验的关键因素。其中硝胺含量是影响推进剂危险等级的主要因素,它与卡片厚度的关系近似于线性关系;硝酸酯含量是影响推进剂危险等级的次要因素,它与卡片厚度近似于对数关系,在推进剂中硝酸酯含量大于 10% 后,则对卡片厚度的影响减弱。在 PBT/Bu NENA 推进剂配方中,进行硝胺炸药 HMX 含量和含能增塑剂 Bu NENA 含量对推进剂危险等级的试验研究,结果分别见表 5 – 52 和表 5 – 53。

表 5 – 52　HMX 含量对推进剂危险等级影响

HMX 含量 %	热稳定试验	撞击感度试验	摩擦感度试验	点火开放燃烧试验	雷管试验	卡片试验	危险等级
20	通过	通过	通过	通过	通过	未通过	1.1
15	通过	通过	通过	通过	通过	未通过	1.1
14	通过	通过	通过	通过	通过	未通过	1.1
13	通过	通过	通过	通过	通过	通过	1.3
10	通过	通过	通过	通过	通过	通过	1.3

表 5 – 53　Bu NENA 含量对推进剂危险等级影响

Bu NENA 含量 %	热稳定试验	撞击感度试验	摩擦感度试验	点火开放燃烧试验	雷管试验	卡片试验	危险等级
15	通过	通过	通过	通过	通过	未通过	1.1
13	通过	通过	通过	通过	通过	未通过	1.1

续 表

Bu NENA 含量 /%	热稳定试验	撞击感度试验	摩擦感度试验	点火开放燃烧试验	雷管试验	卡片试验	危险等级
12	通过	通过	通过	通过	通过	通过	1.3
11	通过	通过	通过	通过	通过	通过	1.3
10	通过	通过	通过	通过	通过	通过	1.3

将硝胺 HMX 含量控制在 20％以下，将含能增塑剂 Bu NENA 含量控制在 15％以下，PBT 推进剂可以通过除卡片试验外的五项危险等级评定试验；将硝胺 HMX 含量控制在 13％以下，含能增塑剂 Bu NENA 含量控制在 12％以下，Bu NENA/PBT 推进剂可以全部通过危险等级评定六项试验，危险等级评定为 1.3 级。Bu NENA/PBT 推进剂的卡片试验结果如图 5 - 47 所示。

图 5 - 47　PBT/Bu NENA 推进剂卡片试验结果

以 Bu NENA 为含能增塑剂的 HTPE 低易损性推进剂已被应用于多种战术导弹发动机中，未来有可能部分替代 HTPB 推进剂用于各类战术导弹武器。国内研究人员曾对比研究了 HTPE 推进剂、HTPB 推进剂和 NEPE 推进剂的低易损性考核试验，三种推进剂低易损性试验评定结果见表 5 - 54。HTPE 推进剂低易损性试验响应结果如图 5 - 48～图 5 - 53 所示。

表 5 - 54　不同类型固体推进剂低易损性考核试验结果

推进剂类型	HTPE		HTPB		NEPE	
	反应类型	是否通过	反应类型	是否通过	反应类型	是否通过
慢速烤燃	燃烧	是	爆燃	否	燃烧	是
快速烤燃	燃烧	是	燃烧	是	燃烧	是
子弹冲击	燃烧	是	燃烧	是	燃烧	是
破片冲击	燃烧	是	燃烧	是	爆燃	否
殉爆试验	燃烧	是	燃烧	是	爆炸	是
聚能射流冲击	爆燃	是	爆燃	是	爆炸	是

图 5-48　HTPE 推进剂慢速烤燃试验结果

图 5-49　HTPE 推进剂快速烤燃试验结果

图 5-50　HTPE 推进剂子弹冲击试验结果

图 5-51　HTPE 推进剂破片冲击试验结果

图 5-52　HTPE 推进剂殉爆试验结果

图 5-53　HTPE 推进剂聚能射流试验结果

3 种推进剂中只有 HTPE 通过了全部低易损性评估,HTPB 推进剂慢速烤燃没有通过评估,NEPE 推进剂破片冲击没有通过评估。从试验响应程度上分析,NEPE 推进剂殉爆、破片冲击和聚能射流冲击的响应程度均要高于 HTPE 推进剂和 HTPB 推进剂。采用 Bu NENA 增塑的 HTPE 推进剂与 HTPB 推进剂相比,在能量水平基本相同的情况下,能够通过六项低易损性考核。

5.8　含能增塑剂的发展趋势

含能增塑剂研究和新品种开发最常用的方法是在有机分子上引入一些含能基团,如叠氮基($-N_3$)、硝酸酯基($-ONO_2$)、硝基($-NO_2$)、硝胺基($-NNO_2$)和二氟胺基($-NF_2$)等。近年来国内外对增塑剂的研究重点,并不是单纯地追求高能量和探索新品种,也更加注重对现有品种的改良,提高推进剂性能,如低特征信号、环境适应性和低易损性等。

(1)基于分子合成、燃烧化学和量子化学等革命性的理论创新应用于含能增塑剂,含能增塑剂性能发生质的"飞跃"。含能增塑剂理论创新经历了至少两个阶段:第一阶段在增塑剂中引入含能基团,如 NG 的发现与应用,推进剂能量性能大幅度提升;第二阶段基于增塑剂与黏合剂的交叉融合,如叠氮齐聚物含能增塑剂的合成与应用,不仅保持能量性能,还改善了与黏合剂的相容性和推进剂的安全性。每一阶段的理论创新,都大幅度地提升了固体推进剂的能量、安全等性能。

(2)利用计算机和量子化学计算技术进行新型含能材料的研究和开发得到迅猛发展,与传统的实验研究手段相结合,将含能材料的研制引入了一个崭新的时代。在含能增塑剂的合成方面应加强理论分析、实验测定及模拟计算的合理应用。在新产品的研究和开发中,结合基本原理,利用分子模拟技术,从分子的微观性质推算并预测材料的介观、宏观性质,计算出合理的分子结构与分子行为,缩短含能增塑剂研制的周期,降低开发成本。

(3)实现高能化、钝感化、低成本及低玻璃化转变温度的融合是含能增塑剂发展的终极目标。随着导弹武器动力系统的发展,衡量推进剂性能的指标逐步从单一能量指标向综合性能指标(能量/安全性/环境适应性/成本等)转变,含能增塑剂越来越受到关注。含能增塑剂的应用前景非常广阔,可以预见,含能增塑剂将在复合固体推进剂和火炸药领域获得进一步的发展和应用。

参 考 文 献

[1] 曹金金. 1,2,4-丁三醇三硝酸酯的合成工艺研究[D]. 南京:南京理工大学,2012.

[2] RACOVEANU A,SKYLER D A,LEIPZIG B K,et al. Novel plasticizer for IM compliant solid propellants [C]//InsensitiveMunitions &Energetic Materials Technology Symposium. Arizona Tucson:National Defense Industrial Association, 2009:1-16.

[3] 崔军民,黄凤臣,马玲,等.叠氮硝酸酯类含能增塑剂研究现状[J].飞航导弹,2010,50(10):84-87.

[4] 王静刚,刘丹,曹光宇,等.GAP 增塑剂合成研究进展[J].化学推进剂与高分子材料,2007,5(5):16-23.

[5] 曹星星,李欢,潘仁明.齐聚物含能增塑剂的合成研究进展[J].兵器装备工程学报, 2017,38(11):182-188.

[6] DRESS D,LOFFEL D,MESSMER A,et al. Synthesisand characterization of azido plasticizer[J]. Propellants, Explosives, Pyrotechnics, 1999, 24(3):159-162.

[7] 丁峰,汪伟,汪营磊,等.1-3-二叠氮基-2-叠氮乙酸丙酯的合成与性能[J].含能材料,2018,26(7):633-636.

[8] 欧育湘,叶玲,王建龙,等.新型多叠氮磷酸酯的热安定性及其热分解机理[J].火炸药学报,2004,27(1):74-76.

[9] 叶玲,欧育湘,陈博仁,等.三(β-叠氮乙基)磷酸酯的合成[J].含能材料,2000,8(3):97-99.

[10] RENATO R R. Energetic azide plasticizer:US 5532390[D]. 1996-7-2.

[11] 王文浩,周集义. BDNPA/F 增塑剂的合成及其发展[J].含能材料, 2007, 15(1):90-94.

[12] ERMAKOV A E, PETROV D, VINOGRADOV F, et al. New plasticizers for energetic materials[J]. Theoretical Foundations of Chemical Engineering, 2007, 41(5):660-667.

[13] 王锡杰,葛忠学,姜俊,等. 4,4′-二硝基双呋咱醚的合成与表征[J].火炸药学报, 2008,32(5):12-15.

[14] 范艳洁,王伯周,来蔚鹏,等. 3,3′-二氰基二呋咱基醚(FOF-2)的合成,表征及量子化学研究[J].有机化学, 2009,29(4):614-620.

[15] ROSHER R. Double-base propellant containing organic azide:US3883374[P]. 1975-05-13.

[16] FLABAGAN J E, FRANKEL M B, WITUCKI E F. Azido compounds:US4141910[P]. 1979-02-27.

[17] 孙运兰.新型含能材料的燃烧机理研究[D].合肥:中国科学技术大学,2007.

[18] 姚子云,罗秉和.硝化甘油在压力下的热分解动力学及机理[J].太原机械学院学报, 1989,10(2):42-48.

[19] 侯竹林,王恩普,韩盘铭.固体推进剂用液体硝酸酯增塑剂冰点的测定及其方法的研究[J].北京理工大学学报,1992,12(S1):93-96.

[20] 崔军民,黄凤臣,马玲,等.叠氮硝酸酯类含能增塑剂研究现状[J].飞航导弹,2010,

10:84 – 87.

[21]　王进,李疏芬.含能增塑剂 PDADN 合成及性能研究[J].固体火箭技术,1999,22(3):41 – 45.

[22]　虞振飞.高能固体推进剂相关组分物理相容性的分子模拟研究[D].北京:北京理工大学,2016.

[23]　GORE GM, TIPARE K R, BHATEWARA R G, et al. BDNPA/F as energetic plasticizer inpropellant formulations[C]//Energetic Materials Production,Processing and Characterization. Karlsruhe,Germany:29th International AnnualConference of the ICT,1998:1 – 12.

[24]　张旭东,何宜丰,丁敦辉,等.BAMO - THF/PSAN 推进剂力学、燃烧性能研究[C]//推进技术的未来与发展.张家界:中国航天第三专业信息网网第 33 届年会,2012:238 –245.

[25]　程帅峰,万代红,程连潮,等.PBT 与 HMX、A3 的热分解相互作用[C]//固体推进技术总结与展望.吉安:中国宇航学会固体火箭推进专业委员会第 32 届年会,2015:59 –64.

[26]　谢虓,于谦,肖承,等.PET 固化条件对 BDNPA/F 增塑剂热氧化稳定性的影响[J].热固性树脂,2017,32(6):1 – 4.

[27]　沈业炜,仉玉成,童丽伦.PBT 钝感高能推进剂高温力学性能调节技术研究[J].推进技术,2018,39(11):2595 – 2600.

[28]　翟进贤,杨荣杰,李建民.增塑剂及燃烧催化剂对 BAMO - THF 复合推进剂性能的影响[J].推进技术,2008,29(2):253 – 256.

[29]　马泽文,李席,韩志伟,等.含能增塑剂 BDNPF/A 与几种高能炸药相容性研究[J].爆破器材,2017,46(6):11 – 16.

[30]　赵昱,张晓宏,张伟,等.GAP 与 3 种含能钝感增塑剂共混相容性的分子动力学模拟研究[J].化工新型材料,2015,43(11):185 – 187.

[31]　刘戎,干效东,何德伟,等.BDNPF/A 增塑剂向衬层和绝热层中的迁移[J].火炸药学报,2012,35(5):65 – 70.

[32]　冯瀚星,王波,崔小军,等.硝氧乙基硝胺类化合物的合成、发展与应用概况[J].化学推进剂与高分子材料,2009,7(6):15 – 19.

[33]　CARTWRIGHT R V. Volatility of NENA and other energetic plasticizers determined by thermogravi - metric analysis[J]. Propellants, Explosives, Pyrotechnics, 1995, 20(2):51 – 57.

[34]　王连心,薛金强,何伟国,等.Bu - NENA 含能增塑剂的性能及应用[J].化学推进剂与高分子材料,2014,12(1):1 – 22.

[35]　刘晶如,罗运军,杨寅.新一代高能固体推进剂的能量特性计算研究[J].含能材料,2008,16(1):94 – 99.

[36]　邓蕾,张炜,鲍桐,等.PBT 与含能增塑剂相互作用的分子动力学模拟[J].含能材料,2017, 25(1):32 – 38.

[37]　苗建波,边利峰,朱宏春,等.网络结构及增塑剂对 PBT 弹性体玻璃化转变的影响[J].固体火箭技术,2019,42(1):78 – 84.

附录　缩　略　语

A

AAOF	3-氨基-4-酰氨肟基呋咱
ABDNT	1,1-偶氮(3,5-二硝基-1,2,4-三唑)
ACTZ	1-丙酮基-3-氰基-1,2,4-三唑
ADN	二硝酰胺铵
ADNP	1-烯丙基-3(5),4-二硝基吡唑
ADNT	1-氨基-3,5-二硝基-1,2,4-三唑
ADPM	1-叠氮-2,3-二羟基-2-叠氮甲基丙烷
AD-Cu	己二酸铜
AEPEPA	1-氧代-4-(β-叠氮乙氧羰基)-2,6,7-三氧杂-1-磷杂双环[2.2.2]辛烷
AIPEPA	1-氧代-4-(β,β-二叠氮异丙氧羰基)-2,6,7-三氧杂-1-磷杂双环[2.2.2]辛烷
ALD	原子层沉积法
AMDNNM	叠氮甲基-双(硝氧甲基)-硝基甲烷
AMMO	3-叠氮甲基-3-甲基氧杂丁烷
AN	硝酸铵
ANFO	4-氨基-3-叠氮羰基氧化呋咱
ANPyO	2,6-二氨基-3,5-二硝基吡啶-1-氧化物
AP	高氯酸铵
APE	叠氮磷酸酯
ARM	反应抑制研磨
ATZ	1H-5-氨基四唑

B

BABE	双酚A二丙炔醚
BAMO	3,3-双叠氮甲基氧丁烷
BCMO	3,3-双(氯甲基)氧杂环丁烷

BDFAO	3,3-偕二氟氨甲基氧杂环丁烷
BDFPGE	4,4-双二氟氨基戊醇缩水甘油均聚醚
BDNPA	双(2,2-二硝基丙醇)缩乙醛
BDNPF	双(2,2-二硝基丙醇)缩甲醛
BDNPA/F	2,2-二硝基丙基缩甲醛/缩乙醛的混合物
BDO	1,4-丁二醇
BDPF	双(1,3-二叠氮丙基)缩甲醛
BHPB	1,4 双(1 羟基丙炔基)
BPS	丁二酸二丙炔醇酯
BP-Tounds	3,6,9-三氧杂十一烷二酸丙炔醇酯
BT	1,2,4-丁三醇
BTF	芳香类苯并三氧化呋咱
BTNMBT	5,5′-双(三硝基甲基)-3,3′-基-1H-1,2,4-三唑
BTNMTZ	1,3-双(三硝基甲基)-1,2,4-三唑
BTO	二羟基-5,5′-联四唑
BTTN	1,2,4-丁三醇三硝酸酯
Bu NENA	丁基-N-(2-硝氧乙基)硝胺

C

CA	化学活化
CB	炭黑
CC	亚铬酸铜
CL-20	六硝基六氮杂异伍兹烷
CNAF	3-氨基-4-氰基呋咱
CNNF	3-氰基-4-硝基呋咱
CTPB	端羧基聚丁二烯

D

DADFAH	1,7-二叠氮基-4,4-双(二氟氨基)庚烷
DADZP	1,6-二叠氮-2,5-二硝基氮杂己烷
DAEF	二(2-叠氮乙基)缩甲醛
DAENP	1,3-二叠氮基-2-乙基-2-硝基丙烷
DANG	双叠氮硝化甘油
DANP	N-N′-双(叠氮甲基)硝铵
DAT	3-重氮氨基-1,2,4-三唑
DATH	1,7-二叠氮-2,4,6-三硝基-2,4,6-三氮杂庚烷
DBP	邻苯二甲酸二丁酯

DDI	二聚脂肪酸、二异氰酸酯
DDPM	2,2-二炔丙基马来酸二甲酯
DEGBAA	二甘醇双叠氮乙酸酯
DEGDN	一缩二乙二醇二硝酸酯
DEP	邻苯二甲酸二乙酯
DFAMO	3-二氟氨基甲基-3-甲基氧杂环丁烷
DFFEFO	双(氟二硝基乙基)缩二氟甲醛
DGTN	一缩二甘油四硝酸酯
DIANP	1,5-二叠氮基-3-硝基氮杂戊烷
DMA	动态热机械分析仪
DMSO	二甲基亚砜
DNAF	3,4-二硝胺基呋咱
DNAFO	3,3'-二硝基-4,4'-偶氮二氧化呋咱
DNAN	2,4-二硝基苯甲醚
DNATZ	1,5-二硝胺基四唑
DNB	1,3-二硝基苯
DNBT	5,5'-二硝基-2,2'-双(三硝基甲基)-2H,2'H-4,4'-双(1,2,3-三唑)
DNHDA	4,4-二硝基-1,7-二叠氮基庚烷
DNF	3,4-二硝基呋咱
DNT	3,5-二硝基-1,2,4-三唑
DOA	己二酸二辛酯
DPTB	4,4,4-三硝基丁酸-2-叠氮基-1-叠氮甲基乙酯
DSC	差示扫描量热法

E

ECH	3-氯-1,2-环氧丙烷
EDAX	X射线能量色散分析
EEW	电线爆炸现象
EGBAA	乙二醇双叠氮乙酸酯
EGDN	乙二醇二硝酸酯
ENPEA	1,3-双(叠氮乙酰氧基)-2-乙基-2-硝基丙烷
EO	环氧丙烷
ETPE	含能热塑性弹性体
EVA	聚醋酸乙烯酯

F

FEFO	双(氟二硝基乙基)缩甲醛

FOF - 1	4,4′-二硝基双呋咱醚
FOF - 2	3,3′-二氰基二呋咱基醚
FOX - 7	1,1-二氨基-2,2-二硝基乙烯
FOX - 12	N-脒基脲二硝酰胺盐

G

GA	叠氮缩水甘油醚
GAP	聚叠氮缩水甘油醚
GAPA	端叠氮基聚叠氮缩水甘油醚
GAPE	端酯基聚叠氮缩水甘油醚
GN	缩水甘油醚硝酸酯
GNAP	硝胺缩水甘油聚醚
GTP	聚四唑基缩水甘油醚
GUDN	N-脒基脲二硝酰胺盐

H

HADNMNT	2-偕二硝甲基-5-硝基四唑羟胺盐
HBF$_4$ · Et$_2$O	四氟硼酸乙醚
HBNOD	3,6-双(4-硝胺基-1,2,5-噁二唑-3-基)-1,2,4,5-噁二嗪
HDN	二硝酰胺酸
HDNMNT	2-偕二硝甲基-5-硝基四唑
HMX	环四亚甲基四硝胺
HNF	硝仿肼
HpNC	七硝基立方烷
HPP	3,5-二甲基-4羟基苯基戊唑
HRTEM	高分辨透射电子显微镜
HTPB	端羟基聚丁二烯
HyDNMNT	2-偕二硝甲基-5-硝基四唑肼盐
Hy$_2$DNAF	3,4-二硝胺基呋咱的肼盐

I

IM	不敏感弹药
IPDI	异佛尔酮二异氰酸酯

K

KDN	二硝酰胺钾
KZ	癸二酸二辛酯

L

LC	柠檬酸铅
LDPE	低密度聚乙烯
LLM-105	1-氧-2,6-二氨基-3,5-二硝基吡嗪
LOVA	低易损性弹药

M

MAEC	机械活化能复合材料
MD	分子动力学
MDCI	4,4′-二异氰酸酯二环己基甲烷
MDNT	1-甲基-3,5-二硝基-1,2,4-三唑
MFC	高能量密度多元纳米复合微单元燃料
MIC	亚稳态分子间复合材料或亚稳态空隙复合材料
MPAEDP	2,2-二氯甲基-1,3-亚丙基-四(β-叠氮乙基)磷酸酯

N

N100	改性六次甲基多异氰酸酯
NEF	4-硝基-3-呋咱甲醚
NEPE	硝酸酯增塑的聚醚
NENA	硝氧乙基硝胺
NF	硝仿
NMMO	3-硝酸甲酯基-3-甲基环氧丁烷
NMPA	2-硝基-2-甲基-1,3-二叠氮丙烷
NG	硝化甘油
NGGE	硝化乙二醇甘油醚
NHTPB	硝化端羟聚丁二烯
NTO	3-硝基-1,2,4-三唑-5-酮
NQ	硝基胍

O

ONC	八硝基立方烷
ORP	端羟基聚乙二醇二硝基氮杂烷酸酯聚合物

P

PAA	聚叠氮丙烯
PAMEO	聚 3-叠氮甲基-3-乙基氧杂丁烷
PANT	聚硝胺基四唑
PBAA	聚丁二烯-丙烯酸共聚物
PBAN	聚丁二烯-丙烯酸-丙烯腈三聚物
PBBP	聚双(1,3-氧杂丙基)-双(2,2-二硝酸酯基甲基)-1,3-丙二酸酯
PBT	3,3-二叠氮甲基氧丁环-四氢呋喃共聚醚
PBX	塑胶炸药
PCDE	氟氨黏合剂
PCL	聚己内酯
PCPAA	1,3-二叠氮基-2-叠氮乙酸丙酯
PDADN	二叠氮季戊四醇二硝酸酯
PDAMPL	聚 α-二叠氮甲基-α-甲基-β-丙内酯
PDSC	高压差示扫描量热法
PEAA	1,3-二叠氮乙酰基-2,2-二叠氮甲基丙烷
PECH	端羟基聚环氧氯丙烷
PEG	聚乙二醇
PET	环氧乙烷/四氢呋喃共聚醚
PETKAA	季戊四醇四叠氮乙酸酯
PFPA	全氟戊酸
PGN	聚缩水甘油醚硝酸酯
PMCF	聚单氟乙烯
PMMA	聚甲基丙烯酸甲酯
PMVT	聚 2-甲基-5-乙烯基四唑
PNAN	3-硝基-5-叠氮基-3-氮杂戊醇硝酸酯
PPZ	聚磷腈
PS	聚硫橡胶
PTFE	聚四氟乙烯
PTMO	聚四氢呋喃二醇
PTPB	端炔基聚丁二烯
PU	聚氨酯

PVAc	聚乙烯醋酸盐
PVC	聚氯乙烯
PVT	聚乙烯四唑

R

Raman	激光拉曼分析
RDX	环三亚甲基三硝胺
RFIP	射频感应等离子体

S

SDT	同步热重-差热分析
SEDS	超临界流体增强溶液扩散技术
SEM	扫描电子显微镜
SMR	固体火箭发动机

T

TAAMP	1,3-二叠氮乙酰氧基-2-叠氮乙酰氧甲基-2-乙基丙烷
TAB	1,2,4-三叠氮丁烷
TAEP	三(β-叠氮乙基)磷酸酯
TAP-Ac	三叠氮季戊四醇乙酸
TAPE-E	三叠氮新戊酸乙酯
TATB	三氨基三硝基苯
TDI	甲苯二异氰酸酯
TEM	透射电子显微镜
TEGDN	二缩三乙二醇二硝酸酯
TFAA	三氟乙酸酐
TKX-50	5,5′-联四唑-1,1′-二氧二羟铵
TMETA	1,1,1-三叠氮甲基乙烷
TMETN	三羟甲基乙烷三硝酸酯
TMMTN	三羟甲基甲烷三硝酸酯
TMNTA	三羟甲基硝基甲烷三叠氮乙酸酯
TMP	三羟甲基丙烷
TNA	三硝酰胺
TNAZ	三硝基氮杂环丁烷
TNBP	4,4′,5,5′-四硝基-2H,2′H-3,3′-联吡唑
TNEN	2,2,2-三硝基-2-硝氧基乙醚

TNT	三硝基甲苯
TNTMBP	4,4′,5,5′-四硝基-2,2′-双(三硝基甲基-联吡唑)
TG - DTG	热重-微熵热重法
TTTO	1,2,3,4-四嗪并[5.6-e]-1,2,3,4-四嗪-1,3,5,7-四氧化物
TZ	2H-1,2,3-三唑

W

WAXD	广角 X 射线衍射

X

XRD	X 射线衍射